"101 计划" 核心教材
数学领域

基础拓扑学及应用

雷逢春　杨志青　李风玲　编著

中国教育出版传媒集团
高等教育出版社·北京

内容提要

本书主要介绍拓扑学基础与核心内容和一些基本应用。前四章是点集拓扑学的基本内容，包括拓扑空间与连续映射、构造新空间和拓扑空间的最常见的一些拓扑性质等；第 5—9 章是代数拓扑的基本理论，包括基本群、曲面的拓扑分类、覆叠空间和单纯同调理论等；第 10 章提供拓扑学在信息科学、物理学和分子生物学等领域的一些常见的简单应用案例。

全书由浅入深，循序渐进，且附录给出学习本书应具备的基础知识。书中例题、习题丰富且相辅相成，均围绕定义、定理等展开。本书配备了大量图形，使各种拓扑概念和实例可视化，以辅助读者理解相关的拓扑概念。

本书是为数学基础较好的本科生编写的拓扑学入门教材，也可供对拓扑学及其应用感兴趣的读者参考。

总　序

　　自数学出现以来, 世界上不同国家、地区的人们在生产实践中、在思考探索中以不同的节奏推动着数学的不断突破和飞跃, 并使之成为一门系统的学科。尤其是进入 21 世纪之后, 数学发展的速度、规模、抽象程度及其应用的广泛和深入都远远超过了以往任何时期。数学的发展不仅是在理论知识方面的增加和扩大, 更是思维能力的转变和升级, 数学深刻地改变了人类认识和改造世界的方式。对于新时代的数学研究和教育工作者而言, 有责任将这些知识和能力的发展与革新及时体现到课程和教材改革等工作当中。

　　数学 "101 计划" 核心教材是我国高等教育领域数学教材的大型编写工程。作为教育部基础学科系列 "101 计划" 的一部分, 数学 "101 计划" 旨在通过深化课程、教材改革, 探索培养具有国际视野的数学拔尖创新人才, 教材的编写是其中一项重要工作。教材是学生理解和掌握数学的主要载体, 教材质量的高低对数学教育的变革与发展意义重大。优秀的数学教材可以为青年学生打下坚实的数学基础, 培养他们的逻辑思维能力和解决问题的能力, 激发他们进一步探索数学的兴趣和热情。为此, 数学 "101 计划" 工作组统筹协调来自国内 16 所一流高校的师资力量, 全面梳理知识点, 强化协同创新, 陆续编写完成符合数学学科 "教与学" 特点, 体现学术前沿, 具备中国特色的高质量核心教材。此次核心教材的编写者均为具有丰富教学成果和教材编写经验的数学家, 他们当中很多人不仅有国际视野, 还在各自的研究领域作出杰出的工作成果。在教材的内容方面, 几乎是包括了分析学、代数学、几何学、微分方程、概率论、现代分析、数论基础、代数几何基础、拓扑学、微分几何、应用数学基础、统计学基础等现代数学的全部分支方向。考虑到不同层次的学生需要, 编写组对个别教材设置了不同难度的版本。同时, 还及时结合现代科技的最新动向, 特别组织编写《人工智能的数学基础》等相关教材。

　　数学 "101 计划" 核心教材得以顺利完成离不开所有参与教材编写和审订的专家、学者及编辑人员的辛勤付出, 在此深表感谢。希望读者们能通过数学 "101 计划" 核心教材更好地构建扎实的数学知识基础, 锻炼数学思维能力, 深化对数学的

理解, 进一步生发出自主学习探究的能力。期盼广大青年学生受益于这套核心教
材, 有更多的拔尖创新人才脱颖而出!

田 刚

数学 "101 计划" 工作组组长

中国科学院院士

北京大学讲席教授

前　言

1. 什么是拓扑学

一般认为, 拓扑学、分析学和代数学是现代基础数学的三个关键领域。拓扑学萌发于 17 世纪, 到 19 世纪末, 拓扑学理论才开始得到系统发展。在 20 世纪拓扑学是数学中发展最迅猛、成果最丰富的研究领域之一, 到了 21 世纪拓扑学的各种理论更是层出不穷。迄今为止, 拓扑学和发展拓扑学所产生的数学思想已经渗透到几乎所有的数学领域和众多的自然科学和社会科学领域。究竟什么是拓扑学?

先回到初等几何。初等几何研究欧氏空间中几何对象本身的形状、几何对象之间的位置关系等。几何对象自身的几何性质 (如边长、夹角、面积等) 十分重要。有时, 几何对象的若干几何性质可以完全决定几何对象。如, 判定两个三角形是否全等, 有很多判定条件 (如边边边、边角边、角边角等)。我们还知道, 全等的三角形有完全相同的几何性质; 如果两个三角形对应的几何性质不同, 则它们不全等。

注意, 上面提到的三角形的几何性质在刚体变换 (即平移、旋转、镜面反射的有限复合) 下是不变的。给定两个几何对象, 如果其中一个可以经过刚体变换变到另一个, 我们就说这两个几何对象是几何等价的。两个几何等价的几何对象有完全对应相同的几何性质。如果两个几何对象某种对应几何性质不同, 则可以断定这两个几何对象不是几何等价的。在这个意义下可以粗略地说, 初等几何研究的是几何对象在刚体变换下保持不变的性质。

类比于初等几何, 拓扑学中所用的变换是 "弹性变换" (拓扑术语为拓扑变换, 或同胚变换)。所谓弹性变换就是一个连续双射, 其逆也连续。直观看来, 弹性变换可以对几何对象进行弯曲、拉伸、压缩、扭转等。这里理想地假设受到变形的几何对象具有弹性, 能充分地经受这样的操作。例如, 一个面团可以经过弹性变换揉成馒头或方糕, 也可擀成厚薄不同的圆饼。如果一个几何对象经过一个弹性变换变到另一个, 我们就说这两个几何对象是拓扑等价的。几何对象在弹性变换下保持不变的性质就称为拓扑性质。

经过弹性变换后, 一个几何对象的大小、曲直、长短等几何性质都可以改变, 它甚至可以变得面目全非, 与之前大不相同。真有那样的性质, 能在弹性变换下保持不变? 答案是不仅有, 而且很多就在我们身边。例如, 区间是一维的, 立方体是三维的, 而维数是一个拓扑性质。又如, 在球面上沿任何一条简单闭曲线剪开总是把球面剪成两片, 但汽车轮胎 (拓扑上称为环面) 的表面上存在一条简单闭曲线, 沿它剪开, 轮胎并没有变成可以分离的两片, 而曲面上是否存在一条不把它分离的简单闭曲线是一个拓扑性质, 这个性质与所画曲线的大小和曲直都无关。再如, 给平面 (或球面) 地图着色是要把相邻的国家 (或区域) 着上不同的颜色, 以便容易区分。已经知道四种颜色就够了, 这是平面的一个拓扑性质。显然, 地图着色问题与度量 (区域面积、边界线长度等) 和形状无关, 关键是区域的个数和它们之间的邻接关系。地图经过变形 (缩放或各种投影) 后着色所需颜色数不变。显然, 拓扑性质是几何对象的一类特别的几何性质, 涉及对象在整体结构上的性质, 但反之不然。拓扑性质与所处理对象 (通常称为拓扑对象或拓扑空间) 的大小、形状以及所含线段的曲直等都无关, 也就不能用普通的几何方法来处理。

专门研究几何对象在弹性变换下保持不变的性质 (拓扑性质) 的数学分支就是拓扑学。拓扑学的中心任务就是对拓扑对象进行拓扑等价分类。拓扑等价的对象有相同的拓扑性质。若一个拓扑对象有拓扑性质 P, 而另一个没有拓扑性质 P, 则我们立刻可以断定这两个拓扑对象不是拓扑等价的。例如, 前面看到了球面和环面有不同的拓扑性质, 由此即知球面和环面不是拓扑等价的。

2. 拓扑学概览

拓扑学的起源可以追溯到古希腊时期。当时, 人们开始思考什么是空间, 如何描述它以及如何计算它。这个时期的数学家主要致力于研究欧氏空间的性质和欧氏空间里的几何形体。其中最有名的数学家是欧几里得, 他提出了欧氏几何公理, 并在其基础上建立了一套完整的几何学体系。这套体系包括点、线、平面等基本概念, 以及它们之间的关系。人们公认, 拓扑学始创于伟大数学家欧拉 (1707 — 1783) 解决著名的哥尼斯堡七桥问题。在 18 世纪, 一条流经普鲁士哥尼斯堡 (今俄罗斯加里宁格勒) 城的河流把城市分为 4 个分离的区域, 有 7 座桥梁跨越这条河流, 并把这 4 个区域相连在一起, 如图 1(a) 所示。哥尼斯堡城的居民考虑了这样一个问题: 是否存在一个旅游路线, 使游人在哥尼斯堡城七座桥的每一座只走过一次就能遍游全城? 有趣的是, 当时人们尝试了多次, 没有一个人能找到这样的旅游路线。

上述问题引起了欧拉的注意。他意识到, 这是一个新的属于 "位置几何" 的数学课题, 在尝试解决它时, 不要求确定长度和计算角度, 它的解决仅仅需要考虑位置关系。欧拉对这个问题进行了分析, 把它归结为一个图形能否一笔画出的问题,

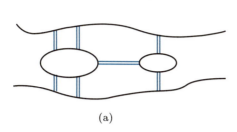 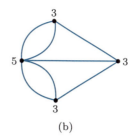

(a)   (b)

图 1 哥尼斯堡七桥问题

并在 1736 年证明了定理: 有一条道路走过图中每条边恰好一次, 当且仅当该图最多有两个 "奇" 点, 这里的奇点是指所连边数是奇数的图形顶点。哥尼斯堡七桥问题本质上是问图 1(b) 的图形能否一笔画出 (点表示区域, 线表示桥梁)。由欧拉定理可知, 通过漫步一次走过哥尼斯堡七桥实现遍游全城的路线是不存在的。欧拉的上述定理被认为是拓扑学的第一个定理。欧拉还在 1752 年给出了一个凸多面体的顶点数 V、边数 E 和面数 F 所满足的关系式 $V - E + F = 2$, 该等式也称为欧拉公式。欧拉的这些工作为后来拓扑学的发展奠定了重要的基础。

在此后长达一个半世纪的时间里, 有许多著名的数学家追随这最初始于欧拉的研究, 对位置几何学做出了有价值的贡献。柯西是给出连续这个概念精确定义的第一人, 而连续是拓扑学最基本的概念之一。进一步, 柯西在 1825 年还给出了一个拓扑不变量: 闭路 C 绕一点的卷绕数, 可通过一个全纯微分形式沿 C 的积分来计算。高斯在 1833 年在研究磁力线时给出了空间中互不相交的两个有向闭曲线间的环绕数这个精巧的拓扑不变量。黎曼在 1851 年的博士论文和 1857 年关于阿贝尔函数的文章中, 提出了现在我们称之为黎曼曲面的概念。默比乌斯在 1863 年证明了空间中的闭曲面可以通过往曲面上加 p 个环柄而得, 其中的 p 是黎曼给出的不变量, 即曲面的亏格。默比乌斯还首次 (1858 年) 注意到了现在被称为默比乌斯带的不可定向曲面的存在。

拓扑学 (topology) 起初也叫形势分析学, 这是莱布尼茨于 1679 年提出的名词, 其中的 "形" 是指一个图形本身的性质, "势" 是指一个图形与其子图形相对的性质。这个术语首先出现于 1847 年利斯廷的论文《拓扑学的初步研究》中, 源自希腊文 τοπος (位置、形势)。在汉语里, "拓" 有以手推物、开辟、扩充的意思, "扑" 有拍打的意思。将 topology 翻译成拓扑学, 既在意思上相符, 又照顾到了发音, 是一个很成功的翻译。

到 19 世纪、20 世纪之交, 已经形成了组合拓扑学与点集拓扑学这两个研究方向。

组合拓扑学的奠基人是庞加莱。在 1895 年至 1904 年间, 庞加莱创立了用剖分研究流形的基本方法, 引进了许多拓扑不变量: 基本群、同调、贝蒂数、挠系数等, 还提出了具体计算的方法。拓扑学的另一个渊源来自分析学的严密化。实数的严格定义推动了康托尔从 1873 年起系统地展开了对欧氏空间中的点集的研究, 提出拓扑中的许多基本概念, 如聚点 (极限点)、开集、闭集、稠密性、连通性等。分析学中进一步发展出泛函的概念, 最终促使抽象拓扑空间概念的产生, 点集拓扑学应运而生。1914 年豪斯多夫在其著作《点集论纲要》中介绍了拓扑空间的公理化基础, 从而开创了拓扑学作为基础数学的一个分支的全面研究。点集拓扑学经过 20 世纪 30 年代中期起布尔巴基学派的补充整理和完善, 发展成一般拓扑学, 并逐渐趋于成熟。到 1945 年前后, 点集拓扑已经成为数学研究的共同基础。

在庞加莱创立组合拓扑之后, 布劳威尔在 1910 年至 1912 年间提出了用单纯映射逼近连续映射的方法, 用以证明不同维数的欧氏空间不同胚; 引进了同维流形之间的映射度的概念, 用以研究同伦分类, 并开创了不动点理论。他使组合拓扑学在概念精确、论证严密方面达到了应有的标准。随后, 亚历山大在 1915 年证明了贝蒂数与挠系数的拓扑不变性。随着抽象代数学的兴起, 1925 年左右, 诺特提议把组合拓扑学建立在群论的基础上。在诺特的影响下, 1928 年霍普夫定义了同调群。从此, 组合拓扑学逐步演变成利用抽象代数的方法研究拓扑问题的代数拓扑学。1945 年, 艾伦伯格与斯廷罗德以公理化的方式总结了当时的同调论, 后来写成《代数拓扑学基础》(1952 年), 对于代数拓扑学的传播、应用和进一步发展起了巨大的推动作用。他们把代数拓扑学的精髓概括为: 把拓扑问题转化为代数问题, 通过计算来求解。

同调群以及在 20 世纪 30 年代引进的上同调环, 都是从拓扑到代数的过渡。直到今天, 同调论 (包括上同调) 所提供的不变量仍是代数拓扑学中最易于计算的, 因而也最常用。同伦群提供了从拓扑到代数的另一种过渡, 其几何意义比同调群更明显, 但是极难计算。1950 年, 塞尔利用谱序列这个代数工具, 在同伦群的计算上取得突破 (菲尔兹奖工作), 为其后拓扑学的突飞猛进开辟了道路, 拓扑学开始进入黄金时代。

微分拓扑学是研究微分流形与微分映射的拓扑学。随着代数拓扑和微分几何的发展, 微分拓扑学在 20 世纪 30 年代重新兴起。惠特尼在 1935 年给出了微分流形的一般定义, 并证明它总能作为光滑的子流形嵌入高维欧氏空间。1953 年, 托姆的协边理论 (菲尔兹奖工作) 开创了微分拓扑学与代数拓扑学并肩跃进的局面, 许多困难的微分拓扑问题被转化成代数拓扑问题而得到解决, 同时也刺激了代数拓扑学的进一步发展。1956 年米尔诺发现 7 维球面上有不同寻常的微分结构 (菲尔兹奖工作)。随后, 不能赋予任何微分结构的流形也被人们构造出来。这些都显示拓扑流形、微分流形和分片线性流形这三个范畴有巨大的差别, 微分拓扑学也从此被公认成为一个独立的拓扑学分支。1960 年, 斯梅尔证明了 5 维以上微分流形的庞加莱猜想 (菲尔兹奖工作)。米尔诺等人发展了处理微分流形的基本方法 —— 剜补术, 使 5 维以上流形的分类问题亦逐步趋向代数化。

近几十年来, 用几何的思想和方法来研究流形的结构和性质取得很多重大突破, 其中包括流形的三大范畴 (拓扑、光滑、分片线性) 之间的关系、20 世纪 80 年代初弗里德曼关于 4 维拓扑庞加莱猜想的证明、$\mathbb{R}^4$ 上不同寻常的微分结构的发现和 21 世纪初佩雷尔曼关于瑟斯顿几何化猜想的证明 (3 维庞加莱猜想是其特例)。通常把这些研究归于几何拓扑学的范畴, 以强调其几何色彩, 用以区别代数味道很重的代数拓扑学。

3. 拓扑学的重要性

拓扑学的基本理论及其思想已经成为当代数学与科技工作者的必要基础。拓扑学的重要性体现在它与其他数学分支、其他学科的相互作用上。

拓扑学与微分几何学有着天然血缘关系, 它们从不同的角度研究流形的性质。为了研究黎曼流形上的测地线, 莫尔斯在 20 世纪 20 年代建立了非退化临界点理论, 把流形上光滑函数的临界点的指数与流形本身的贝蒂数联系起来, 并发展成大范围变分法。莫尔斯理论后来又在拓扑学中用于证明典型群的同伦群的博特周期性 (这是 K 理论的基石), 并启示了处理微分流形的剜补术。

微分流形、纤维丛、示性类给嘉当的整体微分几何学提供了合适的理论框架, 也从中获取了强大的动力和丰富的课题。陈省身在 20 世纪 40 年代引进了 "陈示性类", 不但对微分几何学影响深远, 对拓扑学也十分重要。纤维丛理论和联络理论一起为理论物理学中杨－米尔斯规范场论提供了现成的数学框架, 犹如 20 世纪初黎曼几何学对于爱因斯坦广义相对论的作用。规范场的研究又促进了 4 维微分拓扑学出人意料的进展。

拓扑学对于分析学的现代发展起了极大的推动作用。随着科学技术的发展, 需要研究各种各样的非线性现象, 分析学更多地求助于拓扑学。20 世纪 30 年代勒雷和绍德尔把布劳威尔的不动点定理和映射度理论推广到巴拿赫空间, 形成了拓扑度理论。后者以及前述的临界点理论, 都已成为研究非线性偏微分方程的标准工具。微分拓扑学的进步, 促进了分析学向流形上的分析学 (又称大范围分析学) 发展。在托姆的影响下, 微分映射的结构稳定性理论和奇点理论已发展成为重要的分支学科。

斯梅尔在 20 世纪 60 年代初开创的微分动力系统的理论就是流形上的常微分方程理论。同期, 阿蒂亚等人创立了微分流形上的椭圆型算子理论。著名的阿蒂亚－辛格指标定理把算子的解析指标与流形的示性类联系起来, 是分析学与拓扑学结合的范例。现代泛函分析的算子代数已与 K 理论、指标理论、叶状结构密切相关。来自代数拓扑的层论已经成为多复变函数论的基本工具。

拓扑学的需要大大刺激了抽象代数学的发展, 并且形成了两个新的代数学分支: 同调代数与代数 K 理论。代数几何学从 20 世纪 50 年代以来已经完全改观。托姆的协边理论直接促成代数簇的黎曼–罗赫定理的产生, 后者又促使拓扑 K 理论的产生。现代代数几何学已完全使用上同调的语言, 代数数论与代数群也在此基础上取得许多重大成果, 包括有关不定方程整数解数目估计的韦伊猜想和莫德尔猜想的证明。

范畴与函子的概念是在概括代数拓扑的方法论时形成的。范畴论已深入数学基础、代数几何学等分支, 对拓扑学本身也有重要影响。近几十年来, 越来越多数学家和科学家把拓扑学的概念用于模拟或理解现实世界的结构和现象。拓扑学在许多自然科学和社会科学领域也有了广泛的应用, 并成了应用数学和数学的应用的一个重要组成部分。

在经济学方面, 冯·诺伊曼首先把不动点定理用于证明均衡的存在性。在现代数理经济学中, 对于经济的数学模型, 均衡的存在性、性质、计算等根本问题都离不开代数拓扑学、微分拓扑学和大范围分析的工具。拓扑学在信息理论、系统理论、对策论、规划论、网络论中也都有重要应用。在计算机科学领域中, 拓扑学被广泛应用于建模、网络分析、数据可视化等方面。

拓扑建模是一种三维数据建模方法, 它利用拓扑学的理论和应用技术来构建复杂的形状和结构。利用拓扑建模技术, 可以在相对短的时间内生成复杂的模型, 快速进行拓扑变换和形状优化等操作。这在工程、医学、地质勘探等行业中都有着广泛的应用。

拓扑学在网络分析中也有着广泛的应用。一个网络通常可以抽象为一个拓扑结构, 而拓扑结构的分析可以帮助我们更好地理解和优化网络的性能。例如, 拓扑结构分析可以用来发现网络中的关键节点和瓶颈、提高网络的灵活性和鲁棒性等。

拓扑学在数据可视化中也有着非常重要的应用。数据可视化是指将大量的数据转化为可视化的图形展示形式, 使人们可以更直观、更清晰地理解数据之间的关系和趋势。近二十年来发展起来的拓扑数据分析可以帮助我们将高维数据转化为低维的可视化对象, 从而可以更好地展示数据之间的联系与形状特征。

4. 本书的使用说明

本书主要介绍拓扑学这门课程的基础理论与核心内容和拓扑学的一些常见的基本应用。前四章介绍点集拓扑学的基本内容, 包括拓扑空间与连续映射 (第 1 章)、构造新空间 (第 2 章)、分离性与可数性 (第 3 章)、连通性与紧致性 (第 4 章)。第 5—9 章介绍代数拓扑学的基本理论, 包括同伦等价与基本群 (第 5 章)、紧致曲面的拓扑分类 (第 6 章)、覆叠空间的基本理论 (第 7 章)、单纯复形与单纯同调理论 (第 8, 9 章)。作为特色之一, 本书在前 9 章就注重各章基本理论的应用介绍, 在第 10 章搜集整理了拓扑学的基本理论 (前 9 章内容) 在数字图像处理、遗传工程、地理信息系统、机器人学、医学 (心脏搏动模型)、生物化学、化学、化学图论、经济学、电子线路设计等领域的一些常见和基本的应用案例, 供想了解拓扑学应用的读者选读。

拓扑学理论的一个特点是内容抽象、概念多, 关系盘根错节错综复杂。初学者常常会感到不知所云, 如在雾中, 不知在干什么, 既看不清来时的路, 也不知道下一步该如何走。如何学好拓扑学? 编者认为, 理解抽象的学科需要透彻理解具体的例子, 学懂主要定理的证明过程, 还需要静下心来认真做题。拓扑学中各种奇怪的例子特别多, 初学者可以先掌握其中最常见的例子, 例如: 度量诱导的拓扑、子空间的拓扑、离散拓扑、平庸拓扑、乘积拓扑、商拓扑。这几种拓扑一定要透彻理解, 每遇到新的概念、定理, 就可以联系这几种拓扑空间的例子把概念、定理具体化, 加强直观理解。

读者若带着问题去学习和思考, 通常会起到事半功倍的效果。建议读者在学习拓扑学的基本概念、定理和做练习时, 头脑中经常问一下下面这些问题, 并尝试回答: 能给出定义的等价说法吗? 能给出与书中不同的例子吗? 这个定理直观吗? 它看起来和我知道的另一个定理相似吗? 定理证明的关键在哪里? 能用不同的方法证明它吗? 定理中的条件是必要的吗? 如果去掉或换掉定理或练习中的一些条件, 它是否还正确? 久而久之坚持下来, 读者就会慢慢拨开重重迷雾, 豁然开朗, 清楚知道自己在做什么和向何处去, 如同移去盖楼时外面的脚手架, 就会知道楼盖到哪里了, 最后的目标是什么。

本书在设置习题上也有一些考虑。在广泛参考国内外的拓扑学教材的基础上, 结合编者学习、研究拓扑学的心得以及经验, 编者从学生学习拓扑学的实际训练需求出发, 搜集、整理了大量的习题, 还给出了一些原创的习题。这些习题比较全面地覆盖了书中涉及的基础概念和基本技巧训练, 少数习题涉及书中内容的延伸和拓扑学近年来的一些发展。

编者对所有习题进行了分类标注。标注分类主要从以下几个角度考量。一方面, 习题按难度大致可以分为初等难度、中等难度 (需要一定的技巧) 和具有一定挑战难度的习题 (包括少数开放题目, 需要读者自己给出结论), 分别用 E (Easy)、M (Middle) 和 D (Difficult) 标注。学生在掌握教材中的概念、方法和主要结论的情况下可以完成初等难度的习题。完成中等难度的习题需要学生掌握较高的技巧, 而完成挑战难度的习题则需要学生具有很高的数学水平和数学成熟度。此外, 对于有挑战难度的习题中难度较大或难度大的习题, 分别用 "∗" 和 "∗∗" 标注。另一方面, 即使对于同一难度的习题, 有的题目相对于其他题目更有价值, 更值得做。编者将这部分习题用 R (Recommend) 标注, 供教师在给学生布置作业时优先选用。还有一部分习题是为想真正学好、学会拓扑学, 或者有志于进一步研究拓扑学的学生准备的, 用 H (Highly Recommend) 标注。它们是教材正文的重要补充, 非常经典, 很多结论是几何拓扑领域的专家学者熟知和常用的。完成这些习题对于深入理解和掌握教材中相关内容和延伸内容中的重要技巧和方法都非常有帮助。

编者是初次尝试采用这种题目标注方法, 欢迎读者提供反馈意见。

本书配备了大量的图形, 用以帮助读者在学习拓扑学理论时直观地理解相关的概念或证明。

附录汇集了学习本书所需要的集合论和代数学的一些预备知识, 供读者需要时查询。

本书是为数学类专业基础较好的本科生 (拔尖班、强基班、基地班等学生) 编写的拓扑学入门教材, 也适用于数学类专业的普通本科生与研究生在学习拓扑学课程时酌情选择使用。对于对拓扑学及其应用感兴趣的其他专业的教师、研究生和科技工作者, 本书也可作为了解拓扑学基础理论与应用的参考手册。

针对不同学校对拓扑学课程的不同学时要求, 建议选择的学习内容如下:

学时 (学分)	学习内容
32(2)	第 1—4 章 (24 学时), 第 5.1 节、第 5.2 节 (8 学时)
48(3)	第 1—4 章 (24 学时), 第 5 章 (16 学时), 第 6 章 (8 学时)
64(4)	第 1—4 章 (24 学时), 第 5 章 (16 学时), 第 6 章 (8 学时), 第 7 章 (8 学时), 第 8 章 (8 学时)
80(5)	第 1—4 章 (24 学时), 第 5 章 (16 学时), 第 6 章 (8 学时), 第 7 章 (8 学时), 第 8 章 (8 学时), 第 9 章 (16 学时)

限于编者水平和编著时间紧迫, 本书恐怕仍有疏漏和不足之处, 编者完全承担责任。欢迎并感谢读者和有关专家对本书提出宝贵的评论和建议 (可通过电子邮件发送给编者), 以便有机会再版时修订、补充和完善。

雷逢春, 杨志青, 李凤玲
2024 年 7 月 20 日于大连

编者电子邮箱:

fclei@dlut.edu.cn

yangzhq@dlut.edu.cn

fenglingli@dlut.edu.cn

目 录

第 1 章

拓扑空间与连续映射

拓扑学是数学的一个分支, 其发展始于 19 世纪末. 在此之前多年, 数学家们就已经使用了开集的概念, 其中一个简单的例子是实直线上的开区间. 随着时间的推移, 人们意识到直线上的开集所拥有的许多属性可以适用于任何一个集合中的某些类型的子集. 最终, 开集的基本属性被提炼出来, 称一个集合中满足这种属性的全体开集构成的集族为拓扑, 称赋予拓扑的该集合为拓扑空间.

拓扑空间和它们之间的连续映射是拓扑学的主要研究对象. 本章将介绍拓扑空间和与拓扑结构密切相关的一些基本概念, 搭建拓扑空间的一些最基本的结构, 其中第 1.1 节介绍开集、闭集、邻域和拓扑子空间等概念和基本性质, 第 1.2 节介绍拓扑基、内部、聚点、闭包、边界和点列的收敛等概念和基本性质, 第 1.3 节介绍拓扑空间之间的连续映射、同胚映射、嵌入映射和拓扑 (不变) 性质等概念和基本性质.

1.1   拓扑空间

1.1.1   拓扑空间的定义

众所周知, 实直线上通常的开集对任意并运算和有限交运算封闭. 从这些属性出发可以给出一般拓扑空间的定义如下:

定义 1.1.1   设 X 为一个非空集合, $\mathcal{T}$ 是由 X 的若干子集构成的集族. 若 $\mathcal{T}$ 满足条件

(1) $X, \emptyset \in \mathcal{T}$;

(2) 对于 $\mathcal{T}$ 中的任意有限多个成员构成的集族 $\mathcal{U}$, $\bigcap\limits_{U \in \mathcal{U}} U \in \mathcal{T}$;

(3) 对于 $\mathcal{T}$ 中的任意成员构成的集族 $\mathcal{U}$, $\bigcup\limits_{U \in \mathcal{U}} U \in \mathcal{T}$,

则称 $\mathcal{T}$ 为 X 上的一个**拓扑**, 称 $(X, \mathcal{T})$ 为一个**拓扑空间**, 称 $\mathcal{T}$ 中的成员为拓扑 $\mathcal{T}$ 或拓扑空间 $(X, \mathcal{T})$ 的**开集**.

由定义即知, 集合 X 上的一个拓扑是由 X 的若干子集构成的集族, 该集族至少有两个成员: X 和空集 $\emptyset$, 并且该集族中的成员的任意有限交集和任意并集仍在该集族中.

通常也称拓扑定义中的条件 (1)—(3) 为**开集公理**. 显然, 其中条件 (2) 也可以换成如下等价的条件:

(2)′ $\mathcal{T}$ 中任意两个成员的交仍在 $\mathcal{T}$ 中.

注 1.1.1 构成拓扑空间有两个要素: 集合 X 和集合 X 上的满足开集公理的一个集族 $\mathcal{T}$. 拓扑空间是一个有序对 $(X,\mathcal{T})$, 有时称集合 X 连同 X 上的一个拓扑 $\mathcal{T}$ 为一个拓扑空间. 为简化表示, 我们常常称集合 X 为一个拓扑空间, 这时默认 X 上有一个确定的拓扑 $\mathcal{T}$.

例 1.1.1 设 X 为非空集合. 记 $\mathcal{T}_0 = \{X,\emptyset\}$, $\mathcal{T}_T = \{U \mid U \subset X\}$. 易见, $\mathcal{T}_0$ 和 $\mathcal{T}_T$ 都是 X 上的拓扑. 称 $\mathcal{T}_0$ 为 X 上的**平凡拓扑**, $(X,\mathcal{T}_0)$ 为**平凡拓扑空间**; 称 $\mathcal{T}_T$ 为 X 上的**离散拓扑**, $(X,\mathcal{T}_T)$ 为**离散拓扑空间**.

显然, 平凡拓扑是我们可以在 X 上定义的 "最小" 拓扑, 而离散拓扑则是我们可以在 X 上定义的 "最大" 拓扑.

例 1.1.2 设 X 为三点集 $\{a,b,c\}$. 下面的集族中哪些是 X 上的拓扑?

(1) $\mathcal{T}_1 = \{X,\emptyset,\{a\},\{a,b\}\}$;

(2) $\mathcal{T}_2 = \{X,\emptyset,\{a\},\{b\},\{a,b\}\}$;

(3) $\mathcal{T}_3 = \{X,\emptyset,\{a\},\{b\},\{a,b\},\{a,c\}\}$;

(4) $\mathcal{T}_4 = \{X,\emptyset,\{a\},\{b\},\{a,c\},\{b,c\}\}$;

(5) $\mathcal{T}_5 = \{X,\{a\},\{b\},\{a,b\}\}$;

(6) $\mathcal{T}_6 = \{\emptyset,\{a\},\{b\},\{a,b\}\}$.

可以直接验证, $\mathcal{T}_1$, $\mathcal{T}_2$ 和 $\mathcal{T}_3$ 都满足开集公理 (1)—(3), 故它们都是 X 上的拓扑. $\{a\}$ 和 $\{b\}$ 各自都在 $\mathcal{T}_4$ 中, 但它们的并集 $\{a,b\}$ 不在 $\mathcal{T}_4$ 中 (或 $\{a,c\}$ 和 $\{b,c\}$ 的交集 $\{c\}$ 不在 $\mathcal{T}_4$ 中), 故 $\mathcal{T}_4$ 不是 X 上的拓扑. $\emptyset$ 不在 $\mathcal{T}_5$ 中, X 不在 $\mathcal{T}_6$ 中, 故 $\mathcal{T}_5$ 和 $\mathcal{T}_6$ 都不是 X 上的拓扑.

我们熟悉通常的直线 (或平面) 上的开集, 如开区间 (或开圆盘) 是开集, 对这样的开集的外观会有一个直观的了解. 但如例 1.1.2 中的 (1)—(3) 所示, 拓扑空间中的开集并非总是有这样的直观. 下面的例子也说明了这一点.

例 1.1.3 设 X 为一个无限集合. 令

$$\mathcal{T}_{fc} = \{X - F \mid F \subset X, F \text{ 为有限子集}\} \cup \{\emptyset\}.$$

下面验证 $\mathcal{T}_{fc}$ 为拓扑:

(1) $\emptyset \in \mathcal{T}_{fc}$. X 是空集的补集, 故 $X \in \mathcal{T}$.

(2) 设 $U_1, U_2 \in \mathcal{T}_{fc}$. 如果 U_1, U_2 之一为空集, 则显然有 $U_1 \cap U_2 = \emptyset \in \mathcal{T}_{fc}$. 下面假设 $U_1, U_2 \neq \emptyset$, 则存在 X 的有限子集 F_1, F_2, 使得

$$U_1 = X - F_1, \quad U_2 = X - F_2.$$

由德摩根 (De Morgan) 法则,

$$U_1 \cap U_2 = (X - F_1) \cap (X - F_2) = X - (F_1 \cup F_2) \in \mathcal{T}_{fc}.$$

(3) 设 $\mathcal{U} \subset \mathcal{T}_{fc}$. 若 $\emptyset \in \mathcal{U}$, 则 $\bigcup\limits_{U \in \mathcal{U}-\{\emptyset\}} U = \bigcup\limits_{U \in \mathcal{U}} U$. 因此, 不妨假设每个 $U \in \mathcal{U}$ 非空,

从而存在有限子集 $F_U \subset X$, 使得 $U = X - F_U$. 注意到 $\bigcap\limits_{U \in \mathcal{U}} F_U$ 仍是一个有限集, 由德摩根法则,

$$\bigcup_{U \in \mathcal{U}} U = \bigcup_{U \in \mathcal{U}} (X - F_U) = X - \bigcap_{U \in \mathcal{U}} F_U \in \mathcal{T}_{fc}.$$

称 $\mathcal{T}_{fc}$ 为 X 上的**有限补拓扑**.

例 1.1.4　设 X 为不可数集. 令

$$\mathcal{T}_{cc} = \{X - C \mid C \text{ 为 } X \text{ 的可数子集}\} \cup \{\emptyset\},$$

则类似地可以验证, $\mathcal{T}_{cc}$ 为 X 上的一个拓扑, 其开集或是空集, 或是 X 的一个可数子集的补集. 称 $\mathcal{T}_{cc}$ 为 X 上的**可数补拓扑**.

取 X 为直线 $\mathbb{R}$, 我们现在已经在 X 上定义了四种不同的拓扑: 平凡拓扑 $\mathcal{T}_0$、有限补拓扑 $\mathcal{T}_{fc}$、可数补拓扑 $\mathcal{T}_{cc}$ 和离散拓扑 $\mathcal{T}_T$. 显然有 $\mathcal{T}_0 \subset \mathcal{T}_{fc} \subset \mathcal{T}_{cc} \subset \mathcal{T}_T$, 并且这里的每个包含都是真包含. 我们给出如下定义来说明两个拓扑的这种关系:

定义 1.1.2　设 X 是一个集合, $\mathcal{T}_1$ 和 $\mathcal{T}_2$ 是 X 上的两个拓扑. 若 $\mathcal{T}_1 \subset \mathcal{T}_2$, 则称 $\mathcal{T}_2$ 比 $\mathcal{T}_1$ **精细**, 或称 $\mathcal{T}_1$ 比 $\mathcal{T}_2$ **粗糙**. 若 $\mathcal{T}_1 \subset \mathcal{T}_2$ 但 $\mathcal{T}_1 \neq \mathcal{T}_2$ (即 $\mathcal{T}_1$ 真含于 $\mathcal{T}_2$), 则称 $\mathcal{T}_2$ 比 $\mathcal{T}_1$ **严格精细**, 也称 $\mathcal{T}_1$ 比 $\mathcal{T}_2$ **严格粗糙**.

X 上的平凡拓扑是最粗糙的拓扑, 有最少的开集 (X 和 $\emptyset$); X 上的离散拓扑有最多的开集 (X 的每个子集都是开集). 一般而言, 若 $\mathcal{T}_1$ 比 $\mathcal{T}_2$ 粗糙, 则 $\mathcal{T}_1$ 中的每个开集都可以表示成 $\mathcal{T}_2$ 中若干开集的并. 通常, 给定集合 X 上的两个拓扑无须具有可比性. 若 X 不是单点集, 很容易找到 X 上的两个拓扑 $\mathcal{T}_1$ 和 $\mathcal{T}_2$, 使得 $\mathcal{T}_1 \not\subset \mathcal{T}_2$ 且 $\mathcal{T}_2 \not\subset \mathcal{T}_1$, 因此这两个拓扑之间无法比较粗细.

邻域是拓扑空间中与开集密切相关的一个概念, 在后面涉及开集的讨论中几乎都要用到它.

定义 1.1.3　设 X 是一个拓扑空间, $x \in A \subset X$. 若存在 X 的开集 U, 使得 $x \in U \subset A \subset X$, 则称 A 是 x 的一个**邻域**. 特别地, 若 A 就是 X 的开集, 则称 A 是 x 的一个**开邻域** (图 1.1).

下面的定理 1.1.1 给出了开集用邻域来描述的一个等价条件:

定理 1.1.1　设 X 为拓扑空间, $A \subset X$, 则 A 在 X 中是开集当且仅当对每个 $x \in A$, 存在 x 的一个邻域 (或开邻域) U_x, 使得 $x \in U_x \subset A$.

证明　必要性显然. 反之, 假设对每个 $x \in A$, 存在 x 的一个邻域 V_x (从而存在 x 的一个开邻域 $U_x \subset V_x$), 使得 $x \in U_x \subset V_x \subset A$, 则

$$A = \bigcup_{x \in A} \{x\} \subset \bigcup_{x \in A} U_x \subset \bigcup_{x \in A} V_x \subset A,$$

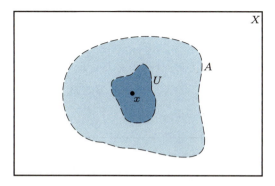

图 1.1　x 的邻域 A

从而 $A = \bigcup\limits_{x \in A} U_x$ 是 X 中的开集. □

上述定理为我们提供了将一个开集用邻域来直观描述的等价条件, 即若一个子集中的每个点都有含于该子集的邻域, 则该子集是开集.

与开集密切相关的另一类常见子集是闭集.

定义 1.1.4　设 X 为一个拓扑空间, $A \subset X$. 若 $X - A$ 为开集, 则称 A 为**闭集**.

由闭集的定义可知, 一个闭集的补集是开集.

例 1.1.5　设 X 为离散拓扑空间, 则 X 的每个子集 A 是开集, $X - A$ 也是开集, 从而 $A = X - (X - A)$ 也是闭集.

例 1.1.6　设 $X = \{a, b, c, d\}$, $\mathcal{T} = \{X, \emptyset, \{a, b\}, \{b\}, \{b, c, d\}, \{c, d\}\}$, 则 $\mathcal{T}$ 是拓扑, $\{b\}$ 是开集但不是闭集, $\{a\}$ 是闭集但不是开集, $\{a, b\}$ 既是开集也是闭集, $\{b, c\}$ 既不是开集也不是闭集.

定理 1.1.2　设 $(X, \mathcal{T})$ 是拓扑空间, 用 $\mathcal{F}$ 表示 X 中所有闭集构成的子集族, 则下列性质成立:

(1) $X, \emptyset \in \mathcal{F}$;

(2) $\mathcal{F}$ 中任意多个成员的交集仍在 $\mathcal{F}$ 中;

(3) $\mathcal{F}$ 中有限多个成员的并集仍在 $\mathcal{F}$ 中.

证明由德摩根法则立即可得.

上述定理中的 (1)—(3) 统称为**闭集公理**. 显然, 也可以从闭集公理出发来定义拓扑和拓扑空间.

1.1.2　拓扑基

在前面所有拓扑空间的例子中, 我们能够确定整个开集的集合 (即拓扑). 一般这很难做到, 所以通常我们从满足一定条件的一个较小的开集集合 (称为基) 出发, 按一定方式生成其余的开集. 下面是拓扑基的定义.

定义 1.1.5 设 X 是一个集合, $\mathcal{B}$ 是由 X 的若干非空子集构成的集合. 若 $\mathcal{B}$ 满足条件

(1) 对于任意 $x \in X$, 存在 $B \in \mathcal{B}$, 使得 $x \in B \in \mathcal{B}$;

(2) 如果 $B_1, B_2 \in \mathcal{B}$ 且 $x \in B_1 \cap B_2$, 则存在 $B \in \mathcal{B}$, 使得 $x \in B \subset B_1 \cap B_2$,

则称 $\mathcal{B}$ 是 X 上的一个**拓扑基** (图 1.2).

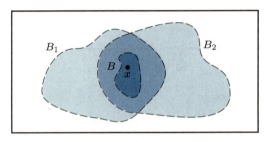

图 1.2 拓扑基的特性

设 $\mathcal{B}$ 是 X 上的拓扑基, 令

$$\mathcal{T} = \left\{ U = \bigcup_{B \in \mathcal{U}} B \,\middle|\, \mathcal{U} \subset \mathcal{B} \right\},$$

则可以验证 $\mathcal{T}$ 是 X 上的拓扑:

(1) 显然, $\emptyset \in \mathcal{T}$. 由基的定义, 对于任意 $x \in X$, 存在 $B_x \in \mathcal{B}$, 使得 $x \in B_x \in \mathcal{B}$, 故 $X = \bigcup_{x \in X} B_x \in \mathcal{T}$.

(2) 任取 $B_1, B_2 \in \mathcal{B}$, 若 $B_1 \cap B_2 = B \neq \emptyset$, 则对于任意 $x \in B$, 存在 $B_x \in \mathcal{B}$, 使得 $x \in B_x \subset B$, 故 $B = \bigcup_{x \in B} B_x \in \mathcal{T}$.

任取 $U_1, U_2 \in \mathcal{T}$, 存在 $\mathcal{U}_1, \mathcal{U}_2 \subset \mathcal{B}$, 使得

$$U_1 = \bigcup_{B_1 \in \mathcal{U}_1} B_1, \quad U_2 = \bigcup_{B_2 \in \mathcal{U}_2} B_2.$$

这样就有

$$U_1 \cap U_2 = \left(\bigcup_{B_1 \in \mathcal{U}_1} B_1 \right) \cap \left(\bigcup_{B_2 \in \mathcal{U}_2} B_2 \right) = \bigcup_{B_1 \in \mathcal{U}_1, B_2 \in \mathcal{U}_2} B_1 \cap B_2 \in \mathcal{T}.$$

(3) 对于任意 $\mathcal{U} \subset \mathcal{T}$ 和任意 $U \in \mathcal{U}$, 存在 $\mathcal{B}_U \subset \mathcal{B}$, 使得 $U = \bigcup_{B \in \mathcal{B}_U} B$. 这样就有

$$\bigcup_{U \in \mathcal{U}} U = \bigcup_{U \in \mathcal{U}} \bigcup_{B \in \mathcal{B}_U} B = \bigcup_{B \in \bigcup_{U \in \mathcal{U}} \mathcal{B}_U} B \in \mathcal{T}.$$

由上可知, $\mathcal{T}$ 是 X 上的拓扑. 这里, 拓扑基的条件 (1) 蕴含 $X = \bigcup\limits_{B \in \mathcal{B}} B \in \mathcal{T}$, 条件 (2) 蕴含 $\mathcal{T}$ 满足开集公理 (2) 和 (3).

定义 1.1.6　设 X 是一个非空集合, $\mathcal{B}$ 是 X 上的拓扑基, 则称

$$\mathcal{T}_{\mathcal{B}} = \left\{ U = \bigcup_{B \in \mathcal{U}} B \;\middle|\; \mathcal{U} \subset \mathcal{B} \right\}$$

是由拓扑基 $\mathcal{B}$ 生成的 X 上的拓扑.

由定义即知, 拓扑基不仅可以生成拓扑, 而且拓扑基中的每个成员本身也是由基所生成的拓扑中的开集. 当然, 一个拓扑本身也是一个拓扑基, 它就生成它自己.

例 1.1.7　设 X 为非空集合. 令 $\mathcal{B} = \{\{x\} \mid x \in X\}$, 则容易验证, $\mathcal{B}$ 是 X 上的一个拓扑基, 它所生成的拓扑就是 X 上的离散拓扑. 生成 X 上的平凡拓扑的基只能是 $\{X\}$.

例 1.1.8　(1) 在直线 $\mathbb{R}$ 上, 令 $\mathcal{B} = \{(a,b) \mid a, b \in \mathbb{R}, a < b\}$, 则容易验证, $\mathcal{B}$ 是 $\mathbb{R}$ 上的一个拓扑基, 它所生成的拓扑就是直线 $\mathbb{R}$ 上的通常拓扑, 也称为**标准拓扑**, 或**欧氏 (Euclid) 拓扑**. $\mathbb{R}$ 上标准拓扑中的每个开集都是 $\mathbb{R}$ 上一些开区间的并. 当我们将 $\mathbb{R}$ 称为拓扑空间时, 将始终暗含其拓扑就是标准拓扑, 除非另有说明.

(2) 在直线 $\mathbb{R}$ 上, 令 $\mathcal{B} = \{[a,b) \mid a, b \in \mathbb{R}, a < b\}$, 则容易验证, $\mathcal{B}$ 是 $\mathbb{R}$ 上的一个拓扑基, 它所生成的拓扑称为 $\mathbb{R}$ 上的**下极限拓扑** (名称来自每个基元素包含它的下极限), 并记作 $\mathbb{R}_l$. 在 $\mathbb{R}_l$ 中, $[0,2)$ 是基中元素, 从而是开集; $(0,2)$ 也是开集, 这是因为 $(0,2) = \bigcup\limits_{i \in \mathbb{N}_+} \left[\dfrac{1}{i}, 2 \right)$.

(3) 类似地, 我们可以用基 $\mathcal{B} = \{(a,b] \mid a, b \in \mathbb{R}, a < b\}$ 来定义 $\mathbb{R}$ 上的**上极限拓扑**.

例 1.1.9　设 $\mathbb{Z}$ 为整数集合. 令

$$B(n) = \begin{cases} \{n\}, & n \text{ 为奇数}, \\ \{n-1, n, n+1\}, & n \text{ 为偶数}, \end{cases}$$

并记 $\mathcal{B} = \{B(n) \mid n \in \mathbb{Z}\}$, 如图 1.3 所示, 则容易验证, $\mathcal{B}$ 是 $\mathbb{Z}$ 上的一个拓扑基, 它所生成的拓扑就称为 $\mathbb{Z}$ 上的**数字线拓扑**.

图 1.3　数字线拓扑的基成员

数字线拓扑空间中每个奇数单点集是开集, 每个偶数的最小邻域由该偶数和与它相邻的左右两个奇数构成. 这样的特性使得数字线拓扑及其推广 (数字空间拓扑) 在处理数

字图像问题时发挥了重要的作用, 参见第 10 章.

由拓扑基的定义可直接得到下面两个定理:

定理 1.1.3　设 X 为非空集合, $\mathcal{T}_\mathcal{B}$ 是由 X 上的一个拓扑基 $\mathcal{B}$ 生成的拓扑, 则 $U \subset X$ 是这个拓扑空间中的开集当且仅当对任意 $x \in U$, 存在 $B_x \in \mathcal{B}$, 使得 $x \in B_x \subset U$.

定理 1.1.4　设 $(X, \mathcal{T})$ 为一个拓扑空间, $\mathcal{B} \subset \mathcal{T}$, 则 $\mathcal{B}$ 是生成拓扑 $\mathcal{T}$ 的一个拓扑基当且仅当

(1) $X = \bigcup\limits_{B \in \mathcal{B}} B$;

(2) 对于 $U \in \mathcal{T}$ 和任意 $x \in U$, 存在 $B_x \in \mathcal{B}$, 使得 $x \in B_x \subset U$.

定理 1.1.3 给出了由 X 上的一个拓扑基生成的拓扑中开集的特征描述. 给定一个拓扑 $\mathcal{T}$ 和一个开集族 $\mathcal{B} \subset \mathcal{T}$, 定理 1.1.4 则给出确定 $\mathcal{B}$ 是 $\mathcal{T}$ 的一个拓扑基的判定条件.

回想对于平面 $\mathbb{R}^2$ 上的两点 $p = (p_1, p_2)$ 和 $q = (q_1, q_2)$, 其欧氏距离定义为 $d(p, q) = \sqrt{(p_1 - q_1)^2 + (p_2 - q_2)^2}$. 对于任意 $x \in \mathbb{R}^2$ 和 $\varepsilon > 0$, 令 $B(x, \varepsilon) = \{p \in \mathbb{R}^2 \mid d(x, p) < \varepsilon\}$, 称之为**以 x 为圆心、ε 为半径的开圆盘**. 每个开圆盘都有如下的性质:

命题 1.1.1　设 $y \in \mathbb{R}^2, r > 0$, 则对任意 $x \in B(y, r)$, 存在 $\varepsilon > 0$, 使得 $B(x, \varepsilon) \subset B(y, r)$.

证明　由 $x \in B(y, r)$, 可知 $d(x, y) < r$. 取 $\varepsilon \in (0, r - d(x, y))$, 则对于任意 $z \in B(x, \varepsilon)$,

$$d(z, y) \leqslant d(z, x) + d(x, y) < \varepsilon + d(x, y)$$
$$< r - d(x, y) + d(x, y) = r,$$

从而 $B(x, \varepsilon) \subset B(y, r)$, 参见图 1.4. □

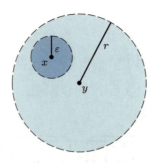

图 1.4　开圆盘的性质

定理 1.1.5　$\mathcal{B} = \{B(x, \varepsilon) \mid x \in \mathbb{R}^2, \varepsilon > 0\}$ 是平面 $\mathbb{R}^2$ 的一个拓扑基.

证明　任意 $x \in \mathbb{R}^2$, $x \in B(x, 1) \in \mathcal{B}$, 故基的第一个条件满足.

设 $p, q \in \mathbb{R}^2$, $x \in B(p, r_1) \cap B(q, r_2)$. 由命题 1.1.1, 存在 $\varepsilon_1, \varepsilon_2 > 0$, 使得 $B(x, \varepsilon_1) \subset B(p, r_1)$, $B(x, \varepsilon_2) \subset B(q, r_2)$. 取 $\varepsilon = \min\{\varepsilon_1, \varepsilon_2\}$, 则

$$B(x,\varepsilon) \subset B(x,\varepsilon_1) \cap B(x,\varepsilon_2) \subset B(p,r_1) \cap B(q,r_2),$$

故基的第二个条件也满足. 这样, $\mathcal{B} = \{B(x,\varepsilon) \mid x \in \mathbb{R}^2, \varepsilon > 0\}$ 是平面 $\mathbb{R}^2$ 的一个拓扑基.

$\square$

定理 1.1.5 中的拓扑基所生成的拓扑就是平面 $\mathbb{R}^2$ 上的通常拓扑, 也称为平面的**标准拓扑或欧氏拓扑**. 可类似地证明下面的定理:

定理 1.1.6 对于平面 $\mathbb{R}^2$, 令 $\mathcal{B}' = \{(a,b) \times (c,d) \mid a,b,c,d \in \mathbb{R}, a < b, c < d\}$, 则 $\mathcal{B}'$ 是平面 $\mathbb{R}^2$ 的一个拓扑基, 它也生成平面的标准拓扑.

定理 1.1.5 和定理 1.1.6 表明, 一个给定拓扑可以由多个不同的基生成. 此外, 它们说明了基元素的几何形状在确定拓扑中的开集方面并不重要. 具体而言, 平面上的由开圆盘构成的基与由开矩形构成的基生成的拓扑相同. 我们也可以通过一组开菱形甚至是开心形构成的基来生成相同的拓扑, 如图 1.5 所示.

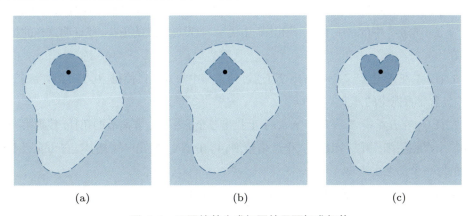

图 **1.5** 不同的基生成相同的平面标准拓扑

与平面 $\mathbb{R}^2$ 的情形完全类似, 对于 n 维欧氏空间 $\mathbb{R}^n$ 中的任意两点 $p = (p_1,\cdots,p_n)$ 和 $q = (q_1,\cdots,q_n)$, 其欧氏距离定义为

$$d(p,q) = \sqrt{(p_1 - q_1)^2 + \cdots + (p_n - q_n)^2}.$$

对于任意 $x \in \mathbb{R}^n$ 和 $\varepsilon > 0$, 令 $B(x,\varepsilon) = \{p \in \mathbb{R}^n \mid d(x,p) < \varepsilon\}$, 称之为**以 x 为心、ε 为半径的开球**. 令

$$\mathcal{B} = \{B(x,\varepsilon) \mid x \in \mathbb{R}^n, \varepsilon > 0\},$$
$$\mathcal{B}' = \{(a_1,b_1) \times \cdots \times (a_n,b_n) \mid a_i, b_i \in \mathbb{R}, a_i < b_i, 1 \leqslant i \leqslant n\}.$$

定理 1.1.7 $\mathcal{B}$ 和 $\mathcal{B}'$ 都是 $\mathbb{R}^n$ 的拓扑基, 且它们生成 $\mathbb{R}^n$ 的相同的拓扑, 称之为 $\mathbb{R}^n$ 的**标准拓扑**.

以后提到欧氏空间 $\mathbb{R}^n$, 其拓扑均默认为标准拓扑.

习题 1.1

1. (ER) 令 $X=\{a,b,c,d\}$. 判定以下它的哪一个子集族是 X 上的拓扑, 并说明理由:

(1) $\emptyset, X, \{a\}, \{b\}, \{a,c\}, \{a,b,c\}, \{a,b\}$;

(2) $\emptyset, X, \{a\}, \{b\}, \{a,b\}, \{b,d\}$;

(3) $\emptyset, X, \{a,c,d\}, \{b,c,d\}$.

2. (E) 令 Ω 是由空集和 $\mathbb{R}$ 的所有无限子集构成的集族. Ω 是 $\mathbb{R}$ 上的拓扑吗?

3. (E) 设 X 为集合, $p \in X$. 令 $\mathcal{T}=\{X,\emptyset\}\cup\{U\subset X\mid p\in U\}$. 证明 $\mathcal{T}$ 是 X 上的拓扑. 称此拓扑为 X 上的特定点拓扑.

4. (E) 设 X 为集合, $p \in X$. 令 $\mathcal{T}=\{X,\emptyset\}\cup\{U\subset X\mid p\notin U\}$. 证明 $\mathcal{T}$ 是 X 上的拓扑. 称此拓扑为 X 上的排除点拓扑.

5. (ER) 在三点集 $X=\{a,b,c\}$ 上, 平凡拓扑有两个开集, 离散拓扑有八个开集. 对于 $n=3,4,5,6,7$ 中的每一个数, 找出 X 上由 n 个开集组成的拓扑, 或证明这样的拓扑不存在.

6. (ER) 在 $\mathbb{R}$ 上定义一个拓扑 $\mathcal{T}$ (通过列出其中的开集), 使得 $(0,2),(1,3)\in\mathcal{T}$, 并且 $\mathcal{T}$ 包含尽可能少的开集.

7. (ER) 在五点集 $X=\{a,b,c,d,e\}$ 上找出三个非平凡、非离散的拓扑, 使得第一个比第二个严格精细, 第二个比第三个严格精细. 再在 X 上找出一个拓扑, 它和前三个拓扑中的每一个都无法比较.

8. (E) 证明在 $\mathbb{R}$ 的下极限拓扑空间中, $[a,b)$ 是闭集.

9. (MR) 确定下列哪些子集是直线 $\mathbb{R}$ 的下极限拓扑 $\mathbb{R}_l$ 的开集, 并证明之:

$$A=[1,2), \quad B=\{3\}, \quad C=[4,5], \quad D=(6,7), \quad E=(8,9].$$

10. (ER) 设 X 是拓扑空间, $U\subset X$ 是开集, $F\subset X$ 是闭集. 证明 $U-F$ 是开集, $F-U$ 是闭集.

11. (E) 证明在 $\mathbb{Z}$ 的数字线拓扑空间中, $\{n\}$ 是闭集当且仅当 n 是偶数.

12. (E) 把 $\mathbb{R}^1$ 看作 $\mathbb{R}^2$ 的 x 轴, 采用标准拓扑, 证明在 $\mathbb{R}^1$ 和 $\mathbb{R}^2$ 中均是开集的集合只有 $\emptyset$.

13. 确定下列 $\mathbb{R}$ 的子集族哪些是 $\mathbb{R}$ 上一个拓扑的基:

(1) (E) $\mathcal{B}_1=\{(n,n+2)\subset\mathbb{R}\mid n\in\mathbb{Z}\}$;

(2) (ER) $\mathcal{B}_2=\{[a,b]\subset\mathbb{R}\mid a<b\}$;

(3) (ER) $\mathcal{B}_3=\{[a,b]\subset\mathbb{R}\mid a\leqslant b\}$;

(4) (ER) $\mathcal{B}_4=\{(-x,x)\subset\mathbb{R}\mid 0<x\in\mathbb{R}\}$;

(5) (ER) $\mathcal{B}_5=\{(a,b)\cup\{b+1\}\subset\mathbb{R}\mid a<b\}$.

14. (ER) 设 $\mathbb{Q}=\{q\in\mathbb{R}\mid q$ 为有理数$\}$. 证明 $\{(a,b)\mid a,b\in\mathbb{Q},a<b\}$ 是通常直线拓

扑的一个基.

15. (DRH) 设 $A \subset \mathbb{R}$. 若 A 含有一个形如 $\{a, a+b, \cdots, a+(n-1)b\}$ 的子集, 其中 $b \neq 0$, 则称 A 包含一个长度为 n 的算术级数. 考虑正整数集 $\mathbb{N}_+$ 的一个子集 F 的如下性质: $\exists n \in \mathbb{N}_+$, 使得 F 不包含长度为 n 的算术级数. 证明: 存在 $\mathbb{N}_+$ 上的一个拓扑, 使得有上面性质的 $\mathbb{N}_+$ 的子集和 $\mathbb{N}_+$ 本身能构成这个拓扑的一个闭子集族.

注　在求解上面问题的过程中, 可能需要用到组合数学的**范德瓦尔登 (van der Waerden) 定理**: $\forall n \in \mathbb{N}_+$, 存在 $N \in \mathbb{N}_+$, 使得对于 $\{1, 2, \cdots, N\}$ 的每一个子集 A, A 与 $\{1, 2, \cdots, N\} \setminus A$ 这两个集合中至少有一个含有长度为 n 的算术级数.

16. (DRH*) 证明:

(1) 所有由正整数组成的 (无穷) 算术级数构成了 $\mathbb{N}_+$ 上某一个拓扑的拓扑基;

(2) 用这个拓扑来证明由所有素数组成的集合是无限集. (提示: 反证法. 证明集合 $\{1\}$ 是开集, 另一方面, 它不可能是开集, 从而矛盾.)

注　习题前标注字母的含义见前言, 后同.

1.2　内部、闭包、边界与拓扑子空间

1.2.1　内部、闭包和边界

拓扑空间的任意给定的子集 A 可能既不是开集也不是闭集. 但是, 与 A 密切关联的相关开集或闭集通常是很有用的. 特别地, 考虑含于 A 的最大开集和包含 A 的最小闭集, 它们分别是 A 的内部和 A 的闭包.

定义 1.2.1　设 X 为一个拓扑空间, $A \subset X$.

(1) 令 $\mathrm{Int}(A)$ 是含于 A 的所有开集的并, 称之为 A 的**内部**. $\mathrm{Int}(A)$ 中的点也称为 A 的**内点**.

(2) 令 $\mathrm{Cl}(A)$ 是包含 A 的所有闭集的交, 称之为 A 的**闭包**.

下面是内部和闭包的基本性质:

定理 1.2.1　设 X 为一个拓扑空间, $A, B \subset X$.

(1) A 的内部是含于 A 的最大开集; A 的闭包是包含 A 的最小闭集;

(2) $\mathrm{Int}(A) \subset A \subset \mathrm{Cl}(A)$;

(3) $x \in \mathrm{Int}(A)$ 当且仅当存在 x 的邻域 U, 使得 $U \subset A$;

(4) A 是开集当且仅当 $A = \mathrm{Int}(A)$; A 是闭集当且仅当 $A = \mathrm{Cl}(A)$;

(5) 若 $A \subset B$, 则 $\mathrm{Int}(A) \subset \mathrm{Int}(B)$, $\mathrm{Cl}(A) \subset \mathrm{Cl}(B)$;

(6) $x \in \mathrm{Cl}(A)$ 当且仅当对 x 的每一个开邻域 (或邻域)U, $U \cap A \neq \emptyset$.

证明 由定义直接可得 (1)—(5). 下面只证 (6).

"⇒". 设 $x \in \mathrm{Cl}(A)$. 若存在 x 的一个开邻域 U, 使得 $U \cap A = \emptyset$, 则 $A \subset X - U$, 从而 $\mathrm{Cl}(A) \subset \mathrm{Cl}(X - U) = X - U$, 矛盾.

"⇐". 假设对 x 的每一个开邻域 U, $U \cap A \neq \emptyset$. 若 $x \notin \mathrm{Cl}(A)$, 则 $x \in X - \mathrm{Cl}(A) \overset{\mathrm{def}}{=\!=\!=} V$, 由 (1), V 为开集, 故 V 是 x 的开邻域, 从而由假设, $V \cap A \neq \emptyset$. 但显然有 $V \cap \mathrm{Cl}(A) = \emptyset$, $A \subset \mathrm{Cl}(A)$, 故 $V \cap A = \emptyset$, 矛盾. 故 $x \in \mathrm{Cl}(A)$. □

定理 1.2.1 的 (3) 和 (6) 分别给出了子集 A 的内部中的点和闭包中的点的特征描述.

例 1.2.1 (1) 设 $\mathbb{R}$ 为欧氏直线, $A = [0,1)$, 则 $\mathrm{Int}(A) = (0,1)$, $\mathrm{Cl}(A) = [0,1]$.

(2) 设 $\mathbb{R}$ 为离散拓扑空间, $A = [0,1)$, 则 $\mathrm{Int}(A) = A = \mathrm{Cl}(A)$.

(3) 设 $\mathbb{R}$ 为有限补拓扑空间, $A = [0,1)$. 因 $\mathbb{R}$ 的每个非空开集均为从 $\mathbb{R}$ 上挖除有限多个点所得的子集, 它不能含于 A, 故 $\mathrm{Int}(A) = \emptyset$.

设 F 是包含 A 的闭集. 注意到若 F 不是整个 $\mathbb{R}$, 则 F 必为有限集, 此时 F 不能包含 A, 故 F 只能是 $\mathbb{R}$. 从而 $\mathrm{Cl}(A) = \mathbb{R}$.

(4) 设 $\mathbb{R}$ 为下极限拓扑空间, $A = [0,1)$. 因 A 是开集, 故 $\mathrm{Int}(A) = A$.

注意到 A 的补集 $\mathbb{R} - [0,1) = (-\infty, 0) \cup [1, \infty)$ 仍为下极限拓扑空间 $\mathbb{R}$ 中的开集, 故 A 也是闭集. 从而 $\mathrm{Cl}(A) = A$.

从以上例子可以看到, 拓扑空间中一个子集的内部和闭包不仅依赖于该子集, 还依赖于整个空间的拓扑.

例 1.2.2 设 $\mathbb{R}$ 为欧氏直线, $A = \mathbb{Q}$ 为有理数集合. 因 $\mathbb{R}$ 的任何非空开集 U 中都包含无理数, 故 $U \not\subset A$, 从而 $\mathrm{Int}(A) = \emptyset$.

设 F 是一个闭集, $F \supset A$, 则 $\mathbb{R} - F \subset \mathbb{R} - A$. F 的补集 $\mathbb{R} - F$ 是欧氏直线 $\mathbb{R}$ 上的开集. 若 $\mathbb{R} - F \neq \emptyset$, 则 $\mathbb{R} - F$ 为 $\mathbb{R}$ 上若干开区间的并, 但每个开区间均包含 A 中元素, $(\mathbb{R} - F) \cap A \neq \emptyset$, 这样就与 $\mathbb{R} - F \subset \mathbb{R} - A$ 矛盾. 故只能是 $\mathbb{R} - F = \emptyset$, 即 $\mathbb{R} = F$, $\mathrm{Cl}(A) = \mathbb{R}$.

定义 1.2.2 设 X 为一个拓扑空间, $A \subset X$. 若 $\mathrm{Cl}(A) = X$, 则称 A 在 X 中是**稠密的**, 或称 A 是 X 的一个**稠密子集**.

这样, 在欧氏直线 $\mathbb{R}$ 上, $\mathbb{Q}$ 是稠密的. 容易验证, $\mathbb{R}$ 上有限补拓扑空间中的每个无限子集都是稠密子集.

下列定理给出了内部与闭包之间的关系:

定理 1.2.2 设 X 是一个拓扑空间, $A, B \subset X$, 则下列陈述成立:

(1) $\mathrm{Int}(X - A) = X - \mathrm{Cl}(A)$;

(2) $\mathrm{Cl}(X - A) = X - \mathrm{Int}(A)$;

(3) $\mathrm{Int}(A) \cup \mathrm{Int}(B) \subset \mathrm{Int}(A \cup B)$;

(4) $\mathrm{Int}(A) \cap \mathrm{Int}(B) = \mathrm{Int}(A \cap B)$.

证明 (1)

$$x \in \mathrm{Int}(X - A) \Leftrightarrow 存在\ x\ 的一个开邻域\ U,\ 使得\ U \subset X - A$$
$$\Leftrightarrow U \cap A = \emptyset$$
$$\Leftrightarrow x \notin \mathrm{Cl}(A)$$
$$\Leftrightarrow x \in X - \mathrm{Cl}(A).$$

(2)

$$x \in \mathrm{Cl}(X - A) \Leftrightarrow 对\ x\ 的每个开邻域\ U,\ U \cap (X - A) \neq \emptyset$$
$$\Leftrightarrow U \not\subset A$$
$$\Leftrightarrow x \notin \mathrm{Int}(A)$$
$$\Leftrightarrow x \in X - \mathrm{Int}(A).$$

(3) $A \subset A \cup B$, $B \subset A \cup B$, 故

$$\mathrm{Int}(A) \subset \mathrm{Int}(A \cup B), \quad \mathrm{Int}(B) \subset \mathrm{Int}(A \cup B),$$

从而 $\mathrm{Int}(A) \cup \mathrm{Int}(B) \subset \mathrm{Int}(A \cup B)$.

(4) $A \cap B \subset A$, $A \cap B \subset B$, 故

$$\mathrm{Int}(A \cap B) \subset \mathrm{Int}(A), \quad \mathrm{Int}(A \cap B) \subset \mathrm{Int}(B),$$

从而 $\mathrm{Int}(A \cap B) \subset \mathrm{Int}(A) \cap \mathrm{Int}(B)$.

反之, 设 $x \in \mathrm{Int}(A) \cap \mathrm{Int}(B)$, 则存在 x 的两个开邻域 U, V, 使得 $U \subset A$, $V \subset B$, 故 $x \in U \cap V \subset A \cap B$, 从而 $x \in \mathrm{Int}(A \cap B)$. 这样, $\mathrm{Int}(A \cap B) \supset \mathrm{Int}(A) \cap \mathrm{Int}(B)$. 等式成立. □

定理 1.2.2(3) 中反包含关系一般不成立, 反例如下: 在欧氏直线 $\mathbb{R}$ 上, $A = [-1, 0]$, $B = [0, 1]$, 则 $\mathrm{Int}(A) = (-1, 0)$, $\mathrm{Int}(B) = (0, 1)$,

$$\mathrm{Int}(A \cup B) = \mathrm{Int}([-1, 1]) = (-1, 1) \neq \mathrm{Int}(A) \cup \mathrm{Int}(B).$$

例 1.2.3 在欧氏直线 $\mathbb{R}$ 上, 令 $A = \mathbb{R} - \mathbb{Q}$ 为所有无理数集合. 从例 1.2.2 已知 $\mathrm{Int}(\mathbb{Q}) = \emptyset$. 由定理 1.2.2(2),

$$\mathrm{Cl}(A) = \mathrm{Cl}(\mathbb{R} - \mathbb{Q}) = \mathbb{R} - \mathrm{Int}(\mathbb{Q}) = \mathbb{R},$$

从而 A 也是稠密子集.

下面将欧氏空间中的极限点概念推广到拓扑空间中.

定义 1.2.3 设 X 是一个拓扑空间, $A \subset X$, $x \in X$. 若对于 x 的每个邻域 U_x, $U_x \cap (A - \{x\}) \neq \emptyset$, 则称 x 为 A 的一个**极限点** (或**聚点**). A 的所有极限点集合记作 A', 称为 A 的**导集**.

注意, 由定义, A 的一个极限点可以在 A 中, 也可以不在 A 中, 但总在 $\mathrm{Cl}(A)$ 中; x 永远不是 $\{x\}$ 的极限点.

例 1.2.4 设 $\mathbb{R}$ 为标准直线.

(1) 令 $A = \left\{ \dfrac{1}{n} \in \mathbb{R} \mid n \in \mathbb{Z} - \{0\} \right\}$, 易见 0 是 A 的一个极限点, 且是 A 的唯一的极限点, 即 $A' = \{0\}$.

(2) 令 $A = (0, 1]$. 容易验证, $A' = [0, 1]$.

(3) 令 $\mathbb{Q}$ 为所有有理数构成的子集. 容易验证, $\mathbb{Q}' = \mathbb{R}$, $(\mathbb{R} - \mathbb{Q})' = \mathbb{R}$.

极限点提供了寻找一个子集的闭包的另外一种方式.

定理 1.2.3 设 X 是一个拓扑空间, $A \subset X$, 则 $\mathrm{Cl}(A) = A \cup A'$.

证明 我们将证明 $\mathrm{Cl}(A) \supset A \cup A'$ 和 $\mathrm{Cl}(A) \subset A \cup A'$.

已知 $A \subset \mathrm{Cl}(A)$, 下证 $A' \subset \mathrm{Cl}(A)$. $\forall x \in A'$, 对 x 的任意开邻域 U_x, $U_x \cap (A - \{x\}) \neq \emptyset$, 而 $U_x \cap (A - \{x\}) \subset U_x \cap A$, 故 $U_x \cap A \neq \emptyset$. 从而, $x \in \mathrm{Cl}(A)$. 这样就有 $A' \subset \mathrm{Cl}(A)$, $A \cup A' \subset \mathrm{Cl}(A)$.

反之, $\forall x \in \mathrm{Cl}(A)$, 若 $x \in A$, 则 $x \in A \cup A'$. 下面假设 $x \notin A$. 因为 $x \in \mathrm{Cl}(A)$, 所以对 x 的任意开邻域 U_x, $U_x \cap A \neq \emptyset$. 因 $x \notin A$, 故

$$U_x \cap (A - \{x\}) = U_x \cap A \neq \emptyset.$$

从而, $x \in A'$. 这样就有 $\mathrm{Cl}(A) \subset A \cup A'$. □

推论 1.2.1 设 X 是一个拓扑空间, $A \subset X$, 则 A 是闭集当且仅当 $A' \subset A$.

证明 A 是闭集 $\Leftrightarrow \mathrm{Cl}(A) = A \Leftrightarrow A \cup A' = A \Leftrightarrow A' \subset A$. □

例 1.2.5 在标准平面 $\mathbb{R}^2$ 上, 令

$$C = \{(x, 0) \in \mathbb{R}^2 \mid 0 \leqslant x \leqslant 1\} \cup \bigcup_{n \in \mathbb{Z}_+} \left\{ \left(\dfrac{1}{n}, y \right) \in \mathbb{R}^2 \,\middle|\, 0 \leqslant y \leqslant \dfrac{1}{2} \right\},$$

$$Y = \left\{ (0, y) \in \mathbb{R}^2 \,\middle|\, 0 \leqslant y \leqslant \dfrac{1}{2} \right\},$$

则容易验证, $Y \subset C'$, 且 $\mathrm{Cl}(C) = C \cup Y$. 也称 C 为**拓扑梳子**, 如图 1.6 所示.

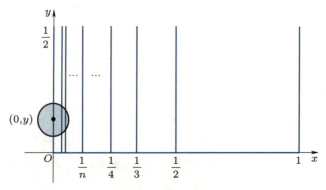

图 1.6 拓扑梳子

与极限点概念密切相关的一个概念就是点列的收敛性.

定义 1.2.4 设 X 是一个拓扑空间, $\{x_1, \cdots, x_n, \cdots\}$ 是 X 中一个点列, $x \in X$. 若对于 x 的每个邻域 (或等价地, 开邻域) U, 存在 $N \in \mathbb{N}_+$, 使得 $n \geqslant N$ 时, $x_n \in U$, 则称点列 $\{x_1, \cdots, x_n, \cdots\}$ **收敛到** x (或称 x 是该点列的一个**极限**), 记作 $\lim\limits_{n \to \infty} x_n = x$.

$\lim\limits_{n \to \infty} x_n = x$ 等价于任给 x 的一个邻域 U, 该点列只有有限项不在 U 中, 亦即从该点列中某项之后的项全部落入 U 中.

例 1.2.6 在标准直线 $\mathbb{R}$ 上, $\lim\limits_{n \to \infty} \dfrac{(-1)^n}{n} = 0$. 但在有下极限拓扑的直线 $\mathbb{R}$ 上, 点列 $\left\{\dfrac{(-1)^n}{n}\right\}$ 不收敛到 0. 事实上, $[0, 1)$ 是 0 的一个开邻域, 显见, n 为奇数时, $x_n = \dfrac{(-1)^n}{n} \notin [0, 1)$.

众所周知, 在欧氏空间 $\mathbb{R}^n$ 中, 对于一个子集 A 的极限点 x, 总有 A 中的点列收敛到 x. 但该结论在拓扑空间中一般不成立.

例 1.2.7 令 $\mathbb{R}_{cc}$ 为直线 $\mathbb{R}$ 上的可数补拓扑空间, $A = \mathbb{R} - \{0\}$, 则 $A' = \mathbb{R}$, 但对于 $0 \in \mathbb{R}$, A 中无点列收敛到 0 (证明留作练习).

在欧氏空间 $\mathbb{R}^n$ 中, 收敛点列的极限是唯一的. 对于拓扑空间中的收敛点列, 上述结论一般也不成立.

例 1.2.8 令 $\mathbb{R}_{fc}$ 为直线上的有限补拓扑空间, $\{x_n = n \mid n \in \mathbb{N}_+\}$ 为 $\mathbb{R}$ 中的点列, 则该点列收敛到 $\mathbb{R}$ 中每一点. 事实上, $\forall x \in \mathbb{R}$ 和 x 的任一个开邻域 U, 存在 $\mathbb{R}$ 的有限子集 $F = \{x_1, \cdots, x_m\}$, 使得 $U = \mathbb{R} - F$. 令 $M = \max\{|x_1|, \cdots, |x_m|\} + 1$, 显然, 取 $N > M$, 当 $n > N$ 时, $|x_n| > M$, 故 $n > N$ 时, $x_n \in U$, 从而 $\lim\limits_{n \to \infty} x_n = x$.

注 1.2.1 在欧氏空间 $\mathbb{R}^n$ 的标准拓扑中, 子集的极限点的定义如我们所期待的那样, 即子集中有一系列点接近极限点. 这是一个非常有用的概念. 但在拓扑空间中, 极限点的表现不像在欧氏空间 $\mathbb{R}^n$ 中那样好, 会出现一些不寻常的、也许是违反直觉的可能性, 正如例 1.2.7 和例 1.2.8 所示.

下面介绍拓扑空间中一个子集的边界点的概念. 给定拓扑空间一个子集 A, 直观上, 我们认为那些既接近 A 又接近 A 补的点是边界点 (图 1.7). 实际上, 边界点也的确是如此定义的.

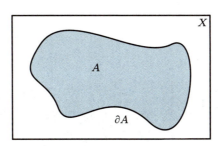

图 1.7 A 的边界

定义 1.2.5 设 X 为一个拓扑空间, $A \subset X$, $x \in X$. 若对于 x 的任意一个开邻域 (或邻域) U_x, $U_x \cap A \neq \emptyset$, 且 $U_x \cap (X - A) \neq \emptyset$, 则称 x 为 A 的一个**边界点**. A 的所有边界点构成的子集记作 ∂A, 称之为 A 的**边界**.

例 1.2.9 在有标准拓扑的直线 $\mathbb{R}$ 上 $A = [-1, 1]$, 则 $\mathrm{Cl}(A) = [-1, 1]$, $\mathrm{Int}(A) = (-1, 1)$, 故 $\partial A = \{-1, 1\}$.

对于某些拓扑空间中的某些子集, 仅靠直觉我们难以确定其边界. 例如, 在有标准拓扑的直线 $\mathbb{R}$ 上, $\mathbb{Q}$ 作为子集的边界是什么? 在有有限补拓扑的直线 $\mathbb{R}$ 上, 闭区间的边界是什么? 下面关于边界的特征描述和性质有时候会方便地帮助我们确定一个子集的边界.

定理 1.2.4 设 X 为一个拓扑空间, $A \subset X$, 则 A 的边界 ∂A 有下列性质:

(1) $\partial A = \mathrm{Cl}(A) \cap \mathrm{Cl}(X - A) = \mathrm{Cl}(A) - \mathrm{Int}(A)$, 从而 ∂A 是闭集;

(2) $\partial A \cap \mathrm{Int}(A) = \emptyset$;

(3) $\partial A \cup \mathrm{Int}(A) = \mathrm{Cl}(A)$;

(4) $\partial A \subset A$ 当且仅当 A 是闭集;

(5) $\partial A \cap A = \emptyset$ 当且仅当 A 是开集;

(6) $\partial A = \emptyset$ 当且仅当 A 既是开集又是闭集.

证明 这里只证 (1), 其余留作练习.

由边界的定义直接可得 $\partial A = \mathrm{Cl}(A) \cap \mathrm{Cl}(X - A)$, 从而 ∂A 是闭集. 由定理 1.2.2(1), $\mathrm{Cl}(X - A) = X - \mathrm{Int}(A)$, 又 $\mathrm{Int}(A) \subset \mathrm{Cl}(A)$, 故

$$\partial A = \mathrm{Cl}(A) \cap \mathrm{Cl}(X - A) = \mathrm{Cl}(A) \cap (X - \mathrm{Int}(A)) = \mathrm{Cl}(A) - \mathrm{Int}(A). \qquad \square$$

例 1.2.10 在标准直线 $\mathbb{R}$ 上, 设 $A = \mathbb{Q}$, 因而 $\mathrm{Cl}(A) = \mathbb{R}$, $\mathrm{Int}(A) = \emptyset$, 故 $\partial A = \mathbb{R}$. 直观上看, A 的边界要比 A 大得多. 这由实数的性质决定. 事实上, 每个实数可以任意接近有理数集, 也可以任意接近无理数集 (有理数集的补集).

例 1.2.11 在标准平面 $\mathbb{R}^2$ 上, 设 $A = \{0\} \times [-1, 1]$, 则 $\mathrm{Int}(A) = \emptyset$, $\mathrm{Cl}(A) = A$, 故 $\partial A = A$. 这意味着, 从平面上看一个区间的边界和从直线上看一个区间的边界是迥然不同的.

例 1.2.12 在具有下极限拓扑的直线 $\mathbb{R}$ 上, 设 $A = [-1, 1]$, 则 $\mathrm{Cl}(A) = A$, $\mathrm{Int}(A) = [-1, 1)$, 故 $\partial A = \{1\}$.

上面的例子表明, 与内部和闭包相似, 拓扑空间的一个子集的边界不仅依赖于子集本身, 还与所在空间的拓扑密切相关.

1.2.2 拓扑子空间

设 X 为一个拓扑空间, $Y \subset X$. 基于 X 的拓扑, 可以自然定义 Y 上的一个拓扑.

设 $(X, \mathcal{T})$ 为一个拓扑空间, $Y \subset X$. 令

$$\mathcal{T}_Y = \{U \cap Y \mid U \in \mathcal{T}\},$$

则容易验证 $\mathcal{T}_Y$ 是 Y 上的一个拓扑.

定义 1.2.6　称 $\mathcal{T}_Y$ 为**子空间拓扑**, 称 $(Y, \mathcal{T}_Y)$ 为拓扑空间 X 的**子空间**. 若 $V \subset Y$, $V \in \mathcal{T}_Y$, 则称 V 在 Y 中是**开的**.

由定义, 子空间 Y 的子集为开集当且仅当它是 X 中的一个开集与 Y 的交集.

例 1.2.13　设 $\mathbb{R}$ 为欧氏直线.

(1) $Y = [0, 1]$. 在子空间 Y 中, 对于 $0 < a < b < 1$, (a, b) 是开集, $[0, a)$ 也是开集. 注意, $[0, a)$ 不是 $\mathbb{R}$ 上的开集, 见图 1.8.

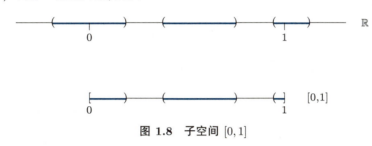

图 1.8　子空间 $[0, 1]$

(2) $\mathbb{Z}$ 为所有整数构成的子集. 对任意 $n \in \mathbb{Z}$, $\{n\} = \left(n - \dfrac{1}{2}, n + \dfrac{1}{2}\right) \cap \mathbb{Z}$, 故 $\{n\}$ 是子空间 $\mathbb{Z}$ 的开集, 从而子空间 $\mathbb{Z}$ 是离散空间.

定义 1.2.7　设 $\mathbb{R}^n$ 为欧氏空间, $Y \subset \mathbb{R}^n$. 称 Y 上的子空间拓扑为 Y 的**标准拓扑**.

例 1.2.14　设 $\mathbb{R}$ 为欧氏直线, $Y = [-1, 0) \cup (0, 1]$, 则在 Y 的标准拓扑中, $[-1, 0), (0, 1]$ 都是开集, 也都是闭集.

定义 1.2.8　设 X 为一个拓扑空间, $Y \subset X$ 为子空间, $C \subset Y$. 若 C 在 Y 的子空间拓扑中是闭集, 则称 C 在 Y 中是**闭的**.

C 在 Y 中是闭的指的是 $Y - C$ 在子空间 Y 中是开集. 与子空间中的开集类似, 也有

定理 1.2.5　设 X 为一个拓扑空间, $Y \subset X$ 为子空间, $C \subset Y$, 则 C 在 Y 中是闭集当且仅当存在 X 中闭集 F, 使得 $C = F \cap Y$.

证明　设 C 在子空间 Y 中是闭集, 则 $Y - C$ 在子空间 Y 中是开集, 从而存在 X 中开集 U, 使得 $Y - C = U \cap Y$. 故

$$C = Y - (Y - C) = X \cap Y - (U \cap Y)$$
$$= (X - U) \cap Y = F \cap Y,$$

其中 $F = X - U$ 是 X 中闭集.

反之, 设存在 X 中闭集 F, 使得 $C = F \cap Y$, 则

$$Y - C = X \cap Y - F \cap Y = (X - F) \cap Y.$$

F 是 X 中闭集, 故 $X - F$ 是 X 中开集, 从而 $Y - C$ 是 Y 中开集, C 在 Y 中是闭集. $\quad\square$

定理 1.2.6 设 $\mathcal{B}$ 为拓扑空间 $(X,\mathcal{T})$ 的一个基, $Y \subset X$, 则

$$\mathcal{B}_Y = \{B \cap Y \mid B \in \mathcal{B}\}$$

是 Y 上子空间拓扑 $\mathcal{T}_Y$ 的一个基.

证明 对 Y 中任意开集 V, 存在 X 中开集 U, 使得 $V = U \cap Y$. $\mathcal{B}$ 为拓扑空间 $(X,\mathcal{T})$ 的一个基, 故存在 $\mathcal{B}_U \subset \mathcal{B}$, 使得 $U = \bigcup\limits_{B \in \mathcal{B}_U} B$. 故

$$V = \left(\bigcup_{B \in \mathcal{B}_U} B \right) \cap Y = \bigcup_{B \in \mathcal{B}_U} (B \cap Y),$$

从而 $\mathcal{B}_Y$ 是 Y 上子空间拓扑 $\mathcal{T}_Y$ 的一个基 (图 1.9). $\qquad\square$

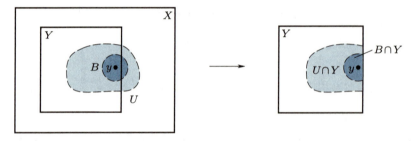

图 1.9 子空间拓扑的基

例 1.2.15 设 Y 为欧氏平面 $\mathbb{R}^2$ 上的单位圆周 S^1, $\mathcal{B}$ 为 $\mathbb{R}^2$ 上所有开圆盘构成的基, 则 $\mathcal{B}_{S^1}$ 为子空间 S^1 的一个基, 如图 1.10 所示.

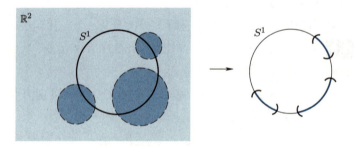

图 1.10 子空间 S^1 的基

习题 1.2

1. (ER) 确定下面每种情况中的 $\mathrm{Int}(A)$, $\mathrm{Cl}(A)$ 和 ∂A:

(1) 在下极限拓扑空间 $\mathbb{R}_l$ 中, $A = (0,1]$;

(2) $X = \{a,b,c\}$, $\mathcal{T} = \{X, \varnothing, \{a\}, \{a,b\}\}$, $A = \{a,c\}$;

(3) 在欧氏直线 $\mathbb{R}$ 上, $A = (-1,1) \cup \{2\}$;

(4) 在下极限拓扑空间 $\mathbb{R}_l$ 中, $A = (-1,1) \cup \{2\}$;

(5) 在欧氏平面 $\mathbb{R}^2$ 上, $A = \{(\sin\theta, \cos\theta) \in \mathbb{R}^2 \mid 0 < \theta < \pi\}$.

2. (ER) 设 X 是一个拓扑空间, $A, B \subset X$. 在下述空格中填 $\subset$ 或 $\supset$ 或 $=$, 且在等号不成立时, 给出具体例子说明之:

(1) $\mathrm{Cl}(A) \cap \mathrm{Cl}(B)$ ＿＿＿ $\mathrm{Cl}(A \cap B)$;

(2) $\mathrm{Cl}(A) \cup \mathrm{Cl}(B)$ ＿＿＿ $\mathrm{Cl}(A \cup B)$.

3. (E) 设 Ω_1 和 Ω_2 是 X 上的两个拓扑, 使得 $\Omega_1 \subset \Omega_2$. 设 Cl_i 表示对应 Ω_i 的闭包, $i = 1, 2$. 证明对于任意的 $A \subset X$, $\mathrm{Cl}_1(A) \supset \mathrm{Cl}_2(A)$.

4. (ER) 证明 $\mathrm{Int}(\mathrm{Int}(A)) = \mathrm{Int}(A)$.

5. (MRH) 在 $\mathbb{R}$ 上采用标准拓扑. 是否存在集合 $A \subset \mathbb{R}$, 分别使得

(1) $A, \mathrm{Cl}(A), \mathrm{Int}(A)$ 和 $\mathrm{Cl}(\mathrm{Int}(A))$ 两两不同?

(2) $A, \mathrm{Cl}(A), \mathrm{Int}(A)$ 和 $\mathrm{Int}(\mathrm{Cl}(A))$ 两两不同?

(3) $A, \mathrm{Cl}(A), \mathrm{Int}(A), \mathrm{Int}(\mathrm{Cl}(A))$ 和 $\mathrm{Cl}(\mathrm{Int}(A))$ 两两不同?

6. (MRH) 证明 $\mathrm{Cl}(\mathrm{Int}(\mathrm{Cl}(\mathrm{Int}(A)))) = \mathrm{Cl}(\mathrm{Int}(A))$.

7. (DRH) 解答下列问题.

(1) (库拉托夫斯基 (Kuratowski) 14 集定理) 证明在任意拓扑空间 X 中, 从一个给定的子集 A 出发, 仅用取闭包和取补两种运算, 至多可得 14 个不同的子集;

(2) 试在 $\mathbb{R}$ 中给出一个子集 A, 使经上述运算恰能得到 14 个不同的子集.

8. (DRH) 设 Cl_* 是集合 X 的所有子集的集合上的一个算子, 它具有以下性质:

(1) $\mathrm{Cl}_*(\emptyset) = \emptyset$;

(2) $\mathrm{Cl}_*(A) \supset A$;

(3) $\mathrm{Cl}_*(A \cup B) = \mathrm{Cl}_*(A) \cup \mathrm{Cl}_*(B)$;

(4) $\mathrm{Cl}_*(\mathrm{Cl}_*(A)) = \mathrm{Cl}_*(A)$.

令 $\mathcal{T} = \{X - \mathrm{Cl}_*(A) \mid A \subset X\}$. 证明: $(X, \mathcal{T})$ 是一个拓扑空间, $\mathrm{Cl}_*(A)$ 是空间 $(X, \mathcal{T})$ 中子集 A 的闭包.

注　由此, 我们可以从闭集出发定义拓扑.

9. (D) 类似上一题, 给出一个由集合的内部描述的公理系统定义的拓扑.

10. (E) 在直线 $\mathbb{R}$ 上, 设 $A = \left\{ \dfrac{a}{2^n} \;\middle|\; a \in \mathbb{Z}, n \in \mathbb{N}_+ \right\}$. 证明 A 是稠密的.

11. (ER) 在 $\mathbb{Z}$ 的数字线拓扑空间中, 证明所有奇数构成的子集是稠密的. 所有偶数构成的子集是否也稠密? 为什么?

12. (MR) 设 A 和 B 都是拓扑空间 X 上的稠密子集, 且 A 是开集. 证明 $A \cap B$ 也是稠密子集.

13. (MRH) 解答下列问题:

(1) 证明: $\mathbb{R}$ (标准拓扑) 中可数个稠密的开集的交集是稠密的集合;

(2) 是否可以用任意拓扑空间代替这里的 $\mathbb{R}$?

14. (E) 对于每个 $n \in \mathbb{N}_+$, 令 $B_n = \{n, n+1, n+2, \cdots\}$, $\mathcal{B} = \{B_n \mid n \in \mathbb{N}_+\}$.

(1) 证明 $\mathcal{B}$ 是 $\mathbb{N}_+$ 上一个拓扑基 (其生成的拓扑记作 $\mathcal{T}$);

(2) 证明拓扑空间 $(\mathbb{N}_+, \mathcal{T})$ 的每个趋于无穷的点列收敛到 $\mathbb{N}_+$ 中每一点.

15. (ER) 在数字线拓扑空间 $\mathbb{Z}$ 上, 确定单点集 $\{n\}$ 的极限点集.

16. (ER) 在有限补拓扑空间 $\mathbb{R}_{fc}$ 上, 确定 $[0,1]$ 的极限点集.

17. (MR) 在有标准拓扑的直线 $\mathbb{R}$ 上, 确定 $A = \left\{ \dfrac{1}{m} + \dfrac{1}{n} \,\middle|\, m, n \in \mathbb{N}_+ \right\}$ 的极限点集.

18. (E) 证明例 1.2.7 的结论.

19. (D*)(杨忠道定理) 证明拓扑空间中的每一个子集的导集为闭集当且仅当此空间中的每一个单点集的导集为闭集.

20. (ERH) 设 X 为一个拓扑空间, $A \subset X$. 证明:

(1) ∂A 是闭集;

(2) $\partial A \cap \operatorname{Int}(A) = \emptyset$;

(3) $\partial A \cup \operatorname{Int}(A) = \operatorname{Cl}(A)$;

(4) $\partial A \subset A$ 当且仅当 A 是闭集;

(5) $\partial A \cap A = \emptyset$ 当且仅当 A 是开集;

(6) $\partial A = \emptyset$ 当且仅当 A 既是开集又是闭集.

21. (E) 在欧氏平面 $\mathbb{R}^2$ 上, 确定下面每种情况中的 ∂A:

(1) $A = \{(x,y) \in \mathbb{R}^2 \mid x > 0, y \neq 0\}$;

(2) $A = \{(x,y) \in \mathbb{R}^2 \mid 0 \leqslant x^2 - y^2 < 1\}$;

(3) $A = \left\{ \left(\dfrac{1}{n}, 0 \right) \in \mathbb{R}^2 \,\middle|\, n \in \mathbb{N}_+ \right\}$.

22. (E) 在 $\mathbb{R}$ 的有限补拓扑空间中, 确定 $\partial[0,1]$, 并证明之.

23. (DRH) 在实直线上找到三个边界相同的开集. 是否有可能增加这类集合的数量?

24. (ER) 设 $Y = [-1,1]$ 为欧氏直线 $\mathbb{R}$ 的子空间. 下面哪些子集在 $\mathbb{R}$ 中是开集? 哪些在 Y 中是开集?

$$A = \left(-1, -\frac{1}{2}\right) \cup \left(\frac{1}{2}, 1\right), \quad B = \left(-1, -\frac{1}{2}\right] \cup \left[\frac{1}{2}, 1\right),$$

$$C = \left[-1, -\frac{1}{2}\right) \cup \left(\frac{1}{2}, 1\right], \quad D = \left[-1, -\frac{1}{2}\right] \cup \left[\frac{1}{2}, 1\right],$$

$$E = \bigcup_{n=1}^{\infty} \left(\frac{1}{n+1}, \frac{1}{n}\right).$$

25. (ER) 设 X 为拓扑空间, $Y \subset X$ 为子空间, $A \subset Y$. 假设 A 在 Y 中是开集, Y 在 X 中也是开集. 证明 A 在 X 中是开集.

26. (EH) 设 $Y = (0,5]$ 为下极限拓扑空间 $\mathbb{R}_l$ 的子空间. 下面哪些子集在子空间 Y

中是开集? 哪些在 Y 中是闭集?

$$(0,1), \quad (0,1], \quad \{1\}, \quad (0,5], \quad (1,2), \quad [1,2), \quad (1,2], \quad [4,5), \quad (4,5].$$

27. (ER) 设 $K = \left\{ \dfrac{1}{n} \,\middle|\, n \in \mathbb{N}_+ \right\}$ 和 $K^* = K \cup \{0\}$ 都是 $\mathbb{R}$ 的标准拓扑子空间. 证明: K 是离散空间, 而 K^* 不是离散空间.

28. (E) 证明标准拓扑子空间 $\mathbb{Q} \subset \mathbb{R}$ 不是离散空间.

29. (ER) 设 X 为拓扑空间, $U \subset X$. 证明: U 在 X 中是开的, 当且仅当 U 中的每一个点在 X 中都有一个邻域 V, 使得 $U \cap V$ 在 X 中是开的.

上述结论可重新表述为: 一个集合是开的当且仅当它在其中每个点的邻域中是开的. 从这个角度而言, 开的性质是局部的.

30. (ER) 证明闭的性质不是局部的.

31. (ER) 设 X 为拓扑空间, $A \subset X$. 如果 $X - \mathrm{Cl}(A)$ 是稠密子集, 则称 A 是一个**疏朗集**. X 的一个子集可以同时是稠密集和疏朗集吗?

32. (DR) 解答下列问题:

(1) 证明一个闭集的边界是疏朗集;

(2) 上述结论对于开集的边界是否成立?

(3) 上述结论对于任意集合的边界是否成立?

33. (DR) 证明有限个疏朗集的并集是疏朗集.

34. (DRH) 证明 $\mathbb{R}$ 不是可数多个疏朗子集的并集.

35. (H) 证明 $\mathbb{Q}$ 不是 $\mathbb{R}$ 中可数多个开集的交集.

1.3 连续映射、同胚与拓扑性质

我们已经介绍了拓扑空间以及与拓扑密切相关的多个基本概念和基本性质. 若拓扑空间中的两个点在同一个开集中, 我们就称它们是邻近的. 可以粗略地说, 拓扑结构是建立在集合上的邻近结构. 拓扑空间之间的连续映射保持邻近关系, 即把邻近的点映到邻近的点. 连续映射是沟通不同拓扑空间的重要桥梁. 本节将介绍连续映射的定义和性质, 以及同胚映射和拓扑等价.

1.3.1 连续映射及性质

回想数学分析中连续函数的定义: 设 $f : \mathbb{R} \to \mathbb{R}$, $x_0 \in \mathbb{R}$. 若任给 $\varepsilon > 0$, 存在 $\delta > 0$, 使得 $|x - x_0| < \delta$ 时, $|f(x) - f(x_0)| < \varepsilon$, 则称 f 在点 x_0 处**连续**. 若 f 在 $\mathbb{R}$ 上处处连续,

则称 f 为 **连续函数**.

如果换成球形邻域的说法, 上述定义可以重新表述为: 设 $f : \mathbb{R} \to \mathbb{R}$, $x_0 \in \mathbb{R}$. 若对于 $f(x_0)$ 的任意球形邻域 $B(f(x_0), \varepsilon)$, 存在 x_0 的球形邻域 $B(x_0, \delta)$, 使得 $f(B(x_0, \delta)) \subset B(f(x_0), \varepsilon)$, 则称 f 在点 x_0 处连续. 若 f 在 $\mathbb{R}$ 上处处连续, 则称 f 为连续函数. 按这种形式把连续的概念推广到拓扑空间上, 就有

定义 1.3.1　设 X 和 Y 为拓扑空间, $f : X \to Y$, $x_0 \in X$. 若对于 $f(x_0)$ 的任意开邻域 $V_{f(x_0)}$, 存在 x_0 的开邻域 U_{x_0}, 使得 $f(U_{x_0}) \subset V_{f(x_0)}$, 则称 f 在点 x_0 处 **连续**. 若 f 在 X 上处处连续, 则称 f 为 **连续映射** (图 1.11). 当 Y 为 $\mathbb{R}$ 时, 称 f 为 **连续函数**.

上述定义中的开邻域也可以等价地换成邻域.

注 1.3.1　可以粗略地说, 所谓的连续映射就是把 X 中邻近的点 (在一个邻域中) 映为邻近的点. 需注意, 一般而言, 连续映射不一定把开集映为开集. 例如, 对于连续函数 $f : \mathbb{R} \to \mathbb{R}$, $\forall x \in \mathbb{R}$, $f(x) = x^2$, $f((-1, 1)) = [0, 1)$.

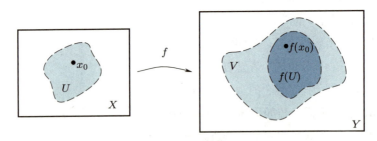

图 1.11　连续映射

映射的连续性有如下的等价描述:

定理 1.3.1　设 X 和 Y 为拓扑空间, $f : X \to Y$, 则下列陈述等价:

(1) f 连续;

(2) 对 Y 中任意开集 U, $f^{-1}(U)$ 为 X 中开集;

(3) 对 Y 中任意闭集 F, $f^{-1}(F)$ 为 X 中闭集;

(4) 对于 Y 的一个基 $\mathcal{B}$ 和任意 $B \in \mathcal{B}$, $f^{-1}(B)$ 为 X 中开集.

证明　这里只证 (1) 和 (2) 的等价性, 其余的等价性证明留作练习.

设 f 连续. 对 Y 中任意开集 U, 任取 $x \in f^{-1}(U)$, $f(x) \in U$, U 为 $f(x)$ 的开邻域, 故存在 x 的开邻域 W, 使得 $f(W) \subset U$. 从而 $W \subset f^{-1}(U)$. 这样, $f^{-1}(U)$ 是 X 中开集.

反之, 设 $x \in X$, 对 $f(x)$ 的任意开邻域 U, 由假设, $f^{-1}(U)$ 是 X 中开集, 且 $x \in f^{-1}(U)$. 取 $V = f^{-1}(U)$, 则 $f(V) \subset U$, 故 f 在点 x 处连续. 因 x 是在 X 中任取的, 故 f 为连续映射.　□

例 1.3.1　设 $X = \{a, b, c, d\}$, $Y = \{1, 2, 3\}$, $\mathcal{T}_X$ 和 $\mathcal{T}_Y$ 如图 1.12 所示.

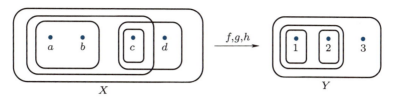

图 1.12 映射 f, g, h

令 $f, g, h: X \to Y$, 其中

$$f(a) = f(b) = 1, \quad f(c) = f(d) = 2;$$
$$g(a) = g(b) = 2, \quad g(c) = 1, \quad g(d) = 3;$$
$$h(a) = 1, \quad h(b) = h(c) = 2, \quad h(d) = 3.$$

则容易验证, f, g 连续; 因 $h^{-1}(\{2\}) = \{b, c\}$ 不是 X 中的开集, h 不连续.

例 1.3.2 (1) 设 X 为拓扑空间. 恒等映射 $\mathrm{id}: X \to X$ 连续, 其中, $\forall x \in X, \mathrm{id}(x) = x$.

(2) 设 X 和 Y 为拓扑空间. 取定 $y_0 \in Y$, 定义 $C_{y_0}: X \to Y$ 如下:

$$\forall x \in X, \quad C_{y_0}(x) = y_0,$$

则常值映射 C_{y_0} 连续.

(3) 设 X 为拓扑空间, A 是 X 的子空间. 定义 $i: A \to X$ 如下: $\forall x \in A, i(x) = x$, 称 i 为 A 到 X 的含入映射 (简称 i 为含入映射), 则 i 连续.

例 1.3.3 (1) 设 $\mathbb{R}_E$ 为欧氏直线, $\mathbb{R}_{fc}$ 为直线上的有限补拓扑空间, 则 $\mathrm{id}: \mathbb{R}_E \to \mathbb{R}_{fc}$ 连续 (每个 $\mathbb{R}_{fc}$ 中开集 U 的原像 U 是 $\mathbb{R}_E$ 中开集), 但 $\mathrm{id}: \mathbb{R}_{fc} \to \mathbb{R}_E$ 不连续 (因 $\mathbb{R}_E$ 中开集 $(0,1)$ 的原像 $(0,1)$ 不是 $\mathbb{R}_{fc}$ 中开集).

(2) 设 $\mathbb{R}_E$ 为欧氏直线, $\mathbb{R}_l$ 为直线上的下极限拓扑空间. 则 $\mathrm{id}: \mathbb{R}_E \to \mathbb{R}_l$ 不连续 ($\mathbb{R}_l$ 中开集 $[0,1)$ 的原像 $[0,1)$ 在 $\mathbb{R}_E$ 中不是开集), 但 $\mathrm{id}: \mathbb{R}_l \to \mathbb{R}_E$ 连续 (因 $\mathbb{R}_E$ 中的由所有开区间构成的基中的每个开区间 (a,b) 的原像 (a,b) 是 $\mathbb{R}_l$ 中开集).

下面是连续映射的几个性质.

定理 1.3.2 设 $f: X \to Y$ 连续, $A \subset X$. 若 $x \in \mathrm{Cl}(A)$, 则 $f(x) \in \mathrm{Cl}(f(A))$.

证明 反证. 若 $f(x) \notin \mathrm{Cl}(f(A))$, 则存在 $f(x)$ 的一个开邻域 U, 使得 $U \cap f(A) = \emptyset$. 因 f 连续, 故 $f^{-1}(U)$ 是 x 的开邻域, 且 $f^{-1}(U) \cap A = \emptyset$, 从而 $x \notin \mathrm{Cl}(A)$, 与 $x \in \mathrm{Cl}(A)$ 矛盾. □

定理 1.3.3 设 $f: X \to Y$ 连续, X 中点列 $x_1, x_2, \cdots, x_n, \cdots$ 收敛到 x, 则 Y 中点列 $f(x_1), f(x_2), \cdots, f(x_n), \cdots$ 收敛到 $f(x)$.

证明 由 f 连续可知, 对 $f(x)$ 的任意开邻域 U, $f^{-1}(U)$ 是 x 的开邻域. 因 $x_1, x_2, \cdots, x_n, \cdots$ 收敛到 x, 故存在 $N \in \mathbb{N}_+$, 使得 $n > N$ 时, $x_n \in f^{-1}(U)$. 从而 $f(x_n) \in U$, 即 $f(x_1), f(x_2), \cdots, f(x_n), \cdots$ 收敛到 $f(x)$. □

定理 1.3.4 设 $f: X \to Y$ 和 $g: Y \to Z$ 连续, 则 $g \circ f: X \to Z$ 也连续.

证明 对 Z 中任意开集 U, 因 g 连续, 故 $g^{-1}(U)$ 是 Y 中开集. 因 f 连续, 故 $f^{-1}(g^{-1}(U))$ 是 X 中开集. 但 $(g \circ f)^{-1}(U) = f^{-1}(g^{-1}(U))$, 故 $g \circ f: X \to Z$ 连续. $\qquad\square$

下面的焊接引理在后面将被经常用到:

引理 1.3.1 (焊接引理) 设 $A, B \subset X$ 为 X 的两个闭子空间, $X = A \cup B$, $f: A \to Y$ 和 $g: B \to Y$ 连续, 且对于任意 $x \in A \cap B$, $f(x) = g(x)$. 令 $h: X \to Y$,

$$h(x) = \begin{cases} f(x), & x \in A, \\ g(x), & x \in B, \end{cases}$$

则 h 连续 (图 1.13).

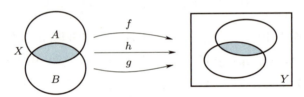

图 1.13 焊接引理

证明 对 Y 的任意闭集 F, $h^{-1}(F) = f^{-1}(F) \cup g^{-1}(F)$, 而由定理 1.3.1(3), $f^{-1}(F)$ 是 A 中的闭集, $g^{-1}(F)$ 是 B 中的闭集. 从而存在 X 中的闭集 C, D, 使得

$$f^{-1}(F) = C \cap A, \quad g^{-1}(F) = D \cap B.$$

这样, $h^{-1}(F) = (C \cap A) \cup (D \cap B)$ 是 X 中的闭集. 再由定理 1.3.1(3) 即知 h 连续. $\qquad\square$

注 1.3.2 将焊接引理中的闭集条件换成开集时, 结论仍成立.

1.3.2 同胚映射与拓扑性质

定义 1.3.2 设 X 和 Y 为拓扑空间, $f: X \to Y$ 为双射. 如果 f 和 $f^{-1}: Y \to X$ 都是连续映射, 则称 f 为**同胚映射** (或简称为**同胚**). 这时也称 X 和 Y 是**同胚的** (或**拓扑等价的**), 并记作 $X \cong Y$ (或 $f: X \cong Y$).

由定义即知, 从拓扑空间 X 到 Y 的双射 $f: X \to Y$ 为同胚映射等价于 f 也是从 X 的拓扑到 Y 的拓扑的一个双射, 即 $U \subset X$ 为开集当且仅当 $f(U) \subset Y$ 为开集.

例 1.3.4 (1) 设 $X = \{a, b, c\}$ 和 $Y = \{1, 2, 3\}$,

$$\mathcal{T}_X = \{X, \emptyset, \{a\}, \{b\}, \{a, b\}\}, \quad \mathcal{T}_Y = \{Y, \emptyset, \{1\}, \{3\}, \{1, 3\}\},$$

$$f: X \to Y, f(a) = 1, f(b) = 3, f(c) = 2,$$

则 f 是同胚, X 和 Y 同胚.

(2) 设 $X = \{a, b, c\}$,

$$\mathcal{T}_1 = \{X, \emptyset, \{a\}, \{b\}, \{a, b\}, \{b, c\}\},$$

$$\mathcal{T}_2 = \{X, \emptyset, \{b\}, \{c\}, \{a, b\}, \{b, c\}\},$$

$$f: (X, \mathcal{T}_1) \to (X, \mathcal{T}_2), f(a) = c, f(b) = b, f(c) = a,$$

则 $\mathcal{T}_1$ 和 $\mathcal{T}_2$ 是 X 上的两个拓扑, f 是同胚, X 上的这两个拓扑空间是同胚的.

容易验证, 拓扑等价 "$\cong$" 的确是所有拓扑空间集合上的一个等价关系:

(1) 恒等映射 $\mathrm{id}: X \to X$ 是同胚;

(2) 若 $f: X \to Y$ 为同胚, 则 $f^{-1}: Y \to X$ 为同胚;

(3) 若 $f: X \to Y$ 和 $g: Y \to Z$ 均为同胚, 则 $g \circ f: X \to Z$ 为同胚.

例 1.3.5 设 $f: \mathbb{R} \to \mathbb{R}, f(x) = 3x + 1$, 则 f 是通常直线到自身的同胚映射. 注意到 f 的效果是把每个实数乘 3 后再向右平移一个单位, 故 f 不保持两点间的距离不变. 实际上, 容易证明, 直线上任意两个开区间子空间是同胚的.

(1) 对任意有限开区间 $(a, b) \subset \mathbb{R}, a < b$, 设 $f: (a, b) \to (0, 1), f(x) = \dfrac{x - a}{b - a}$, 则 f 是同胚;

(2) 对任意无限开区间 $(a, \infty), a \in \mathbb{R}$, 设 $f: (a, \infty) \to (0, 1), f(x) = \dfrac{1}{x - a + 1}$, 则 f 是同胚;

(3) 对于 $a \in \mathbb{R}, f: (-\infty, a) \cong (-a, \infty)$ 是同胚, 其中 $f(x) = -x$ 为反射映射;

(4) 设 $f: \mathbb{R} \to (-1, 1), f(x) = \dfrac{x}{1 + |x|}$, 则 f 为同胚.

例 1.3.6 设 $[0, 2\pi)$ 和 S^1 分别是欧氏直线和欧氏平面 (复平面) 上的标准子空间, $f: [0, 2\pi) \to S^1, f(\theta) = \mathrm{e}^{\mathrm{i}\theta}$, 如图 1.14 所示, 则容易验证, f 是连续双射, 但 $f^{-1}: S^1 \to [0, 2\pi)$ 不连续. 事实上, $\left[0, \dfrac{1}{4}\right)$ 是 $[0, 2\pi)$ 上的开集, 它在 f^{-1} 下的原像 $f\left(\left[0, \dfrac{1}{4}\right)\right)$ 不是 S^1 上的开集. 故 f 不是同胚.

图 1.14 f 是连续双射但非同胚

在后面学习了拓扑空间的一些拓扑性质后, 我们将能证明, 这两个空间不是拓扑等价的, 即不存在从其中一个空间到另一个空间的同胚映射.

例 1.3.7 $H = \{(x, y) \in \mathbb{R}^2 \mid y > 0\}$ 和单位开圆盘 $\mathrm{Int}(D) = \{(x, y) \in \mathbb{R}^2 \mid x^2 + y^2 <$

1} 都是欧氏平面 $\mathbb{R}^2$ 的子空间. 令 $f : \mathbb{R}^2 \to H$, $f(x,y) = (x, \mathrm{e}^y)$, 则容易验证, f 是同胚. f 实际上把平面的开的下半平面映到 H 上满足 $0 < y < 1$ 的带状区域, 把 x 轴映到直线 $y = 1$, 而把开的上半平面映到 H 上满足 $y > 1$ 的区域.

令 $g : \mathbb{R}^2 \to \mathrm{Int}(D)$, $g(x,y) = \left(\dfrac{x}{1 + \sqrt{x^2 + y^2}}, \dfrac{y}{1 + \sqrt{x^2 + y^2}} \right)$, 则 g 是同胚. g 实际上是把整个平面沿从原点出发的射线压缩至 $\mathrm{Int}(D)$ 内, 见图 1.15.

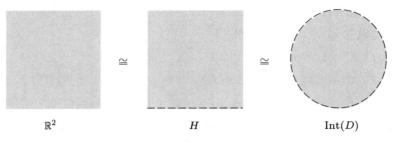

$$\mathbb{R}^2 \qquad H \qquad \mathrm{Int}(D)$$

图 1.15 $\mathbb{R}^2 \cong H \cong \mathrm{Int}(D)$

例 1.3.8 设 S^2 是 $\mathbb{R}^3$ 中的单位球面, $X = [a_1, b_1] \times [a_2, b_2] \times [a_3, b_3]$ 是 $\mathbb{R}^3$ 中的一个立方体, $a_i < -1, b_i > 1, 1 \leqslant i \leqslant 3$, $C = \partial X$, 则 $S^2 \subset \mathrm{Int}(X)$. 令 $f : C \to S^2$, $f(x,y,z) = \dfrac{(x,y,z)}{\sqrt{x^2 + y^2 + z^2}}$, 则 f 是同胚. 实际上, 对于从原点出发的射线 l, l 交 C 于一点 $p = (x,y,z)$, $f(p)$ 就是 l 与 S^2 的交点, 如图 1.16 所示.

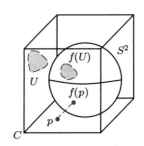

图 1.16 立方体表面与球面同胚

例 1.3.9 类似可知, 平面上的圆盘、椭圆盘、三角形和凸多边形等都同胚, 如图 1.17 所示.

图 1.17 圆盘、椭圆盘、三角形和凸多边形等都同胚

设 X, Y 为拓扑空间, $f : X \to Y$ 连续, 则把 $f(X)$ 看成 Y 的子空间时, 不难验证, 映射 $f : X \to f(X)$ 也是连续的.

定义 1.3.3 设 X, Y 为拓扑空间, $f: X \to Y$ 连续. 若 $f: X \to f(X)$ 为同胚, 则称 $f: X \to Y$ 为**嵌入映射** (或简称为嵌入), 这时也称 X 可以**嵌入** Y.

可以把一个嵌入映射 $f: X \to Y$ 看成把 X 拓扑等价地放入 Y, 如图 1.18 所示.

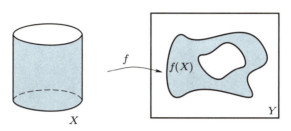

图 1.18 圆柱筒 $S^1 \times I$ 到平面的嵌入

简单弧和简单闭曲线是常见的嵌入像.

例 1.3.10 设 X 为拓扑空间.

(1) 设 $I = [0,1]$ 为直线 $\mathbb{R}$ 上的单位区间. 若 $f: I \to X$ 为嵌入, 则称 f 的像 $f(I)$ 为 X 中的一条**简单弧**, 如图 1.19(a) 所示.

(2) 设 S^1 为平面 $\mathbb{R}^2$ 上的单位圆周. 若 $f: S^1 \to X$ 为嵌入, 则称 f 的像 $f(S^1)$ 为 X 中的一条**简单闭曲线**. 特别地, 当 X 为 $\mathbb{R}^3$ 或 S^3 时, 称 f 的像 $f(S^1)$ 为 $\mathbb{R}^3$ 或 S^3 中的一个**纽结**, 如图 1.19(b) 所示.

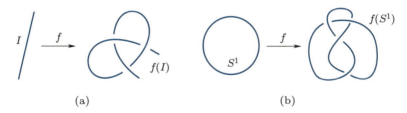

图 1.19 简单弧与简单闭曲线

从平面几何我们知道, 两个全等的三角形对应边长度相同、对应角角度相等、面积相等. 通常称对一个几何对象施行有限次的平移、旋转和镜面反射所得的变换为刚体变换. 把全等看成刚体变换, 则三角形的这些几何性质在全等变换下都保持不变. 如果两个三角形面积不同, 则它们一定不全等. 这启示我们有必要研究拓扑空间在同胚变换下保持不变的性质, 即拓扑性质.

定义 1.3.4 设拓扑空间 X 具有性质 P, 若与 X 同胚的空间都有性质 P, 则称性质 P 为**拓扑不变性质** (简称为**拓扑性质**).

换句话说, 拓扑性质就是同胚的拓扑空间所共有的性质. 易见, 长度、角度和面积等这些几何性质都不是拓扑性质. 容易验证, 可分性是一个拓扑性质. 拓扑性质是拓扑学的中心研究课题. 在后续章节, 我们将陆续介绍许多常见的拓扑性质.

注 1.3.3 拓扑性质有什么用?

前面我们已经看到通过构造同胚映射证明拓扑空间同胚的许多例子. 反之, 要证明两个拓扑空间不同胚, 若从定义出发, 则需要验证从其中一个拓扑空间到另一个拓扑空间的每个连续映射都不是同胚. 一般而言, 这是非常困难的.

我们前面证明了欧氏直线 $\mathbb{R}_e$ 与直线上的有限补空间 $\mathbb{R}_{fc}$ 不同胚, 原因是 $\mathbb{R}_{fc}$ 上的非空子集 A 为闭集当且仅当 A 是一个有限集的补集, 这实际上是一个拓扑性质, 而 $\mathbb{R}_e$ 没有这个性质, 故 $\mathbb{R}_e$ 与 $\mathbb{R}_{fc}$ 不同胚. 一般地, 如果拓扑空间 X 有拓扑性质 P, 而拓扑空间 Y 没有拓扑性质 P, 则 X 和 Y 不同胚.

习题 1.3

1. (ERH) 对任意 $A, B \subset X, C, D \subset Y$ 和 $f: X \to Y$, 则下列等式有的不成立:

(1) $f(A \cap B) = f(A) \cap f(B)$;

(2) $f(X - A) = Y - f(A)$;

(3) $f^{-1}(C \cap D) = f^{-1}(C) \cap f^{-1}(D)$;

(4) $f^{-1}(Y - C) = X - f^{-1}(C)$.

给出使得某些等式不成立的例子, 并将不成立的等式改为正确结论 (将 $=$ 换成 $\subseteq$ 或 $\supseteq$).

2. (ER) 设 $f: X \to Y$. 证明下列陈述等价:

(1) f 连续;

(2) 对 Y 中任意闭集 F, $f^{-1}(F)$ 为 X 中闭集;

(3) 对于 Y 的一个基 $\mathcal{B}$ 和任意 $B \in \mathcal{B}$, $f^{-1}(B)$ 为 X 中开集;

(4) 对 X 的任意子集 $A \subset X$, $f(\mathrm{Cl}(A)) \subset \mathrm{Cl}(f(A))$;

(5) 对 Y 的任意子集 $B \subset Y$, $\mathrm{Cl}(f^{-1}(B)) \subset f^{-1}(\mathrm{Cl}(B))$.

3. (ERH) 在标准直线 $\mathbb{R}$ 上, 令 $X = \mathbb{R} - \{0\}$. 定义函数 $f: X \to \mathbb{R}$ 如下:

$$f(x) = \begin{cases} 0, & x < 0, \\ 1, & x > 0. \end{cases}$$

那么 f 是连续的吗? 按数学分析中的定义, f 是连续的吗?

4. (E) 设 $f: \mathbb{R} \to \mathbb{R}$ 是连续映射, 在数学分析中也定义了连续函数. 证明这两种定义等价.

5. (EH) 设 X 是 $\mathbb{R}$ 上的下极限拓扑空间, 分别定义函数 $f, g: X \to X$ 如下:

$$f(x) = \begin{cases} 0, & x < 0, \\ 1, & x \geqslant 1; \end{cases} \qquad g(x) = \begin{cases} 0, & x \leqslant 0, \\ 1, & x > 0. \end{cases}$$

那么 f, g 是连续的吗? 证明所得答案.

6. (ER) 在标准直线 $\mathbb{R}$ 上, 令 $X = \mathbb{Q} - \{0\}$, $Y = \mathbb{Q} - [0, \pi]$. 定义函数 $f : X \to Y$ 如下:

$$f(x) = \begin{cases} x, & x < 0, \\ x + \pi, & x > 0. \end{cases}$$

问: f 和 f^{-1} 是否是连续映射?

7. (ERH) 设 $f_1, \cdots, f_n : X \to \mathbb{R}$ 是连续函数, 证明由方程组

$$f_1(x) = \cdots = f_n(x) = 0$$

的解组成的 X 的子集是闭的.

8. (ERH) 设 $f_1, f_2, \cdots, f_n : X \to \mathbb{R}$ 是连续函数, 证明由不等式系统

$$f_1(x) \geqslant 0, \ f_2(x) \geqslant 0, \ \cdots, \ f_n(x) \geqslant 0$$

的解构成的 X 的子集为闭的, 而不等式系统

$$f_1(x) > 0, \ f_2(x) > 0, \ \cdots, \ f_n(x) > 0$$

的解集是开的.

9. (EH) 在上两题中, 有限系统可以被无限系统取代吗?

10. (ER) 证明: 凹四边形围成的区域, 与圆盘同胚 (写出同胚映射的表达式).

11. (ER) 证明 (写出同胚映射的表达式):

(1) 三角形的边界 (1 维折线) 同胚于圆周;

(2) 三角形的内部与边界的并 (2 维区域) 同胚于闭圆盘.

12. (ERH) 证明下面的平面区域是同胚的:

(1) 整个 $\mathbb{R}^2$ 平面;

(2) 开象限 $\{(x, y) \mid x, y > 0\}$;

(3) 开角 $\{(x, y) \mid x > y > 0\}$;

(4) 平面去掉一条射线 l, 其中 $l = \{(x, y) \mid y = 0, x \geqslant 0\}$.

13. (E) 证明下列几个空间 (均为标准子空间) 互相同胚:

(1) $X = \mathbb{R}^2 - \{O\}$;

(2) $Y = \{(x, y, z) \in \mathbb{R}^3 \mid x^2 + y^2 = 1\}$;

(3) Z 为单叶双曲面 $\{(x, y, z) \in \mathbb{R}^3 \mid x^2 + y^2 - z^2 = 1\}$.

14. (E) 证明 $\mathbb{R}^{n+1}$ 中的 n 单位球面 S^n 去掉一点与 $\mathbb{R}^n$ 同胚.

15. (MRH) 设 $X = (0, 1) \cap \mathbb{Q}$ 和 $Y = ((0, 1) \cup (2, 3)) \cap \mathbb{Q}$ 都是标准直线 $\mathbb{R}$ 的子空间, 证明 X 和 Y 同胚.

16. (ERH) 证明: 图 1.20 中的两个纽结同胚.

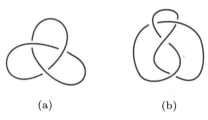

(a)   (b)

图 1.20　两个纽结

17. (EH) 设 $f_1, f_2 : X \to Y$ 是两个嵌入映射. 如果存在两个同胚映射 $h_X : X \to X$ 和 $h_Y : Y \to Y$, 使得 $f_2 \circ h_X = h_Y \circ f_1$, 即下面的图

$$
\begin{array}{ccc}
X & \xrightarrow{f_1} & Y \\
\downarrow{h_X} & & \downarrow{h_Y} \\
X & \xrightarrow{f_2} & Y
\end{array}
$$

可交换, 那么称 f_1 与 f_2 等价. 证明: 若任意两个纽结 $f_1, f_2 : S^1 \to \mathbb{R}^3$ 满足 $f_1(S^1) = f_2(S^1)$, 则这两个纽结等价.

18. (DH) 令 X 是 $\mathbb{R}^2$ 上有一个公共端点的一些线段的并集. 证明 $\mathbb{R}^2 - X$ 同胚于平面去掉一个点所得的空间 (也称其为一次穿孔平面).

19. (MRH) 令 X 是 $\mathbb{R}^2$ 上一条不封闭的有限长度的简单折线. 证明 $\mathbb{R}^2 - X$ 同胚于一次穿孔平面.

20. (MRH) 令 $K = \{a_1, \cdots, a_n\} \subset \mathbb{R}^2$ 是一个有限集, 称它的补集 $\mathbb{R}^2 - K$ 为一个 n 次穿孔平面. 证明: 任意两个 n 次穿孔平面都是同胚的, 即 $a_1, \cdots, a_n$ 在 $\mathbb{R}^2$ 中的位置不影响 $\mathbb{R}^2 - \{a_1, \cdots, a_n\}$ 的拓扑类型.

21. (ERH) 设 $f : X \to Y$ 是一个同胚, $A \subset X$. 证明:

(1) A 在 X 中是闭的当且仅当 $f(A)$ 在 Y 中是闭的;

(2) $f(\mathrm{Cl}(A)) = \mathrm{Cl}(f(A))$;

(3) $f(\mathrm{Int}(A)) = \mathrm{Int}(f(A))$;

(4) $f(\partial A) = \partial f(A)$;

(5) A 是点 $x \in X$ 的一个邻域当且仅当 $f(A)$ 是点 $f(x)$ 的一个邻域.

22. (E) 设 $f : X \to Y$ 是一个同胚. 证明对于每一个 $A \subset X$, 子映射 $f|_A : A \to f(A)$ 也是一个同胚.

23. (E) 设 $f : X \to Y$ 是一个同胚. 证明 $U \subset X$ (在 X 中) 是开的当且仅当 $f(U)$ (在 Y 中) 是开的.

24. (E) 设 X 和 Y 为拓扑空间, $f : X \to Y$. 如果 X 的任何开集 U 的像 $f(U)$ 都是 Y 中开集, 则称 f 为开映射; 如果 X 的任何闭集 F 的像 $f(F)$ 都是 Y 中闭集, 则称 f 为闭映射. 给出一个非同胚开映射 (闭映射) 的例子.

25. (E) 证明一个双射是开的当且仅当它是闭的. (这在一般情况下是不对的.)

26. (EH) 证明:

(1) 任意严格单调的满射 $f:[a,b] \to [c,d]$ 都是同胚;

(2) 当 $f:\mathbb{R} \to \mathbb{R}$ 是满射时, f 是一个同胚当且仅当 f 是一个严格单调函数.

27. (E) 在 $X = \{a,b,c\}$ 上列举出四种拓扑, 使得对应的拓扑空间不同胚.

28. (E) 设 $X = \mathbb{R} - [0,1)$ 为欧氏直线 $\mathbb{R}$ 的子空间, $f:X \to \mathbb{R}$ 的定义如下:

$$f(x) = \begin{cases} x, & x < 0, \\ x-1, & x \geqslant 1. \end{cases}$$

证明 f 是连续映射, 但不是同胚映射.

29. (M) 设 $\mathbb{R}_{cc}$ 和 $\mathbb{R}_{fc}$ 分别是直线上的可数补空间和有限补空间, $\mathrm{id}:\mathbb{R}_{cc} \to \mathbb{R}_{fc}$ 为恒等映射. 证明 id 是连续映射, 但不是同胚映射.

30. (M) 找两个同胚的空间 X 和 Y, 以及 $X \to Y$ 的一个不是同胚的连续双射 (上题不是例子).

31. 举例:

(1) (MH) X 和 Y 是两个不同胚的拓扑空间, 但是存在两个连续双射 $f:X \to Y$ 和 $g:Y \to X$;

(2) (ERH) X 可以嵌入 Y, Y 也可以嵌入 X, 但 $X \not\cong Y$.

32. (ERH) 设 $\mathbb{Z}$ 与 $\mathbb{Q}$ 带有从标准直线 $\mathbb{R}$ 诱导而来的子空间拓扑. 证明:

(1) $\mathbb{Z}$ 与 $\mathbb{Q}$ 不同胚;

(2) $\mathbb{Q}$ 不能嵌入 $\mathbb{Z}$.

33. (M) 证明 $\mathbb{Z}$ 上的数字线拓扑空间与 $\mathbb{Z}$ 上的有限补拓扑空间不同胚.

34. (MR) 在 $\mathbb{R}$ 上给出两个 $\mathcal{T}_1$ 和 $\mathcal{T}_2$, 使得 $\mathcal{T}_1$ 比 $\mathcal{T}_2$ 严格精细, 但 $(\mathbb{R},\mathcal{T}_1) \cong (\mathbb{R},\mathcal{T}_2)$.

35. (E) 设 $f:X \to Y$ 为单射. 证明 f 是嵌入当且仅当 X 的拓扑 $\mathcal{T}_X$ 是使 f 连续的最粗糙拓扑.

36. (MR) 设 X 为一个拓扑空间, $A \subset X$. 如果 $\mathrm{Int}(\mathrm{Cl}(A)) = \emptyset$, 则称 A **处处不稠密** (或**无处稠密**).

(1) 证明一个稠密集在一个满的连续映射下的像也是稠密的;

(2) 一个无处稠密的集合在一个连续映射下的像也是无处稠密的吗?

37. (DRH) 设 A 是平面上一条由有限条线段组成的简单 (不自相交) 封闭曲线, 它围住的封闭区域记为 U. 证明: U 与正方形围住的区域同胚. (注: 这是简单情形的若尔当 (Jordan) 曲线定理, 要想把它写清楚并不简单.)

38. (DH) 康托尔 (Cantor) 三分集 K (也常称为康托尔集) 的一种构造如下: 它是由全体形如 $\sum_{k=1}^{\infty} \dfrac{a_k}{3^k}$ 的级数的和的实数构成的集合, 其中 $a_k \in \{0,2\}$, $k = 1,2,\cdots$, 即 K 由形如 $0.a_1a_2\cdots a_k\cdots$ 的不含有数字 1 的三进制小数构成. 请自行找资料查阅 K 的其他几何描述. 证明:

(1) $K \subset [0,1]$;

(2) $K \cap \left(\dfrac{1}{3}, \dfrac{2}{3}\right) = \emptyset$;

(3) $\forall\, k, s \in \mathbb{Z}$, $K \cap \left(\dfrac{3s+1}{3^k}, \dfrac{3s+2}{3^k}\right) = \emptyset$;

(4) K 是实数轴中的闭集.

39. (DRH) 仿照上题的康托尔三分集, 可以构造康托尔五分集. 证明这两个康托尔集同胚.

40. (DH) 是否存在一个无处稠密子集 $A \subset [0,1]$ (子空间拓扑) 和一个连续映射 $f : [0,1] \to [0,1]$, 使得 $f(A) = [0,1]$?

41. (DRH) 设 $g : I = [0,1] \to \mathbb{R}^m$ 连续, $g(x) = (g_1(x), g_2(x), \cdots, g_m(x))$. 如果 I 可以分成有限个闭区间的并, 且每个 g_i 限制在每一段小闭区间上都是一个一次函数, 则称 g 为分段线性映射.

(1) 证明存在一个分段线性映射列 $f_n : I \to I^2$, 使得

1) I^2 被分成 4^n 个边长为 $\dfrac{1}{2^n}$ 的全等小正方形, $f_n(I)$ 将这 4^n 个小正方形的所有中心连接起来;

2) 对于任意 $x \in I$, 有 $d(f_n(x), f_{n-1}(x)) \leqslant \dfrac{\sqrt{2}}{2^{n+1}}$ (其中 d 表示在 $\mathbb{R}^2$ 上的欧氏度量);

3) 满足以上两条的 f_n 收敛到映射 $f : I \to I^2$ (即对于任意 $x \in I$, 存在一个极限 $f(x) = \lim\limits_{n \to \infty} f_n(x)$), 且 f 是连续的, 其像 $f(I)$ 在 I^2 内是稠密的;

4) $f(I) = I^2$. (若连续映射 $g : I \to I^2$ 的像是 I^2 的稠密子集, 则 g 是满射.)

称上述 $f : I \to I^2$ 为一条**空间填充曲线**, 它最早是由希尔伯特 (Hilbert) 构造的. 这个例子说明, 连续映射不保持维数不变. 在学习了后面的第 8, 9 章后, 我们可以知道同胚映射保持维数不变.

(2) 推广 (1), 分别得到连续满射 $\mathbb{R} \to \mathbb{R}^2$ 和 $I \to I^n$.

第 2 章

构造新空间

第 1 章展示了拓扑空间的子集如何从空间本身继承拓扑, 并成为拓扑子空间. 本章将介绍一些从已知拓扑空间或 (度量) 结构构建新拓扑空间的其他常见方法. 第 2.1 节介绍如何从拓扑空间的乘积产生新的拓扑空间, 即乘积空间; 第 2.2 节介绍从度量出发构造新空间 (度量空间) 的方法, 这也是我们熟悉的欧氏空间的自然推广; 第 2.3 节展示如何将拓扑空间部分地黏合在一起以获得一个叫做商空间的新空间.

2.1 乘积空间

2.1.1 乘积空间的定义与基本性质

给定两个拓扑空间 X 和 Y, 我们想生成乘积集合 $X \times Y$ 上一个自然的拓扑. 很自然的想法是考虑乘积集合 $X \times Y$ 中所有形如 $U \times V$ 的集合构成的集族 $\mathcal{C}$ 作为拓扑, 其中 U 为 X 中开集, 其中 V 为 Y 中开集. 但容易看到, $\mathcal{C}$ 中两个这样集合的并集一般不再在 $\mathcal{C}$ 中, 例如在标准平面 $\mathbb{R}^2 = \mathbb{R} \times \mathbb{R}$ 上, 取 $U_1 = (2, 6)$, $V_1 = (1, 5)$, $U_2 = (5, 7)$, $V_2 = (4, 7)$, 则 $(U_1 \times V_1) \cup (U_2 \times V_2)$ 不能表示成 $U \times V$ 的形式, 参见图 2.1. 故 $\mathcal{C}$ 不是拓扑.

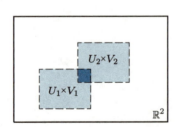

图 2.1 $(U_1 \times V_1) \cup (U_2 \times V_2) \neq U \times V$

下面我们将看到, $\mathcal{C}$ 满足拓扑基的条件, 它的确可以生成一个拓扑.

定理 2.1.1 设 $(X_1, \mathcal{T}_1)$ 和 $(X_2, \mathcal{T}_2)$ 是两个拓扑空间,

$$\mathcal{B} = \{U \times V \mid U \in \mathcal{T}_1, V \in \mathcal{T}_2\}.$$

则 $\mathcal{B}$ 是 $X_1 \times X_2$ 上的一个拓扑基.

证明 $X_1 \times X_2 \in \mathcal{B}$, 故拓扑基的第一个条件满足.

设 $U_1 \times V_1, U_2 \times V_2 \in \mathcal{B}$, $(U_1 \times V_1) \cap (U_2 \times V_2) \neq \varnothing$. 任取 $(x, y) \in (U_1 \times V_1) \cap (U_2 \times V_2)$, 令 $U = U_1 \cap U_2$, $V = V_1 \cap V_2$, 则 $U \times V \in \mathcal{B}$, 且 $(x, y) \in U \times V \subset (U_1 \times V_1) \bigcap (U_2 \times V_2)$. 故拓扑基的第二个条件也满足. 这样, $\mathcal{B}$ 是 $X_1 \times X_2$ 上的一个拓扑基. □

定义 2.1.1 设 $(X_1, \mathcal{T}_1)$ 和 $(X_2, \mathcal{T}_2)$ 是两个拓扑空间. 称定理 2.1.1 中的 $\mathcal{B}$ 所生成

的 $X_1 \times X_2$ 上的拓扑 $\mathcal{T}$ 为**乘积拓扑**, 称 $(X_1 \times X_2, \mathcal{T})$ 为 $(X_1, \mathcal{T}_1)$ 和 $(X_2, \mathcal{T}_2)$ 的**乘积拓扑空间**, 简称为 X_1 和 X_2 的**积空间**.

例 2.1.1 设 $X = \{a, b, c\}, Y = \{1, 2\}$, X 上的拓扑为

$$\{\emptyset, \{b\}, \{c\}, \{a, b\}, \{b, c\}, X\},$$

Y 上的拓扑为 $\{\emptyset, \{1\}, Y\}$, 则如图 2.2 所示, 所有方圈表示的子集构成了 $X \times Y$ 上的乘积拓扑的一个基.

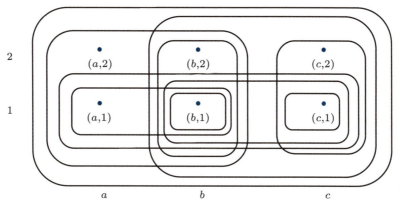

图 2.2 $X \times Y$ 上的乘积拓扑的一个基

例 2.1.2 由定理 1.1.6, $\mathcal{B}' = \{(a, b) \times (c, d) \mid a, b, c, d \in \mathbb{R}, a < b, c < d\}$ 是欧氏平面 $\mathbb{R}^2$ 的一个拓扑基, 它所生成平面的标准拓扑就是两条有标准拓扑的欧氏直线 $\mathbb{R}$ 的乘积拓扑空间.

一般地, 我们有

定理 2.1.2 设 $\mathcal{C}$ 是拓扑空间 X 的一个基, $\mathcal{D}$ 是拓扑空间 Y 的一个基, 则

$$\mathcal{P} = \{C \times D \mid C \in \mathcal{C}, D \in \mathcal{D}\}$$

是积空间 $X \times Y$ 的一个基.

证明 每个 $C \times D \in \mathcal{P}$ 都是乘积拓扑空间 $X \times Y$ 的开集, 故只需证明对乘积拓扑空间 $X \times Y$ 的任一个开集 W 和任意 $(x, y) \in W$, 存在 $C \times D \in \mathcal{P}$, 使得 $(x, y) \in C \times D \subset W$.

设 X, Y 的拓扑分别为 $\mathcal{T}_1$ 和 $\mathcal{T}_2$. $\mathcal{B} = \{U \times V \mid U \in \mathcal{T}_1, V \in \mathcal{T}_2\}$ 是积空间 $X \times Y$ 的基. 故存在开集 $U \in \mathcal{T}_1, V \in \mathcal{T}_2$, 使得 $(x, y) \in U \times V \subset W$. 因 $\mathcal{C}$ 是 X 的一个基, 故存在 $C \in \mathcal{C}$, 使得 $x \in C \subset U$. 同样, 存在 $D \in \mathcal{D}$, 使得 $y \in D \subset V$. 这样, $(x, y) \in C \times D \subset U \times V \subset W$. $\qquad\square$

设 X 和 Y 为拓扑空间, $A \subset X$, $B \subset Y$ 为子空间. $A \times B$ 作为 $X \times Y$ 的子集自然有子空间拓扑 $\mathcal{T}_1$. 作为子空间 A 和 B 的乘积, $A \times B$ 上还有乘积拓扑 $\mathcal{T}_2$. 这两个拓扑之间有什么联系?

定理 2.1.3 $\mathcal{T}_1 = \mathcal{T}_2$.

定理 2.1.3 的证明留作练习.

例 2.1.3 由例 1.2.15 可知, 具有标准拓扑的 S^1 上的所有开弧段构成了 S^1 上一个基, 故 $\mathcal{B} = \{l_1 \times l_2 \mid l_i \text{ 是 } S^1 \text{ 上的一个开弧段}\}$ 是标准环面 $S^1 \times S^1$ 的一个拓扑基.

两个拓扑空间的乘积空间可以自然地推广到 n 个拓扑空间的乘积空间. 设 X_i 为拓扑空间, $1 \leqslant i \leqslant n$, 则可以如前验证,

$$\mathcal{B} = \{U_1 \times U_2 \times \cdots \times U_n \mid U_i \subset X_i \text{ 为开集}, 1 \leqslant i \leqslant n\}$$

是乘积集合 $X_1 \times X_2 \times \cdots \times X_n$ 上的一个拓扑基, 它所生成的拓扑称为 $X_1 \times X_2 \times \cdots \times X_n$ 上的**乘积拓扑**或**积拓扑**, 有乘积拓扑的空间 $X_1 \times X_2 \times \cdots \times X_n$ 称为 $X_1, X_2, \cdots, X_n$ 的**乘积拓扑空间**或**积空间**.

可以如定理 2.1.2 类似地证明:

定理 2.1.4 设 $\mathcal{B}_i$ 是 X_i 的一个基, $1 \leqslant i \leqslant n$. 则

$$\mathcal{B}' = \{B_1 \times \cdots \times B_n \mid B_i \in \mathcal{B}_i, 1 \leqslant i \leqslant n\}$$

是乘积拓扑空间 $X_1 \times \cdots \times X_n$ 的一个基.

下面的定理表明, 乘积拓扑足够好, 子集乘积的内部与内部的乘积一致.

定理 2.1.5 设 X 和 Y 为拓扑空间, $A \subset X$、$B \subset Y$, 则 $\mathrm{Int}(A \times B) = \mathrm{Int}(A) \times \mathrm{Int}(B)$.

证明 $\mathrm{Int}(A)$ 是 X 中开集且含于 A, $\mathrm{Int}(B)$ 是 Y 中开集且含于 B, 故 $\mathrm{Int}(A) \times \mathrm{Int}(B)$ 是 $X \times Y$ 中开集且含于 $A \times B$, 从而 $\mathrm{Int}(A) \times \mathrm{Int}(B) \subset \mathrm{Int}(A \times B)$.

另一方面, 设 $(a,b) \in \mathrm{Int}(A \times B)$. 则存在 $X \times Y$ 中开集 W, 使得 $(a,b) \in W \subset A \times B$. 从而存在 X 中开集 U 和 Y 中开集 V, 使得 $(a,b) \in U \times V \subset W \subset A \times B$. 这样, $a \in U \subset A, b \in V \subset B$, 故

$$a \in \mathrm{Int}(A), \quad b \in \mathrm{Int}(B), \quad (a,b) \in \mathrm{Int}(A) \times \mathrm{Int}(B).$$

因此, $\mathrm{Int}(A) \times \mathrm{Int}(B) \supset \mathrm{Int}(A \times B)$. □

2.1.2 投射及性质

设 X_1 和 X_2 是拓扑空间, $X = X_1 \times X_2$ 是乘积拓扑空间. 分别定义 $p_1 : X \to X_1$ 和 $p_2 : X \to X_2$ 如下:

$$\forall (x_1, x_2) \in X, \quad p_1(x_1, x_2) = x_1, \quad p_2(x_1, x_2) = x_2.$$

称 p_i 为 $X_1 \times X_2$ 到 X_i 的**投射**, $i = 1, 2$. 容易验证, p_1 和 p_2 都是连续映射.

定理 2.1.6 设 X_1 和 X_2 是拓扑空间, 则 $X = X_1 \times X_2$ 上的乘积拓扑是使得 p_1 和 p_2 都连续的最粗糙的拓扑.

证明 设 $\mathcal{T}'$ 是 X 上的拓扑, 使得 p_1 和 p_2 都连续. 只需证明 X 上的乘积拓扑 $\mathcal{T}$ 的基 $\mathcal{B} = \{U \times V \mid U$ 是 X_1 中开集, V 是 X_2 中开集$\} \subset \mathcal{T}'$. 设 $U \times V \in \mathcal{B}$. 由假设 p_1 和 p_2 都连续, 有

$$p_1^{-1}(U) = U \times X_2 \in \mathcal{T}', \quad p_2^{-1}(V) = X_1 \times V \in \mathcal{T}',$$

故 $(U \times X_2) \cap (X_1 \times V) = U \times V \in \mathcal{T}'$. 从而 $\mathcal{T} \subset \mathcal{T}'$. $\square$

定理 2.1.7 设 X_1, X_2 和 Y 是拓扑空间, $X = X_1 \times X_2$ 为乘积空间, $f: Y \to X$, 则 f 连续当且仅当 $p_1 \circ f: Y \to X_1$ 和 $p_2 \circ f: Y \to X_2$ 都连续.

$$Y \xrightarrow{\ f\ } X_1 \times X_2 \begin{array}{c} \xrightarrow{p_1} X_1 \\ \xrightarrow{p_2} X_2 \end{array}$$

证明 必要性显然. 下证充分性. 只需证明对于 X 上的乘积拓扑 $\mathcal{T}$ 的基

$$\{U \times V \mid U \text{ 是 } X_1 \text{ 中开集}, \ V \text{ 是 } X_2 \text{ 中开集}\}$$

中任意成员 $U \times V$, $f^{-1}(U \times V)$ 是 Y 中开集即可.

由假设,

$$(p_1 \circ f)^{-1}(U) = f^{-1}(p_1^{-1}(U)) = f^{-1}(U \times X_2)$$

是 Y 中开集,

$$(p_2 \circ f)^{-1}(V) = f^{-1}(p_2^{-1}(V)) = f^{-1}(X_1 \times V)$$

是 Y 中开集, 故 $f^{-1}(U \times X_2) \cap f^{-1}(X_1 \times V)$ 是 Y 中开集. 但

$$\begin{aligned} f^{-1}(U \times X_2) \cap f^{-1}(X_1 \times V) &= f^{-1}((U \times X_2) \cap (X_1 \times V)) \\ &= f^{-1}(U \times V), \end{aligned}$$

从而 $f^{-1}(U \times V)$ 是 Y 中开集. 这样, f 连续. $\square$

习题 2.1

1. (E) 证明定理 2.1.3.

2. (ER) 设 A 是 X 中闭集, B 是 Y 中闭集. 证明 $A \times B$ 是 $X \times Y$ 中闭集.

3. (ER) 设 $A \subset X$, $B \subset Y$. 证明 $\mathrm{Cl}(A \times B) = \mathrm{Cl}(A) \times \mathrm{Cl}(B)$.

4. (MRH) 设 $A \subset X$, $B \subset Y$.

(1) 举例说明 $\partial(A \times B) = \partial(A) \times \partial(B)$ 一般不成立;

(2) 给出用 $\partial(A)$, $\partial(B)$ 以及 A 和 B 表示 $\partial(A \times B)$ 的关系式, 并证明之.

5. (MR) 证明 $X \times X$ 的对角线 $D = \{(x,x) \mid x \in X\}$ 是乘积空间 $X \times X$ 的开集当且仅当 X 是离散拓扑空间.

6. (ER) 设 X 和 Y 为拓扑空间, 证明对任意的 $x \in X$, 乘积空间 $X \times Y$ 的子空间 $\{x\} \times Y$ 与 Y 同胚.

7. (E) 设 X 和 Y 为拓扑空间, $f : X \to Y$, 定义

$$\psi : X \to X \times Y, \quad \psi(x) = (x, f(x)),$$

证明 ψ 为嵌入当且仅当 f 连续.

8. (ERH) 设 X_i 和 Y_i 都是拓扑空间, $f_i : X_i \to Y_i$ $(i = 1, 2)$, 定义

$$\varphi : X_1 \times X_2 \to Y_1 \times Y_2, \quad \varphi(x_1, x_2) = (f(x_1), f(x_2)),$$

也可写为 $\varphi = f_1 \times f_2$. 证明: f_1 和 f_2 都连续当且仅当 φ 也连续.

9. (ERH) 设 $f, g : X \to \mathbb{R}$ 是两个连续函数. 证明由下列各公式定义的 $X \to \mathbb{R}$ 的函数是连续的:

(1) $x \mapsto f(x) + g(x)$;

(2) $x \mapsto f(x) - g(x)$;

(3) $x \mapsto f(x)g(x)$;

(4) $0 \notin g(X)$, $x \mapsto \dfrac{f(x)}{g(x)}$;

(5) $x \mapsto \max\{f(x), g(x)\}$;

(6) $x \mapsto \min\{f(x), g(x)\}$;

(7) $x \mapsto |f(x)|$.

想一想: 数学分析里证明连续的 "$\varepsilon - \delta$" 方法为什么这里用不了?

10. (ERH) 设 $f, g : X \to \mathbb{R}^2$ 连续, $f(x) = (f_1(x), f_2(x))$, $g(x) = (g_1(x), g_2(x))$. 令 $G : X \to \mathbb{R}^2$, $G(x) = (3f_1(x)g_2(x), 3f_2(x) + g_1(x))$, $\forall x \in X$. 证明 $G(x)$ 连续.

11. (DRH) $m \times n$ 实矩阵的全体 $Mat(m \times n, \mathbb{R})$ 可以看成标准 $\mathbb{R}^{mn}$ 的子空间. 设 $f : X \to Mat(p \times q, \mathbb{R})$ 和 $g : X \to Mat(q \times r, \mathbb{R})$ 是两个连续映射. 令 $h : X \to Mat(p \times r, \mathbb{R})$, $x \mapsto g(x)f(x)$, $\forall x \in X$. 证明 h 也是连续的.

12. (DRH) $GL(n, \mathbb{R})$ 是由所有 n 阶实可逆矩阵组成的 $Mat(n \times n, \mathbb{R})$ 的子空间. 设 $f : X \to GL(n; \mathbb{R})$ 连续. 令 $g : X \to GL(n; \mathbb{R})$, $g(x) = (f(x))^{-1}$, $\forall x \in X$. 证明 g 也是连续的.

2.2 度量空间

最常见和最有用的拓扑空间之一就是所谓的度量空间. 度量空间是由定义在集合上用于测量其中的点之间的距离所诱导的拓扑空间, 是我们所熟悉的欧氏空间的一个自然推广. 我们通常用卷尺来量两个对象相距多远, 这只是测量距离概念的一种特殊情况. 在后面的例子中我们将看到, 可以通过考虑两个函数之间的区域来衡量它们之间的距离, 也可以通过考虑有多少字母变化可以将一个变为另一个来测量两个单词之间的距离. 度量空间提供了比一般拓扑空间拥有的更多的结构. 度量空间在数学分析领域发挥着重要作用, 也有很多具体的实际应用.

2.2.1 度量空间的定义与基本性质

定义 2.2.1 集合 X 上的一个**度量**是满足以下条件的一个函数 $d : X \times X \to \mathbb{R}$:

(1) 对任意 $x, y \in X, d(x, y) \geqslant 0$, 且 $d(x, y) = 0$ 当且仅当 $x = y$;

(2) 对任意 $x, y \in X, d(x, y) = d(y, x)$;

(3) 对任意 $x, y, z \in X, d(x, z) \leqslant d(x, y) + d(y, z)$.

称 $d(x, y)$ 为 x 和 y 之间的**距离**, 称 (X, d) 为一个**度量空间**.

注意, 度量 d 具有我们测量距离时对于距离的期望: 两点之间的距离是非负的实数, 且只有当它们重合时才为 0 (非负性); 从点 x 到点 y 的距离与从点 y 到点 x 的距离是相同的 (对称性); 最后, 从 x 到 y 的距离与从 y 到 z 的距离之和永远不会比直接从 x 到 z 的距离短 (三角不等式).

例 2.2.1 令 $d : X \times X \to \mathbb{R}, \forall x, y \in X$, 当 $x = y$ 时, $d(x, y) = 0$; 当 $x \neq y$ 时, $d(x, y) = 1$, 则 d 是 X 上的一个度量, 称之为 X 上的**离散度量**.

例 2.2.2 (1) 在直线 $\mathbb{R}$ 上, 对任意 $x, y \in \mathbb{R}, d(x, y) = |x - y|$. d 就是直线 $\mathbb{R}$ 上的欧氏度量, 也称为标准度量.

(2) 一般地, 对于 $\mathbb{R}^n$ 中的任意两点 $p = (p_1, \cdots, p_n)$ 和 $q = (q_1, \cdots, q_n)$, 令

$$d(p, q) = \sqrt{(p_1 - q_1)^2 + \cdots + (p_n - q_n)^2},$$

则容易验证, d 为 $\mathbb{R}^n$ 上的距离, 称之为 $\mathbb{R}^n$ 上的**欧氏距离**或**标准距离**.

前面在介绍欧氏空间的拓扑时, 我们以所有开球形邻域为基生成了标准拓扑. 所有这样的开球形邻域之所以能构成一个拓扑基, 关键就在于欧氏度量的这几个性质. 一般的度量也满足这几个性质, 所以, 我们有理由在度量空间上也建立相应的拓扑结构.

定义 2.2.2 设 (X, d) 为度量空间. 对于任意 $x \in X$ 和 $\varepsilon > 0$, 令

$$B_d(x,\varepsilon) = \{p \in X \mid d(p,x) < \varepsilon\}, \quad \bar{B}_d(x,\varepsilon) = \{p \in X \mid d(p,x) \leqslant \varepsilon\},$$

称 $B_d(x,\varepsilon)$ 为 X 中以 x 为心、ε 为半径的**开球**, 称 $\bar{B}_d(x,\varepsilon)$ 为 X 中以 x 为心、ε 为半径的**闭球**.

与欧氏空间的情形完全类似, 我们可以证明 (留作练习):

定理 2.2.1 设 (X,d) 为度量空间. 则 $\mathcal{B} = \{B_d(x,\varepsilon) \mid x \in X, \varepsilon > 0\}$ 是 X 上的一个拓扑基.

定义 2.2.3 设 (X,d) 为度量空间, 称由拓扑基 $\mathcal{B}$ 所生成的 X 上的拓扑为**度量 d 诱导的拓扑**, 也简称为**度量拓扑**.

后面, 当我们提到度量空间时, 也自然把它当成一个由其度量诱导的度量拓扑空间. 与欧氏空间类似, 我们也有

定理 2.2.2 设 (X,d) 为度量拓扑空间, $U \subset X$, 则 U 是度量拓扑中的开集当且仅当对于任意 $y \in U$, 存在 $\varepsilon > 0$, 使得 $B_d(y,\varepsilon) \subset U$.

例 2.2.3 对于平面 $\mathbb{R}^2$ 上的任意两点 $p = (p_1,p_2)$ 和 $q = (q_1,q_2)$, 令

(1) $d(p,q) = \sqrt{(p_1-q_1)^2 + (p_2-q_2)^2}$;

(2) $d_T(p,q) = |p_1-q_1| + |p_2-q_2|$;

(3) $d_M(p,q) = \max\{|p_1-q_1|, |p_2-q_2|\}$.

上述 d 就是**欧氏度量**. 可以验证 (作为练习), d_T 和 d_M 也都是 $\mathbb{R}^2$ 上的度量, 分别称为**钻石度量和极大度量**. $(\mathbb{R}^2,d)$, $(\mathbb{R}^2,d_T)$ 和 $(\mathbb{R}^2,d_M)$ 上的 ε 球形邻域分别如图 2.3 所示. 不难验证, 它们都诱导了平面 $\mathbb{R}^2$ 上的标准拓扑.

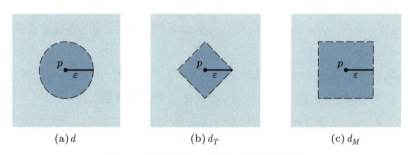

(a) d (b) d_T (c) d_M

图 2.3 欧氏度量、钻石度量和极大度量

例 2.2.4 令 $C[a,b] = \{f \mid f : [a,b] \to \mathbb{R} \text{ 连续}\}$. 对于 $f,g \in C[a,b]$, 令

$$\rho(f,g) = \int_a^b |f(x) - g(x)|\mathrm{d}x.$$

$\rho(f,g)$ 就是从 a 到 b 介于 f 和 g 的图之间的区域的面积, 如图 2.4 所示. 不难验证, ρ 是 $C[a,b]$ 上的度量. 这样, $(C[a,b],\rho)$ 就是一个拓扑空间, 称之为 $[a,b]$ 上的**连续函数空间**.

例 2.2.5 设 $V^n = \{(a_1,\cdots,a_n) \mid a_i \in \{0,1\}, 1 \leqslant i \leqslant n\}$, 即 V^n 是 n 个 $\{0,1\}$ 的

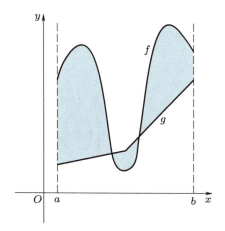

图 2.4 $\rho(f,g)$ 的意义

乘积. 对于任意 $x, y \in V^n$, $x = (x_1, \cdots, x_n), y = (y_1, \cdots, y_n)$, 令

$$D_H(x,y) = \#\{i \mid x_i \neq y_i, 1 \leqslant i \leqslant n\}.$$

不难验证, D_H 的确是 V^n 上的一个距离, 称之为 V^n 上的**汉明 (Hamming) 距离**. $D_H(x,y)$ 实际上就是 x 和 y 中对应分量不同的个数. 例如, 对

$$x = (0, 0, 1, 1, 0, 0, 0, 1, 0),$$
$$y = (0, 1, 0, 1, 0, 0, 1, 1, 0),$$

$D_H(x,y) = 3$.

V^n 是有限集, D_H 诱导了 V^n 上的离散拓扑. 度量空间 (V^n, D_H) 在信息科学中的纠错码理论中有重要的应用 (参见第 10 章).

定理 2.2.3 设 (X, d) 为度量空间, 则 $d : X \times X \to \mathbb{R}$ 连续, 其中 $X \times X$ 上拓扑为 X 上的由度量诱导的拓扑的乘积拓扑.

证明 设 $x, y \in X, d(x, y) = r$. 任给 $\varepsilon > 0$, 取 $\delta = \dfrac{1}{2}\varepsilon$, 对于 $z \in B(x, \delta)$, $z' \in B(y, \delta)$,

$$d(z, z') \leqslant d(z, x) + d(x, y) + d(y, z'),$$

故

$$d(z, z') - d(x, y) \leqslant d(z, x) + d(z', y) < \delta + \delta = \varepsilon.$$

类似地, $d(x, y) - d(z, z') < \varepsilon$, 从而 $|d(z, z') - d(x, y)| < \varepsilon$. 故 d 连续. □

定义 2.2.4 设 (X, d) 为度量空间, $A, B \subset X$ 为非空子集.

(1) 对任意 $x \in X$, 令 $d(x, A) = \inf\{d(x, a) \mid a \in A\}$, 称 $d(x, A)$ 为 x 到 A 的**距离**.

(2) 令 $d(A, B) = \inf\{d(a, b) \mid a \in A, b \in B\}$, 称 $d(A, B)$ 为 A 到 B 之间的**距离**.

命题 2.2.1 设 (X, d) 为度量空间, $A \subset X$ 为非空子集, 则有

(1) $d(x, A)$ 连续;

(2) A 为非空闭集时, $d(x, A) = 0$ 当且仅当 $x \in A$.

命题 2.2.1 的验证留作练习.

注 2.2.1　对于度量空间 X 中的闭集 A, B, $d(A, B) = 0$ 却未必有 $A \cap B \neq \emptyset$. 例如, 设 A 是平面上的 x 轴, $B = \left\{ \left(x, \dfrac{1}{x} \right) \,\middle|\, x > 0 \right\}$, 则 A, B 都是平面上的闭集, $d(A, B) = 0$, 但 $A \cap B = \emptyset$.

定理 2.2.4　设 d 和 d' 是 X 上的两个度量, $\mathcal{T}$ 和 $\mathcal{T}'$ 分别是 d 和 d' 诱导的 X 上的两个度量拓扑, 则 $\mathcal{T}'$ 比 $\mathcal{T}$ 精细当且仅当对任意 $x \in X$ 和任意 $\varepsilon > 0$, 存在 $\delta > 0$, 使得 $B_{d'}(x, \delta) \subset B_d(x, \varepsilon)$.

定理 2.2.4 的证明很显然. 该定理可以方便地用来证明平面 $\mathbb{R}^2$ 上的标准拓扑、钻石拓扑和极大拓扑是互相等价的.

例 2.2.6　对于平面 $\mathbb{R}^2$ 上的任意两点 $p = (p_1, p_2)$ 和 $q = (q_1, q_2)$, 令

$$
d_V(p, q) = \begin{cases} 1, & p_1 \neq q_1 \text{ 或 } |p_2 - q_2| \geqslant 1, \\ |p_2 - q_2|, & p_1 = q_1 \text{ 且 } |p_2 - q_2| < 1, \end{cases}
$$

则容易验证, d_V 的确是平面上的一个度量, 它诱导的拓扑是比欧氏拓扑严格精细的拓扑. 事实上, 当 $\varepsilon > 1$ 时, $B_{d_V}(p, \varepsilon) = \mathbb{R}^2$; 当 $\varepsilon \leqslant 1$ 时,

$$
B_{d_V}(p, \varepsilon) = \{ (p_1, y) \in \mathbb{R}^2 \mid y \in (p_2 - \varepsilon, p_2 + \varepsilon) \}.
$$

*2.2.2　有界度量与等距变换

定义 2.2.5　设 (X, d) 是一个度量空间, $A \subset X$. 若存在 $M > 0$, 使得对任意 $x, y \in A$, 均有 $d(x, y) \leqslant M$, 则称 A 是一个**有界子集**. 若 X 也是有界的, 则称 d 是一个**有界度量**.

显然, 离散度量空间是有界度量空间.

定理 2.2.5　设 (X, d) 是一个度量拓扑空间. 令 $d' : X \times X \to \mathbb{R}$, 使得对任意 $x, y \in X$,

$$
d'(x, y) = \min\{ d(x, y), 1 \},
$$

则 d' 是一个有界度量, 且 d' 和 d 在 X 上诱导相同的拓扑.

证明　d' 有界显然. 下面先验证 d' 是个度量. d' 显然满足度量的前两个条件. 设 $x, y, z \in X$, 分两种情况考虑.

情况 1: $d(x, y) \geqslant 1$ 或 $d(y, z) \geqslant 1$. 此时, $d'(x, y) + d'(y, z) \geqslant 1$, 但 $d'(x, z) \leqslant 1$, 故

$$d'(x,z) \leqslant d'(x,y) + d'(y,z).$$

情况 2: $d(x,y) \leqslant 1$ 且 $d(y,z) \leqslant 1$. 此时,

$$d'(x,y) + d'(y,z) = d(x,y) + d(y,z) \geqslant d(x,z) \geqslant d'(x,z).$$

故 d' 也总是满足度量的第三个条件.

再证明 d' 和 d 在 X 上诱导的拓扑 $\mathcal{T}'$ 和 $\mathcal{T}$ 相同.

任取 $x \in X$ 和 x 的球形开邻域 $B_{d'}(x, \varepsilon)$. 若 $\varepsilon \leqslant 1$, 则 $B_d(x, \varepsilon) = B_{d'}(x, \varepsilon)$; 若 $\varepsilon > 1$, $B_{d'}(x, \varepsilon) = X$, 也有 $B_d(x, \varepsilon) \subset B_{d'}(x, \varepsilon)$. 不论哪种情况, 都有 $B_d(x, \varepsilon) \subset B_{d'}(x, \varepsilon)$. 由定理 2.2.4, $\mathcal{T}$ 比 $\mathcal{T}'$ 精细.

另一方面, 对于任意 $x \in X$ 和 x 的球形开邻域 $B_d(x, \varepsilon)$, 若 $\varepsilon \leqslant 1$, $B_d(x, \varepsilon) = B_{d'}(x, \varepsilon)$; 若 $\varepsilon > 1$, $B_{d'}(x, 1) \subset B_d(x, \varepsilon)$. 不论哪种情况, 取 $\delta = \min\{1, \varepsilon\}$, 总有 $B_{d'}(x, \delta) \subset B_d(x, \varepsilon)$. 从而 $\mathcal{T}'$ 比 $\mathcal{T}$ 精细.

这样, $\mathcal{T}' = \mathcal{T}$. □

注 2.2.2 定理 2.2.5 中的 d' 的界为 1. 对于任意 $M > 0$, 类似地可以找出 X 的上界为 M 的度量 d'', 且 d'' 诱导出与度量拓扑空间 (X, d) 相同的拓扑.

定义 2.2.6 设 $(X, d_X), (Y, d_Y)$ 为度量空间, $f: X \to Y$ 为一个双射. 若对于任意 $x, x' \in X$, 均有 $d_X(x, x') = d_Y(f(x), f(x'))$, 则称 f 为一个**等距映射**. 此时, 也称 X 和 Y 是**等距的**.

上述定义中, 我们可以仅要求 f 为满射, 因保持距离的映射一定是单射. 等距的度量空间是同胚的, 但反之一般不成立. 显然, 度量空间之间的等距是一个等价关系.

例 2.2.7 回想平面 $\mathbb{R}^2$ 上的钻石度量的定义: 对于 $p = (p_1, p_2), q = (q_1, q_2) \in \mathbb{R}^2$, $d_T(p, q) = |p_1 - q_1| + |p_2 - q_2|$. d_T 和欧氏度量 d_E 诱导的拓扑都是标准拓扑. 但 $(\mathbb{R}^2, d_E)$ 与 $(\mathbb{R}^2, d_T)$ 不等距.

假设存在等距变换 $f: (\mathbb{R}^2, d_T) \to (\mathbb{R}^2, d_E)$. 如图 2.5 所示, 取 $A = (0,0), B = (1,0), C = (0,1), D = (1,1)$, 则

$$d_T(A, B) = d_T(A, C) = d_T(D, C) = d_T(B, D) = 1,$$
$$d_T(B, C) = d_T(A, D) = 2.$$

这样,

$$d_E(f(A), f(B)) = d_E(f(A), f(C)) = 1, \quad d_E(f(B), f(C)) = 2,$$

这表明 $f(A)$ 在 $f(B)$ 和 $f(C)$ 连线的中点上. 同理, $f(D)$ 也在 $f(B)$ 和 $f(C)$ 连线的中点上, 即有 $f(A) = f(D)$, 与 f 为双射矛盾.

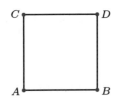

图 2.5 平面上的 4 点 A, B, C, D

习题 2.2

1. (ER) 对于平面 $\mathbb{R}^2$ 上的任意两点 $p = (p_1, p_2)$ 和 $q = (q_1, q_2)$, 令

(1) $d_T(p, q) = |p_1 - q_1| + |p_2 - q_2|$;

(2) $d_M(p, q) = \max\{|p_1 - q_1|, |p_2 - q_2|\}$.

证明 d_T 和 d_M 都是 $\mathbb{R}^2$ 上的度量.

2. (ERH) 设 ρ_1 和 ρ_2 是空间 X 上的两个度量.

(1) 证明 $\rho_1 + \rho_2$ 和 $\max\{\rho_1, \rho_2\}$ 也是度量;

(2) 函数 $\min\{\rho_1, \rho_2\}$, $\rho_1\rho_2$, $\dfrac{\rho_1}{\rho_2}$ 也是度量吗? (对于 $\rho = \dfrac{\rho_1}{\rho_2}$, 补充定义 $\rho(x, x) = 0$.)

3. (MRH) 设 $\rho^{(p)} : \mathbb{R}^n \times \mathbb{R}^n \to \mathbb{R}$, $p \geqslant 1$, 对于 $x, y \in \mathbb{R}^n$, $x = (x_1, \cdots, x_n)$, $y = (y_1, \cdots, y_n)$,

$$\rho^{(p)}(x, y) = \left(\sum_{i=1}^{n} |x_i - y_i|^p \right)^{\frac{1}{p}}.$$

证明: $\rho^{(p)}$ 是一个度量.

4. (MRH) 设 $p \geqslant 1$, $l^{(p)} = \left\{ x = \{x_i, i = 1, 2, \cdots\} \,\middle|\, x_i \in \mathbb{R}, i \in \mathbb{N}_+, \sum_{i=1}^{\infty} |x|^p < \infty \right\}$.

证明: 对于两个数列 $x, y \in l^{(p)}$, 级数 $\sum_{i=1}^{\infty} |x_i - y_i|^p$ 收敛, 且

$$(x, y) \mapsto \left(\sum_{i=1}^{\infty} |x_i - y_i|^p \right)^{\frac{1}{p}}$$

是 $l^{(p)}$ 上的一个度量.

5. (MRH) 设 X 是 ($\mathbb{R}$ 上的) 一个向量空间. 若函数 $X \to \mathbb{R}_+ : x \mapsto \|x\|$ 满足

(1) $\|x\| = 0 \Leftrightarrow x = 0$;

(2) $\forall \lambda \in \mathbb{R}, x \in X, \|\lambda x\| = |\lambda| \, \|x\|$;

(3) $\forall x, y \in X, \|x + y\| \leqslant \|x\| + \|y\|$,

则称这个函数是一个范数. 赋有范数的向量空间称为赋范空间.

证明: 若 $x \mapsto \|x\|$ 是一个范数, 则

$$\rho: X \times X \to \mathbb{R}_+, \quad (x, y) \mapsto \|x - y\|$$

是一个度量.

6. (ERH) 证明定理 2.2.1.

7. (ERH) 证明命题 2.2.1.

8. (ERH) 设 (X, d) 为度量空间, $A \subset X$. 证明 $x \in \mathrm{Cl}(A)$ 当且仅当 A 中有点列收敛到 x.

9. (MRH) 设 S 为由 0 和 1 构成的所有序列的集合. 对任意 $x = (x_1, x_2, x_3, \cdots)$, $y = (y_1, y_2, y_3, \cdots) \in S$, 令 $d(x, y) = \sum_{j=1}^{\infty} \dfrac{|x_j - y_j|}{2^j}$.

(1) 证明 d 是 S 上的一个度量;

(2) 令 E 为 S 中只有有限项非 0 的序列构成的子集, 证明 E 在度量拓扑空间 (X, d) 中是稠密的.

10. (MRH) 设 $f_i(x_1, \cdots, x_n)$ 为实系数 n 元多项式, $1 \leqslant i \leqslant m$. 称代数方程组

$$\begin{cases} f_1(x_1, \cdots, x_n) = 0, \\ \cdots\cdots\cdots\cdots \\ f_m(x_1, \cdots, x_n) = 0 \end{cases}$$

在 $\mathbb{R}^n (n \geqslant 1)$ 中的解集为一个代数真子集. 证明: $\mathbb{R}^n$ 中的每一个代数真子集是无处稠密的.

11. (E) 设 (X, d) 是一个度量空间, $Y \subseteq X$. 证明 Y 上从 X 继承的子空间拓扑与 Y 从 X 的度量 d 继承的度量拓扑相同.

12. (EH) 设 ρ_1 和 ρ_2 是 X 上的两个度量, 且存在常数 $c, C > 0$, 使得对于任意的 $x, y \in X$, 都有

$$c\rho_1(x, y) \leqslant \rho_2(x, y) \leqslant C\rho_1(x, y).$$

证明 ρ_1 和 ρ_2 是等价的 (一般来说, 反之不成立).

13. (MH) 对于 $f, g \in C[0, 1]$, 令

$$\rho_1(f, g) = \int_0^1 |f(x) - g(x)| \mathrm{d}x, \quad \rho_C(f, g) = \max_{x \in [0,1]} |f(x) - g(x)|.$$

证明 ρ_1 和 ρ_C 是不等价的. 由它们生成的拓扑结构中, 是否一个比另一个更精细?

14. (ERH) 设 (X, d) 为度量空间. 称 $S_d(x, \varepsilon) = \{p \in X \mid d(p, x) = \varepsilon\}$ 为 X 中以 x 为中心、ε 为半径的**球面**.

(1) 证明任一个闭球是闭集;

(2) 证明任一个球面是闭集;

(3) 构造度量空间 (X_1, d), 其中存在一个是开集的闭球;

(4) 构造度量空间 (X_2, d), 其中存在一个是闭集的开球;

(5) 构造度量空间 (X_3, d), 其中存在一个是开集的球面.

15. (EH) 下列关系是否对于任意一个度量空间 (X, d) 总是成立?

(1) $\partial B_d(x, \varepsilon) \subset S_d(x, \varepsilon)$;

(2) $\partial \bar{B}_d(x, \varepsilon) \subset S_d(x, \varepsilon)$.

16. (ERH) 举例说明存在度量空间 (X, d), 对于 $x \in X$ 和 $\varepsilon > 0$, $S_d(x, \varepsilon) \neq \emptyset$, $B_d(x, \varepsilon) \neq \emptyset$, 但是 $S_d(x, \varepsilon) \cap \mathrm{Cl}(B_d(x, \varepsilon)) = \emptyset$.

17. (ERH) 设 (X, d) 为度量空间, A, B 为 X 中两个不交闭集. 证明存在 X 中两个不交开集 U, V, 使得 $A \subset U$, $B \subset V$.

18. (ERH) 设 D 为 X 的稠密子集, (Y, d) 为度量空间, $f, g : X \to Y$ 都连续. 证明: 如果 $f|_D = g|_D$, 则 $f = g$.

19. (MH) 证明两个度量空间的乘积空间是度量空间. (提示: 需要在两个空间的乘积上构造一种度量, 使得该度量诱导的拓扑与乘积拓扑相同.)

20. (MH) 设 (X, d) 为度量空间. 对任意 $x, y \in X$, 令 $D(x, y) = \dfrac{d(x, y)}{1 + d(x, y)}$. 证明 D 也是 X 上的度量, 并且 d 和 D 在 X 上诱导了相同的拓扑.

21. (MRH) 设 $\rho : X \times X \to \mathbb{R}_+$ 是一个度量. 假设 $f : \mathbb{R} \to \mathbb{R}$ 满足如下条件:

(1) $f(0) = 0$;

(2) f 是一个单调递增的函数;

(3) 对于任意的 $x, y \in \mathbb{R}$, $f(x + y) \leqslant f(x) + f(y)$.

证明函数 $f \circ \rho$ 是 X 上一个度量.

22. (MRH) 设 $(X, d_X), (Y, d_Y)$ 为度量空间, $f : X \to Y$.

(1) 如果存在常数 $\alpha \in (0, 1)$, 使得对任意 $a, b \in X$, 都有

$$d_Y(f(a), f(b)) \leqslant \alpha d_X(a, b),$$

则称 f 是一个压缩映射. 证明每一个压缩映射都是连续的.

(2) 如果存在常数 $C > 0$ 和 $\alpha > 0$, 使得对任何 $a, b \in X$, 都有

$$d_Y(f(a), f(b)) \leqslant C d_X(a, b)^{\alpha},$$

则称 f 是一个赫尔德 (Hölder) 映射. 证明每一个赫尔德映射都是连续的.

23. (DRH) 设 $f : \mathbb{R} \to \mathbb{R}$ 连续, 且对任意的 $x, y \in \mathbb{R}$, 都有

$$f(x + y) = f(x) + f(y).$$

证明存在实数 a, 使得对任意的 $x \in \mathbb{R}$, 都有 $f(x) = ax$.

24. (MRH) 设 A 和 B 是度量空间 (X, ρ) 中的两个有界子集. 定义

$$d_\rho(A, B) = \max\left\{\sup_{a \in A} \rho(a, B), \sup_{b \in B} \rho(b, A)\right\}.$$

称 $d_\rho(A, B)$ 为 A 和 B 之间的豪斯多夫 (Hausdorff) 距离. (注意, 它与正文中的 $d(A, B)$ 不一样!) 证明: 一个度量空间中的有界子集之间的豪斯多夫距离满足度量定义中的条件 (2) 和 (3).

25. (MRH) 证明对于每一个度量空间, 豪斯多夫距离是由其有界闭子集组成的集合上的一个度量.

26. (EH) 设 X 和 Y 是两个度量空间.

(1) (EH) 证明存在一个度量空间 Z, 使得 X 和 Y 可以等距嵌入 Z.

(2) (MRH) 等距地将度量空间 X 和 Y 嵌入同一个度量空间 Z. X 和 Y 的所有等距嵌入的豪斯多夫距离的下界 (Z 可变) 定义为 X 和 Y 之间的格罗莫夫–豪斯多夫 (Gromov-Hausdorff) 距离.

1) 证明格罗莫夫–豪斯多夫距离是对称的;

2) 证明格罗莫夫–豪斯多夫距离满足三角不等式;

3) 是否存在具有无限格罗莫夫–豪斯多夫距离的两个度量空间?

27. (MRH) 设 (X, d_X) 和 (Y, d_Y) 为度量空间, $f: X \to Y$ 为一个映射. 若对任何 $a, b \in X$, $d_Y(f(a), f(b)) = d_X(a, b)$, 则称 f 是一个等距嵌入. 证明:

(1) 每一个等距嵌入都是单射;

(2) 每一个等距嵌入都是连续的.

28. (E) 设 (X, d_X) 和 (Y, d_Y) 为度量空间, $f: X \to Y$ 为等距映射. 证明: f 也是对应的由度量诱导的拓扑空间之间的一个同胚.

29. (M) $\mathbb{R}^2$ 上的极大度量 d_M 的定义见例 2.2.3. 证明 $(\mathbb{R}^2, d_M)$ 与标准度量空间 $(\mathbb{R}^2, d_E)$ 不等距.

2.3　商空间与商映射

从已知拓扑空间出发, 通过 "商" 的方式可以构造新的拓扑空间. 简单而言, 就是通过黏合或压缩已知拓扑空间的某些部分, 可以得到一个新的拓扑空间. 例如, 从一张正方形的胶皮 (阴影表示的是正面) 出发, 先将左右一对标号 1 的边按图 2.6 所示的方式黏合得到一个圆柱筒, 再将圆柱筒的上下两个边界按图 2.6 所示的方式黏合, 就得到一个环面 (同胚于 $S^1 \times S^1$).

设 $(X, \mathcal{T})$ 为一个拓扑空间, A 为一个集合 (不必为 X 的子集). 设 $p: X \to A$ 为一个满射, 令

$$\mathcal{T}(A) = \{U \subset A \mid p^{-1}(U) \in \mathcal{T}\}.$$

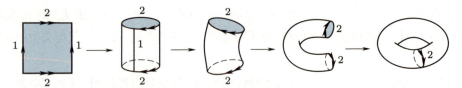

图 2.6 从 $I \times I$ 出发黏合得到 $S^1 \times S^1$

定理 2.3.1 $\mathcal{T}(A)$ 是 A 上的一个拓扑.

证明 显然, $\emptyset, A \in \mathcal{T}(A)$. 设 $\mathcal{U} \subset \mathcal{T}(A)$. 则

$$p^{-1}\left(\bigcup_{U \in \mathcal{U}} U\right) = \bigcup_{U \in \mathcal{U}} p^{-1}(U) \in \mathcal{T}.$$

设 $U, V \in \mathcal{T}(A)$, 则

$$p^{-1}(U \cap V) = p^{-1}(U) \cap p^{-1}(V) \in \mathcal{T}.$$

这样, $\mathcal{T}(A)$ 是 A 上的一个拓扑. □

定义 2.3.1 设 $(X, \mathcal{T})$ 为一个拓扑空间, A 为一个集合 (不必为 X 的子集). 设 $p : X \to A$ 为一个满射, $\mathcal{T}(A) = \{U \subset A \mid p^{-1}(U) \in \mathcal{T}\}$, 则称拓扑 $\mathcal{T}(A)$ 为 A 上的由 p 诱导的**商拓扑**, 称 p 为**商映射**, 称 $(A, \mathcal{T}(A))$ 为**商空间**.

例 2.3.1 设 $X = \mathbb{R}$ 为欧氏直线, $A = \{a, b, c\}$. 令 $p : X \to A$, 当 $x < -1$ 时, $p(x) = a$; 当 $x > -1$ 时, $p(x) = c$; 对于 $x \in [1, -1]$, $p(x) = b$, 则 A 上的由 p 诱导的商拓扑如图 2.7 所示, 其中 $\{a\}$, $\{c\}$, $\{a, c\}$ 和 A 都是开集, $\{b\}$, $\{a, b\}$ 和 $\{b, c\}$ 都不是开集. "商" 过程是把 $(-\infty, -1)$ 捏为点 a, 把 $[-1, 1]$ 捏为点 b, 把 $(1, \infty)$ 捏为点 c.

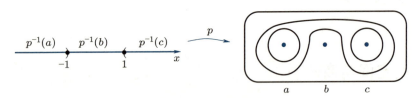

图 2.7 A 上的商拓扑

例 2.3.2 设 $\mathbb{R}$ 为欧氏直线, $\mathbb{Z}$ 为整数集合. 令 $p : \mathbb{R} \to \mathbb{Z}$, $x \in \mathbb{Z}$ 时, $p(x) = x$; 当 n 为奇数时, 对于 $x \in (n-1, n+1)$, $p(x) = n$, 则 p 限制在整数集合上是恒等的, 且把非整数映到离它最近的奇数, 如图 2.8 所示. 当 n 为奇数时, $\{n\}$ 是 $\mathbb{Z}$ 上商拓扑中的开集; 当 n 为偶数时, $\{n-1, n, n+1\}$ 是 $\mathbb{Z}$ 上商拓扑中包含 n 的最小开集. 实际上, $\mathbb{Z}$ 上的由 p 诱导的商拓扑就是数字线拓扑 (参见例 1.1.9).

设 $p : X \to A$ 为商映射. 显然, X 的子集族 $\widetilde{X} = \{p^{-1}(a) \mid a \in A\}$ 是 X 的一个**分划** (即 X 是 $\widetilde{X}$ 中子集的无交并), p 把每个子集 $p^{-1}(a)$ 中的点都映到 a. 据此, 我们也可以从 X 的一个分划出发来定义商拓扑和商空间.

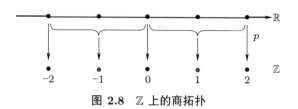

图 2.8 $\mathbb{Z}$ 上的商拓扑

设 X 为拓扑空间, "$\sim$" 是 X 上的等价关系, $\widetilde{X} = X/\sim$ 为 X 在等价关系 "$\sim$" 下的等价类集合. $x \in X$ 所在的等价类记作 $[x]$, 即 $[x]$ 由 X 中所有与 x 等价的元素构成. X 是所有这样等价类的无交并. 令 $p : X \to \widetilde{X}$, 任意 $x \in X$, $p(x) = [x]$, 则 p 是一个满射, 它诱导了等价类集合 $\widetilde{X}$ 上的**商拓扑**, 使得 $\widetilde{X}$ 成为**商空间**.

若 $f : X \to Y$ 为商映射, $\forall x, x' \in X$, $x \sim x' \Leftrightarrow f(x) = f(x')$. 若 $f(x) = y$, 则 $f^{-1}(y) = [x]$, 即对应 $[x] \mapsto f(x)$ 是一个一一对应. 由此, 可把商空间 Y 看成将 X 中每个子集捏成一点 (或压缩成一点) 所得的空间.

例 2.3.3   设 $X = \{a, b, c, d, e\}$ 为拓扑空间, 其拓扑

$$\mathcal{T} = \{\emptyset, \{a\}, \{a, b\}, \{a, b, c\}, \{a, b, c, d\}, X\}.$$

令 $a \sim b \sim c$, $d \sim e$, $A = \{a, b, c\}$, $B = \{d, e\}$, 则 $X^* = \{A, B\}$ 是等价类集合, 其上的商拓扑如图 2.9 所示.

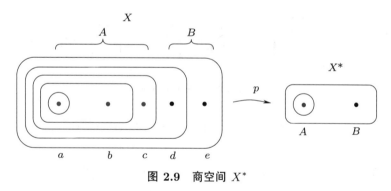

图 2.9   商空间 X^*

例 2.3.4   设 $X = [0, 1]$ 为欧氏直线的子空间, X 上的一个分划为

$$X^* = \{\{x\} \mid 0 < x < 1\} \cup \{0, 1\},$$

则 X^* 上的商拓扑看起来是如图 2.10 所示的黏合一个闭区间的两个端点所得的标准的单位圆周 (我们将在第 4 章严格证明这一点, 以下几个例子均如此).

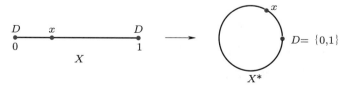

图 2.10   商空间是圆周

例 2.3.5　设 X 为拓扑空间, 记 $CX = X \times I/x \sim y, \forall x, y \in X \times 1$ (即在 $X \times I$ 中把 $X \times 1$ 黏合为一点 V 所得的商空间), 称之为**以 V 为顶点、X 为底的锥空间**, 如图 2.11 所示.

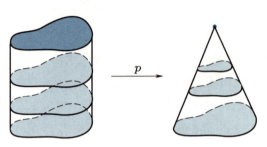

图 2.11　锥空间

取 $X = S^1$, 则 CS^1 是一个圆锥面. 更一般地, 设 X 为拓扑空间, $A \subset X$, 则 X/A 是把 X 中的子集 A 捏为一点所得的商空间.

例 2.3.6　设 $X = I \times I$ 为欧氏平面的子空间. 分别取 X 的一个分划如下:

(1) $A_{x,y} = \{(x, y)\}$, 其中 $0 < x < 1, 0 \leqslant y \leqslant 1$; $B_y = \{(0, y), (1, y)\}$, 其中 $0 \leqslant y \leqslant 1$.

此时, 在商空间 $X/\sim$ 中, $I \times I$ 的左边和右边高度相同的点对应地黏合在一起, 整体看起来是一个圆柱筒, 称所得的商空间为**平环**, 如图 2.12 所示.

图 2.12　商空间是平环

(2) $A_{x,y} = \{(x, y)\}$, 其中 $0 < x < 1, 0 \leqslant y \leqslant 1$; $B_y^* = \{(0, y), (1, 1 - y)\}$, 其中 $0 \leqslant y \leqslant 1$.

此时, 在商空间 $X/\sim$ 中, $I \times I$ 的左边和右边对应地黏合在一起, 但与 (1) 不同的是, 要把一边扭转 $180°$ 再与另一边相黏合. 称所得的商空间为**默比乌斯 (Möbius) 带**, 参见图 2.13.

图 2.13　商空间是默比乌斯带

从直观上看, 默比乌斯带与平环有许多不同之处.

首先, 平环的边界是两条封闭曲线, 它们分别由原矩形的上下边将两端点黏合而得到; 而构造默比乌斯带时, 原矩形上边的两端与下边两端黏合, 连成一条曲线, 因此默比乌斯带的边界是一条封闭曲线. 因同胚的曲面必有同胚的边界, 故默比乌斯带与平环不同胚.

其次, 从平环的一侧到另一侧必须要跨过边界, 称这种性质为双侧性. 默比乌斯带上每一点的局部有两个侧向, 但从整体上看, 这两侧是连成一片的, 从某一点的一侧在带上移动一圈可以到达该点的另一侧, 中间不用翻越边界, 即默比乌斯带是单侧的.

再有, 沿平环的中线割开可将平环分割成两个平环, 而沿默比乌斯带的中线割开得到的还是一条带子 (请读者说明这是一个平环).

例 2.3.7 设 $X = I \times I$ 为欧氏平面的子空间. 分别取 X 的一个分划如下:

(1) X 的分划包括如下 4 类子集:

1) $A_{x,y} = \{(x,y)\}$, 其中 $0 < x < 1, 0 < y < 1$;

2) $B_y = \{(0,y),(1,y)\}$, 其中 $0 < y < 1$;

3) $C_x = \{(x,0),(x,1)\}$, 其中 $0 < x < 1$;

4) $D = \{(0,0),(0,1),(1,0),(1,1)\}$.

在商空间 $X/\sim$ 中, $I \times I$ 的两对对边对应地黏合在一起, 所得的商空间拓扑等价于环面, 如图 2.14 所示.

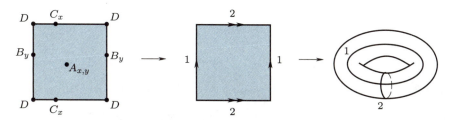

图 2.14 商空间是环面

(2) X 的分划包括如下 4 类子集:

1) $A_{x,y} = \{(x,y)\}$, 其中 $0 < x < 1, 0 < y < 1$;

2) $B_y = \{(0,y),(1,y)\}$, 其中 $0 < y < 1$;

3) $C_x = \{(x,0),(1-x,1)\}$, 其中 $0 < x < 1$;

4) $D = \{(0,0),(0,1),(1,0),(1,1)\}$.

此时, 在商空间 $X/\sim$ 中, $I \times I$ 的两对对边按图 2.15 所示方式黏合在一起, 所得的商空间拓扑等价于如图 2.15 所示的**克莱因 (Klein) 瓶**, 它不能嵌入 $\mathbb{R}^3$. 在三维空间要实现这样的黏合效果, 必须将圆柱筒弯曲后, 把一端穿过管壁进入管内与另一端相接. 在

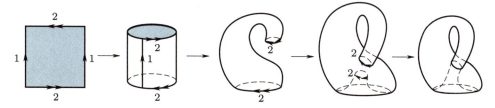

图 2.15 商空间是克莱因瓶

四维空间可以做到与管壁不交而进入管内并与另一端相接. 我们在第 6 章将证明, 克莱因瓶与环面不同胚.

例 2.3.8 设 $D = \{z \in \mathbb{R}^2 \mid \|z\| \leqslant 1\}$ 为欧氏平面上的单位圆盘, $\partial D = S^1$.

(1) D 的分划如下:

1) $A_z = \{z\}$, 其中 $z \in \text{Int}(D)$ (即 $\|z\| < 1$);

2) $B_z = \{(x,y), (-x,y) \mid z = (x,y) \in S^1\}$.

在商空间 $D/\sim$ 中, D 的边界上高度相同的一对点对应地黏合在一起, 所得的商空间拓扑等价于球面, 如图 2.16 所示.

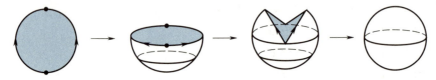

图 2.16 商空间是球面

(2) D 的分划如下:

1) $A_z = \{z\}$, 其中 $z \in \text{Int}(D)$ (即 $\|z\| < 1$);

2) $B_z = \{z, -z \mid z \in S^1\}$.

在商空间 $D/\sim$ 中, D 的边界上的一对对径点对应地黏合在一起, 称所得的商空间为**射影平面**, 记作 $\mathbb{P}^2$, 如图 2.17 所示. 射影平面 $\mathbb{P}^2$ 不能嵌入 $\mathbb{R}^3$.

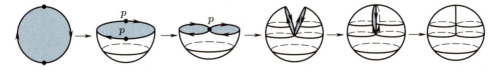

图 2.17 商空间是射影平面

如果把圆柱筒 $S^1 \times I$ 的上端圆周 $S^1 \times \{1\}$ 的每一对对径点都黏合起来 (黏合过程与图 2.17 类似) 得到商空间 M, M 相当于在图 2.17 中最右边的空间中挖去下边的开圆盘. 称 M 为一个**交叉帽**. 不难验证, M 同胚于默比乌斯带 (证明留作练习).

也可以从另一个角度看射影平面: 设 S^2 为单位球面. 把 S^2 的每对对径点黏合起来, 所得的商空间 $S^2/(x \sim -x, x \in S^2)$ 也是射影平面. 这是因为, xy 平面将 S^2 分为上下两个半球 (都同胚于单位圆盘 D), 对径映射恰好把下半球面映到上半球面, 故商空间就是把上半球面的边界上的对径点黏合而得的, 故也是射影平面. 这种黏合效果直观上不太容易看清, 在 3 维欧氏空间中进行操作也是做不到的, 在 4 维欧氏空间中能实现, 但也不好想象.

几何上, 通常把射影平面 $\mathbb{P}^2$ 当作 $\mathbb{R}^3$ 中所有过原点的直线束集合. 对于 $l_1, l_2 \in \mathbb{P}^2$, 定义度量 $\rho(l_1, l_2)$ 为 l_1 和 l_2 的夹角, 这样 $\mathbb{P}^2$ 成为一个度量空间.

下面的定理给出了商映射的特征性质.

定理 2.3.2　设 $p: X \to Y$ 为连续满射, $f: X \to Z$ 和 $g: Y \to Z$ 满足 $g \circ p = f$, 即下列图表可交换, 则 p 为商映射当且仅当 f 连续与 g 连续等价.

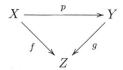

证明　$\Rightarrow$: 设 p 为商映射. 若 g 连续, 则 $f = g \circ p$ 连续. 若 f 连续, 则 $\forall$ 开集 $U \subset Z$, $f^{-1}(U) = p^{-1}(g^{-1}(U))$ 为 X 中的开集. p 为商映射, 故 $g^{-1}(U)$ 为 Y 中的开集, 从而 g 连续.

$\Leftarrow$: 取 $Z = Y$, Z 的拓扑为连续满射 p 诱导的商拓扑, f 为其商映射, $g: Y \to Z$ 为恒等映射, 则 $f = g \circ p$. f 连续, 由假设, g 也连续. 考虑 $g^{-1}: Z \to Y$, f 为商映射, p 连续, 由必要性, g^{-1} 也连续. 故 g 为恒等同胚, 从而 p 也是商映射. □

习题 2.3

1. (ER) 令 $X = \{a, b, c, d, e\}$, 定义 $p: \mathbb{R} \to X$ 如下:

$$p(x) = \begin{cases} a, & x > 2, \\ b, & x = 2, \\ c, & 0 \leqslant x < 2, \\ d, & -1 < x < 0, \\ e, & x \leqslant -1. \end{cases}$$

(1) 在欧氏直线 $\mathbb{R}$ 上, 列出 X 上的商拓扑;

(2) 在下极限拓扑空间 $\mathbb{R}$ 上, 列出 X 上的商拓扑.

2. (E) 在标准 $\mathbb{R}$ 上定义关系 "$\sim$" 如下: $\forall x_1, x_2 \in \mathbb{R}, x_1 \sim x_2 \Leftrightarrow x_1 - x_2 \in \mathbb{Z}$. 验证 "$\sim$" 是等价关系, 并给出等价类商空间的描述.

3. (ER) 在欧氏平面 $\mathbb{R}$ 上定义三种关系分别如下:

(1) $\forall x = (x_1, x_2), y = (y_1, y_2) \in \mathbb{R}^2, x \sim y \Leftrightarrow x_1 - y_1, x_2 - y_2 \in \mathbb{Z}$;

(2) $\forall x = (x_1, x_2), y = (y_1, y_2) \in \mathbb{R}^2, x \sim y \Leftrightarrow x_1 + x_2 = y_1 + y_2$;

(3) $\forall x = (x_1, x_2), y = (y_1, y_2) \in \mathbb{R}^2, x \sim y \Leftrightarrow x_1^2 + x_2^2 = y_1^2 + y_2^2$.

验证这三种关系的确是等价关系, 并给出等价类商空间的描述.

4. 画图或用语言描述下列由分划确定的各商空间, 其中所涉及空间都是欧氏空间的标准子空间, 没给出分划的点的分划都是单点集:

(1) (ER) 平面上的单位圆盘 D, 其边界 $\partial D = S^1$ 构成一个分划子集;

(2) (ER) 平面上的单位圆周 S^1, 每一对对径点构成一个分划子集;

(3) (E) 直线上的 $[0,5]$, 所有整数点构成一个分划子集;

(4) (E) 直线上的 $[0,9]$, 其中奇整数点构成一个分划子集, 偶整数点构成另一个分划子集;

(5) (E) 直线 $\mathbb{R}$ 上, $[-2,-1] \cup [1,2]$ 构成一个分划子集;

(6) (E) 直线 $\mathbb{R}$ 上, $(-1,1)$ 构成一个分划子集;

(7) (E) 平面 $\mathbb{R}^2$ 上, S^1 构成一个分划子集;

(8) (E) 平面 $\mathbb{R}^2$ 上, $S^1 \cup \{O\}$ 构成一个分划子集;

(9) (ER) 单位球面 $S^2 \subset \mathbb{R}^3$ 上, $\{(0,0,1),(0,0,-1)\}$ 构成一个分划子集;

(10) (ER) 单位球面 $S^2 \subset \mathbb{R}^3$ 上, 赤道单位圆周构成一个分划子集.

5. (E) 证明 D^n/S^{n-1} 同胚于 S^n.

6. (ER) 证明 $I^2/[(0,t) \sim (1,t), t \in I]$ 同胚于 $S^1 \times I$.

7. (ER) 证明交叉帽同胚于默比乌斯带.

8. (ER) 找到一个不是商映射的连续满射 $p : X \to Y$.

9. (ER) 在标准 $\mathbb{R}$ 中, 对任意 $x,y \in \mathbb{R}$, 令 $x \sim y \Leftrightarrow x-y \in \mathbb{Q}$. 记商空间 $X = \mathbb{R}/\sim$. 证明 X 中仅有的开集是空集和集合 X 本身. (所以 X 具有非离散拓扑.)

10. (ER) 设 $\mathbb{R}$ 为标准直线, $X = \mathbb{R}/\mathbb{Q}$, 即 X 为将 $\mathbb{R}$ 中所有有理数都捏为一个单点得到的商空间. 证明 X 的单点子集 $\{\mathbb{Q}\}$ 在 X 中是稠密的.

11. (ER) 设 X 为拓扑空间, "$\sim$" 是 X 上的等价关系, $\widetilde{X} = X/\sim$ 为商空间, $p : X \to \widetilde{X}$ 为商映射. $f : X \to Y$ 是一个映射. 证明存在满足 $\widetilde{f} \circ p = f$ 的映射 $\widetilde{f} : \widetilde{X} \to Y$ 的充要条件是 $\forall x_1, x_2 \in X$, $f(x_1) = f(x_2) \Leftrightarrow x_1 \sim x_2$.

12. (E) 设 X 和 Y 为拓扑空间, $\widetilde{X} = X/\sim$ 和 $\widetilde{Y} = Y/\approx$ 为商空间, $p : X \to \widetilde{X}$ 和 $q : Y \to \widetilde{Y}$ 为商映射. $f : X \to Y$ 是一个映射. 证明存在映射 $\widetilde{f} : \widetilde{X} \to \widetilde{Y}$ 使得 $\widetilde{f} \circ p = q \circ f$ 当且仅当 $\forall x_1, x_2 \in X$, $q(f(x_1)) = q(f(x_2)) \Leftrightarrow x_1 \sim x_2$.

13. (ERH) 设 $X = I \times I$ 是欧氏平面的子空间. 定义

$$f : X \to \mathbb{R}^2, \quad (x,y) \mapsto (\cos(x+y), \sin(x+y));$$

$$p : I \times I \to S^1 \times S^1 = T^2, \quad (x,y) \mapsto (\mathrm{e}^{2\pi x \mathrm{i}}, \mathrm{e}^{2\pi y \mathrm{i}})$$

(把 S^1 看成复平面 $\mathbb{C}$ 的子空间). 证明:

(1) p 是商映射;

(2) 存在一个映射 $g : T^2 \to S^1$, 使得 $g \circ p = f$;

(3) g 连续 (利用微分几何还可以证明 g 可微).

提示: 应用第 10, 11 题, 以及定理 2.3.2.

14. (DRH*) 设 $X = I \times I$ 是欧氏平面的子空间. 仿照上题定义一个 $f : X \to \mathbb{R}^2$, 由它可以得到一个从克莱因瓶到圆周的连续映射. 更一般地, 定义克莱因瓶、圆周、环面、默比乌斯带之间的连续映射.

15. (DRH*) 用 M 表示 $\mathbb{R}^2$ 中所有的直线组成的集合. 构造 M 上的一个拓扑, 使得它同胚于默比乌斯带.

16. (DRH*) 请自行查阅著名的四色定理的介绍. 证明在射影平面上有一个地图, 它至少需要 6 种颜色染色.

17. 一个 (m,n) 完全二部图 $G(m,n)$ 由三部分构成: A 含 m 个点, B 含 n 个点, A 中的每一个点向 B 中的每个点连一条线, 这 mn 条两两内部不相交的线构成 C. $G(m,n) = A \cup B \cup C$. 证明:

(1) (MRH) $G(3,3)$ 可以嵌入默比乌斯带;

(2) (DRH) $G(3,3)$ 不可以嵌入 2 维球面;

(3) (MRH) $G(4,4)$ 可以嵌入环面;

(4) (DRH) $G(4,4)$ 不可以嵌入射影平面.

分离性与可数性

在 n 维欧氏空间或一般度量空间中, 对不同的两点 x 和 y, 总存在不相交的开集 U 和 V, 使得 $x \in U, y \in V$. 这种分离现象使度量空间有一些很好的性质, 例如, 一个序列不能收敛于不同的点. 下面我们就来介绍拓扑空间的这些分离性现象.

对于度量空间 (X, d) 的子空间 A, d 也诱导了 A 上的度量, 使得子空间 A 也自然成为一个度量空间. 一个拓扑空间满足什么样的条件能嵌入一个度量空间 (从而本身也成为一个度量空间), 是很重要的拓扑问题. 这个问题的解决就涉及本节要介绍的分离性与可数性.

3.1　分离性与可数性

3.1.1　分离性

设 X 为拓扑空间, $A \subset V \subset U \subset X$. 若 V 是开集, 则称 V 是 A 的一个**开邻域**, 称 U 是 A 的一个**邻域**. 所谓分离性是指拓扑空间的某种不交的子集能由邻域隔离. 我们先讨论简单的情形.

定义 3.1.1　设 X 为一个拓扑空间.

(1) 若对于任意不同两点 $x, y \in X$, x 有开邻域 U 不包含 y, y 也有开邻域 V 不包含 x, 则称 X 为 T_1 **空间**, 参见图 3.1(a);

(2) 若对于任意不同两点 $x, y \in X$, 总存在 x 的邻域 U 和 y 的邻域 V, 使得 $U \cap V = \emptyset$, 则称 X 为 T_2 **空间**, 参见图 3.1(b).

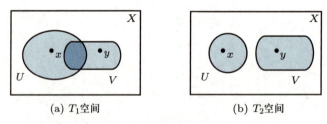

(a) T_1空间　　　　　　　　(b) T_2空间

图 3.1　T_1 空间与 T_2 空间

在如上 T_1 空间的定义中, U 和 V 不必不交. T_1 空间有如下的等价描述:

定理 3.1.1　X 为 T_1 空间当且仅当 X 的每个单点子集 $\{x\}$ 为闭集.

证明　必要性. 设 X 为 T_1 空间. 对于任意 $x, y \in X, x \neq y$, 由定义, y 有开邻域 V 不含 x, 故 $V \subset X - \{x\}$, y 是 $X - \{x\}$ 的内点, 从而 $X - \{x\}$ 是开集, 即 $\{x\}$ 为闭集.

充分性. $\forall x, y \in X, x \neq y$, 取 $U = X - \{y\}$, $V = X - \{x\}$, 则 U 是 x 的不包含 y 的开邻域, V 是 y 的不包含 x 的开邻域.　　　　　　　　　　　　　　　□

显然, T_2 空间是 T_1 空间. 反之不然.

例 3.1.1　(1) 任给无限集 X, X 上的有限补拓扑空间 $(X, \mathcal{T}_{fc})$ 显然是 T_1 空间, 但不是 T_2 空间. 事实上, 对于任意不同的 $x, y \in X$, 和 x 的任意开邻域 U 及 y 的任意开邻域 V, 存在有限子集 F_U, F_V, 使得 $U = X - F_U, V = X - F_V$, 从而

$$U \cap V = (X - F_U) \cap (X - F_V) = X - (F_U \cup F_V) \neq \emptyset.$$

(2) 任意离散拓扑空间是 T_2 空间. 事实上, $\forall x, y \in X, x \neq y, \{x\} \cap \{y\} = \emptyset$.

(3) 欧氏空间 $\mathbb{R}^n$ 和度量空间都是 T_2 空间. 例如, $\forall x, y \in \mathbb{R}^n, x \neq y$, 记 $\varepsilon = \frac{1}{3}d(x, y)$, 则容易验证, $B(x, \varepsilon) \cap B(y, \varepsilon) = \emptyset$.

(4) 多于一点的平凡拓扑空间不是 T_1 空间, 从而也不是 T_2 空间.

注 3.1.1　豪斯多夫在他 1914 年出版的 *Grundzügeder Mengenlehre* 一书中最先提出了从拓扑基的角度描述拓扑空间的公理系统. 也是在这本书中, 他引入了 T_2 空间的概念. 现在我们常把 T_2 空间称为豪斯多夫空间.

下面是豪斯多夫空间的一个等价描述:

定理 3.1.2　X 是豪斯多夫空间当且仅当 $D = \{(x, x) \mid x \in X\}$ 是积空间 $X \times X$ 中的闭集.

证明　$\Rightarrow$: 只需证明 $W = X \times X - D$ 是 $X \times X$ 中的开集. 任给 $(x, y) \in W$, 则 $x \neq y$. 因 X 是豪斯多夫空间, 存在 X 中不交的开集 U, V, 使得 $x \in U, y \in V$, 于是 $(x, y) \in U \times V \subset W$. 故 (x, y) 是 W 的内点, 从而 W 是 $X \times X$ 中开集.

$\Leftarrow$: 假设 $D = \{(x, x) \mid x \in X\}$ 是 $X \times X$ 中的闭集. 任意 $x, y \in X, x \neq y, (x, y) \notin D$, 故 $(x, y) \in W$. 因 W 是 $X \times X$ 中的开集, 由积拓扑的性质, 存在 x 的开邻域 $U \subset X$ 和 y 的开邻域 $V \subset X$, 使得 $(x, y) \in U \times V \subset W$. 由 $U \times V \subset W$, 即知 $U \cap V = \emptyset$.　$\square$

也常常把定理 3.1.2 中的 D 称为 $X \times X$ 的**对角线**.

定义 3.1.2　设 X 为一个拓扑空间.

(1) 若对于 X 中任意一点 x 和不包含 x 的任意一个闭集 B, 存在不交的开集 $U, V \subset X$, 使得 $x \in U, B \subset V$, 则称 X 为 T_3 **空间**, 参见图 3.2(a);

(2) 若对于 X 中任意一对不交的闭集 A 和 B, 存在不交的开集 $U, V \subset X$, 使得 $A \subset U, B \subset V$, 则称 X 为 T_4 **空间**, 参见图 3.2(b).

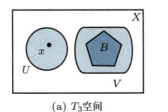

(a) T_3空间

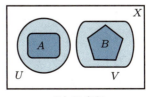

(b) T_4空间

图 3.2　T_3 空间与 T_4 空间

例 3.1.2 欧氏直线 $\mathbb{R}$ 为 T_3 空间. 对于 $x \in \mathbb{R}$ 和一个不包含 x 的闭集 C, $\mathbb{R} - C$ 为开集且 $x \in \mathbb{R} - C$, 故存在开区间 (a, b), 使得 $x \in (a, b) \subset \mathbb{R} - C$. 可进一步选取开区间 (c, d), 使得 $x \in (c, d) \subset [c, d] \subset (a, b)$. 这样, $a < c < x < d < b$, 则 $U = \mathbb{R} - [c, d] = (-\infty, c) \cup (d, \infty)$ 是包含 C 的开集, $V = (c, d)$, $U \cap V = \emptyset$, 参见图 3.3.

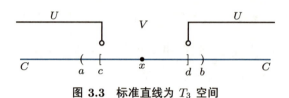

图 3.3 标准直线为 T_3 空间

例 3.1.3 在 $\mathbb{R}$ 上, 令 $\mathcal{B}$ 为所有形如 (a, b) 和 $(c, d) \cap \mathbb{Q}$ 的子集构成的集族. 可以验证, $\mathcal{B}$ 是 $\mathbb{R}$ 上的一个拓扑基, 它所生成的拓扑空间是豪斯多夫空间, 但不是 T_3 空间 (验证留作练习).

注意到 T_1 空间中的每个单点集都是闭集, 即知若 X 是 T_1 空间和 T_3 空间, 则 X 是 T_2 空间. 下面是 T_3 空间的一个等价描述:

定理 3.1.3 X 为 T_3 空间当且仅当对于任意 $x \in X$ 和 x 的任意一个开邻域 U, 存在 x 的开邻域 V, 使得 $x \in V \subset \mathrm{Cl}(V) \subset U$.

证明 $\Rightarrow$: 设 X 为 T_3 空间. 对于任意 $x \in X$ 和 x 的任意一个开邻域 U, 令 $W = X - U$, 则 W 是不含 x 的闭集. 故存在 X 中不交的开集 V, P, 使得 $x \in V, W \subset P$. 这样, $V \subset X - P$, 但 $X - P$ 是闭集, 从而

$$x \in V \subset \mathrm{Cl}(V) \subset \mathrm{Cl}(X - P) = X - P \subset X - W = U.$$

$\Leftarrow$: 对于 X 中任意一点 a 和不包含 a 的任意一个闭集 B, $W = X - B$ 是 x 的开邻域, 由假设条件, 存在 a 的开邻域 U, 使得 $a \in U \subset \mathrm{Cl}(U) \subset W$. 取 $V = X - \mathrm{Cl}(U)$, 则 V 是开集, 且 $V \supset X - W = X - (X - B) = B$, $V \cap U = \emptyset$. $\qquad \square$

推论 3.1.1 X 为 T_3 空间 $\Leftrightarrow$ 对于 X 的一个基 $\mathcal{B}$, 任意 $x \in X$ 和 x 的任意一个开邻域 U, 存在 $B \in \mathcal{B}$, 使得 $x \in B \subset \mathrm{Cl}(B) \subset U$.

与 T_3 空间类似, T_4 空间也有如下的等价描述 (证明留作练习):

定理 3.1.4 X 为 T_4 空间当且仅当对于任意闭集 $F \in X$ 和包含 F 的任意一个开集 U, 存在包含 F 的开集 V, 使得 $F \subset V \subset \mathrm{Cl}(V) \subset U$.

拓扑空间的 T_1 性质—T_4 性质统称为**分离性公理**. 容易验证, 它们都是**拓扑性质**.

显见, 在 T_1 的前提下, $T_4 \Rightarrow T_3 \Rightarrow T_2$; 没有 T_1 的前提, 则不然.

例 3.1.4 在 $\mathbb{R}$ 上, 令 $\mathcal{T} = \{(-\infty, a) \mid -\infty \leqslant a \leqslant \infty\}$, 其中 $(-\infty, -\infty)$ 表示空集. 可以验证, $\mathcal{T}$ 是 $\mathbb{R}$ 上的一个拓扑. 在这个拓扑空间中, 两个非空的闭集 F_1, F_2 的交不空. 故对于该空间任取的两个不交的闭集 F_1, F_2, 至少其中一个为空集. 该空间显然是 T_4 空

间. 容易验证, 该空间不是 T_i 空间, $1 \leqslant i \leqslant 3$.

无限集合 X 上的有限补拓扑空间 $(X, \mathcal{T}_{fc})$ 也是这样的例子, 它是 T_1 空间, 但不是 T_i 空间, $2 \leqslant i \leqslant 4$.

下面是度量空间的一个性质:

命题 3.1.1 设 (X, d) 为度量空间, A, B 为 X 的两个非空的不交闭集, 则存在连续函数 $f : X \to [0, 1]$, 使得 $f(A) = \{0\}$, $f(B) = \{1\}$, 且对于任意 $x \in X - A \cup B$, $0 < f(x) < 1$.

证明 由 A, B 为 X 中的闭集, 可知

$$\forall x \in X, d(x, A) = 0 \Leftrightarrow x \in A; \quad d(x, B) = 0 \Leftrightarrow x \in B.$$

又 $A \cap B = \emptyset$, 故

$$d(x, A) + d(x, B) > 0, \quad \forall x \in X.$$

令 $f : X \to I$, 使得 $\forall x \in X$,

$$f(x) = \frac{d(x, A)}{d(x, A) + d(x, B)},$$

则 f 连续, 且 $f(A) = \{0\}$, $f(B) = \{1\}$. 当 $x \in X - A \cup B$ 时, $d(x, A), d(x, B) > 0$, 故 $0 < f(x) < 1$. □

例 3.1.5 度量空间 (X, d) 是 T_i 空间, $i = 1, 2, 3, 4$.

显然 X 是 T_2 空间 (从而也是 T_1 空间). 下面只需验证 X 是 T_4 空间. 任取 X 的两个不交闭集 A, B, 不妨 $A, B \neq \emptyset$. 由上述命题, 存在连续函数 $f : X \to I$, $f(A) = \{0\}$, $f(B) = \{1\}$. 令 $U = f^{-1}\left(\left[0, \frac{1}{2}\right)\right)$, $V = f^{-1}\left(\left(\frac{1}{2}, 1\right]\right)$. 则 U, V 为 X 的不交的开集, 且 $A \subset U, B \subset V$. 故 X 为 T_4 空间.

特别地, 欧氏空间 $\mathbb{R}^n$ 是 T_i 空间, $i = 1, 2, 3, 4$.

注 3.1.2 上述例子表明, 若拓扑空间 X 不是某个 T_i 空间 ($i = 1, 2, 3$ 或 4), 则 X 上的这个拓扑不能由 X 上的一个度量诱导. 例如, 直线上的有限补拓扑空间 $\mathbb{R}_{fc}$ 不是豪斯多夫空间, 其拓扑不能由 $\mathbb{R}$ 上的一个度量诱导. 再如, 有数字线拓扑的 $\mathbb{Z}$ 不是豪斯多夫空间, 其拓扑不能由 $\mathbb{Z}$ 上的一个度量诱导.

3.1.2 可数性

定义 3.1.3 设 X 为一个拓扑空间, $x \in X$, $\mathcal{V}_x$ 是由 x 的若干邻域 (或开邻域) 构成的集族. 若对于 x 的任意一个邻域 U, 都存在 $V \in \mathcal{V}_x$, 使得 $x \in V \subset U$, 则称 $\mathcal{V}_x$ 为 x 的一个**邻域基**. 若 X 中每一点都有一个可数的邻域基, 则称 X 是 C_1 **空间**或**第一可数空间**.

下面是 C_1 空间的一个等价描述:

定理 3.1.5 设 X 为一个 C_1 拓扑空间, $x \in X$, 则 x 有一个可数的邻域基 $\{V_1,$ $V_2, \cdots, V_n, \cdots\}$, 满足 $V_n \supset V_{n+1}$, $n \in \mathbb{N}_+$.

证明 设 $\{U_1, U_2, \cdots, U_n, \cdots\}$ 是 x 的一个可数的邻域基. 令 $V_1 = U_1$, $V_n = \bigcap_{i=1}^{n} U_i$, $n \in \mathbb{N}_+$, 则容易验证, $\{V_1, V_2, \cdots, V_n, \cdots\}$ 是 x 的一个可数的邻域基, 满足 $V_n \supset V_{n+1}$, $n \in \mathbb{N}_+$. $\qquad\square$

例 3.1.6 度量空间 (X, d) 是 C_1 空间. 事实上, 对任意 $x \in X$, $\mathcal{V}_x = \left\{ B\left(x, \dfrac{1}{n}\right) \,\middle|\, n \in \mathbb{N}_+ \right\}$ 是 x 的一个可数的邻域基.

例 3.1.7 有限补空间 $\mathbb{R}_{fc}$ 不是 C_1 空间. 否则, $x_0 \in \mathbb{R}_{fc}$ 有一个可数的开邻域基 $\{V_n \mid V_n = \mathbb{R} - F_n, F_n \text{ 有限}, n \in \mathbb{N}_+\}$. $\bigcup_{n \in \mathbb{N}_+} F_n$ 可数, 故 $\mathbb{R} - \bigcup_{n \in \mathbb{N}_+} F_n \neq \emptyset$. 取 $y \in \mathbb{R} - \bigcup_{n \in \mathbb{N}_+} F_n, y \neq x_0$, 则对每个 $n \in \mathbb{N}_+$, $y \in V_n$. 令 $U = \mathbb{R} - \bigcap_{n \in \mathbb{N}_+} (F_n \cup \{y\})$, 则 U 是 x_0 的开邻域, 但对每个 $n \in \mathbb{N}_+$,

$$V_n \cap (\mathbb{R} - U) = V_n \cap \left(\bigcap_{n \in \mathbb{N}_+} F_n \cup \{y\} \right) \ni y,$$

故 $V_n \cap (\mathbb{R} - U) \neq \emptyset$, $V_n \not\subseteq U$, 矛盾.

下面是 C_1 空间的几个性质:

定理 3.1.6 若 X 是 C_1 空间, $A \subset X$, $x \in \mathrm{Cl}(A)$, 则 A 中有点列收敛到 x.

证明 设 $\{V_1, V_2, \cdots, V_n, \cdots\}$ 是 x 的一个可数的邻域基, 满足 $V_n \supset V_{n+1}$, $n \in \mathbb{N}_+$. 因 $x \in \mathrm{Cl}(A)$, 故 $V_n \cap A \neq \emptyset$, $n \in \mathbb{N}_+$. 取 $x_n \in V_n \cap A$, $n \in \mathbb{N}_+$. 则 $x_n \to x \, (n \to \infty)$.
$\qquad\square$

定理 3.1.7 设 X 为一个 C_1 拓扑空间, $x_0 \in X$, $f : X \to Y$, 则 f 在 x_0 连续当且仅当对 X 中任何收敛点列 $\{x_n\}$ 且 $x_n \to x_0 \, (n \to \infty)$, 有 $f(x_n) \to f(x_0) \, (n \to \infty)$.

证明 必要性显然, 下证充分性. 反证. 假设 f 在 x_0 不连续, 则存在 $f(x_0)$ 的一个邻域 U, 使得 $f^{-1}(U)$ 不是 x_0 的一个邻域, 即对于 x_0 的任何邻域 V, $V \not\subseteq f^{-1}(U)$, 亦即 $V \cap (X - f^{-1}(U)) \neq \emptyset$, 从而 $x_0 \in \mathrm{Cl}(X - f^{-1}(U))$. 由前述定理, 存在 $X - f^{-1}(U)$ 中点列 $\{x_n\}$, 使得 $x_n \to x_0 \, (n \to \infty)$, 进而 $f(x_n) \to f(x_0) \, (n \to \infty)$.

但对任意 $n \in \mathbb{N}_+$, $f(x_n) \notin U \ni f(x_0)$, 不可能有 $f(x_n) \to f(x_0) \, (n \to \infty)$. 这样, 必有 f 在 x_0 连续.
$\qquad\square$

下面介绍另一种可数空间, 即 C_2 空间.

定义 3.1.4 设 X 为一个拓扑空间. 若 X 有一个可数基, 则称 X 为 C_2 空间或**第二可数空间**.

例 3.1.8 在标准直线 $\mathbb{R}$ 上, $\mathcal{B} = \{(a,b) \mid a,b \in \mathbb{Q}, a < b\}$ 是一个可数拓扑基, 故 $\mathbb{R}$ 是 C_2 空间. 类似地, $\mathbb{R}^n$ 也是 C_2 空间.

C_2 空间是 C_1 空间. 设 X 为 C_2 空间, $\mathcal{B}$ 是 X 的一个可数拓扑基, 任取 $x \in X$, 容易验证, $\mathcal{B}_x = \{B \in \mathcal{B} \mid x \in B\}$ 是 x 的一个可数邻域基. 反之不然. 例如, $\mathbb{R}$ 上的离散拓扑空间是 C_1 空间, 但不是 C_2 空间.

C_2 空间是可分的空间, 即它有一个可数的稠密子集. 设 $\mathcal{B}$ 是 X 的一个可数拓扑基, 在 $\mathcal{B}$ 的每个成员中取一点构成可数子集 A, 则不难验证, A 是 X 的一个可数稠密子集.

定理 3.1.8 可分的度量空间是 C_2 空间.

证明 设 (X,d) 为可分度量空间, A 是 X 的一个可数稠密子集. 令

$$\mathcal{B} = \left\{ B\left(a, \frac{1}{n}\right) \bigg| a \in A, n \in \mathbb{N}_+ \right\},$$

则 $\mathcal{B}$ 为可数开集族. 下面验证 $\mathcal{B}$ 是 X 的拓扑基.

对于 X 中任意一点 x 和包含 x 的任意一个开集 U, 存在 $B(x,\varepsilon) \subset U$. 取 $n \in \mathbb{N}_+, n > \dfrac{2}{\varepsilon}$, 则 $\dfrac{1}{n} < \dfrac{\varepsilon}{2}$, 从而 $B\left(x, \dfrac{1}{n}\right) \subset B\left(x, \dfrac{\varepsilon}{2}\right)$. A 是 X 的稠密子集, 故存在 $a \in A \cap B\left(x, \dfrac{1}{n}\right)$. 任取 $y \in B\left(a, \dfrac{1}{n}\right)$, 由三角不等式,

$$d(y,x) \leqslant d(y,a) + d(a,x) < \frac{1}{n} + \frac{1}{n} < \varepsilon,$$

从而 $y \in B(x,\varepsilon)$, $B\left(a, \dfrac{1}{n}\right) \subset B(x,\varepsilon)$. 这样, $x \in B\left(a, \dfrac{1}{n}\right) \subset U$. 故 $\mathcal{B}$ 是 X 的拓扑基.
$\square$

例 3.1.9 令 $E^\omega = \{\{x_n\} \mid \{x_n\}$ 为平方收敛的实数序列$\}$. 对于 $\{x_n\}, \{y_n\} \in E^\omega$, 令

$$\rho(\{x_n\}, \{y_n\}) = \sqrt{\sum_{n=1}^{\infty} (x_n - y_n)^2}.$$

容易验证, ρ 是 E^ω 上的一个度量, 使得 E^ω 为度量空间, 称之为**希尔伯特空间**. 记

$$A = \{\{x_n\} \in E^\omega \mid x_n \text{ 均为有理数, 且只有有限个不是 } 0\}.$$

则 A 是 E^ω 的一个可数稠密子集, 故 E^ω 是可分的, 从而是 C_2 空间.

下面的定理体现了 C_2 条件的威力.

定理 3.1.9 若拓扑空间 X 为 C_2 空间和 T_3 空间, 则 X 也是 T_4 空间.

证明 取定 X 的一个可数拓扑基 $\mathcal{B}$. 设 F, F' 是 X 中两个不交的闭集, 构造它们不交的开邻域如下:

$\forall x \in F, x \notin F'$, 故 $x \in F \subset W = X - F'$. X 是 T_3 空间, 故存在 $B_x \in \mathcal{B}$, 使得 $x \in B_x \subset \mathrm{Cl}(B_x) \subset W$, 从而 $\mathrm{Cl}(B_x) \cap F' = \emptyset$. 所有这样的 B_x 构成了 $\mathcal{B}$ 的一个可数子

集, 记作 $\mathcal{B}_1 = \{B_1, B_2, \cdots\}$, 满足

$$F \subset \bigcup_{B \in \mathcal{B}_1} B \subset \bigcup_{B \in \mathcal{B}_1} \mathrm{Cl}(B) \subset W.$$

故 $\bigcup_{B \in \mathcal{B}_1} \mathrm{Cl}(B) \cap F' = \emptyset$. 类似地有 $\mathcal{B}$ 的一个可数子集 $\mathcal{B}_2 = \{B_1', B_2', \cdots\}$,

$$F' \subset \bigcup_{B' \in \mathcal{B}_2} B' \subset \bigcup_{B' \in \mathcal{B}_2} \mathrm{Cl}(B') \subset W' = X - F, \qquad \bigcup_{B' \in \mathcal{B}_2} \mathrm{Cl}(B') \cap F = \emptyset.$$

记 $U_n = B_n - \bigcup_{i=1}^{n} \mathrm{Cl}(B_i')$, $V_n = B_n' - \bigcup_{i=1}^{n} \mathrm{Cl}(B_i)$, $n \in \mathbb{N}_+$, 则 U_n, V_n 都是开集, 且 $\forall m, n$,
$U_m \cap V_n = \emptyset$. 再令 $U = \bigcup_{n=1}^{\infty} U_n$, $V = \bigcup_{n=1}^{\infty} V_n$, 则 U, V 都是开集, $U \cap V = \emptyset$. 不难验证,
$F \subset U$, $F' \subset V$. □

习题 3.1

1. (ER) 尝试给出 $X = \{a, b, c, d\}$ 的两个非豪斯多夫的拓扑、一个豪斯多夫的拓扑, 并证明它们对应的拓扑空间不同胚.

2. (ER) 证明豪斯多夫空间的乘积是豪斯多夫空间.

3. (M) 设 X 为拓扑空间, 任取 $x \in X$, $\mathcal{N}(x)$ 为 x 的一个邻域基, 即 $\mathcal{N}(x)$ 为由 x 的若干邻域构成的集合, 且对于 x 的任意一个邻域 U_x, 存在 x 的一个邻域 $V_x \in \mathcal{N}(x)$, 使得 $x \in V_x \subset U_x$. 证明:

(1) X 是 T_1 空间当且仅当对任意 $x \in X$, $\bigcap_{U \in \mathcal{N}(x)} U = \{x\}$;

(2) X 是 T_2 空间当且仅当对任意 $x \in X$, $\bigcap_{U \in \mathcal{N}(x)} \mathrm{Cl}(U) = \{x\}$.

4. (E) 设 $f : X \to Y$ 为连续的单映射, 如果 Y 是豪斯多夫的, 证明 X 也是豪斯多夫的.

5. (E) 对于拓扑空间 X 的某种拓扑性质 P, 若 X 的每个子空间也具有性质 P, 则称性质 P 是**可遗传的**. 证明第一分离公理 (T_1) 是可遗传的.

6. (MRH) 设 $f, g : X \to Y$ 连续, Y 是豪斯多夫的. 证明:

(1) $E = \{x \in X \mid f(x) = g(x)\}$ 是 X 的闭集;

(2) 如果 D 为 X 的稠密子集且 $f|_D = g|_D$, 则 $f = g$.

7. (MRH) 设 X, Y 为拓扑空间, $f : X \to Y$ 连续, $G = \{(x, f(x)) \mid x \in X\} \subset X \times Y$, 称 G 为 f 的图. 如果 Y 是豪斯多夫的, 证明 G 是积空间 $X \times Y$ 的闭子集.

8. (MH) 设 $f : X \to Y$, 如果 $f(x) = x$, 则称 x 是映射 f 的不动点. 映射 f 的所有不动点的集合称为 f 的不动点集. 证明从一个豪斯多夫空间到其自身的连续映射的不动点集是闭的, 并构造一个例子来说明豪斯多夫条件是必不可少的.

9. (MH) 设 X 为豪斯多夫空间, $f : X \to X$ 连续, 且 $f \circ f = f$, 证明 $f(X)$ 是 X 的闭集.

10. (MR) 设 X 是无限的豪斯多夫空间, 证明 X 中存在无限多个互不相交的非空开集.

11. (MR) 尝试给出 T_1 条件下 T_3 但非 T_4 拓扑空间的例子.

12. (ER) 证明 T_4 空间的闭子空间仍是 T_4 空间.

13. (ER) 设 F, G 是 T_4 空间中的不交闭集, 证明存在 X 中的开集 U, V, 使得 $F \subset U, G \subset V$, 且 $\text{Cl}(U) \cap \text{Cl}(V) = \emptyset$.

14. (ER) 设 $\mathcal{B} = \{(a, b) \mid a, b \in \mathbb{R}, a < b\} \cup \{(c, d) \cap \mathbb{Q} \mid c, d \in \mathbb{R}, c < d\}$. 证明:

(1) $\mathcal{B}$ 是 $\mathbb{R}$ 上一个拓扑 $\mathcal{T}$ 的基;

(2) 拓扑空间 $(\mathbb{R}, \mathcal{T})$ 是豪斯多夫空间;

(3) 拓扑空间 $(\mathbb{R}, \mathcal{T})$ 不是 T_3 空间.

15. (ERH) 证明 C_1 空间 X 是豪斯多夫空间当且仅当 X 中任意序列至多有一个极限点.

16. (MH) 举例说明 C_2 空间在连续映射下的像未必是 C_2 空间.

17. (MR) 设拓扑空间 $(X, \mathcal{T})$ 是第二可数的, 证明 $\mathcal{T}$ 的任何一个基 $\mathcal{B}$ 总存在一个可数子族 $\mathcal{B}_0 \subset \mathcal{B}$, 它也是 $\mathcal{T}$ 的一个基.

18. (MR) 证明:

(1) 积空间 $X \times Y$ 第一 (二) 可数当且仅当 X 与 Y 都第一 (二) 可数;

(2) 积空间 $X \times Y$ 可分当且仅当 X 与 Y 都可分.

19. (ER) 证明可分空间的商空间是可分的.

20. (M) 设拓扑空间 X 是可分的, 证明 X 中任一两两不相交的开集族 $\mathcal{C}$ 是可数族.

3.2 乌雷松引理、蒂策扩张定理与可度量化空间

3.2.1 乌雷松引理

定理 3.2.1 (乌雷松 (Urysohn) 引理) 若拓扑空间 X 为 T_4 空间, 则对于 X 的任意两个不交闭集 A 和 B, 存在 X 上的连续函数 $f : X \to [0, 1]$, f 在 A 和 B 上的取值分别为 0 和 1.

证明 记 $\mathbb{Q}_I$ 为 $I = [0, 1]$ 中的有理数集合. 将 $\mathbb{Q}_I$ 中的数排列为 $r_1, r_2, r_3, \cdots$, 使得 $r_1 = 1$, $r_2 = 0$, 其他不限. 分以下两步:

(1) 构造开集族 $\{U_r \mid r \in \mathbb{Q}_I\}$, 满足

(i) 当 $r < s$ 时, $\overline{U}_r \subset U_s$ (其中 $\overline{U}_r = \mathrm{Cl}(U_r)$);

(ii) 对任意 $r \in \mathbb{Q}_I$, $A \subset U_r \subset B^c = X - B$.

令 $U_{r_1} = B^c$, 则 $A \subset U_{r_1}$. 因 X 为 T_4 空间, 故存在开集 U_{r_2}, 使得 $A \subset U_{r_2} \subset \overline{U}_{r_2} \subset U_{r_1}$. 下面归纳地定义 U_{r_k}. 设已有 $U_{r_1}, \cdots, U_{r_n}$, 它们满足 (i) 和 (ii). 记

$$r_{i(n)} = \max\{r_l \mid l \leqslant n, r_l < r_{n+1}\}, \quad r_{j(n)} = \min\{r_l \mid l \leqslant n, r_l > r_{n+1}\},$$

即 $r_{i(n)}$ 是 $r_1, \cdots, r_n$ 中比 r_{n+1} 小的数中的最大数, 而 $r_{j(n)}$ 是 $r_1, \cdots, r_n$ 中比 r_{n+1} 大的数中的最小数, 则 $r_{i(n)} < r_{j(n)}$, 从而 $\overline{U}_{r_{i(n)}} \subset U_{r_{j(n)}}$.

由 T_4 空间的性质, 存在开集 $U_{r_{n+1}}$, 使得

$$\overline{U}_{r_{i(n)}} \subset U_{r_{n+1}} \subset \overline{U}_{r_{n+1}} \subset U_{r_{j(n)}},$$

并且 $U_{r_1}, \cdots, U_{r_n}, U_{r_{n+1}}$ 仍然满足 (i) 和 (ii), 如图 3.4 所示.

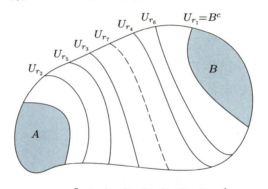

$$0 = r_2 < r_5 < r_3 < r_7 < r_4 < r_6 < r_1 = 1$$

图 3.4 U_{r_i}, $i = 1, \cdots, 7$

(2) 定义函数 $f : X \to [0,1] \subset \mathbb{R}$: 对于 $x \in X$,

$$f(x) = \begin{cases} \sup\{r \in \mathbb{Q}_I \mid x \notin U_r\}, & \text{存在 } r \in \mathbb{Q}_I, \text{ 使得 } x \notin U_r, \\ \inf\{r \in \mathbb{Q}_I \mid x \in U_r\}, & \text{存在 } r \in \mathbb{Q}_I, \text{ 使得 } x \in U_r. \end{cases}$$

容易看到, 对于 $x \in X$, 若 $\exists r \in \mathbb{Q}_I, x \notin U_r$, 又 $\exists r' \in \mathbb{Q}_I, x \in U_{r'}$, 则上面两式相等.

因 $\forall r \in \mathbb{Q}_I, A \in U_r$, 故 f 在 A 上各点的值为 0; 类似地, f 在 B 上各点的值为 1. 一般地, $0 \leqslant f(x) \leqslant 1$. 特别地, 有

(i$'$) $\forall r \in \mathbb{Q}_I$, 若 $x \in U_r$, 则 $f(x) \leqslant r$;

(ii$'$) $\forall r \in \mathbb{Q}_I$, 若 $x \notin U_r$, 则 $f(x) \geqslant r$.

下证 f 连续. 对任何开区间 (a,b), 往证 $f^{-1}(a,b)$ 是 X 的开集.

若 $f(x) \in (0,1)$, 则如图 3.5(a) 所示, 可取 $r, r', r'' \in \mathbb{Q}_I$, 使得

$$a < r' < r'' < f(x) < r < b.$$

由 (i′) 知, $x \notin U_{r''}$, 从而 $x \notin \overline{U}_{r'}$. 由 (ii′) 知, $x \in U_r$. 故 $U_r \cap \overline{U}_{r'}^c$ 是 x 的开邻域. $\forall y \in U_r \cap \overline{U}_{r'}^c$, 有 $a < r' \leqslant f(y) \leqslant r < b$. 因此, $U_r \cap \overline{U}_{r'}^c \subset f^{-1}(a,b)$, 即 $f^{-1}(a,b)$ 是开集.

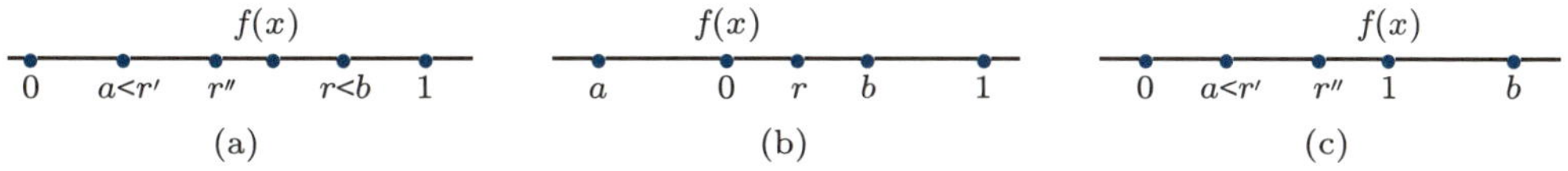

图 3.5 $f(x)$ 的不同位置

若 $f(x) = 0$, 则 $a < 0$, 如图 3.5(b) 所示, 取 $r \in \mathbb{Q}_I$, $r < b$, 则 $x \in U_r \subset f^{-1}(a,b)$.

若 $f(x) = 1$, 则 $b > 1$, 如图 3.5(c) 所示, 取 $r', r'' \in \mathbb{Q}_I$, $a < r' < r''$, 则 $x \in \overline{U}_{r'}^c \subset f^{-1}(a,b)$.

乌雷松引理证毕. $\qquad\square$

由乌雷松引理直接可得:

命题 3.2.1 X 是 T_4 空间当且仅当对于空间 X 中的任意两个不交的闭集, 总有连续函数 $f : X \to [0,1]$, 使得 f 在 A 和 B 上的取值分别为 0 和 1.

3.2.2 蒂策扩张定理与可度量化空间

分析学中有连续延拓定理: 定义在实直线的某个闭集上的有界连续函数可以连续延拓为定义在整个直线上的连续函数. 利用乌雷松引理, 可以推广这个定理为蒂策 (Tietze) 扩张定理.

定理 3.2.2 (蒂策扩张定理) 若拓扑空间 X 为 T_4 空间, 则定义在 X 的一个闭子集 F 上的连续函数 $f : F \to \mathbb{R}$ 可以连续地扩张到 X 上.

证明 先对有界连续函数证明, 再推广到一般连续函数.

(1) 设 $f : F \to \mathbb{R}$ 连续, 且 $f(F) \subset [-1,1]$. 记

$$A = f^{-1}\left(\left[-1, -\frac{1}{3}\right]\right), \quad B = f^{-1}\left(\left[\frac{1}{3}, 1\right]\right),$$

则 A 和 B 是 F 的不交闭集, 从而也是 X 的不交闭集 (因 F 是闭集). 由乌雷松引理, 存在 X 上的连续函数 φ_1, 使得 $\varphi_1(X) \subset \left[-\frac{1}{3}, \frac{1}{3}\right]$, 且 φ_1 在 A 和 B 上分别取值 $-\frac{1}{3}$ 和 $\frac{1}{3}$.

令 $f_1 = f - \varphi_1 : F \to \mathbb{R}$, 则 $f_1(F) \subset \left[-\frac{2}{3}, \frac{2}{3}\right]$. 对 f_1 重复以上过程, $\exists X$ 上的连续函数 φ_2, 使得

$$\varphi_2(X) \subset \left[-\frac{2}{9}, \frac{2}{9}\right], \quad \varphi_2(A) = \left\{-\frac{2}{9}\right\}, \quad \varphi_2(B) = \left\{\frac{2}{9}\right\},$$

且 $f_2 = f_1 - \varphi_2 = f - \varphi_1 - \varphi_2$ 为 F 上连续函数, 满足 $f_2(F) \subset \left[-\dfrac{4}{9}, \dfrac{4}{9}\right]$.

重复上述做法, 归纳地得到 X 上的连续函数序列 $\{\varphi_n\}$, 满足

(i) $\varphi_n(X) \subset \left[-\dfrac{2^{n-1}}{3^n}, \dfrac{2^{n-1}}{3^n}\right]$, $\varphi_n(A) = \left\{-\dfrac{2^{n-1}}{3^n}\right\}$, $\varphi_n(B) = \left\{\dfrac{2^{n-1}}{3^n}\right\}$;

(ii) $\left| f(x) - \displaystyle\sum_{i=1}^{n} \varphi_i(x) \right| \leqslant \dfrac{2^n}{3^n}$.

由 (i), 函数 $\tilde{f} \xlongequal{\text{def}} \displaystyle\sum_{n=1}^{\infty} \varphi_n$ 有意义、连续, 且 $|\tilde{f}(x)| \leqslant 1$, $\forall\, x \in X$. 由 (ii), $\forall\, x \in F$, $\tilde{f}(x) = f(x)$, 即 $\tilde{f}$ 是 f 的扩张.

(2) 设 $f : F \to \mathbb{R}$ 连续, 不一定有界. 令 $f' : F \to \mathbb{R}$, $f'(x) = \dfrac{2}{\pi}\arctan(f(x))$, $x \in F$, 则 $f'(F) \subset (-1, 1)$. 由 (1), 存在 f' 的连续扩张 $\tilde{f'} : X \to \mathbb{R}$, $\tilde{f'}(X) \subset [-1, 1]$. 记 $E = \tilde{f'}^{-1}(\{-1, 1\})$, 则 E 是 X 的闭集, 且 $E \cap F = \varnothing$.

再用乌雷松引理, 存在 X 上的连续函数 h, 使得 $h(X) \subset [0, 1]$, 且 h 在 E 和 F 上的取值分别为 0 和 1. 于是 $\forall\, x \in X$, $h(x)\tilde{f'}(x) \in (-1, 1)$, 因此可定义 $\tilde{f} : X \to \mathbb{R}$ 为: $\forall\, x \in X$, $\tilde{f}(x) = \tan\left(\dfrac{\pi}{2}h(x)\tilde{f'}(x)\right)$. 可直接验证, $\tilde{f}$ 连续, $\tilde{f}$ 是 f 的扩张.

定理证毕. $\hfill \square$

我们已经看到, 并非所有拓扑空间的拓扑都是由它上面的一个度量诱导的. 例如, 非豪斯多夫空间就是这样的空间. 由度量诱导的度量拓扑空间也因为存在度量从而有更好的性质. 一个自然的问题是: 什么拓扑空间的拓扑可以由一个度量诱导?

定义 3.2.1 设 $(X, \mathcal{T})$ 为一个拓扑空间. 若存在 X 上的一个度量 d, 使得 d 诱导的 X 上的拓扑恰为 $\mathcal{T}$, 则称 X 为**可度量化的空间**.

例 3.2.1 设 (X, d) 为一个度量拓扑空间, $A \subset X$. 容易验证, d 在 A 上自然诱导了一个度量 d', 且度量拓扑空间 (A, d') 就是 X 的拓扑子空间. 故子空间 A 是可度量化的空间. 特别地, 欧氏空间 $\mathbb{R}^n$ 的子空间都是可度量化的.

例 3.2.2 X 上的离散度量诱导了 X 上的离散拓扑, 故离散拓扑空间是可度量化的. 若 X 有限, 则 X 上的每个度量都诱导了 X 上的离散拓扑. 从而, 有限集合上只有离散拓扑是可度量化的.

下面是著名的乌雷松可度量化定理:

定理 3.2.3 (乌雷松可度量化定理) 若拓扑空间 X 满足 T_1, T_4 和 C_2 公理, 则 X 可以嵌入希尔伯特空间 E^ω, 从而是可度量化的空间.

证明 设 $\mathcal{B}$ 为 X 的一个可数基. $\mathcal{B}$ 中两个成员 B 与 B' 若满足 $\overline{B} \subset B'$, 就称为一个**典型对**. 把 $\mathcal{B}$ 中所有典型对 (可数的) 排列出来, 记作 $\pi_1, \cdots, \pi_n, \cdots$, 其中 $\pi_n = (B_n, B'_n)$, 满足 $\overline{B}_n \subset B'_n$.

因 X 为 T_4 空间, 用乌雷松引理可构造连续函数 $f_n : X \to \mathbb{R}$, 使得 f_n 在 $\overline{B}_n$ 上取

值为 0, 在 ${B'_n}^c$ 上取值为 1, $\forall n \in \mathbb{N}_+$. 若典型对只有 m 对, 则当 $n > m$ 时, $f_n = 0$.

令 $f: X \to E^\omega$, 对于 $x \in X$,

$$f(x) = \left(f_1(x), \frac{1}{2}f_2(x), \cdots, \frac{1}{n}f_n(x), \cdots \right).$$

对于 $x, y \in X, x \neq y$, 因 X 为 T_1 空间, 必有 $B' \in \mathcal{B}, x \in B', y \notin B'$. 再由 T_4 性质, 存在 $B \in \mathcal{B}$, 使得 $\overline{B} \subset B'$. 不妨设 $\pi_n = (B, B')$, 则 $f_n(x) = 0, f_n(y) = 1$. 从而 $f(x) \neq f(y)$, 即 f 是单射.

因 X 和 E^ω 都是 C_1 空间, 映射的连续性可用序列语言描述. 要证明 f 是嵌入映射, 只需验证: 对任意序列 $\{x_k\} \subset X \ni x, x_k \to x \Leftrightarrow f(x_k) \to f(x)$.

$\Rightarrow$: $\forall \varepsilon > 0$, 取充分大 N, 使得

$$\sum_{n=N+1}^{\infty} \frac{1}{n^2} < \frac{\varepsilon^2}{2}.$$

由 $f_1, f_2, \cdots, f_N$ 的连续性和 $x_k \to x$, 取 K 充分大, 使得当 $k > K, i \leqslant N$ 时, $|f_i(x_k) - f_i(x)| < \frac{\varepsilon}{\sqrt{2N}}$. 于是当 $k > K$ 时,

$$\rho(f(x_k), f(x)) < \sqrt{\frac{\varepsilon^2}{2N} \cdot N + \frac{\varepsilon^2}{2}} = \varepsilon,$$

从而 $f(x_k) \to f(x)$.

$\Leftarrow$: 只需证明 $x_k \nrightarrow x$ 时, $f(x_k) \nrightarrow f(x)$. 取 x 的开邻域 $B' \in \mathcal{B}$, 使得对无穷多个 $k, x_k \notin B'$. 因 X 为 T_4 空间, 可取 $B \in \mathcal{B}$, 使得 $x \in B$, 且 $\pi_n = (B, B')$. 于是, 对无穷多个 k,

$$f_n(x_k) - f_n(x) = 1, \quad \rho(f(x_k), f(x)) \geqslant \frac{1}{n}.$$

因此, $f(x_k) \nrightarrow f(x)$. □

注 3.2.1 (1) 乌雷松 (1898—1924) 是那个时代最有发展潜力的青年数学家之一. 他 26 岁时在法国的海边游泳, 不幸溺亡. 上面的以他的名字冠名的定理就是乌雷松在 1924 年证明的.

(2) 度量空间是 T_1 和 T_4 空间, 从而是 T_3 空间. 但度量空间不必有可数基. 例如, $\mathbb{R}$ 上的离散度量诱导的拓扑恰是 $\mathbb{R}$ 上的离散拓扑. 因该空间中每个单点集都是开集, 故该空间没有可数基.

习题 3.2

1. (E) 证明乌雷松引理证明中定义的函数 f 满足

$$f(x) = \sup\{r \in \mathbb{Q}_I \mid x \notin \mathrm{Cl}(U_r)\} = \inf\{r \in \mathbb{Q}_I \mid x \in \mathrm{Cl}(U_r)\}.$$

2. (ER) 设 X 为 T_4 空间, A 是 X 的闭子集, $f: A \to \mathbb{R}^n$ 是连续映射, 证明 f 可以连续扩张到 X 上.

3. (MRH) 设 A 是度量空间 X 的闭子集, $f: A \to S^n$ 是连续映射, 证明 f 可以连续扩张到 A 的某个邻域上.

4. (ER) 试找出一个连续函数 $f: \mathbb{R} \setminus \{0\} \to \mathbb{R}$, 使得 f 不能连续扩张到 $\mathbb{R}$ 上.

5. (MRH) 如果分别用 $\mathbb{R}, \mathbb{R}^n, S^1$ 或 S^2 替换假设中的线段 $[-1, 1]$, 蒂策扩张定理的结论还会继续成立吗?

6. (DRH) 从蒂策扩张定理推导出乌雷松引理.

7. (ER) 设 X 为仅含有限个点的拓扑空间, 证明 X 可度量化的充要条件是 X 为离散空间. 试举出一个有可数无限个点的可度量化空间, 但该空间非离散的例子.

8. (E) 判断无限集 X 取有限补拓扑是否可度量化, 并说明理由.

9. (ER) 设 X 为 C_2, T_1 和 T_4 空间, U 是 X 的开子集. 证明:

(1) U 是 X 中可数多个闭集之并;

(2) 存在连续函数 $f: X \to I$, 使得当 $x \notin U$ 时, $f(x) = 0$; 当 $x \in U$ 时, $f(x) > 0$.

10. (ERH) 证明下述条件都等价:

(1) X 是可分的可度量化的拓扑空间;

(2) X 是第二可数的可度量化的拓扑空间;

(3) X 是第二可数的 T_1 和 T_3 空间.

11. (ER) 证明度量空间内任何闭子集是可数多个开集的交集.

12. (MRH) 构造一个非第二可数的度量空间.

第 4 章

连通性与紧致性

在数学分析中, 关于连续函数有三个基本定理: 介值定理、极大值定理、一致连续性定理. 这三个定理在微积分的理论中有着重要的作用, 是许多其他定理的基础. 以往我们是从连续函数的角度来看待这三个定理的, 其实也可以将其视为实数闭区间 $[a,b]$ 上的定理. 它们不仅依赖于 f 的连续性, 而且也依赖于拓扑空间 $[a,b]$ 的紧致性质.

介值定理所依赖的是空间 $[a,b]$ 的连通性, 另外两个定理所依赖的则是空间 $[a,b]$ 的紧致性. 本章我们将对任意拓扑空间定义这两种性质, 并且证明这三个定理的适当的推广.

连通性与紧致性的概念看起来很简单, 但它们却是拓扑学重要的基石, 在拓扑学及其应用中具有深远的意义. 连通性与紧致性在分析学、几何学、拓扑学中, 甚至在几乎任何一门与拓扑空间概念有关的学科中, 都有着重要的作用.

4.1　连通空间

4.1.1　连通空间的定义与性质

我们通过空间的一个分离对来描述其不连通性.

定义 4.1.1　设 X 是一个拓扑空间.

(1) 若 X 中存在两个非空不交的开集 U, V, 使得 $X = U \cup V$, 则称 X 是**不连通的**. 称这样一对开集 $\{U, V\}$ 是 X 的一个**分离对**或一对**分离子集**;

(2) 若 X 不是不连通的, 则称 X 是**连通的**.

由定义可以直接得到连通性的另外两个等价描述:

定理 4.1.1　设 X 为拓扑空间. 则下面三个陈述等价:

(1) X 是连通的;

(2) X 中不存在两个非空不交的闭集 U, V, 使得 $X = U \cup V$;

(3) X 中不存在一个既开又闭的非空真子集.

例 4.1.1　设 $X = \{a, b, c\}$, $\mathcal{T}_1 = \{\emptyset, \{b\}, \{a, b\}, \{b, c\}, X\}$ 和 $\mathcal{T}_2 = \{\emptyset, \{b\}, \{c\}, \{a, b\}, \{b, c\}, X\}$ 是 X 上的两个拓扑, 则容易验证, $(X, \mathcal{T}_1)$ 没有分离对, 从而是连通的; $(X, \mathcal{T}_2)$ 有一个分离对 $\{\{a, b\}, \{c\}\}$, 从而是不连通的.

例 4.1.2　(1) 欧氏直线 $\mathbb{R}$ 的子空间 $X = (-1, 0) \cup (0, 1)$ 是不连通的;

(2) 欧氏直线 $\mathbb{R}$ 上任意去除一点所得的子空间是不连通的.

例 4.1.3　(1) 设 X 是多于一点的离散空间, 则 X 是不连通的;

(2) 设 X 是平凡拓扑空间, 则 X 是连通的.

例 4.1.4　直线的下极限拓扑空间 $\mathbb{R}_l$ 是不连通的. $[a, b)$ 是 $\mathbb{R}_l$ 中既开又闭的非空真

子集.

定义 4.1.2 设 X 为拓扑空间, $A \subset X$. 若作为子空间, A 是连通的, 则称 A 为 X 的一个**连通子集**. 否则, 称 A 为 X 的一个**不连通子集**.

定理 4.1.2 设 X 为拓扑空间, $A \subset X$, 则 A 是不连通的当且仅当存在 X 中开集 U, V, 使得

$$A \subset U \cup V, \quad U \cap A \neq \emptyset, \quad V \cap A \neq \emptyset, \quad U \cap V \cap A = \emptyset.$$

证明 设 A 为 X 的不连通子集. 则存在 A 中非空开集 P, Q, 使得 $P \cup Q = A$. 从而存在 X 中开集 U, V, 使得 $P = U \cap A, Q = V \cap A$. 因

$$A \subset U \cup V, \quad U \cap A = P \neq \emptyset, \quad V \cap A = Q \neq \emptyset,$$

$$A = P \cup Q = (U \cap A) \cup (V \cap A) = (U \cup V) \cap A,$$

故 $A \subset U \cup V$. 此外, $U \cap V \cap A = (U \cap A) \cap (V \cap A) = P \cap Q = \emptyset$.

反之, 设所给条件成立, 令 $P = U \cap A, Q = V \cap A$, 则易见, $\{P, Q\}$ 是 A 的一对分离子集. □

例 4.1.5 设 A 是平面 $\mathbb{R}^2$ 上两条曲线 $y = e^x$ 和 x 轴构成的子空间, 如图 4.1 所示. 这两条曲线在 x 轴负向无限接近. A 是否为连通子集? 答案是否定的. 事实上, 曲线 $y = e^{x-1}$ 的两侧构成了分别包含曲线 $y = e^x$ 和 x 轴的平面的不交开集, 从而曲线 $y = e^x$ 和 x 轴是 A 的一对分离子集. 另外, 若令 U' 为平面 $\mathbb{R}^2$ 上在曲线 $y = e^x$ 以下的点构成的开集, V' 为平面 $\mathbb{R}^2$ 上在 x 轴以上的点构成的开集, 则

$$A \subset U' \cup V', \quad U' \cap A \neq \emptyset, \quad V' \cap A \neq \emptyset, \quad U' \cap V' \cap A = \emptyset.$$

但 $U' \cap V' \neq \emptyset$.

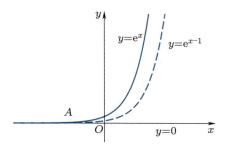

图 4.1 A 不是平面上的连通子集

例 4.1.6 设 A 是欧氏直线 $\mathbb{R}$ 多于一点的子集. 则 A 是连通子集当且仅当 A 是一个区间, 即对任意 $a, b \in A$ 且 $a < b$, $[a, b] \subset A$.

设 A 是连通子集. 任取 $a, b \in A, a < b$, 若有 $c \in (a, b)$, 使得 $c \notin A$, 则

$$A = ((-\infty, c) \cap A) \cup ((c, \infty) \cap A)$$

是两个非空不交的开集之并, 与 A 是连通的矛盾. 故 $[a,b] \subset A$, 即 A 是一个区间.

反之, 设 A 是一个区间, 若 A 不连通, 则存在 A 中的非空不交开集 U, V (它们同时也是 A 中的非空不交闭集), 使得 $A = U \cup V$. 取 $u \in U, v \in V$, 不妨 $u < v$.

由假设, $[u,v] \subset A$. 令 $c = \sup\{x \in [u,v] \mid x \in U\}$. 如果 $c = v$, 则 $v \in U' \subset U$, 与 $U \cap V = \emptyset$ 矛盾. 故 $c < v$. 类似地可知 $c > u$, 故 $u < c < v$. 此时, 若 $c \in U$, 则 $(c,v] \subset V$, 但 V 是闭集, 故也有 $c \in V$; 若 $c \in V$, 则由 c 的定义知 $c \in U'$, 但 U 是闭集, 故也有 $c \in U$, 都同样导出 $c \in U \cap V$, 矛盾.

这样 $\mathbb{R}$ 是连通的, 且 $(a,b), [a,b), (a,b], [a,b], (-\infty, b), (-\infty, b], (a, \infty)$ 和 $[a, \infty)$ 等都是直线上的连通子集. 这与我们的直觉预期一致.

定理 4.1.3 设 X 和 Y 为拓扑空间, X 连通, $f: X \to Y$ 连续, 则 $f(X)$ 是 Y 的连通子集.

证明 $f: X \to Y$ 连续, 则 $f: X \to f(X)$ 连续. 若 $f(X)$ 不是连通的, 则存在 $f(X)$ 的一对分离子集 $\{P, Q\}$, 这样, $\{f^{-1}(P), f^{-1}(Q)\}$ 就是 X 的一对分离子集, 与 X 是连通的矛盾. 故 $f(X)$ 是 X 的连通子集. $\square$

定理 4.1.3 的一个直接推论就是:

推论 4.1.1 连通性为拓扑性质.

例 4.1.7 设 $X = \mathbb{R}, Y = S^1$. 设 $f: X \to Y, f(x) = e^{2\pi x i}$, 则 f 连续, $f(X) = Y$. X 是连通的, 故 Y 也是连通的. 但 X 与 Y 不同胚. 否则, 存在同胚 $g: X \to Y$, 则 $g|_{X-\{0\}}: X - \{0\} \to Y - \{g(0)\}$ 也是同胚. $X - \{0\}$ 是不连通的, 但 $Y - \{g(0)\} \cong \mathbb{R}$ 是连通的, 与连通性为拓扑性质矛盾.

引理 4.1.1 设 $C \subset D \subset X$, C 为连通子集, D 为不连通子集. 则对于 D 的一对分离子集 $\{U, V\}$, 总有 $C \subset U$, 或者 $C \subset V$.

证明 否则, $C \cap U \neq \emptyset$, $C \cap V \neq \emptyset$, 则 $C \cap U$ 和 $C \cap V$ 都是 C 的开集, 它们构成了 C 的一对分离子集, 与 C 是连通的子集矛盾. $\square$

下面是连通空间的几个性质:

定理 4.1.4 设 C 为 X 的连通子集, 且 $C \subset A \subset \mathrm{Cl}(C)$, 则 A 也是 X 的连通子集. 特别地, $\mathrm{Cl}(C)$ 也是连通子集.

证明 假设 A 不是 X 的连通子集, 则存在 A 的一对分离子集 $\{P, Q\}$, 即存在 X 中开集 U, V, 使得

$$A \subset U \cup V, \quad P = U \cap A \neq \emptyset, \quad Q = V \cap A \neq \emptyset, \quad U \cap V \cap A = \emptyset.$$

由上述引理, 不妨假设 $C \subset P$, 则 $C \cap Q = \emptyset$. $Q \neq \emptyset$, 且 $Q \subset C'$. 任取 $x \in Q$, 因 $x \in C'$, 故 $V \cap (C - \{x\}) \neq \emptyset$, 从而

$$\emptyset = U \cap V \cap A = (U \cap A) \cap (V \cap A) = P \cap (V \cap A)$$
$$\supset C \cap (V \cap C) = C \cap V \supset V \cap (C - \{x\}) \neq \emptyset,$$

矛盾. □

上述定理表明, 连通子集增加一些它自己的聚点所得的子集仍是连通子集.

定理 4.1.5 设 $\{C_\lambda \mid \lambda \in \Lambda\}$ 为拓扑空间 X 的一族连通子集, 且 $\bigcap_{\lambda \in \Lambda} C_\lambda \neq \emptyset$, 则 $\bigcup_{\lambda \in \Lambda} C_\lambda$ 也是 X 的连通子集.

证明 记 $A = \bigcup_{\lambda \in \Lambda} C_\lambda$. 若 A 不是 X 的连通子集, 则存在 A 的一对分离子集 $\{P, Q\}$. 由前述引理, 对每个 $\lambda \in \Lambda$, 或者 $C_\lambda \subset P$, 或者 $C_\lambda \subset Q$. 因 $P \cap Q = \emptyset$, $\bigcap_{\lambda \in \Lambda} C_\lambda \neq \emptyset$, 故若有 $\lambda_0 \in \Lambda$, 使得 $C_{\lambda_0} \subset P$, 则对任意 $\lambda \in \Lambda$, 均有 $C_\lambda \subset P$. 这样, $Q = \emptyset$, 矛盾. □

特别地, 空间 X 的两个交不空的连通子集的并仍是连通子集. 例如, 平面 $\mathbb{R}^2$ 上的 x 轴与 y 轴之并是一个连通子集.

定理 4.1.6 设拓扑空间 X 和 Y 都是连通空间. 则 $X \times Y$ 也是连通空间.

证明 设 $x_0 \in X$, $\forall y \in Y$, 令 $C_y = (X \times \{y\}) \cup (\{x_0\} \times Y)$, 则由上述定理, C_y 是 $X \times Y$ 的连通子集. 因 $X = \bigcup_{y \in Y} C_y$, $\bigcap_{y \in Y} C_y = \{x_0\} \times Y \neq \emptyset$, 故再次由上述定理, $X \times Y$ 是连通空间. □

由此可知, 欧氏空间 $\mathbb{R}^n$ 是连通的.

一般地, 若拓扑空间 X 和 Y 都有拓扑性质 P 蕴含 $X \times Y$ 也有性质 P, 则称性质 P 是**有限可乘的**, 简称**可乘的**. 由定理 4.1.6 即知, 连通性是可乘的. 也不难验证, 可分性、T_2 空间、C_1 空间和 C_2 空间都是可乘的.

例 4.1.8 $I = [0, 1]$ 是连通的, 从而 $I \times I$ 是连通的. 前面看到, 从 $I \times I$ 到平环、默比乌斯带、环面、克莱因瓶、球面、射影平面等都有商映射, 所有这些空间也都是连通的, 见图 4.2.

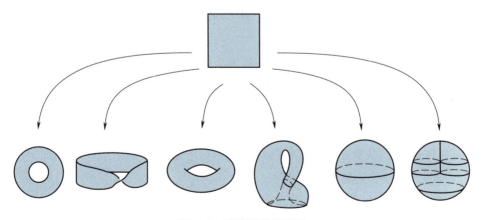

图 4.2 商空间是连通的

例 4.1.9 球面 S^2 是连通的. 事实上, 设 $N = (0, 0, 1)$ 是 S^2 上的北极点, 则前面已

看到, $S^2 - \{N\} \cong \mathbb{R}^2$ 是连通的, 而 N 是 $S^2 - \{N\}$ 的聚点, 故 S^2 是连通的. 类似可知, S^n 是连通的.

4.1.2 连通分支

设 X 为一个拓扑空间, 任取 $x, y \in X$, 若存在 X 的一个连通子集 C, 使得 $x, y \in C$, 则定义 $x \sim y$. 那么 $\sim$ 是个等价关系. 事实上, $x \sim x$; 若 $x \sim y$, 则显然有 $y \sim x$; 若 $x \sim y, y \sim z$, 则存在 X 的连通子集 C, D, 使得 $x, y \in C, y, z \in D$, 这样, $x, z \in C \cup D$, $y \in C \cap D$, $C \cup D$ 为 X 的一个连通子集 C, 即 $x \sim z$.

定义 4.1.3 拓扑空间 X 在等价关系 "$\sim$" 之下的每一个等价类称为 X 的一个**连通分支**.

> **注 4.1.1** X 的每个连通分支是 X 的极大连通子集. 事实上, 若 C 是 X 的一个连通分支, $c \in C$, 则对于任意 $x \in C$, 存在 X 的一个连通子集 C_x, 使得 $x, c \in C_x$. 因 $c \in \bigcap_{x \in C} C_x \neq \emptyset$, $C = \bigcup_{x \in C} C_x$ 是连通的. 实际上, X 是它的所有连通分支的无交并.

下面是连通分支的几个性质:

定理 4.1.7 设 X 为一个拓扑空间.

(1) 设 C 是拓扑空间 X 的一个连通分支, 则 C 是连通的;

(2) 设 A 是 X 中一个连通子集, 则 A 含于 X 的某个连通分支;

(3) 设 C 是拓扑空间 X 的一个连通分支, 则 C 是闭集.

证明 (1) 和 (2) 显然. 对于 (3), C 是连通分支, 则 $\mathrm{Cl}(C)$ 也是连通的, 且 $C \subset \mathrm{Cl}(C)$, 故 $C = \mathrm{Cl}(C)$. 从而 C 是闭集. □

定理 4.1.8 设 $f : X \to Y$ 为同胚. 若 C 是 X 的一个连通分支, 则 $f(C)$ 也是 Y 的一个连通分支.

证明 C 连通, 故 $f(C)$ 为 Y 的一个连通子集, 令 D 为包含 $f(C)$ 的 Y 的连通分支. D 是连通的, 则 $f^{-1}(D)$ 是包含 C 的连通子集. C 为连通分支, 故 $f^{-1}(D) = C$, 从而 $f(C) = D$. □

例 4.1.10 考虑直线上有限补空间 $\mathbb{R}_{fc}$, 它的任意非空闭集都是一个有限集, 因此它没有任何分离对 (从 $\mathbb{R}_{fc}$ 的任意两个非空开集交不空也可以看出这一点), 从而 $\mathbb{R}_{fc}$ 是连通的, 即它只有一个连通分支.

例 4.1.11 设 A 是下极限拓扑空间 $\mathbb{R}_l$ 中多于一点的一个子集. 设 $a, b \in A, a < b$, 取 $c \in (a, b)$, 则 $A = ((-\infty, c) \cap A) \cup ([c, \infty) \cap A)$, A 有一个分离对, 故 A 不是连通的. 从而 $\mathbb{R}_l$ 的每个连通分支都是单点集. 这样的空间称为**完全不连通的**空间.

显见, 多于一点的离散空间也是完全不连通的.

例 4.1.12　在平面 $\mathbb{R}^2$ 上,

$$X = \left\{ \left(x, \sin \frac{1}{x} \right) \in \mathbb{R}^2 \,\middle|\, x \in (0, 1] \right\},$$

$$Y = \{(0, y) \in \mathbb{R}^2 \mid y \in [-1, 1]\}, \quad Z = X \cup Y,$$

则 X 是 $\mathbb{R}^2$ 的连通子集, $Y \subset X'$, 故 Z 是连通的, 参见图 4.3. 称 Z 为**拓扑正弦曲线**.

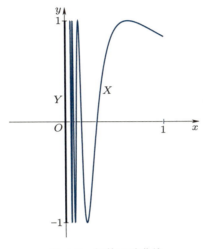

图 4.3　拓扑正弦曲线

4.1.3　连通性在拓扑学中的一些简单应用

<u>定义 4.1.4</u>　设 X 是一个连通空间, $S \subset X$. 若 $X - S$ 是不连通的, 则称 S 是 X 的一个**分割子集**. 若 $S = \{P\}$ 为单点集, 则称 P 是 X 的一个**分割点**.

例 4.1.13　从连通的标准平面 $\mathbb{R}^2$ 上挖除单位圆周 S^1, 则得到两个不交的开集 $U = \operatorname{Int}(D)$ (D 为单位圆盘) 和 $V = \{(x, y) \in \mathbb{R}^2 \mid x^2 + y^2 > 1\}$, $\mathbb{R}^2 - S^1$ 是不连通的, 故 S^1 是 $\mathbb{R}^2$ 的一个分割子集.

容易证明, 子集的分割性是拓扑不变性质 (留作练习):

定理 **4.1.9**　设 $f : X \to Y$ 为同胚. 若 C 是 X 的一个分割子集, 则 $f(C)$ 也是 Y 的一个分割子集.

例 4.1.14　$\mathbb{R}$ 上的每一点都是分割点, 但从 $\mathbb{R}^2$ 上挖除一点所得的空间同胚于 $S^1 \times \mathbb{R}$ (见练习), 从而是连通的. 这样, 直线 $\mathbb{R}$ 与平面 $\mathbb{R}^2$ 不同胚.

例 4.1.15　设 q 为单位圆周 S^1 上一点, $S^1 - \{q\} \cong \mathbb{R}$ 是连通的, 故 q 不是分割点. 但直线 $\mathbb{R}$ 上的每一点都是分割点, 从而 S^1 与 $\mathbb{R}$ 不同胚. 类似地, S^2 上的每一点都不是分割点, 从而 S^2 与 $\mathbb{R}$ 也不同胚.

例 4.1.16　对于单位圆周 S^1 上的一个双点子集 $A = \{p, p'\}$, $S^1 - A$ 同胚于 $\mathbb{R}$ 上挖除一点, 是不连通的, 故 A 是 S^1 的分割子集. 但 S^2 上挖除一个双点子集 $B = \{q, q'\}$

的子空间同胚于 $\mathbb{R}^2$ 上挖除一点的子空间, 从而是连通的, 故 S^2 上的一个双点子集不是分割子集, 从而 S^1 与 S^2 不同胚.

下面是拓扑空间上的介值定理:

定理 4.1.10 (一般介值定理)　设 X 为连通空间, $f : X \to \mathbb{R}$ 连续, 则对于任意 $p, q \in f(X)$, s 为介于 p 和 q 之间的值, 存在 $c \in X$, 使得 $f(c) = s$.

证明　X 为连通空间, f 连续, 故 $f(X)$ 为 $\mathbb{R}$ 的连通子集, 从而是区间. 对于 $p, q \in f(X)$, 不妨 $p < q$, 则 $[p, q] \subset f(X)$, 这样对于 $s \in [p, q]$, 存在 $c \in X$, 使得 $f(c) = s$. □

数学分析中的如下的介值定理是定理 4.1.10 的直接推论:

推论 4.1.2 (介值定理)　设 $f : [a, b] \to \mathbb{R}$ 连续, s 介于 $f(a)$ 和 $f(b)$ 之间. 则存在 $c \in [a, b]$, 使得 $f(c) = s$.

推论 4.1.3　设 $f : [a, b] \to \mathbb{R}$ 连续, $f(a)$ 和 $f(b)$ 一正一负. 则存在 $c \in [a, b]$, 使得 $f(c) = 0$.

例 4.1.17　某同学开学时体重达 75 kg, 开学后开始实施瘦身计划, 并每天记录自己的体重 $w(t)$ 变化曲线. 虽然中间有反弹, 但过了一年, 该同学体重减少了 15 kg, 瘦身效果明显 ($w(1) = 75$, $w(365) = 60$). 介值定理告诉我们, 对于 75 kg 至 60 kg 之间的每一个体重, 该同学瘦身期间都会达到.

下面是介值定理的两个应用:

定理 4.1.11 (1 维布劳威尔 (Brouwer) 不动点定理)　设 $f : [-1, 1] \to [-1, 1]$ 连续, 则存在 $c \in [-1, 1]$, 使得 $f(c) = c$.

证明　令 $g : [-1, 1] \to \mathbb{R}$, $g(x) = f(x) - x$, 则 g 连续. 若 $f(1) = 1$ 或 $f(-1) = -1$, 结论已经成立. 否则, $f(1) < 1$ 且 $f(-1) > -1$, 则 $g(1) < 0$, $g(-1) > 0$, 从而由介值定理, 存在 $c \in [-1, 1]$, 使得 $g(c) = 0$, 这样, $f(c) = c$. □

定理 4.1.12　设 $f : S^2 \to \mathbb{R}$ 连续, 则存在 $c \in S^2$, 使得 $f(c) = f(-c)$.

证明　令 $g : S^2 \to \mathbb{R}$, $g(x) = f(x) - f(-x)$, 则 g 连续, 且 $\forall x \in S^2$, $g(-x) = -g(x)$. 若有 $x \in S^2$, 使得 $g(x) = 0$, 则结论已经成立. 若有 $p \in S^2$, 使得 $g(p) \neq 0$, 则 $g(-p) = -g(p)$. 因 S^2 连通, 故 $g(S^2)$ 为 $\mathbb{R}$ 的连通子集, 从而为一个区间. $g(p), g(-p) \in g(S^2)$, 且 $g(p)$ 和 $g(-p)$ 异号, 由一般介值定理, 存在 $c \in S^2$, 使得 $g(c) = 0$. 从而 $f(c) = f(-c)$. □

注 4.1.2　定理 4.1.12 在气象学中有一个非常奇妙的应用. 假设地球表面是一个球面, 而表面温度是一个在球面上定义的连续函数, 则在任意时刻, 在地球表面上都有一对对径点, 其温度相同. 当然, 我们可以用定义在地球表面上的任何其他连续变量代替温度, 例如, 大气压力、相对湿度或海拔高度等, 相应的结论也成立. 还可以一般化为: 设 $f : S^m \to \mathbb{R}^n$ ($n \leqslant m$) 连续, 则存在 $c \in S^m$, 使得 $f(c) = f(-c)$. 这就是著名的博苏克–乌拉姆 (Borsuk-Ulam) 定理 (见第 9 章). 应用到地球表面, 在任何给定时间上在球面上都有一对对径点, 其温度、大气压力、相对湿度和海拔高度等都相同. 这是不是很神奇?

习题 4.1

1. (ER) 尝试找出 $X = \{a, b, c, d\}$ 的两个拓扑, 其中一个连通, 另一个不连通.

2. (ER) 设 $\{C_n \mid n \in \mathbb{N}\}$ 为拓扑空间 X 的一族连通子集, 满足对每个 $j \geqslant 1$, $C_j \cap C_{j+1} \neq \emptyset$. 证明 $\bigcup\limits_{n \in \mathbb{N}} C_n$ 也是 X 的连通子集.

3. (ERH) 证明:

(1) $\mathbb{R}^2$ 中所有至少有一个坐标是有理数的点构成的集合 A 连通;

(2) $\mathbb{R}^2$ 中所有第二个坐标为有理数的点构成的集合 B 不连通.

4. (MRH) 设 A 为 $\mathbb{R}^n$ $(n \geqslant 2)$ 的可数子集, 证明 $\mathbb{R}^n - A$ 是 $\mathbb{R}^n$ 的连通子集.

5. (E) 在 $\mathbb{R}$ 上, $\mathcal{B} = \{(-a, a) \mid a \in \mathbb{R}, a \geqslant 0\}$ 是一个拓扑基, 证明它所生成的拓扑空间是连通的.

6. (E) 证明拓扑空间 X 是连通的当且仅当 X 的每个非空真子集有非空的边界.

7. (ERH) 设 X 是一个拓扑空间, A 为 X 中的连通子集, B 为 X 中既开又闭的子集. 若 $A \cap B \neq \emptyset$, 证明 $A \subset B$.

8. (ERH) 设 X 是一个拓扑空间, $M \subset X$ 是连通的子集, $A \subset X$ 是既开又闭的子集, 证明或者 $M \subset A$, 或者 $M \subset X - A$.

9. (MR) 设 A 和 B 是 X 的两个连通的子集, $A \cap \mathrm{Cl}(B) \neq \emptyset$, 证明 $A \cup B$ 也是连通的.

10. (MRH) 设 A 和 B 都是 X 的开子集 (或者闭子集), 它们的并集和交集都是连通的, 证明 A 和 B 也都是连通的.

11. (M) 设 X 和 Y 都是连通空间, 对于任意真子集 $A \subsetneq X$ 和 $B \subsetneq Y$, 证明 $(X \times Y - A \times B)$ 是 $X \times Y$ 的连通子集.

12. (MR) 证明 T_1 空间中任何多于一点的连通子集必为无限集.

13. (MR) 设 $f : \mathbb{R} \to \mathbb{R}$ 连续, 证明 f 单调的充要条件为 $\forall y \in f(\mathbb{R})$, $\{f^{-1}(y)\}$ 是 $\mathbb{R}$ 的连通子集. 若去掉 f 连续的条件, 结论是否成立? 给出证明或举反例.

14. (ER) 设映射 $f : X \to Y$, 如果 X 的每个点都有一个邻域 U, 使得 f 限制在 U 上为常数, 则称 f 是局部常值映射. 证明:

(1) 任何局部常值映射都是连续的;

(2) 连通空间上的局部常值映射是常值映射.

15. (DRH) 证明 $\mathbb{R}^n$ 的连通子集 A 的每个邻域 U 包含 A 的一个连通邻域.

16. (DRH) 令 $A_1 \supset A_2 \supset \cdots$ 是平面 $\mathbb{R}^2$ 中闭的连通集合的一个无限下降序列, 那么 $\bigcap\limits_{k=1}^{\infty} A_k$ 是否是一个连通的子集?

17. (DRH) 设 G 是具有这样拓扑的一个群: 对于每一个 $g \in G$, 映射 $G \to G : x \mapsto xgx^{-1}$ 是连续的, 并设具有该拓扑的 G 连通. 假设 G 的正规子群 H 上的拓扑是离散的,

证明 H 包含在 G 的中心. (即对于任意的 $h \in H, g \in G$, 都有 $hg = gh$.)

18. (MRH) 证明:

(1) X 中任一既开又闭的连通子集都是 X 的连通分支;

(2) 如果 X 只有有限个连通分支, 那么 X 的每个连通分支都是既开又闭的. 举例说明如果 X 有无限个连通分支, 结论未必成立.

19. (DRH) 证明 $\mathbb{R}$ 中的每一个开集都有可数多个连通分支.

20. (DRH) 证明一个开集 $A \subset \mathbb{R}^n$ 的连通分支是可数的.

21. (DR) 构造一个空间 X 和两个属于 X 的不同连通分支的点, 使得每个既开又闭的子集 $A \subset X$, 要么包含这两个点, 要么完全不包含它们.

22. (E) 举例说明拓扑空间的连通分支不必是开集.

23. (E) 证明拓扑空间中任意孤立点集都是一个连通分支. 标准 $\mathbb{Z}$ 的连通分支是什么?

24. (ER) 证明标准直线 $\mathbb{R}$ 的有理数子空间是完全不连通的.

25. (EH) 证明康托尔三分集 (见习题 1.3 第 39 题) 是完全不连通的.

26. (E) 证明定理 4.1.9.

27. (ERH) 证明作为标准直线的子空间, $(0,1)$, $[0,1)$ 和 $[0,1]$ 互不同胚 (提示: 挖去一个点).

28. (E) 证明两条相交直线的并集与一条直线不同胚.

29. (E) 判断 $\mathbb{R}^2$ 的子空间 $A = (\mathbb{R} \times \{0\}) \cup (\{0\} \times \mathbb{R})$ 与 $\mathbb{R}$ 是否同胚? 又 A 与 $\mathbb{R}^2$ 中两个相切的圆周构成的子空间 (8 字形空间) 是否同胚?

30. (ER) 设 $n \in \mathbb{Z}, n \geqslant 2$, 证明直线 $\mathbb{R}$ 不同胚于 $\mathbb{R}^n$.

31. (ER) 设 $n \in \mathbb{Z}, n \geqslant 2$, 证明直线 $\mathbb{R}$ 和单位圆周 S^1 都不同胚于 S^n.

32. (MR) 设连通的度量空间 (X, d) 至少包含两点, 证明存在连续满射 $f : X \to [0,1]$, 从而 X 是不可数的.

4.2 道路连通空间

4.2.1 道路连通空间的定义与性质

直线上的闭区间 $[A, B]$ 上自然地有两个**方向** (也称为**定向**): 一个是从 A 到 B 的方向, 另一个是从 B 到 A 方向. 称赋予了一个方向的 $[A, B]$ 为**有向线段**. 用 $\overrightarrow{AB}$ 表示 A 到 B 的有向线段, 它的起点为 A, 终点为 B; 用 $\overrightarrow{BA}$ 表示 B 到 A 的有向线段, 它的起点为 B, 终点为 A. 当把单位区间 I 看成一个有向区间时, 除非特别说明, 其方向指的都是从 0 到 1 的方向. 类似地, 可以定义一个简单弧的方向、起点和终点. 定向弧在图上表示时, 通常用箭头表示它的方向.

拓扑空间 X 上的一个**道路**指的是从定向单位区间 I 到 X 的一个连续映射 $\alpha : I \to X$. 通常为了方便, 也称 α 的像 $\alpha(I)$ 为 X 上的一个道路. 记 $x_0 = \alpha(0), x_1 = \alpha(1)$, 分别称 x_0, x_1 为道路 α 的**起点、终点**, 也称 α 为 X 上从 x_0 到 x_1 的一个道路. 有时候, 为明确道路的起点、终点, 也把道路记作 $\alpha : (I, 0, 1) \to (X, x_0, x_1)$. 令 $\alpha^{-1} : I \to X, \forall t \in I$, $\alpha^{-1}(t) = \alpha(1 - t)$, 则 α^{-1} 是 X 中从 x_1 到 x_0 的道路, 称之为 α 的**逆道路**. 显然, $\alpha(I)$ 是 X 的一个连通子集. 当 $x_0 = x_1$ 时, 称 α 为 X 上以 x_0 为基点的一个**闭路**.

定义 4.2.1 (1) 设 X 为拓扑空间. 若对任意 $x_0, x_1 \in X$, 都有 X 上从 x_0 到 x_1 的一个道路, 则称 X 为**道路连通的**空间;

(2) 设 $A \subset X$, 若作为子空间 A 是道路连通的, 则称 A 为 X **一个道路连通子集**.

例 4.2.1 $\mathbb{R}^n$ 是道路连通的. 对任意 $x_0, x_1 \in \mathbb{R}^n$, 令 $\alpha : I \to \mathbb{R}^n$, 对任意 $t \in I$,

$$\alpha(t) = (1 - t)x_0 + tx_1.$$

$\alpha(I)$ 就是 $\mathbb{R}^n$ 上从 x_0 到 x_1 的直线段, 也记作 $[x_0, x_1]$ 或 $\overrightarrow{x_0 x_1}$.

下面是道路连通空间的几个性质.

定理 4.2.1 道路连通空间是连通空间.

证明 设 X 为道路连通空间. 取定 $x_0 \in X$, 对任意 $x \in X$, 存在 X 中道路 $\alpha_x : (I, 0, 1) \to (X, x_0, x)$. 因 I 连通, 故 $\alpha_x(I)$ 是 X 中包含 x_0 的连通子集. 显然, $X = \bigcup_{x \in X} \alpha_x(I)$, 故 X 是连通的. $\square$

定理 4.2.2 设 X 是道路连通空间, $f : X \to Y$ 连续. 则 $f(X)$ 是 Y 的道路连通子集.

证明 对任意 $y_0, y_1 \in f(X) \subset Y$, 取 $x_0, x_1 \in X$, 使得 $f(x_0) = y_0, f(x_1) = y_1$. 因 X 道路连通, 故存在道路 $\alpha : (I, 0, 1) \to (X, x_0, x_1)$, 则 $f \circ \alpha : I \to Y$ 是 Y 中从 y_0 到 y_1 的道路. $\square$

推论 4.2.1 道路连通性是拓扑性质.

道路可按如下方式定义乘积:

定义 4.2.2 设 X 为拓扑空间, $x, y, z \in X$, 且 X 上有从 x 到 y 的道路 $\alpha : I \to X$ 和从 y 到 z 的道路 $\beta : I \to X$. 令 $\alpha\beta : I \to X$,

$$\alpha\beta(t) = \begin{cases} \alpha(2t), & t \in \left[0, \frac{1}{2}\right], \\ \beta(2t - 1), & t \in \left[\frac{1}{2}, 1\right]. \end{cases}$$

由焊接引理, $\alpha\beta$ 连续, 从而是 X 上从 x 到 z 的一个道路, 称之为道路 α 和 β 的**乘积**, 也记作 $\alpha \cdot \beta$.

注意, 只有当道路 α 的终点与道路 β 的起点相同时, $\alpha\beta$ 才有意义.

例 4.2.2   设 $X = \mathbb{R}^2 - \{O\}$. 任取 $x, y \in X$, 若从 x 到 y 的直线段 $[x, y]$ (映射为 $\alpha : I \to X$, $\alpha(t) = (1-t)x + ty, \forall t \in I$) 不含原点 O, 则 α 是 X 上从 x 到 y 的一个道路; 若从 x 到 y 的直线段 $[x, y]$ 包含原点 O, 在平面 $\mathbb{R}^2$ 上取一个三角形 xyz, 令 β 和 γ 分别为 X 上从 x 到 z 和从 z 到 y 的直线段道路映射, 则 $\beta\gamma$ 是 X 上从 x 到 y 的一个道路 (折线), 参见图 4.4. 由此可知, X 是道路连通的.

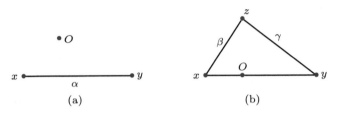

图 4.4 X 是道路连通的

例 4.2.3   任取 $x, y \in S^2 \subset \mathbb{R}^3$, 若 x 和 y 不互为对径点 (即 $x \neq -y$), 令 $\alpha : (I, 0, 1) \to (S^2, x, y)$, 对任意 $t \in I$,

$$\alpha(t) = \frac{(1-t)x + ty}{\| (1-t)x + ty \|}.$$

上式有意义是因为 $\mathbb{R}^3$ 中从 x 到 y 的直线段 $[x, y]$ 不含原点 O, α 是 $\mathbb{R}^3$ 中从原点出发的射线投射弦 $[x, y]$ 到 S^2 上弧的道路. 若 x 和 y 互为对径点 (即 $x = -y$), 任取 $z \in S^2$, $z \neq x, -x$, 则如上有 S^2 上从 x 到 z 的弧道路 β 和 S^2 上从 z 到 y 的弧道路 γ, 则 $\beta\gamma$ 是 S^2 上从 x 到 y 的一个道路. 由此可知, S^2 是道路连通的.

例 4.2.4   设 X 为平凡拓扑空间, 任取 $x, y \in X$, 任意指定映射 $\alpha : (I, 0, 1) \to (X, x, y)$, α 都是连续的, 故 X 是道路连通的.

例 4.2.5   设 X 为多于一点的离散拓扑空间, 则 X 不是连通空间, 从而 X 不是道路连通的.

下面的例子表明, 连通性要弱于道路连通性.

例 4.2.6   回到拓扑正弦曲线 $Z = X \cup Y$ 的例子 (见例 4.1.12), 其中

$$X = \left\{ \left(x, \sin\frac{1}{x}\right) \in \mathbb{R}^2 \,\middle|\, x \in (0, 1] \right\},$$

$$Y = \{(0, y) \in \mathbb{R}^2 \mid y \in [-1, 1]\},$$

则 X 是连通的, $Y \subset X'$, 故 Z 是连通的. 下面证明 Z 不是道路连通的. 只需证明 Y 上的点不能通过道路连到 X 上的点.

设 Z 中有从原点 $(\in Y)$ 到 X 上一点 P 的道路 $\alpha : (I, 0) \to (Z, O)$. 记 $S = \alpha^{-1}(Y) = \{t \in I \mid \alpha(t) \in Y\}$. 因 Y 是闭集, 故 S 是 I 的闭集. 令 $s = \sup S$, 则 $s \in S$, $0 \leqslant s < 1$.

设 $\alpha(s) = (u(s), v(s))$, 则 $u(s) = 0$. 不妨设 $v(s) \leqslant 0$, 则对任何 $\delta \in (0, 1-s]$,

$u(s+\delta) > 0$ (即 $\alpha(s+\delta) \in X$), 且存在 $n \in \mathbb{N}_+$, 使得

$$u(s) = 0 < \frac{2}{(4n+1)\pi} < u(s+\delta).$$

由介值定理, 存在 $t \in (s, s+\delta)$, 使得 $u(t) = \dfrac{2}{(4n+1)\pi}$. 这样 $v(t) = \sin\dfrac{1}{u(t)} = 1$, $v(t) - v(s) \geqslant 1$, 从而 v 在点 s 处不连续. 当 $v(s) \geqslant 0$ 时, 类似可证 v 在点 s 处不连续. 从而矛盾.

与连通分支类似, 可按如下方式定义道路连通分支: 设 X 为一个拓扑空间. 对于任意 $x, y \in X$, 若 X 中存在一个从 x 到 y 的道路, 则记 $x \sim_p y$. 容易验证, "$\sim_p$" 是个等价关系. 事实上, 常值道路 $C_x : I \to X$ 表明 $x \sim_p x$; 若 $x \sim_p y$, 则从 x 到 y 道路的逆道路蕴含 $y \sim_p x$; 若 α 是 X 中 x 到 y 一个道路, β 是 X 中 y 到 z 一个道路, 则 $\alpha\beta$ 是 X 中 x 到 z 一个道路.

定义 4.2.3 拓扑空间 X 在等价关系 "$\sim_p$" 之下的每一个等价类称为 X 的一个**道路连通分支**.

注 4.2.1 (1) 与连通分支的情形类似, X 的每个道路连通分支是 X 的极大道路连通子集. 每个道路连通子集必含于 X 的某一个道路连通分支. X 是它的所有道路连通分支的无交并.

(2) 连通分支是闭集, 但道路连通分支不必是闭集. 例如, 拓扑正弦曲线 $Z = X \cup Y$ 中, X 和 Y 是 Z 的两个道路连通分支, 其中 Y 是闭集, 但 X 不是闭集.

4.2.2 局部连通与局部道路连通

定义 4.2.4 设 X 为拓扑空间.
(1) 若 X 中任意点 x 的所有连通邻域构成了 x 的一个邻域基, 则称 X 是**局部连通的**;
(2) 若 X 中任意点 x 的所有道路连通邻域构成了 x 的一个邻域基, 则称 X 是**局部道路连通的**.

X 是局部连通的 (局部道路连通的) 等价于, 对于任意 $x \in X$ 和 x 的任意一个邻域 U, 存在 x 的一个连通的 (道路连通的) 邻域 V, 使得 $V \subset U$.

显然, 局部道路连通的空间是局部连通的. 但一般而言, 连通性与局部连通性、道路连通性与局部道路连通性之间没什么关系. 例如, $X = (0,1) \cup (2,3) \subset \mathbb{R}$ 是局部道路连通的 (局部连通的), 但不是道路连通的 (连通的). 拓扑梳子是道路连通的 (连通的), 但不是局部道路连通的, 也不是局部连通的.

定理 4.2.3 设 X 为拓扑空间.
(1) 局部连通空间中的连通分支为开集;

(2) 局部道路连通空间中的道路连通分支为开集.

证明 只证 (1), (2) 的证明完全类似. 设 X 为局部连通空间, C 为 X 的一个连通分支, $x \in C$. X 是 x 的一个邻域, 则存在 x 的一个连通邻域 U_x. C 为 X 的一个连通分支, 故 $U_x \subset C$, 从而 C 为开集.   □

定理 4.2.4 设 X 为局部道路连通的连通拓扑空间, 则 X 是道路连通的.

证明 由定理 4.2.3, X 的每个道路连通分支都是开集. 若 X 不是道路连通的, 则 X 的道路连通分支多于一个. 设 C 为 X 的一个道路连通分支, D 为 X 的所有其他道路连通分支之并, 则 C 和 D 构成了 X 的一对分离子集, 与 X 的连通性矛盾.   □

下面的推论由定理 4.2.4 直接可得:

推论 4.2.2 设 U 是 $\mathbb{R}^n$ 中的一个开集, 则 U 是连通的当且仅当 U 是道路连通性的.

证明 显然 U 是局部连通的. 必要性由定理 4.2.4 直接可得. 充分性显然.   □

推论 4.2.3 设 X 为 $\mathbb{R}^n$ 中的一个真的闭子空间, 且 $Y = \mathbb{R}^n - X$ 是连通的, 则 Y 是道路连通的.

证明 X 为 $\mathbb{R}^n$ 中的闭集, 故 $Y = \mathbb{R}^n - X$ 为 $\mathbb{R}^n$ 中的开集, 结论由推论 4.2.2 直接可得.   □

习题 4.2

1. (ER) 判断 $\mathbb{R}^2$ 的下列子集是否道路连通:

(1) $A = \{(x,y) \mid x, y$ 中至少有一个为有理数$\}$;

(2) $B = \{(x,y) \mid x = 0$ 或 $y \in \mathbb{Q}\}$.

2. (ER) 设 X 表示 $\mathbb{R}^3$ 中至少有一个坐标是有有理数的点的集合, 证明 X 是道路连通的.

3. (E) 证明 S^n 是道路连通的.

4. (MRH) 设 C 是欧氏平面 $\mathbb{R}^2$ 的一个可数子集, 证明 $A = \mathbb{R}^2 - C$ 是道路连通的.

5. (MRH) 设 A 是欧氏空间的一个子集, 如果 A 的任意两个点可由包含在 A 内的折线 (多条直线段首尾相连组成) 连接起来, 则称 A 是折线连通的. 证明对于欧氏空间的开子集, 连通性等价于折线连通性.

6. (MH) 设 $X \subset \mathbb{R}^2$ 是一个可数集, 证明 $\mathbb{R}^2 - X$ 是折线连通的.

7. (DR)

(1) 设 X 是 $\mathbb{R}^3$ 中可数多条直线与可数多个点的并集, 证明 $\mathbb{R}^3 - X$ 是折线连通的;

(2) 尝试将 (1) 推广到 $\mathbb{R}^n$ $(n > 3)$ 中, 并证明之.

8. (ER) 设 X 与 Y 是同胚的, 证明 X 是连通的当且仅当 Y 是连通的, X 是道路连通的当且仅当 Y 是道路连通的.

9. (M) 设 X 为可数无限集, $\mathcal{T}_{fc}$ 为 X 上的有限补拓扑, 证明 $(X, \mathcal{T}_{fc})$ 连通而非道路连通.

10. (E) $\mathbb{R}$ 分别取有限补拓扑 $\mathcal{T}_{fc}$ 和标准拓扑 $\mathcal{T}$, $\mathrm{id}: (\mathbb{R}, \mathcal{T}) \to (\mathbb{R}, \mathcal{T}_{fc})$ 为恒等映射, 证明 id 连续, 且 $(\mathbb{R}, \mathcal{T}_{fc})$ 是道路连通的.

11. (MRH) 用极坐标 (r, θ) 表示平面上的点 P, 其中 r 表示点 P 到原点的距离, θ 表示从原点出发过点 P 的射线与 x 轴正向的夹角. 设

$$A = \left\{ \left(\frac{\theta}{\theta + 1}, \theta \right) \middle| \theta \in (0, \infty) \right\} \subset \mathbb{R}^2, \quad W = A \cup S^1,$$

称 W 是欧氏平面 $\mathbb{R}^2$ 的拓扑涡流线. 证明 W 是连通的, 但不是道路连通的.

12. (ERH) 举一个道路连通但其闭包不是道路连通子集的例子.

13. (DR) 举一个拓扑空间 X 的例子, X 是连通的, 但 X 有不可数多个道路连通分支.

14. (E) 设 X 为一个拓扑空间, $x \in X$, 用 $U(x)$ 表示 x 所在的道路分支. 对任意 $x, y \in X$, 证明 $U(x)$ 和 $U(y)$ 要么相等要么不相交. (由此即知, 一个空间的所有道路分支构成空间的一个分划.)

15. (M) 分别确定有限补拓扑空间 $\mathbb{R}_{fc}$ 和下极限拓扑空间 $\mathbb{R}_l$ 的连通分支和道路连通分支.

16. (MRH) 设 X 为一个拓扑空间, A 和 B 都是 X 的闭子集 (或开子集), 且 $A \cup B$ 和 $A \cap B$ 都是道路连通的.

(1) 证明 A 和 B 也是道路连通的;

(2) $\forall a \in A, b \in B$, 以及 $A \cup B$ 中任何一条连接 a 和 b 的道路 α, 证明 α 必经过 $A \cap B$ 中的点.

17. (ER) 以下哪些拓扑性质是可遗传的 (定义见习题 3.1 第 5 题)?

(1) 空间的有限性;

(2) 拓扑的有限性;

(3) 空间的无限性;

(4) 连通性;

(5) 道路连通性.

18. (ER) 证明两个连通空间的积空间是连通的.

19. (E) 证明两个道路连通空间的积空间是道路连通的.

20. (E) 证明:

(1) 两个局部连通空间的积空间是局部连通的;

(2) 两个局部道路连通空间的积空间是局部道路连通的.

21. (ER)

(1) 证明连通空间的商空间是连通的;

(2) 道路连通空间的商空间是道路连通的吗?

22. (ER) 局部道路连通空间在连续映射下的像是道路连通的吗? 这个结论对局部连通成立吗?

23. (MRH) 给出一个与拓扑梳子不同的道路连通但不是局部道路连通的拓扑空间的例子.

24. (MRH) 设 X 是一个具有有限个连通分支的拓扑空间, 证明 X 的子集是一个分支当且仅当它是连通的且是既开又闭的.

25. (MH) 设 (X,d) 为度量空间, $A \subset X$, 令 $U_\varepsilon(A) = \{x \in X \mid d(x,A) < \varepsilon\}$, 称之为 A 的 ε 邻域. 对于每一个 $\varepsilon > 0$, 证明 $\mathbb{R}^n$ 的连通子集的 ε 邻域是道路连通的.

26. (M) 证明欧氏空间的一个连通子集 A 的每个邻域都包含 A 的一个道路连通邻域.

27. (ERH) 证明 $\mathbb{R}$ 的每个非空开集总可表示成可数个互不相交的开区间的并.

28. (MRH) 设 $GL^+(n;\mathbb{R})$ 是由所有行列式大于零的矩阵组成的 $Mat(n \times n, \mathbb{R})$ 的子空间, 它可以看成 $\mathbb{R}^{n^2}$ 的子空间. 证明 $GL^+(n,\mathbb{R})$ 是道路连通的.

29. (DRH) 找出实 $n \times n$ 矩阵空间的以下子空间的连通分支和道路连通分支:

(1) $GL(n;\mathbb{R}) = \{\boldsymbol{A} \mid \det \boldsymbol{A} \neq 0\}$;

(2) $O(n;\mathbb{R}) = \{\boldsymbol{A} \mid \boldsymbol{A} \cdot \boldsymbol{A}^{\mathrm{T}} = \boldsymbol{E}\}$;

(3) $Symm(n;\mathbb{R}) = \{\boldsymbol{A} \mid \boldsymbol{A}^{\mathrm{T}} = \boldsymbol{A}\}$;

(4) $Symm(n;\mathbb{R}) \cap GL(n;\mathbb{R})$;

(5) $\{\boldsymbol{A} \mid \boldsymbol{A}^2 = \boldsymbol{E}\}$.

30. (DRH) 找出复 $n \times n$ 矩阵空间的以下子空间的连通分支和道路连通分支:

(1) $GL(n;\mathbb{C}) = \{\boldsymbol{A} \mid \det \boldsymbol{A} \neq 0\}$;

(2) $U(n;\mathbb{C}) = \{\boldsymbol{A} \mid \boldsymbol{A} \cdot \overline{\boldsymbol{A}}^{\mathrm{T}} = \boldsymbol{E}\}$, 其中 $\overline{\boldsymbol{A}}$ 表示 $\boldsymbol{A}$ 的共轭矩阵;

(3) $Herm(n;\mathbb{C}) = \{\boldsymbol{A} \mid \boldsymbol{A}^{\mathrm{T}} = \overline{\boldsymbol{A}}\}$;

(4) $Herm(n;\mathbb{C}) \cap GL(n;\mathbb{C})$.

4.3　紧致空间

紧致性不像连通性或道路连通性那样直观, 但也是一类常见并且重要的拓扑性质.

4.3.1　紧致空间的定义

定义 4.3.1　设 X 是一个拓扑空间, $A \subset X$, $\mathcal{C}$ 是由 X 的若干子集构成的集族.

(1) 若 $A \subset \bigcup\limits_{C \in \mathcal{C}} C$, 则称 $\mathcal{C}$ 是 A 的一个**覆盖**, 或称 $\mathcal{C}$ **覆盖** A;

(2) 若 $\mathcal{C}$ 是 A 的一个覆盖, 且 $\mathcal{C}$ 中每个成员都是 X 的开集, 则称 $\mathcal{C}$ 是 A 的一个**开覆盖**;

(3) 若 $\mathcal{C}$ 覆盖 A, $\mathcal{C}' \subset \mathcal{C}$, 且 $\mathcal{C}'$ 也覆盖 A, 则称 $\mathcal{C}'$ 是 $\mathcal{C}$ 的一个**子覆盖**.

定义 4.3.2　(1) 设 X 为拓扑空间, 若 X 的每个开覆盖都有有限子覆盖, 则称 X 是一个**紧致空间**, 或称 X 是**紧致的**;

(2) 设 $A \subset X$, 若 A 作为子空间是紧致的, 则称 A 是 X 的一个**紧致子集**, 简称**紧子集**.

例 4.3.1　(1) 有限集合上的任何拓扑空间都是紧致的;

(2) 欧氏直线 $\mathbb{R}$ 的开覆盖 $\{(-n, n) \mid n \in \mathbb{N}_+\}$ 没有有限子覆盖, 故它不是紧致的. 容易验证, 子空间 $(a, b), [a, b), (a, b]$ 等也不是紧致子集.

下面的紧致子集的一个等价描述在很多时候用起来是方便的:

定理 4.3.1　设 X 为拓扑空间, $A \subset X$, 则 A 是紧致子集当且仅当 A 的每个由 X 开集构成的开覆盖有有限子覆盖.

证明　设 A 为 X 的紧致子集, $\mathcal{C}$ 为 A 的一个由 X 中开集构成的开覆盖, 则 $\mathcal{C}_A = \{C \cap A \mid C \in \mathcal{C}\}$ 为 A 的一个由 A 中开集构成的开覆盖, 它有有限子覆盖 $\{C_1 \cap A, \cdots, C_m \cap A\}$, 从而 $\{C_1, \cdots, C_m\} \subset \mathcal{C}$ 覆盖了 A.

设 $\mathcal{C}$ 为 A 的一个由 A 中开集构成的开覆盖. 对任意 $C \in \mathcal{C}$, 存在 X 中开集 U_C, 使得 $C = U_C \cap A$, 则 $\mathcal{C}' = \{U_C \mid C \in \mathcal{C}\}$ 为 A 的一个由 X 中开集构成的开覆盖. 由假设, $\mathcal{C}'$ 有有限子覆盖 $\{U_{C_1}, \cdots, U_{C_m}\}$, 从而 $\{C_1, \cdots, C_m\} \subset \mathcal{C}$ 覆盖了 A, A 是紧致子集.　□

4.3.2　紧致空间的性质

定理 4.3.2　设 X 为紧致拓扑空间, $f : X \to Y$ 连续, 则 $f(X)$ 是 Y 的紧致子集.

证明　设 $\mathcal{C}$ 为 $f(X)$ 的一个由 Y 中开集构成的开覆盖, 则 $\{f^{-1}(C) \mid C \in \mathcal{C}\}$ 为 X 的一个开覆盖. 由假设, 它有有限子覆盖 $\{f^{-1}(C_1), \cdots, f^{-1}(C_m)\}$, 从而 $\{C_1, \cdots, C_m\} \subset \mathcal{C}$ 覆盖了 $f(X)$.　□

下面是定理 4.3.2 的直接推论:

推论 4.3.1　(1) 紧致性为拓扑不变性质;

(2) 紧致空间的商空间是紧致的.

定理 4.3.3　拓扑空间 X 中有限多个紧致子集的并仍是紧致子集.

证明略, 见习题.

定理 4.3.4　设 X 为紧致空间, $A \subset X$ 为闭集, 则 A 为紧致子集.

证明　设 $\mathcal{C}$ 为 A 的一个由 X 中开集构成的开覆盖, 则 $\mathcal{C}' = \mathcal{C} \cup \{X - A\}$ 为 X 的一个开覆盖. 由假设, 它有有限子覆盖 $\mathcal{C}''$, 从而 $\mathcal{C}^* = \mathcal{C}'' - \{X - A\}$ 覆盖了 A. 故 A 为紧致子集.　□

定理 4.3.5　设 X 为豪斯多夫空间, $A \subset X$ 为紧致子集, 则 A 为闭集.

证明　对于 $x \in X - A$, 任取 $a \in A$, 由假设, 存在 a 的一个开邻域 U_a 和 x 的一个开邻域 V_{ax}, $U_a \cap V_{ax} = \emptyset$. $\{U_a \mid a \in A\}$ 是 A 的一个由 X 中开集构成的开覆盖, 它有有限子覆盖 $\{U_{a_1}, \cdots, U_{a_m}\}$. 令 $U = \bigcup\limits_{1 \leqslant i \leqslant m} U_{a_i}$, $V = \bigcap\limits_{1 \leqslant i \leqslant m} V_{a_i x}$, 则 U 是包含 A 的开集, V 是 x 的开邻域, 且 $U \cap V = \emptyset$. 故 $V \subset X - U \subset X - A$. 从而 $X - A$ 为开集, 即 A 为闭集.　□

推论 4.3.2　设 $\{C_\lambda \mid \lambda \in \Lambda\}$ 为豪斯多夫空间 X 的一族紧致子集, 则 $\bigcap\limits_{\lambda \in \Lambda} C_\lambda$ 也是 X 的紧致子集.

证明　对于 $\lambda \in \Lambda$, C_λ 为豪斯多夫空间 X 的一个紧致子集. 由前述定理, C_λ 为 X 的闭集, 从而 $C_\Lambda = \bigcap\limits_{\lambda \in \Lambda} C_\lambda$ 为闭集. 又 C_Λ 为紧致空间 C_λ 中的闭集, 从而是紧致子集.

□

推论 4.3.3　设 X 为紧致豪斯多夫空间, $A \subset X$, 则 A 为紧致子集当且仅当 A 为闭集.

证明　充分性由定理 4.3.4 可得, 必要性由定理 4.3.5 保证.　□

例 4.3.2　拓扑空间的紧致子集不必是闭集. 考虑直线上的有限补拓扑空间 $\mathbb{R}_{fc}$, 容易验证 (留作练习), $\mathbb{R}_{fc}$ 的每个子集都是紧致的. 但除了 $\mathbb{R}$ 之外, $\mathbb{R}$ 的每个无限子集都不是闭集.

推论 4.3.4　从紧致空间到豪斯多夫空间的连续双射为同胚映射.

证明　设 X 为紧致空间, Y 为豪斯多夫空间, $f : X \to Y$ 为连续双射. 只需证明 $g = f^{-1} : Y \to X$ 连续. 任取 X 的闭集 F, 则 F 为 X 的紧致子集, 从而 $g^{-1}(F) = f(F)$ 为 Y 的紧致子集. 又 Y 为豪斯多夫空间, 故 $f(F)$ 为 Y 的闭集, 从而 f^{-1} 连续.　□

下面的推论类似可证:

推论 4.3.5　从紧致空间到豪斯多夫空间的连续单射为嵌入映射.

注 4.3.1　在第 2 章讨论商空间时, 我们多次描述某个商空间看起来 "像" 或 "等同于" 某个特定的空间 (有时也称 "拓扑等价于", 但没有证明). 下面我们以 $S^1 \times I$ 为例说明这些说辞指的就是同胚.

在 $X = I \times I$ 中, 令 $(0, y) \sim (1, y)$, $y \in I$, 记商空间 $I \times I / \sim$ 为 Y, 商映射为 $p : X \to Y$. 设 $f : I \times I \to S^1 \times I$, $f(s, t) = (\mathrm{e}^{2\pi s i}, t)$, $\forall (s, t) \in I \times I$. 令 $h : Y \to S^1 \times I$, 使得 $\forall y = p(s, t) \in Y$, $h(p(s, t)) = (\mathrm{e}^{2\pi s i}, t)$. 容易验证, h 是一个双射, 且有如下交换图:

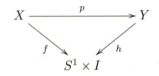

因 p 为商映射, f 连续, 故由商映射的性质, 可知 h 连续. 由 X 紧致, 可知 $Y = p(X)$ 也是紧致的. 又 $S^1 \times I$ 为豪斯多夫空间, 由推论 4.3.4 即知, h 为同胚映射.

在证明紧致性是有限可乘的之前, 先证明下面的管道引理:

引理 4.3.1 (管道引理)　设 X 和 Y 为拓扑空间, Y 紧致. 对于 $x \in X$, 设 U 是 $X \times Y$ 中包含 $\{x\} \times Y$ 的开集, 则存在 x 在 X 中的开邻域 W, 使得 $W \times Y \subset U$.

证明　对 $y \in Y$ 取 x 在 X 中的一个开邻域 W_y 和 y 在 Y 中的一个开邻域 V_y, 使得 $W_y \times V_y \subset U$. 因 Y 紧致, $\{V_y\}_{y \in Y}$ 为 Y 的一个开覆盖, 故它有有限子覆盖 $V_{y_1}, \cdots, V_{y_m}$. 令 $W = \bigcap_{i=1}^{m} W_{y_i}$, 则 W 是 x 在 X 中的一个开邻域, 且

$$\{x\} \times Y \subset W \times Y \subset \bigcup_{i=1}^{m}(W_{y_i} \times V_{y_i}) \subset U,$$

参见图 4.5. □

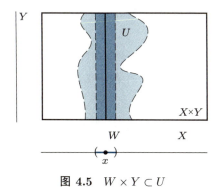

图 4.5　$W \times Y \subset U$

定理 4.3.6　设 X 和 Y 均为紧致空间, 则 $X \times Y$ 也是紧致空间.

证明　设 $\mathcal{C}$ 为 $X \times Y$ 的一个开覆盖. 对每个 $x \in X$, $\mathcal{C}$ 为紧致子集 $\{x\} \times Y$ 的一个开覆盖, 它有有限子覆盖 $\mathcal{C}_x$. 令 U_x 为 $\mathcal{C}_x$ 中所有成员之并, 则 U_x 为 $X \times Y$ 的包含 $\{x\} \times Y$ 的开集. 由管道引理, 存在 x 在 X 中的开邻域 W_x, 使得 $W_x \times Y \subset U_x$. 注意, $\mathcal{C}_x$ 也是 $W_x \times Y$ 的覆盖.

现在, 集合 $W = \{W_x \mid x \in X\}$ 为紧致空间 X 的一个开覆盖, 它有有限子覆盖 $\{W_{x_1}, \cdots, W_{x_m}\}$. 从而 $\mathcal{C}' = \mathcal{C}_{x_1} \cup \cdots \cup \mathcal{C}_{x_m}$ 覆盖了 $X \times Y$. $\mathcal{C}'$ 有限, 故 $X \times Y$ 是紧致的. □

上述定理的逆显然也成立. 一般地, 有

推论 4.3.6　设 $A_i \subset X_i, 1 \leqslant i \leqslant n$, 则 $A_1 \times \cdots \times A_n$ 为 $X_1 \times \cdots \times X_n$ 的紧致子集当且仅当每个 A_i 为 X_i 的紧致子集, $1 \leqslant i \leqslant n$.

注　无穷个紧致空间的乘积也是紧致空间 (吉洪诺夫 (Tychonoff) 定理).

习题 4.3

1. (ER) 确定下面的每一个子空间 (有标准子空间拓扑) 是否是紧的. 不紧的给出一个没有有限子覆盖的开覆盖.

(1) $\mathbb{N}_+$;

(2) $\mathbb{R}$;

(3) $\mathbb{Q}$;

(4) $(0,1]$;

(5) $\left\{ \dfrac{1}{n} \,\middle|\, n \in \mathbb{N}_+ \right\}$;

(6) $\left\{ \dfrac{1}{n} \,\middle|\, n \in \mathbb{N}_+ \right\} \cup \{0\}$.

2. (ER) 设 $X = \{a, b, c, d, \cdots\}$ 是由可列个点组成的集合. 尝试给出 X 的两个拓扑, 其中一个空间是紧致的, 另一个不是紧致的.

3. (E) 给出有理数集合 $\mathbb{Q}$ 上的两种拓扑, 使得所得的空间不同胚, 但它们都是紧致的.

4. (E) 设 $D \subset \mathbb{R}^2$ 为单位闭圆盘, $A = D - \{(0,0)\}$, 用定义证明 A 不是紧致子集.

5. (ER) 证明 $\mathbb{R}^n$ 中任一开球 $B(x, \varepsilon)$ 都不是紧致的.

6. (ER) 证明有限补拓扑空间 $\mathbb{R}_{fc}$ 中的每个子集都是紧致子集.

7. (ER) 证明 $\mathbb{Z}$ 上的数字线拓扑空间不是紧致的.

8. (ER) 设 X 为拓扑空间.

(1) 用定义证明 X 的两个紧子集的并是紧子集;

(2) 可数个紧子集的并一定是紧子集吗?

9. (ERH) 设 $X = \mathbb{R} \times \{0, 1\}$, 其中 $\mathbb{R}$ 取标准拓扑, $\{0, 1\}$ 取平凡拓扑, X 为积空间. 令 $A = ((0,1] \times \{0\}) \cup \{(0,1)\}$, $B = ([0,1) \times \{0\}) \cup \{(1,1)\}$. 证明 A 和 B 都是 X 的紧致子集, 但 $A \cap B$ 却不是紧致的.

10. (MR) 设 $(X, \mathcal{T})$ 是紧致的, $\mathcal{T}'$ 也是 X 的拓扑且 $\mathcal{T}' \subset \mathcal{T}$, 证明 $(X, \mathcal{T}')$ 也是紧致的.

11. (DRH*) 将所有有界实数列组成的集合记作 l^∞. l^∞ 按分量的加法和数乘运算构成一个向量空间, 其中 $\|x\| = \sup\{|x_n| \,|\, n \in \mathbb{N}_+\}$ 是一个自然的范数. l^∞ 中的闭实心球是紧致的吗? 球面呢?

12. (DRH*) 集合 $\{x \in l^\infty \,|\, |x_n| \leqslant 2^{-n}, n \in \mathbb{N}_+\}$ 是紧致的吗?

13. (MRH) 设 X 为紧致空间, $\{C_i\}_{i \in \mathbb{N}_+}$ 是 X 中一族非空闭集, 满足对每个 $i \in \mathbb{N}_+$, $C_{i+1} \subset C_i$. 证明 $\bigcap\limits_{i=1}^{\infty} C_i \neq \emptyset$.

14. (MRH) 设 X 和 Y 为拓扑空间, $f : X \to Y$, $G = \{(x, f(x)) \mid x \in X\} \subset X \times Y$,

称 G 为 f 的图. 若 Y 为紧致空间, G 是 $X \times Y$ 的闭子集, 证明 f 是连续映射.

15. (MRH) 设 $\mathcal{T}_1$ 和 $\mathcal{T}_2$ 是 X 上的两个拓扑, 且 $\mathcal{T}_2 \subset \mathcal{T}_1$. 证明:

(1) 如果 $(X, \mathcal{T}_1)$ 是紧致的, $(X, \mathcal{T}_2)$ 是豪斯多夫的, 则 $\mathcal{T}_1 = \mathcal{T}_2$;

(2) 如果 $(X, \mathcal{T}_2)$ 是豪斯多夫的, 且 $\mathcal{T}_2 \subsetneq \mathcal{T}_1$, 则 $(X, \mathcal{T}_1)$ 不是紧致的;

(3) 如果 $(X, \mathcal{T}_1)$ 是紧致的, 且 $\mathcal{T}_2 \subsetneq \mathcal{T}_1$, 则 $(X, \mathcal{T}_2)$ 不是豪斯多夫的.

16. (MRH) 设 $(X, \mathcal{T})$ 为紧致豪斯多夫空间, 证明对 X 中任意两个不相交的闭集 A 和 B, 总存在 $U, V \in \mathcal{T}$, 使得 $A \subset U, B \subset V$ 且 $\mathrm{Cl}(U) \cap \mathrm{Cl}(V) = \emptyset$.

17. (MRH) 既是 T_1 又是 T_4 的空间称为正规空间. 证明一个紧致的豪斯多夫空间是正规空间.

18. (MR) 既是 T_1 又是 T_3 的空间称为正则空间. 设 A 为正则空间 $(X, \mathcal{T})$ 的紧致子集, 证明: 若 $A \subset B \subset \mathrm{Cl}(A)$, 则 B 也是 X 的紧致子集.

19. (MR) 设 X, Y 为拓扑空间, Y 紧致. 证明投射 $p: X \times Y \to Y$ 是闭映射.

20. (DR*) 是否存在欧氏空间的非紧致子集 A, 使得从 A 到任何一个豪斯多夫空间的每一个连续映射都是闭映射?

21. (MH) 证明任何连续满射 $f: I \to I^2$ 都不是单射.

22. (MH) 设 F 和 G 是度量空间 (X, d) 中两个不相交的子集, 其中 F 是闭集, G 是紧集, 证明 $d(G, F) > 0$.

23. (M) 设 (X, d) 是一个度量空间, U 是 X 中一个开集, A 是 X 中一个紧子集, $A \subset U$. 证明存在 $\varepsilon > 0$, 使得 U 也包含了 A 的一个 ε 邻域. (定义见习题 4.2 第 25 题)

24. (MRH) 设 $A \subset X, B \subset Y$ 均为紧致子集, W 是 $X \times Y$ 的开集, 且 $A \times B \subset W$. 证明存在 X 中开集 U 和 Y 中开集 V, 使得 $A \times B \subset U \times V \subset W$.

25. (MRH) 设 $\{x_n\}$ 是度量空间 (X, d) 中的一个点列, 若对于任意的 $\varepsilon > 0$, 存在正整数 $N \geqslant 1$, 使得当 $m, n > N$ 时, $d(x_n, x_m) < \varepsilon$, 则称点列 $\{x_n\}$ 是一个柯西 (Cauchy) 列. 如果 X 中的每一个柯西列都收敛, 则称 X 是完备的. 证明紧致度量空间是完备的.

26. (DRH*) 对于一个固定的素数 p, 将所有形如 $a_0 + a_1 p + \cdots + a_n p^n + \cdots$ 的级数构成的集合记为 $\mathbb{Z}_p$, 其中 $0 \leqslant a_n < p, a_n \in \mathbb{N}$. 对于 $x, y \in \mathbb{Z}_p$, 若 $x = y$, 则令 $\rho(x, y) = 0$; 否则令 $\rho(x, y) = p^{-m}$, 其中 m 是使得级数 x 和 y 的 k 次项系数不同的所有这些数 k 中最小的数.

(1) 证明 ρ 是 $\mathbb{Z}_p$ 上的一个度量. 称这个度量空间为 p 进整数空间.

(2) $\mathbb{Z}_p$ 是完备的度量空间吗?

(3) $\mathbb{Z}_p$ 是紧致的吗?

这里的 p 进整数空间 $\mathbb{Z}_p$ 和 p 阶循环群 $\mathbb{Z}_p$ 用了同一个符号, 但是都是国际通用的. 符号 $\mathbb{Z}_p$ 只在此处表示 p 进整数空间, 在本书其他部分都表示 p 阶循环群.

4.4　度量空间中的紧致性

在数学分析中证明有界闭区间上的连续函数是有界的、一致连续的、可取到最大最小值时, 我们都用到了如下事实: 有界闭区间上的每个序列都有收敛子列. 这个性质就是所谓的列紧性. 列紧性可以一字不改地推广到一般拓扑空间中.

定义 4.4.1　设 X 是一个拓扑空间. 若 X 中的每个点列都有收敛的子列, 则称 X 是**列紧的**.

列紧性显然也是一个拓扑性质.

下面我们在一定条件下的拓扑空间中讨论紧致性与列紧性的关系. 先考虑 C_1 空间, 我们有下面的结论:

定理 4.4.1　设 X 是紧致 C_1 空间. 则 X 是列紧空间.

证明　设 $\{x_n\}$ 是 X 中的一个点列. 证明分下面两步:

(1) 用紧致性证明存在 $a \in X$, 使得 a 的每一个邻域都包含点列 $\{x_n\}$ 的无限多项. 否则, 对任意 $x \in X$, 存在 x 的开邻域 U_x 只含 $\{x_n\}$ 的有限项. $\{U_x \mid x \in X\}$ 为紧致空间 X 的开覆盖, 从而有有限子覆盖. 这意味着点列 $\{x_n\}$ 只有有限项, 显然矛盾.

(2) 设 $a \in X$, 使得 a 的每一个邻域都包含 $\{x_n\}$ 的无限多项. 因 X 是 C_1 空间, 由定理 3.1.5, 可取 a 的可数邻域基 $\{V_n, n \in \mathbb{N}_+\}$, 使得对每个 $n \in \mathbb{N}_+$, $V_n \supset V_{n+1}$. 对每个 $i \in \mathbb{N}_+$, 取 x_{n_i} 为含于 V_i 的 $\{x_n\}$ 的项的第 i 个, 则对每个 $i \in \mathbb{N}_+$, $n_{i+1} > n_i$. 故 $\{x_{n_i}\}_{i \in \mathbb{N}_+}$ 是 $\{x_n\}$ 的一个子列. 容易验证, 子列 $\{x_{n_i}\}_{i \in \mathbb{N}_+}$ 收敛于 a. 　□

由定理 4.4.1 直接可得

推论 4.4.1　紧致度量空间是列紧的.

在讨论什么样的列紧空间是紧致的之前, 先介绍 δ 网的概念.

定义 4.4.2　设 (X, d) 为度量空间, $A \subset X$, $\delta > 0$. 若 $\bigcup_{a \in A} B(a, \delta) = X$, 则称 A 是 X 的一个 δ 网.

显然, A 是 X 的一个 δ 网当且仅当对任意 $x \in X$, $d(x, A) < \delta$.

例 4.4.1　在标准平面 $\mathbb{R}^2$ 上, $A = \{(m, n) \mid m, n \in \mathbb{Z}\}$. 容易验证, 当 $\delta > \frac{\sqrt{2}}{2}$ 时, A 是 $\mathbb{R}^2$ 的 δ 网.

定理 4.4.2　设 (X, d) 为列紧度量空间, 则对任何 $\delta > 0$, X 都有一个有限的 δ 网.

证明　反证. 设有 $\delta_0 > 0$, 使得对任何有限集 $A \subset X$, 总有 $x \in X$, 使得 $d(x, A) \geqslant \delta_0$. 用归纳法构造 X 中的一个点列如下: 取 $x_1 \in X$, 存在 $x_2 \in X$, 使得 $d(x_1, x_2) \geqslant \delta_0$. 假设已取好 $A_n = \{x_1, \cdots, x_n\}$, 使得对于 $1 \leqslant i < j \leqslant n, d(x_i, x_j) \geqslant \delta_0$. 因 A_n 不是 X 的 δ_0 网, 故存在 $x_{n+1} \in X$, 使得 $d(x_{n+1}, x_i) \geqslant \delta_0, 1 \leqslant i \leqslant n$. 这样, 就得到了 X 中的一个点列 $\{x_n\}$, 使得对于任意 $1 \leqslant i < j, d(x_i, x_j) \geqslant \delta_0$. 显然, $\{x_n\}$ 没有任何收敛的子列,

与 X 列紧矛盾. □

由定理 4.4.2 可以得到下面的结论:

定理 4.4.3 设 (X, d) 为列紧度量空间, 则 X 是有界的.

证明 设 $A = \{a_1, \cdots, a_n\}$ 为 X 的一个 1 网, 则 $\bigcup_{i=1}^{n} B(a_i, 1) = X$. 记

$$M = \max\{d(a_i, a_j) \mid 1 \leqslant i, j \leqslant n\}.$$

对任意 $x, y \in X$, 存在 $1 \leqslant i, j \leqslant n$, 使得 $x \in B(a_i, 1), y \in B(a_j, 1)$, 于是,

$$d(x, y) \leqslant d(x, a_i) + d(a_i, a_j) + d(a_j, y) < M + 2.$$ □

定理 4.4.4 设 (X, d) 为紧致度量空间, 则 X 是有界的.

证明 开覆盖 $\{B(x, 1) \mid x \in X\}$ 有有限子覆盖 $\{B(x_i, 1)\}_{i=1}^{m}$. 后续同定理 4.4.3 的证明. □

下面是著名的勒贝格 (Lebesgue) 引理:

引理 4.4.1 (勒贝格引理) 设 (X, d) 为列紧度量空间, $\mathcal{U}$ 为 X 的一个开覆盖, $X \notin \mathcal{U}$, 则存在 $\delta > 0$, 对任意 $x \in X$, 有一个 $U \in \mathcal{U}$, 使得 $B(x, \delta) \subset U$.

证明 若 $\forall n \in \mathbb{N}_+$, 均有 $x_n \in X$, 使得 $B\left(x_n, \dfrac{1}{n}\right)$ 不能含于 $\mathcal{U}$ 的任何成员. 由 X 的列紧性, $\{x_n\}$ 在 X 中有收敛的子列 $\{x_{n_i}\}$, 设 $x_{n_i} \to a \in X$, 则存在 $\varepsilon > 0$ 和 $U \in \mathcal{U}$, 使得 $B(a, \varepsilon) \subset U$. 当 i 充分大时, $d(x_{n_i}, a) < \dfrac{\varepsilon}{2}$, 且 $\dfrac{1}{n_i} < \dfrac{\varepsilon}{2}$. 这时, 对于任意 $y \in B\left(x_{n_i}, \dfrac{1}{n_i}\right)$,

$$d(y, a) \leqslant d(y, x_{n_i}) + d(x_{n_i}, a) < \frac{\varepsilon}{2} + \frac{\varepsilon}{2} = \varepsilon,$$

故 $y \in B(a, \varepsilon)$, 从而 $B\left(x_{n_i}, \dfrac{1}{n_i}\right) \subset B(a, \varepsilon) \subset U$, 与 x_{n_i} 的选取矛盾. 故结论成立. □

定义 4.4.3 设 (X, d) 为列紧度量空间, $\mathcal{U}$ 为 X 的一个开覆盖, $X \notin \mathcal{U}$. 满足勒贝格引理中的所有 δ 的上确界记作 $L(\mathcal{U})$, 称之为开覆盖 $\mathcal{U}$ 的**勒贝格数**.

利用勒贝格引理, 我们可以证明下面的

定理 4.4.5 列紧的度量空间是紧致的.

证明 设 (X, d) 为列紧度量空间, $\mathcal{U}$ 为 X 的一个开覆盖, 不妨假设 $X \notin \mathcal{U}$ (否则, $\{X\}$ 就覆盖了 X). 设 $0 < \delta < L(\mathcal{U})$. 由前面的定理, X 有一个有限的 δ 网 $A = \{x_1, \cdots, x_n\}$, 于是 $\bigcup_{i=1}^{n} B(x_i, \delta) = X$. 由勒贝格引理, 对每个 i, 存在 $U_i \subset \mathcal{U}$, 使得 $B(x_i, \delta) \subset U_i, 1 \leqslant i \leqslant n$. 故 $\bigcup_{i=1}^{n} U_i = X$, 从而 $\{U_1, \cdots, U_n\}$ 是 $\mathcal{U}$ 的一个有限子覆盖.

□

这样, 我们就有下面的

定理 4.4.6 设 X 为度量空间. 则 X 是紧致的当且仅当 X 是列紧的.

下面考虑欧氏空间 $\mathbb{R}^n$ 中的紧致子集. 从数学分析我们知道, 每个有限闭区间 $[a,b]$ 是列紧的, 从而是紧致的. 一般地, 我们有

定理 4.4.7 设 $A \subset \mathbb{R}^n$, 则 A 是紧致子集当且仅当 A 是有界闭集.

证明 设 A 为紧致子集. $\mathbb{R}^n$ 为度量空间, 故 A 有界. $\mathbb{R}^n$ 为豪斯多夫空间, 故 A 为闭集.

反之, 设 A 是 $\mathbb{R}^n$ 中的有界闭集, 则存在有限闭区间 $[a,b]$, 使得 $A \subset X = [a,b]^n = [a,b] \times \cdots \times [a,b]$. $[a,b]$ 是紧致的, 故 X 是紧致的. A 也是紧致空间 X 的闭子集, 故 A 是紧致的. $\qquad\square$

由定理 4.4.7 可知, n 维球面 S^n、实心球 D^n、$T^n = S^1 \times \cdots \times S^1$ 等都是紧致的.

注 4.4.1 上面已经看到, 在 $\mathbb{R}^n$ 中, 紧致子集与有界闭集等价, 但在一般拓扑中, 历史上紧致性的早期描述并不简单. 实际上, 我们在前面给出的紧致的定义是经早期拓扑学家几经锤炼反复推敲才由亚历山德罗夫 (Alexandroff) 和乌雷松于 1923 年提出来的.

下面是数学分析中的极值定理:

定理 4.4.8 (极值定理) 设 A 为直线 $\mathbb{R}$ 上的紧致子集, 则存在 $m, M \in A$, 使得对任意 $a \in A$, $m \leqslant a \leqslant M$.

证明 因 A 为紧致子集, 故 A 为有界闭集. 令 $M = \sup A$. 下证 $M \in A$. 因为任给 $\varepsilon > 0$, 存在 $a_\varepsilon \in A$, 使得 $M - \varepsilon < a_\varepsilon < M$. 于是, $M \in A' \subset A$ (A 为闭集). 类似可知, $m = \inf A \in A$. $\qquad\square$

推广到紧致拓扑空间上, 我们有

定理 4.4.9 (极值定理一般情形) 设 X 为紧致空间, $f : X \to \mathbb{R}$ 连续, 则存在 $a, b \in X$, 使得对任意 $x \in X$, $f(a) \leqslant f(x) \leqslant f(b)$.

证明 因 X 为紧致空间, 故 $f(X)$ 为 $\mathbb{R}$ 上的紧致子集. 由上述定理, 存在 $m, M \in f(X)$, 使得对任意 $x \in f(X)$, $m \leqslant f(x) \leqslant M$. 取 $a, b \in X$, 使得 $f(a) = m, f(b) = M$ 即可. $\qquad\square$

下面是极值定理的一个应用:

定理 4.4.10 设 (X, d) 为度量空间, $A, B \subset X$ 是两个不交的紧致子集, 则 $d(A, B) > 0$.

证明 距离函数 $d : X \times X \to \mathbb{R}$ 是连续函数, 从而距离函数 $d|_{A \times B} : A \times B \to \mathbb{R}$ 连续. $A \times B$ 为 $X \times X$ 上的紧致子集, 由极值定理, $d|_{A \times B}$ 在 $A \times B$ 上可取到最小值 m, 即存在 $a^* \in A, b^* \in B$, 使得 $d(a^*, b^*) = m$. $A \cap B = \emptyset$, 故 $a^* \neq b^*$, $d(a^*, b^*) = m > 0$. 显然, $d(A, B) = m$. $\qquad\square$

注 4.4.2 定理 4.4.10 中 A 和 B 的紧致性条件如果换成闭集, 则结论一般不成立. 如在平面上, A 为 x 轴, $B = \{(x, e^x) \mid x \in \mathbb{R}\}$, $A \cap B = \emptyset$, 但 $d(A, B) = 0$.

紧致性是很强的一个拓扑性质, 连欧氏空间 $\mathbb{R}^n$ 都不是紧致的. 下面的例子给出将一个非紧空间加一点扩充为紧致空间的一种方式.

例 4.4.2 设 $(X, \mathcal{T})$ 是一个非紧的豪斯多夫拓扑空间, $\infty \notin X$, $X^* = X \cup \{\infty\}$,

$$\mathcal{T}^* = \mathcal{T} \cup \{X^*\} \cup \{X^* - K \mid K \text{ 是 } X \text{ 的紧致子集}\}.$$

则可以验证 (留作练习):

(1) $\mathcal{T}^*$ 是 X^* 上的拓扑, $(X, \mathcal{T})$ 是 $(X^*, \mathcal{T}^*)$ 的子空间;

(2) $(X^*, \mathcal{T}^*)$ 是紧致的 (称 $(X^*, \mathcal{T}^*)$ 是 $(X, \mathcal{T})$ 的**一点紧致化空间**);

(3) 若 X 还是**局部紧致**的空间, 则 X^* 也是豪斯多夫空间.

其中, X 是**局部紧致**的是指 X 中每一点都有一个紧致邻域.

特别地, 欧氏空间 $\mathbb{R}^n$ 的一点紧致化空间同胚于 S^n.

习题 4.4

1. (ER) 设 $f : [a, b] \to \mathbb{R}$ 连续, 证明 $f([a, b])$ 是 $\mathbb{R}$ 的有界闭集.

2. (ER) 判断下述集合在各自所在的空间 $\mathbb{R}^2$, $\mathbb{R}^n$ 中是否有界、是否为闭集、是否紧致:

(1) $A = \left\{ \left(x, \dfrac{1}{x} \right) \in \mathbb{R}^2 \ \middle|\ 0 < x \leqslant 1 \right\} \subset \mathbb{R}^2$;

(2) $B = \left\{ \left(x, \sin \dfrac{1}{x} \right) \in \mathbb{R}^2 \ \middle|\ 0 < x \leqslant 1 \right\} \subset \mathbb{R}^2$;

(3) $S^{n-1} \subset \mathbb{R}^n$ $(n \in \mathbb{N}_+)$;

(4) $\overline{B}(O, 1) \subset \mathbb{R}^n$.

3. (ERH) 设 (X, d) 为度量空间, $A \subset X$ 为一个紧致子集, 证明 A 是有界闭集. 举例说明度量空间的一个有界闭集不必是紧致子集.

4. (E) 证明度量空间 X 是紧致的当且仅当任意连续函数 $f : X \to \mathbb{R}$ 是有界的.

5. (MRH) 令 (X, d) 是一个紧度量空间, 设 $f : X \to X$ 是一个映射, 满足

$$d(f(x), f(y)) < d(x, y)), \quad \forall x, y \in X, x \neq y.$$

证明 f 有唯一的不动点.

6. (MRH) 设 (X, d) 为紧度量空间, $f : X \to X$ 连续. $A = \bigcap_{n=1}^{\infty} f^n(X)$, 其中 $f^1 = f$, $f^{n+1} = f \circ f^n$ $(\forall n \in \mathbb{N}_+)$. 证明 $A \neq \emptyset$, A 是紧致子集且 $f(A) = A$.

7. (ERH) 设 A 为度量空间 (X, d) 的紧致子集.

(1) A 的直径定义为 $D(A) = \sup\{d(x, y) \mid x, y \in A\}$, 证明存在 $x, y \in A$, 使得 $D(A) = d(x, y)$;

(2) 设 $x \in X$, $x \notin A$, 证明存在 $y \in A$, 使得 $d(x, A) = d(x, y)$;

(3) 设 B 是 X 的闭集, $B \cap A = \emptyset$. 证明 $d(A, B) > 0$.

8. (ERH) 给出 $\mathbb{R}^2$ 的一个没有勒贝格数的开覆盖的例子.

9. (ERH) 证明例 4.4.2 的各个结论.

10. (MRH) 给出下列空间的一点紧致化的同胚空间的几何描述:

(1) $(0, 1) \cup (2, 3)$;

(2) 平环 $\{(x, y) \in \mathbb{R}^2 \mid 1 < x^2 + y^2 < 2\}$;

(3) 不含顶点的正方形块 $\{(x, y) \in \mathbb{R}^2 \mid x, y \in [-1, 1], |xy| < 1\}$;

(4) 带状区域 $\{(x, y) \in \mathbb{R}^2 \mid x \in [0, 1]\}$.

11. (ERH) 将 $\mathbb{R}$ 的一点紧致化的空间记为 X. 试构造一个连续映射 $f: \mathbb{R} \to \mathbb{R}$ 使其不能连续地扩张到 X 上.

12. (ER) 将 X 的一点紧致化的空间记为 $\widetilde{X}$, 则有一个自然的含入映射 $i: X \to \widetilde{X}$. 设 X 是局部紧豪斯多夫的, 证明 $\widetilde{X}$ 是豪斯多夫的, 且 X 是 $\widetilde{X}$ 的开集.

13. (DRH) 设 (X, d), (Y, ρ) 为度量空间, $f: X \to Y$, 证明: 如果 f 在 X 的任一紧集上连续, 则 f 在 X 上连续.

14. (MRH) 证明紧致的度量空间是可分的, 从而是 C_2 空间.

15. (DRH) 设 X 是一个拓扑空间, $A \subset X$. 若 $A' = A$, 则称 A 为完美的. 证明: 任何一个完美的、紧的、完全不连通的度量空间同胚于康托尔三分集.

16. (DRH*) 设 K 是 $\mathbb{R}^n$ 中的紧子集, 证明存在可微函数 $f: \mathbb{R}^n \to \mathbb{R}$, 使得 $f^{-1}(0) = K$. (提示: 考虑距离函数 $d(x, K)$; K 可以用 K_n 逼近, 其中 K_n 是有限个 "长方体" 的并; K_n 相应的 f_n 一致收敛到 f.)

第 5 章

同伦与基本群

拓扑学关心的主要问题是如何将拓扑空间按照同胚进行分类. 对于给定的两个拓扑空间 X 和 Y, 要证明它们同胚, 通常是找出它们之间的一个同胚映射. 但是, 要证明 X 和 Y 不同胚, 情况就不同了, 需要证明不存在从 X 到 Y 的同胚. 常用的方法是找出一个拓扑性质 P, 证明 X (或 Y) 有性质 P 而 Y (或 X) 没有性质 P. 例如, 利用紧致性, 就可断定欧氏空间 $\mathbb{R}^n$ 和球面 S^n 不同胚. 在很多情况下, 我们前几章的点集拓扑学所介绍的分离性、可数性、紧致性和连通性等拓扑性质还不足以区分给定的空间, 如球面 S^2 和环面 T. 这就要求发展新的方法, 引进新的拓扑不变量. 代数拓扑学就是适应这种需要而发展起来的, 其主要思想是给一个拓扑空间联系上一个或一列代数系统, 最常见的是群. 这些群也是拓扑不变的 (确切地说, 是同伦不变的). 对拓扑空间之间的任意一个连续映射, 也能对应地联系得到相应的群之间的同态, 以此反映空间与映射的拓扑性质.

这样做的一个显然的好处是它大大简化了数学问题. 一方面, 两个拓扑空间之间的全体连续映射通常是一个不可数集合, 结构非常复杂, 但是它们对应的群通常是有限表现的群. 两个这样的群之间的同态的全体是可数集, 当群是有限群时, 这种同态全体是有限集合. 另一方面, 不同拓扑空间之间的不同连续映射之间通常没有代数运算, 至多可以做复合. 但是对于群同态, 代数上可以做很多操作, 可以进一步得到一些更简单的不变量.

建立了这种联系之后, 很多拓扑学问题可通过 "翻译" 成代数学问题而得到解决. 20 世纪以来建立这种联系的方法不断发展, 其中主要的是同调的方法和同伦的方法, 这催生了代数拓扑学的两个基础分支 —— 同调论和同伦论, 前者将在第 8 章中予以初步介绍, 而本章将介绍后者的 1 维特例 —— 基本群.

5.1　同伦与同伦等价

5.1.1　同伦的定义和基本性质

设 X 和 Y 为拓扑空间. 记 $C(X,Y) = \{f \mid f : X \to Y \text{ 连续}\}$.

定义 5.1.1　设 $f, g \in C(X, Y)$. 若存在连续映射 $H : X \times I \to Y$, 使得对任意 $x \in X$, $H(x, 0) = f(x)$, $H(x, 1) = g(x)$, 则称 f 和 g 是**同伦的**, 记作 $f \simeq g : X \to Y$; 称 H 是连接 f 和 g 的一个**同伦**, 记作 $H : f \simeq g$, 参见图 5.1.

上述定义中, 对于 $t \in I$, 令 $h_t(x) = H(x, t)$, 则 $\{h_t \mid t \in I\}$ 是依赖于实数 t 的一族从 X 到 Y 的映射, 当 t 从 0 变到 1 时, $f = h_0$ 连续地变为 $g = h_1$. 需注意, $h_t(x)$ 不仅当 t 固定时对 x 连续, 而且同时连续地依赖于 x 和 t.

把拓扑空间 X 的道路连通性换成同伦的说法, 就是单点空间到 X 的任意两个映射都是同伦的.

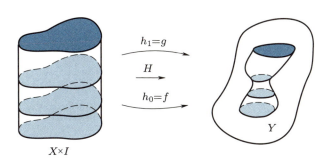

图 **5.1** $H : f \simeq g$

例 5.1.1 设 $f, g \in C(X, \mathbb{R}^n)$. 令 $H : X \times I \to \mathbb{R}^n$,

$$H(x, t) = (1 - t)f(x) + tg(x),$$

则容易验证, H 是从 f 到 g 的同伦. 称这种同伦为**直线同伦**.

一般地, 当 Y 为 $\mathbb{R}^n$ 的凸子空间 (即 $\forall y_1, y_2 \in Y$, 线段 $[y_1, y_2] \subset Y$) 时, 从 X 到 Y 的任意两个连续映射都是直线同伦的.

例 5.1.2 设 $f, g \in C(X, S^n)$, 使得对任意 $x \in X$, $f(x) \neq -g(x)$ (即 $f(x)$ 与 $g(x)$ 不互为对径点). 令 $H : X \times I \to S^n$,

$$H(x, t) = \frac{(1 - t)f(x) + tg(x)}{\|(1 - t)f(x) + tg(x)\|}.$$

对任意 $x \in X$, 因 $f(x)$ 与 $g(x)$ 不互为对径点, 从而线段 $[f(x), g(x)]$ 不过原点, 所以对任意的 $t \in I$, $\|(1 - t)f(x) + tg(x)\| \neq 0$, H 有意义且连续. 容易验证, H 是从 f 到 g 的同伦. H 实际上是把 $S^n \subset \mathbb{R}^{n+1}$ 中从 $f(x)$ 到 $g(x)$ 的直线段通过从 $\mathbb{R}^{n+1}$ 中原点出发的射线投射到 S^n 上.

例 5.1.3 设 $f, g \in C(X, S^1)$, 使得对任意 $x \in X$, $f(x) = -g(x)$ (即 $f(x)$ 与 $g(x)$ 互为对径点). 视 S^1 为复平面上的单位圆周. 令 $H : X \times I \to S^1$,

$$H(x, t) = e^{t\pi i} \cdot f(x),$$

则 $H : f \simeq g$. 直观上看, $h_t(x)$ 的作用是把 $f(x)$ 绕原点转动 $t\pi$ 角度, 在 $t = 1$ 时转到 $g(x)$. 类似可知, 若对任意 $x \in X$, $f(x)$ 与 $g(x)$ 的辐角差是一个常值, 则 $H : f \simeq g$.

下面是映射同伦的两个基本性质:

定理 5.1.1 同伦关系 "$\simeq$" 是 $C(X, Y)$ 上的等价关系.

证明 (1) 自反性. 设 $f \in C(X, Y)$, $\forall x \in X$, $t \in I$, 令 $H(x, t) \equiv f(x)$, 则 $H : f \simeq f$.

(2) 对称性. 设 $H : f \simeq g$. 令 $\overline{H}(x, t) = H(x, 1 - t)$, $\forall x \in X$, $t \in I$, 则 $\overline{H} : g \simeq f$ (称 $\overline{H}$ 为 H 的逆).

(3) 传递性. 设 $H : f \simeq g$, $G : g \simeq h$. 令 $K : X \times I \to Y$,

$$K(x,t) = \begin{cases} H(x,2t), & t \in \left[0, \dfrac{1}{2}\right], \\ G(x,2t-1), & t \in \left[\dfrac{1}{2},1\right]. \end{cases}$$

如图 5.2 所示, 因对任意 $x \in X, H(x,1) = g(x) = G(x,0)$, 由焊接引理, K 连续, 且 $K(x,0) = f(x), K(x,1) = h(x)$, 故 $K: f \simeq h$. $\qquad\qquad\square$

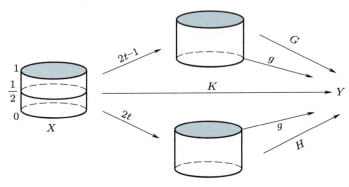

图 5.2 焊接示意图

把 $C(X,Y)$ 在同伦关系 "$\simeq$" 下分成的等价类称为**映射类**, 所有这种映射类的集合记作 $[X,Y]$. 例 5.1.1 表明, 当 Y 为 $\mathbb{R}^n$ 的凸集时, $[X,Y]$ 中只有一个映射类.

定理 5.1.2 若 $f_0 \simeq f_1: X \to Y$, $g_0 \simeq g_1: Y \to Z$, 则 $g_0 \circ f_0 \simeq g_1 \circ f_1: X \to Z$. 特别地, $g_0 \circ f_0 \simeq g_0 \circ f_1: X \to Z$, $g_0 \circ f_0 \simeq g_1 \circ f_0: X \to Z$.

证明 设 $F: f_0 \simeq f_1$, $G: g_0 \simeq g_1$. 令 $H: X \times I \to Z$, $\forall x \in X, t \in I$, $H(x,t) = G(F(x,t),t)$, 则 H 连续, 且对 $x \in X$,

$$H(x,0) = g_0 \circ f_0(x), \quad H(x,1) = g_1 \circ f_1(x),$$

故 $g_0 \circ f_0 \simeq g_1 \circ f_1: X \to Z$. $\qquad\qquad\square$

如果 $f: X \to Y$ 同伦于一个常值映射 C_{y_0} $(y_0 \in Y)$, 则称 f 是**零伦的**.

注 5.1.1 设 X 是 $\mathbb{R}^n$ 的凸子空间, $\mathrm{id}_X: X \to X$ 为恒等映射, $e: X \to X$ 为一个常值映射, 则由例 5.1.1, $\mathrm{id}_X \simeq e: X \to X$, 即 id_X 是零伦的. 对任何空间 Y 和任意连续映射 $f: X \to Y$, $f \circ e$ 为常值映射, $f = f \circ \mathrm{id}_X \simeq f \circ e$, 故 f 是零伦的. 特别地, 对道路连通空间 Y, $[X,Y]$ 中只有一个映射类.

特别地, $I = [0,1]$ 是凸集, 故任意道路连通拓扑空间 X 上的任意两个道路都是同伦的 (都同伦于一个常值道路). 道路之间的同伦并不能反映出空间的很多信息.

例如, 在图 5.3 中, σ_1, σ_2 是平环 A 上的两个以 y_0 为基点的闭路 (起点和终点相同), 它们是同伦的. 但如果要求在同伦移动过程中闭路的基点保持不动, 直观上能想到, σ_2 的像含于 A 上的一个同胚于圆盘的子空间, 它能保持基点不动地同伦于到基点的常值映射; 而由于 A 中间空洞的阻拦, σ_1 则做不到.

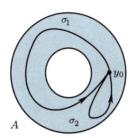

图 5.3 平环 A 上的两个闭路 σ_1 与 σ_2

为克服一般同伦的如上不足, 有必要引进 "相对同伦".

5.1.2 相对同伦

定义 5.1.2 设 $A \subset X, f, g \in C(X, Y)$. 如果存在连续映射 $H : X \times I \to Y$, 满足

(1) 对任意 $x \in X$, $H(x, 0) = f(x)$, $H(x, 1) = g(x)$;

(2) 对任意 $a \in A, t \in I$, $H(a, t) = f(a) = g(a)$,

则称 f 和 g 是**相对于 A 同伦的**, 记作 $f \simeq_A g : X \to Y$ 或 $H : f \simeq_A g$, 称 H 是 f 到 g 的一个**相对于 A 的同伦**.

由定义, f 和 g 相对于 A 是同伦的实际上是说, 在 A 上 f 和 g 的作用相同, H 是一个实现 f 到 g 的同伦, 且同伦过程中始终保持在 A 上的值不变. 特别地, 当 $A = \varnothing$ 时, 相对于 A 的同伦就是同伦, 即相对同伦是前面同伦概念的一种自然推广. 在本章后面我们将看到, 图 5.3 中平环 A 上的两个闭路 σ_1 与 σ_2 不是相对于 ∂I 同伦的.

例 5.1.4 设 $f, g \in C(X, \mathbb{R}^n)$, $A = \{x \in X \mid f(x) = g(x)\}$, 则容易验证, 从 f 到 g 的直线同伦 (见例 5.1.1) 也是相对于 A(或 A 的子集) 的同伦. 显然, 把 $\mathbb{R}^n$ 换成 $\mathbb{R}^n$ 的凸子空间, 同样的结论成立.

与同伦完全一样, 可以证明相对同伦也有如下性质 (验证留作练习):

定理 5.1.3 (1) 设 $A \subset X$, 则在 $C(X, Y)$ 上 "$\simeq_A$" 也是一个等价关系;

(2) 若 $A \subset X, B \subset Y, f_0 \simeq_A f_1 : X \to Y, g_0 \simeq_B g_1 : Y \to Z$, 且 $f_0(A) \subset B$, 则 $g_0 \circ f_0 \simeq_A g_1 \circ f_1 : X \to Z$. 特别地, $g_0 \circ f_0 \simeq_A g_0 \circ f_1 : X \to Z$, $g_0 \circ f_0 \simeq_A g_1 \circ f_0 : X \to Z$.

类似地, 对于 $A \subset X$, 把 $C(X, Y)$ 在同伦关系 "$\simeq_A$" 下分成的等价类称为**相对于 A 的映射类**, 所有这种映射类的集合记作 $[X, Y]_A$.

5.1.3 空间的同伦等价

为方便, 后面将把空间 X 上的恒等映射 $\mathrm{id}_X : X \to X$ 简记为 1_X.

定义 5.1.3 设 X, Y 为拓扑空间, $f : X \to Y$ 连续. 若存在连续映射 $g : Y \to X$, 使得 $g \circ f \simeq 1_X$, $f \circ g \simeq 1_Y$, 则称 f 是从 X 到 Y 的一个**同伦等价映射**, 称 g 为 f 的**同伦逆**. 这时也称 X 和 Y 是**同伦等价的**, 或 X 和 Y 有相同的**同伦型**, 记作 $X \simeq Y$.

例 5.1.5 $\mathbb{R}^n$ 与单点空间 $X = \{x\}$ 同伦等价. 事实上, 记 $f : \mathbb{R}^n \to X$, $g : X \to \mathbb{R}^n$, $g(x) = O$, O 为 $\mathbb{R}^n$ 的原点, 则 $g \circ f : \mathbb{R}^n \to \mathbb{R}^n$ 为到原点 O 的常值映射, 且 $g \circ f \simeq 1_{\mathbb{R}^n}$ (例 5.1.1). 又显然有 $f \circ g = 1_X$, 故 $\mathbb{R}^n \simeq X$. 类似可知, $\mathbb{R}^n$ 的凸子空间 A 与单点空间也有相同的同伦型.

例 5.1.6 $S^1 \simeq S^1 \times I$. 事实上, 设 $f : S^1 \to S^1 \times I$, $f(x) = (x, 0)$; $g : S^1 \times I \to S^1$, $g(x, t) = x$, 则 $g \circ f = 1_{S^1}$, $H : f \circ g \simeq 1_{S^1 \times I}$, $H(x, s, t) = (x, st)$. 直观上, H 是母线上从 $(x, 0)$ 到 (x, s) 的直线同伦.

定理 5.1.4 拓扑空间之间的同伦等价是一个等价关系.

证明 同伦等价关系 "$\simeq$" 的自反性和对称性显然. 对于传递性, 设 $f : X \to Y$ 和 $u : Y \to Z$ 为同伦等价映射, $g : Y \to X$ 为 f 的同伦逆, $v : Z \to Y$ 为 u 的同伦逆, 即

$$X \underset{g}{\overset{f}{\rightleftarrows}} Y \qquad Y \underset{v}{\overset{u}{\rightleftarrows}} Z \qquad X \underset{g \circ v}{\overset{u \circ f}{\rightleftarrows}} Z$$

则 $g \circ f \simeq 1_X, f \circ g \simeq 1_Y, v \circ u \simeq 1_Y, u \circ v \simeq 1_Z$. 从而

$$g \circ v \circ u \circ f \simeq g \circ 1_Y \circ f = g \circ f \simeq 1_X,$$

$$u \circ f \circ g \circ v \simeq u \circ 1_Y \circ v = u \circ v \simeq 1_Z. \qquad \square$$

显然, 两个同胚的空间是同伦等价的. 反之不然, 如例 5.1.5、例 5.1.6. 又如, 设 X 为平面上的 x 轴, Y 为平面上的 x 轴和 y 轴之并. 令 $f : X \to Y$, f 为嵌入映射, 则容易验证, f 是同伦等价映射, 故 $X \simeq Y$, 但显然 X 与 Y 不同胚.

定义 5.1.4 伦型相同的拓扑空间所共有的性质称为**伦型不变性质**.

伦型不变性质是空间在同伦等价映射下保持不变的性质, 故它一定也是拓扑不变性质. 反之不然. 例如, 紧致性是拓扑性质, 但它不是伦型不变的. 例如, 设 D^2 为平面上的单位闭圆片, 则 $D^2 \simeq \mathbb{R}^2$, D^2 是紧致的, 但 $\mathbb{R}^2$ 不是紧致的, D^2 与 $\mathbb{R}^2$ 不同胚.

显然, 单点空间是最简单的空间.

定义 5.1.5 若拓扑空间 X 与单点空间有相同的同伦型, 则称 X 是一个**可缩空间**.

从伦型上看, 可缩空间就是最简单的空间.

例 5.1.7 $\mathbb{R}^n$, $\mathbb{R}^n$ 的凸子空间都是可缩空间. 平面上的 x 轴和 y 轴之并构成的平面的子空间也是可缩空间.

命题 5.1.1 可缩空间是道路连通的.

事实上, 设 X 为可缩空间, $f : X \to \{P\}$ 为同伦等价映射, $g : \{P\} \to X$ 为其同伦逆, $g(P) = x_0 \in X$. 设 $H : gf \simeq 1_X, H : X \times I \to X$ 连续. 对于 $x \in X$, 令 $\alpha_x : I \to X$, $\alpha_x(t) = H(x,t)$, 则

$$\alpha_x(0) = H(x,0) = x_0, \quad \alpha_x(1) = H(x,1) = x,$$

α_x 是 X 中从 x_0 到 x 的道路.

定理 5.1.5 X 是可缩空间当且仅当 $1_X : X \to X$ 是零伦的.

证明 必要性显然. 对于充分性, 设 $1_X : X \to X$ 是零伦的, 即 $1_X \simeq C_{x_0} : X \to X$, C_{x_0} 为常值映射, $C_{x_0}(x) = x_0 \in X, \forall x \in X$. 令 $i : \{x_0\} \to X$ 为含入映射, 则 $C_{x_0} i = 1_{\{x_0\}}$. 又 $i \circ C_{x_0} = C_{x_0} \simeq 1_X$, 故 C_{x_0} 为同伦等价. □

形变收缩是同伦等价的一种特殊情况, 与伦型密切相关. 在很多情况下, 它有助于我们在一个给定的同伦型中寻找较简单的空间代表.

定义 5.1.6 设 X 为拓扑空间, $A \subset X, i : A \to X$ 为含入映射.

(1) 若存在连续映射 $r : X \to A$, 使得 $r|_A = 1_A$, 则称 r 为一个**收缩映射**, 称 A 是 X 的一个**收缩核**;

(2) 若 $r : X \to A$ 是一个收缩映射, 且 $i \circ r \simeq 1_X$, 则称 r 为一个**形变收缩映射**, 称 A 是 X 的一个**形变收缩核**; 若 $H : i \circ r \simeq 1_X$ 还满足对 $a \in A, t \in I, H(a,t) = a$, 则称 r 为一个**强形变收缩映射**, 称 A 是 X 的一个**强形变收缩核**.

设 $r : X \to A$ 是一个形变收缩映射, 则 r 也是一个收缩映射, 故 $r \circ i = 1_A$, 从而形变收缩映射 r 是一个同伦等价. 这就是说, X 与它的一个 (强) 形变收缩核总是同伦等价的. X 强形变收缩到 A 意味着在形变收缩过程中, A 中的点保持不动.

例 5.1.8 (1) 设 $X = \{x \in \mathbb{R}^2 - \{O\}\}, A = S^1$. 令 $r : X \to A, r(x) = \frac{x}{\|x\|}$. 取 $H : X \times I \to X, H(x,t) = tx + (1-t)\frac{x}{\|x\|}$, 即知 r 是一个强形变收缩映射. 类似地可以证明, S^n 是 $\mathbb{R}^{n+1} - \{O\}$ 的强形变收缩核. 图 5.4(a) 显示了在 $n = 2$ 的情形, X 上各点在同伦 H 下的运动方向.

(2) 设 $D^n = \{x \in \mathbb{R}^n \mid \|x\| \leqslant 1\}, r : \mathbb{R}^n \to D^n, x \in D^n$ 时, $r(x) = x; \|x\| \geqslant 1$ 时, $r(x) = \frac{x}{\|x\|}$, 则可选取同伦 $H : \mathbb{R}^n \times I \to \mathbb{R}^n$, H 在 $\mathrm{Int}(D^n)$ 的外部的作用与 (1) 类似, 而在 D^n 上保持每一点不动, 如图 5.4(b) 所示. 这样即知, r 是一个强形变收缩映射.

例 5.1.9 设 A 是单位圆盘 D 的内部挖除两个洞所得的空间, 如图 5.5(a) 所示. α, β 和 γ 分别是嵌入 A 的三个图. 图 5.5(b)—(d) 中箭头所示的收缩表明, A 可以分别地强形变收缩到 α, β 和 γ. 故 α, β 和 γ 这三个图互相同伦等价. 但它们之间互相不同胚, 并且任何一个也不能嵌入另外一个. 因此, 它们之间不存在形变收缩现象.

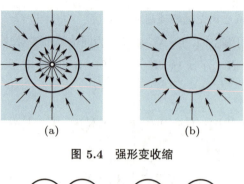

图 5.4   强形变收缩

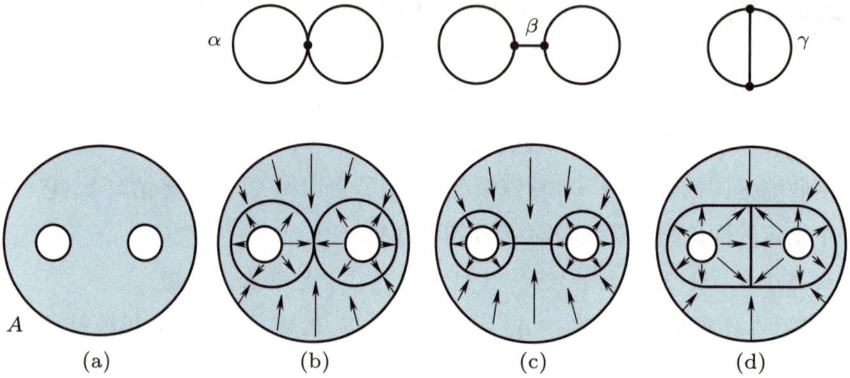

图 5.5 $\alpha,\ \beta$ 和 γ 互相同伦等价但互相不同胚

例 5.1.10   默比乌斯带 $M = I \times I/(0,t) \sim (1,1-t), t \in I.$ 设商映射 $p: I \times I \to M$,
$p(s,t) = [s,t].$ $A = \left\{ \left[s, \dfrac{1}{2} \right] \Big| s \in I \right\}$ 为 M 的中位线, $A \cong S^1.$ 令 $r: M \to A$, $r[s,t] =$
$\left[s, \dfrac{1}{2} \right] \in A$, 则 r 显然是一个收缩映射. 令 $i: A \to M$ 为含入映射, $H: M \times I \to M$,
$\forall [s,t] \in M, p \in I$,

$$H([s,t],p) = \left[s, tp + \frac{1}{2}(1-p) \right].$$

易见 H 连续,

$$H([s,t],0) = \left[s, \frac{1}{2} \right] = i \circ r([s,t]), \quad H([s,t],1) = [s,t],$$

$$H\left(\left[s, \frac{1}{2} \right], p \right) = \left[s, \frac{1}{2}p + \frac{1}{2}(1-p) \right] = \left[s, \frac{1}{2} \right].$$

故 r 为强形变收缩, 参见图 5.6.

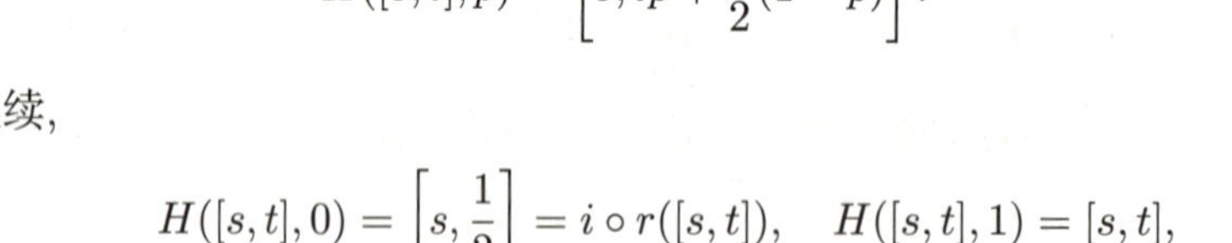

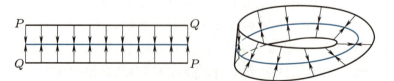

图 5.6   默比乌斯带 M 可强形变收缩至其中位线

习题 5.1

1. (E) 设 $f, g : I \to \mathbb{C} - \{0\}$, $f(t) = e^{2\pi i t}$, $g(t) = e^{-2\pi i t}$, $\forall t \in I$. 证明或反驳: f 与 g 同伦.

2. (ER) 设 $f : S^1 \to S^1$ 满足对任意的 $x \in S^1$, $f(x) \neq x$. 证明 $f \simeq \mathrm{id}$.

3. (E) 设 $f, g : X \to Y$ 为两个不同的常值映射, Y 道路连通. 证明: $f \simeq g$; Y 上的任意两条道路同伦.

4. (ER) 设连续映射 $f : X \to S^n$ 不满. 证明 f 是零伦的.

5. (M) 设 $f, g : X \to S^n$ 连续, 满足 $\forall x \in X$, $|f(x) - g(x)| < 2$. 证明 $f \simeq g$.

6. (M) 设 $f, g : X \to \mathbb{C} - \{0\}$ 连续, 满足 $\forall x \in X$, $|f(x) - g(x)| < |f(x)|$. 证明 $f \simeq g$.

7. (E) 证明定理 5.1.3.

8. (MR) 设 $f : X \simeq Y$. 证明 f 的任意两个同伦逆是同伦的.

9. (MRH) 设 $X_1 \simeq X_2$, $Y_1 \simeq Y_2$. 证明 $X_1 \times Y_1 \simeq X_2 \times Y_2$.

10. (ER) 设 X 可缩, Y 道路连通. 证明:

(1) 任意的 $f : Y \to X$ 与常值映射同伦;

(2) 任意的 $f : X \to Y$ 与常值映射同伦.

11. (E) 证明空间 Y 是可缩的当且仅当对于任意的空间 X, 每个连续映射 $f : X \to Y$ 都与一个常值映射同伦.

12. (ER) 证明 $f : X \to Y$ 是零伦的当且仅当 f 可以连续扩张到锥空间 CX (见例 2.3.5) 上.

13. (ERH) 设 X 为拓扑空间, 证明锥空间 CX 是可缩空间.

14. (DRH) 将一个三角形的三条边按图 5.7 所示的方式黏合, 所得的空间称为**蜷帽空间**. 利用上题的结论证明蜷帽空间是可缩的.

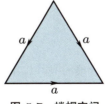

图 5.7 蜷帽空间

15. (MRH) 设 X 是 $\mathbb{R}^n$ 的子集, 若存在 $p \in X$, 使得对任意 $q \in X$, 连接 p, q 两点的线段都含于 X, 则称 X 是星形的. 证明每一个星形的子空间都是可缩的.

16. (M) 证明 $X \times Y$ 是可缩的当且仅当 X 和 Y 是可缩的.

17. (H) 构造以下形变收缩:

(1) (ER) $\mathbb{R}^3 - \mathbb{R}^1 \to S^1$;

(2) (E) $\mathbb{R}^n - \mathbb{R}^m \to S^{n-m-1}, m < n$;

(3) (ER) $S^3 - S^1 \to S^1$;

(4) (E) $S^n - S^m \to S^{n-m-1}, m < n$;

(5) (E) $\mathbb{P}^n - \mathbb{P}^m \to \mathbb{P}^{n-m-1}, m < n$.

$\mathbb{P}^n$ 的定义参看例 6.1.3.

18. (M) $\mathbb{R}^n$ 能否强形变收缩到一点?

19. (DH) 证明具有不同根的二次复多项式的空间 $\{(p,q) \in \mathbb{C} \mid z^2 + pz + q$ 有两个不同的根$\}$ 与圆周是同伦等价的.

20. (MR) 证明二维球面去掉两点后得到的空间与圆周 (即一维球面) 同伦等价, 三维球面去掉两点后得到的空间与二维球面同伦等价. (提示: 可以写出解析表达式, 还可以证明以上是强形变收缩.)

21. (MRH) 证明可缩空间的收缩核是可缩的.

22. (M) 证明豪斯多夫空间的收缩核是闭的豪斯多夫子空间.

23. (ER) 证明下列结论:

(1) 连通空间的收缩核仍然是连通的;

(2) 紧空间的收缩核仍然是紧的;

(3) 单连通空间的收缩核仍然是单连通的.

24. (E) 是否存在一个从闭圆盘到开圆盘的收缩映射? 证明所得结论.

25. (E) 设 A 是 B 的收缩核, B 是 C 的收缩核. 证明 A 是 C 的收缩核.

26. (DH) 举例并证明, 存在两个同伦等价的空间 A 和 B, $A \subset B$, 使得 B 不能强形变收缩到 A (考虑拓扑梳子).

27. (DRH) 证明 $\mathbb{R}^4$ 中任意两个纽结是等价的 (定义参考例 1.3.10).

事实上, 我们还可以证明如下更强的结论. 设 $f, g : S^1 \to \mathbb{R}^4$ 是两个纽结, 则存在 $F : \mathbb{R}^4 \times I \to \mathbb{R}^4, (x,t) \mapsto F(x,t), x \in \mathbb{R}^4, t \in I$, 使得

(1) $\forall t \in I, F(\cdot, t) : \mathbb{R}^4 \to \mathbb{R}^4$ 是同胚;

(2) $F(x,0) = x, \forall x \in \mathbb{R}^4$;

(3) $F(f(x), 1) = g(x), \forall x \in S^1$.

此时, 我们称这两个纽结是环绕合痕的. 所以, 本题的结论可以叙述成: $\mathbb{R}^4$ 中任意两个纽结是环绕合痕的.

28. (H) 设 D 是平面上的单位圆盘, $S^1 = \partial D$. $C = D \times I \subset \mathbb{R}^3$ 为圆柱体, 记 $E = (S^1 \times I) \cup (D \times \{0\}) \subset \partial C$. 在 z 轴取点 $P = (0,0,2)$, 对于任意 $x \in C$, 从 P 出发引射线 l, l 交 E 于一点 $r(x)$, 如图 5.8(a) 所示.

(1) (MR) 证明 $r : C \to E$ 是一个强形变收缩映射.

(2) (MR) 给定拓扑空间 Y, 任意的一个连续映射 $g : D \to Y$ 和一个同伦 $F : S^1 \times I \to Y$, 使得 $\forall x \in S^1$, 有 $g(x) = F(x,0)$, 证明存在同伦 $G : D \times I \to Y$, 使得 $\forall x \in D$,

$G(x,0) = g(x)$, 且 $\forall x \in S^1$, $\forall t \in I$, $G(x,t) = F(x,t)$. 所以, G 是 F 的扩张.

(3) (DR*) 在第 8 章学习了复形的概念后, 上面的结果还可以推广. 设 L 是 K 的子复形. 用 $|L|, |K|$ 代替上面的 S^1, D, 可以得到强形变收缩映射 $r : |K| \times I \to (|L| \times I) \cup (|K| \times \{0\})$, 并得到对应的同伦扩张. 这称为绝对同伦扩张性质 (absolute homotopy extension property).

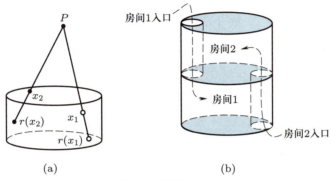

图 5.8 强形变收缩

29. (MH) 利用结论 "可缩空间的收缩核是可缩的" 证明图 5.8(b) 所示的有两个房间的房子是可缩的.

图 5.8(b) 是拓扑里一个著名的例子, 称为 "Bing's house with two rooms". 它是可缩的, 但不是 shellable. "shellable" 这个概念的涵义, 请感兴趣的读者自己查阅文献.

30. (DRH) 设 $X = \{(x,y,z) \in \mathbb{R}^3 \mid 1 \leqslant x^2 + y^2 + z^2 \leqslant 2\}$, $S_1 = \{(x,y,z) \in \mathbb{R}^3 \mid x^2 + y^2 + z^2 = 1\}$, $S_2 = \{(x,y,z) \in \mathbb{R}^3 \mid x^2 + y^2 + z^2 = 2\}$. 设 D 为单位圆盘, 令 $j : D \times I \to X$ 为一个嵌入, 使得 $j(D \times \{0\}) \subset S_1$, $j(D \times \{1\}) \subset S_2$, $j(D \times \text{Int}(I)) \subset \text{Int}(X)$. 证明 $Y = \text{Cl}(X - j(D \times I))$ 与 D^3 同胚.

这是一个著名的题目 (图 5.9), 考虑同伦可能对证题有帮助.

图 5.9 用管道连接两个球面

31. (DRH) 证明:

(1) 正交矩阵的空间 $O(n)$ 同胚于 $SO(n) \times O(1)$;

(2) 可逆 $n \times n$ 实矩阵的空间 $GL(n)$ 同胚于 $SL(n) \times GL(1)$.

32. (DRH*) 证明 $GL(n; \mathbb{R})$ 与子空间 $O(n)$ 是同伦等价的.

33. (DRH**) 证明: 对于任意两个同伦等价的空间 X, Y, 都存在一个空间 Z, 使得 Z 有一个子空间 X_1 同胚于 X, Z 还有一个子空间 Y_1 同胚于 Y, 并且 X_1 和 Y_1 都是 Z 的形变收缩核.

34. (DR) 设 D 是单位圆盘, $S^1 = \partial D$, X 为拓扑空间, $f : S^1 \to X$ 连续. 记

$$X \sqcup_f D = (X \cup D)/s \sim f(s), \ \forall s \in S^1,$$

称之为**用 f 将 D 黏合到 X 所得的空间**. 若 $f, g : S^1 \to X$ 为同伦的连续映射, 证明 $X \sqcup_f D \simeq X \sqcup_g D$.

35. (DRH) 设 $T = S^1 \times S^1$, $a \in S^1$, $A = S^1 \times a \subset T$. 证明商空间 T/A 与一点并空间 $S^1 \vee S^2$ 同伦等价.

5.2 基本群定义和性质

基本群的直观背景是用拓扑空间中的闭路 (即闭曲线) 的性质来刻画其拓扑结构. 考虑平面上的单位圆盘 D^2 和平环 $A = \{x \in \mathbb{R}^2 \mid 1 \leqslant \|x\| \leqslant 2\}$ (图 5.10). 分别取 $x_0 \in D^2$, $y_0 \in A$, 则 D^2 中以 x_0 为基点的任意闭路都可在 D^2 中收缩成一点 (如 σ_1); 而 A 中以 y_0 为基点的闭路, 有的可在 A 中收缩成一点 (如 σ_2), 有的却不能 (如 σ_3). 显而易见, 所有闭路能在拓扑空间自身中收缩成一点是一个拓扑性质. 据此可以将 D^2 和 A 区分开来. 这实际上就是数学分析中平面区域单连通性的概念. 下面将引进基本群的概念使得上述说法精确化.

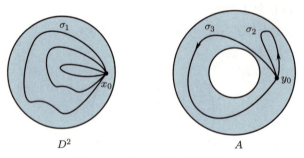

图 5.10 圆盘和平环上的闭路

5.2.1 道路类及性质

<u>**定义 5.2.1**</u> 设 $\alpha, \beta : I \to X$ 是 X 上两条道路, $p = \partial I$. 若 $\alpha \simeq_p \beta : I \to X$, 则称 α 和 β 是**定端同伦的**.

若 $\alpha \simeq_p \beta$, 则显然 α 和 β 有相同的起点和终点. 设 H 是 α 到 β 的一个定端同伦,

则 H 是从 $I \times I$ 到 X 的一个连续映射, 它把 $I \times I$ 的左右两边分别映到 $\alpha(0)(= \beta(0))$ 和 $\alpha(1)(= \beta(1))$, 在下底和上底的限制分别是 α 和 β, 参见图 5.11.

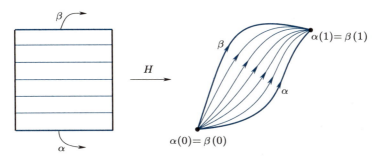

图 5.11　定端同伦的道路

X 的所有道路在定端同伦 "$\simeq_p$" 下分成的等价类称为 X 的 **道路类**. X 的所有道路类集合记作 $[X]_p$. 一条道路 α 所属的道路类记作 $\langle \alpha \rangle$, 称 α 的起点、终点为道路类 $\langle \alpha \rangle$ 的 **起点、终点**. 起点、终点重合的道路类称为**闭路类**, 称其起点 (终点) 为它的**基点**.

之前我们介绍过拓扑空间中两个道路乘积的定义. 设 X 为拓扑空间, $x, y, z \in X$, 且 $\alpha : I \to X$ 是从 x 到 y 的道路, $\beta : I \to X$ 是从 y 到 z 的道路. 令 $\alpha\beta : I \to X$,

$$\alpha\beta(t) = \begin{cases} \alpha(2t), & t \in \left[0, \dfrac{1}{2}\right], \\ \beta(2t-1), & t \in \left[\dfrac{1}{2}, 1\right]. \end{cases}$$

称之为道路 α 和 β 的**乘积**, 也记作 $\alpha \cdot \beta$. 注意, α 和 β 可乘当且仅当 $\alpha(1) = \beta(0)$.

令 $\alpha^{-1} : I \to X, \forall t \in I, \alpha^{-1}(t) = \alpha(1-t)$, 称之为 α 的**逆道路**. 很显然, α^{-1} 是 X 中从 y 到 x 的道路 (可看作沿 α 反向回来).

下面是道路乘积和逆的几个性质.

命题 5.2.1　设 X 为拓扑空间, $\alpha, \beta, \gamma, \delta$ 为 X 中的道路.

(1) 若 $\alpha(1) = \beta(0)$, 则 $(\alpha\beta)^{-1} = \beta^{-1}\alpha^{-1}$;

(2) $(\alpha^{-1})^{-1} = \alpha$;

(3) 若 $\alpha \simeq_p \beta, \gamma \simeq_p \delta$, 且 $\alpha(1) = \gamma(0)$, 则 $\alpha\gamma \simeq_p \beta\delta$;

(4) 若 $\alpha \simeq_p \beta$, 则 $\alpha^{-1} \simeq_p \beta^{-1}$.

证明　(1) 和 (2) 由定义直接可得.

(3) 设 $F : \alpha \simeq_p \beta, G : \gamma \simeq_p \delta$. 令 $H : I \times I \to X$,

$$H(s,t) = \begin{cases} F(2s,t), & s \in \left[0, \dfrac{1}{2}\right], \\ G(2s-1,t), & s \in \left[\dfrac{1}{2}, 1\right]. \end{cases}$$

由焊接引理, H 连续. 易见, $H : \alpha\gamma \simeq_p \beta\delta$.

(4) 设 $F : \alpha \simeq_p \beta$, 令 $H : I \times I \to X$, $H(s,t) = F(1-s,t)$, 则 $H : \alpha^{-1} \simeq_p \beta^{-1}$. $\qquad\square$

命题 5.2.1(3) 和 (4) 表明, $\langle \alpha \beta \rangle$ 与 $\langle \alpha \rangle$ 和 $\langle \beta \rangle$ 的代表选取无关, $\langle \alpha \rangle^{-1}$ 与 $\langle \alpha \rangle$ 的代表选取无关, 故可如下定义道路类的乘积和逆:

定义 5.2.2　设 X 为拓扑空间, α, β 为 X 中的道路.

(1) 若 $\alpha(1) = \beta(0)$, 则定义 $\langle \alpha \rangle \langle \beta \rangle = \langle \alpha \beta \rangle$, 称之为道路类 $\langle \alpha \rangle$ 和 $\langle \beta \rangle$ 的**乘积**;

(2) 定义 $\langle \alpha \rangle^{-1} = \langle \alpha^{-1} \rangle$, 称之为道路类 $\langle \alpha \rangle$ 的**逆**.

下面的命题可以直接验证 (证明留作练习):

命题 5.2.2　设 $f : X \to Y$ 连续, α, β 为 X 中的道路.

(1) 若 $\alpha \simeq_p \beta$, 则 $f \circ \alpha \simeq_p f \circ \beta$;

(2) 若 $\alpha(1) = \beta(0)$, 则 $(f \circ \alpha)(f \circ \beta) = f \circ (\alpha\beta)$;

(3) $(f \circ \alpha)^{-1} = f \circ (\alpha^{-1})$.

下面说明道路类乘积满足结合律.

命题 5.2.3　设 X 为拓扑空间, α, β, γ 为 X 中的道路, $\alpha(1) = \beta(0)$, $\beta(1) = \gamma(0)$, 则 $(\alpha\beta)\gamma \simeq_p \alpha(\beta\gamma)$, 即 $(\langle \alpha \rangle \langle \beta \rangle)\langle \gamma \rangle = \langle \alpha \rangle(\langle \beta \rangle \langle \gamma \rangle)$.

证明　令 $f : [0,3] \to X$,

$$
f(s) = \begin{cases} \alpha(s), & s \in [0,1], \\ \beta(s-1), & s \in [1,2], \\ \gamma(s-2), & s \in [2,3], \end{cases}
$$

则由焊接引理, f 连续.

令 $[0,3]$ 上的道路

$$\tilde{\alpha}, \tilde{\beta}, \tilde{\gamma} : I \to [0,3], \quad \forall t \in I, \tilde{\alpha}(t) = t, \tilde{\beta}(t) = t+1, \tilde{\gamma}(t) = t+2.$$

则 $f \circ \tilde{\alpha} = \alpha$, $f \circ \tilde{\beta} = \beta$, $f \circ \tilde{\gamma} = \gamma$.

注意到 $(\tilde{\alpha}\tilde{\beta})\tilde{\gamma}$ 和 $\tilde{\alpha}(\tilde{\beta}\tilde{\gamma})$ 是凸集 $[0,3]$ 上两条起点相同、终点也相同的道路, 因而 $(\tilde{\alpha}\tilde{\beta})\tilde{\gamma} \simeq_p \tilde{\alpha}(\tilde{\beta}\tilde{\gamma})$. 进而由命题 5.2.2(2),

$$(\alpha\beta)\gamma = f \circ ((\tilde{\alpha}\tilde{\beta})\tilde{\gamma}) \simeq_p f \circ (\tilde{\alpha}(\tilde{\beta}\tilde{\gamma})) = \alpha(\beta\gamma). \qquad\square$$

注 5.2.1　也可以直接构造从 $(\alpha\beta)\gamma$ 到 $\alpha(\beta\gamma)$ 的定端同伦如下 (图 5.12):

$$
F(s,t) = \begin{cases} \alpha\left(\dfrac{4s}{1+t}\right), & s \in \left[0, \dfrac{1+t}{4}\right], t \in [0,1], \\[2mm] \beta(4s-t-1), & s \in \left[\dfrac{1+t}{4}, \dfrac{2+t}{4}\right], t \in [0,1], \\[2mm] \gamma\left(\dfrac{4s-t-2}{2-t}\right), & s \in \left[\dfrac{2+t}{4}, 1\right], t \in [0,1]. \end{cases}
$$

可直接验证, F 连续, 且 F 是实现从 $(\alpha\beta)\gamma$ 到 $\alpha(\beta\gamma)$ 的定端同伦.

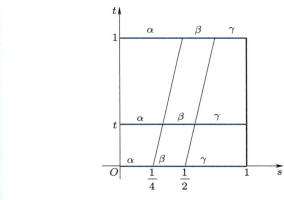

图 5.12 定端同伦示意图

下述命题给出道路类的乘积和逆的性质.

命题 5.2.4 设 α 为 X 中的道路, $\alpha(0) = x_0, \alpha(1) = x_1$. 设 x_0, x_1 处的常值道路分别为 e_{x_0}, e_{x_1}, 则有

(1) $\alpha\alpha^{-1} \simeq_p e_{x_0}$, $\alpha^{-1}\alpha \simeq_p e_{x_1}$, 即 $\langle\alpha\rangle\langle\alpha\rangle^{-1} = \langle e_{x_0}\rangle$, $\langle\alpha\rangle^{-1}\langle\alpha\rangle = \langle e_{x_1}\rangle$;

(2) $e_{x_0}\alpha \simeq_p \alpha \simeq_p \alpha e_{x_1}$, 即 $\langle e_{x_0}\rangle\langle\alpha\rangle = \langle\alpha\rangle = \langle\alpha\rangle\langle e_{x_1}\rangle$.

证明 设 $[0,1]$ 上 0 和 1 处的常值道路分别为 e_0 和 e_1, 则 $e_{x_i} = \alpha \circ e_i$, $i = 0, 1$. 因 I 是凸集, 故有

$$1_I(1_I)^{-1} \simeq_p e_0, \quad (1_I)^{-1}1_I \simeq_p e_1, \quad e_0 1_I \simeq_p 1_I \simeq_p 1_I e_1.$$

用 α 分别与上述各式的两边复合即得

$$\alpha\alpha^{-1} \simeq_p e_{x_0}, \quad \alpha^{-1}\alpha \simeq_p e_{x_1}, \quad e_{x_0}\alpha \simeq_p \alpha \simeq_p \alpha e_{x_1},$$

即 $\langle\alpha\rangle\langle\alpha\rangle^{-1} = \langle e_{x_0}\rangle$, $\langle\alpha\rangle^{-1}\langle\alpha\rangle = \langle e_{x_1}\rangle$, $\langle e_{x_0}\rangle\langle\alpha\rangle = \langle\alpha\rangle = \langle\alpha\rangle\langle e_{x_1}\rangle$. □

5.2.2 基本群的定义与基本性质

设 X 为拓扑空间, $x_0 \in X$. 令

$$\Omega(X, x_0) = \{\sigma \mid \sigma : (I, \partial I) \to (X, x_0) \text{ 为闭路}\},$$

称之为 X 的以 x_0 为基点的**闭路空间**. $\Omega(X, x_0)$ 中的两个成员 α 和 β 可以如前按道路乘积 $\alpha\beta$ 定义乘法, 且 $\alpha\beta \in \Omega(X, x_0)$. 容易看到, 该乘法一般不满足结合律. 下面考虑闭路定端同伦类的乘积.

设 X 为拓扑空间, $x_0 \in X$, 记 $\pi_1(X, x_0) = \Omega(X, x_0)/\simeq_p$. 由前面的讨论可知, $\pi_1(X, x_0)$ 中元素有乘法运算 "·", $\langle\alpha\rangle \cdot \langle\beta\rangle = \langle\alpha\rangle\langle\beta\rangle = \langle\alpha\beta\rangle$, 且

(1) 该乘法满足结合律;

(2) 有单位元 $\langle e_{x_0}\rangle$;

(3) 每个 $\langle\alpha\rangle\in\pi_1(X,x_0)$ 有逆元素 $\langle\alpha\rangle^{-1}$.

这样, $\pi_1(X,x_0)$ 在该乘法下构成了一个群.

定义 5.2.3 称 $\pi_1(X,x_0)$ 为空间 X 的以 x_0 为基点的**基本群**.

例 5.2.1 设 X 是 $\mathbb{R}^n$ 中的凸集, $x_0\in X$. 因 X 中以 x_0 为基点的任意两个闭路都定端同伦, 故 $\pi_1(X,x_0)$ 中只有一个元素, 即点 x_0 的常值道路所在的定端同伦类 $\langle e_{x_0}\rangle$, 因而 $\pi_1(X,x_0)$ 是平凡群 (即只有一个单位元构成的群). 特别地, $\pi_1(\{x_0\},x_0)=1$.

注 5.2.2 (1) 基本群最早由庞加莱 (Poincaré) 于 20 世纪初定义, 故也常常称基本群为庞加莱群.

(2) 基本群的定义虽然简单而自然, 但它一般不是交换群, 其计算一般也比较困难. 不过, 稍后就会看到, 在若干简单情形, 基本群还是可以计算的.

下面看看连续映射如何诱导基本群之间的同态.

设 $f:X\to Y$ 连续, $x_0\in X$, $y_0=f(x_0)\in Y$. 对于 $\langle\alpha\rangle\in\pi_1(X,x_0)$, 若 $\alpha'\in\langle\alpha\rangle$, 即 $\alpha'\simeq_p\alpha$, 则 $f\circ\alpha'\simeq_p f\circ\alpha$, 即 $f\circ\alpha'\in\langle f\circ\alpha\rangle$, $\langle f\circ\alpha\rangle\in\pi_1(Y,y_0)$ 是确定的, 与代表的选取无关. 因此, 对于 $\langle\alpha\rangle\in\pi_1(X,x_0)$, 令 $f_*(\langle\alpha\rangle)=\langle f\circ\alpha\rangle\in\pi_1(Y,y_0)$, 可以得到映射

$$f_*:\pi_1(X,x_0)\to\pi_1(Y,y_0).$$

对于 $\langle\alpha\rangle,\langle\beta\rangle\in\pi_1(X,x_0)$,

$$f_*(\langle\alpha\rangle\langle\beta\rangle)=\langle f\circ(\alpha\beta)\rangle=\langle(f\circ\alpha)(f\circ\beta)\rangle$$
$$=\langle f\circ\alpha\rangle\langle f\circ\beta\rangle=f_*(\langle\alpha\rangle)f_*(\langle\beta\rangle).$$

因此, f_* 是一个群同态.

定义 5.2.4 称 $f_*:\pi_1(X,x_0)\to\pi_1(Y,y_0)$ 为连续映射 f 诱导的**基本群同态**.

注意, 这里 $x_0\in X$ 是任取的, 故对每个 $x_0\in X$, f 都诱导了基本群之间的同态, 而且一般而言, 这些同态很可能是不同的. 除非特别说明, 这些同态都记作 f_*.

下面给出连续映射诱导的基本群的同态的性质.

定理 5.2.1 (1) 设 $f:(X,x_0)\to(Y,y_0)$ 为常值映射, 则 f_* 为零同态;

(2) 恒等映射 $\mathrm{id}:(X,x_0)\to(X,x_0)$ 诱导了恒等同构 $\mathrm{id}:\pi_1(X,x_0)\to\pi_1(X,x_0)$;

(3) 设 $f:(X,x_0)\to(Y,y_0)$ 和 $g:(Y,y_0)\to(Z,z_0)$ 连续, 则

$$(gf)_*=g_*f_*:\pi_1(X,x_0)\to\pi_1(Z,z_0).$$

证明 (1) 和 (2) 显然成立.

对于 (3), 任取 $\langle\alpha\rangle\in\pi_1(X,x_0)$,

$$(gf)_*(\langle\alpha\rangle)=\langle(g\circ f)\circ\alpha\rangle=\langle g\circ(f\circ\alpha)\rangle=g_*(\langle f\circ\alpha\rangle)=g_*f_*(\langle\alpha\rangle),$$

故 $(gf)_* = g_*f_*.$ □

定理 5.2.1 的一个直接推论就是

推论 5.2.1　设 $f : (X, x_0) \to (Y, y_0)$ 为同胚映射, 则 $f_* : \pi_1(X, x_0) \to \pi_1(Y, y_0)$ 为同构.

证明　设 $g : (Y, y_0) \to (X, x_0)$ 为 f 的同胚逆, 则 $gf = \mathrm{id}_X$, $fg = \mathrm{id}_Y$. 由上述定理, 对于 $f_* : \pi_1(X, x_0) \to \pi_1(Y, y_0)$, $g_* : \pi_1(Y, y_0) \to \pi_1(X, x_0)$, 有

$$g_* \circ f_* = (gf)_* = \mathrm{id}_* : \pi_1(X, x_0) \to \pi_1(X, x_0), \tag{5.1}$$

$$f_* \circ g_* = (fg)_* = \mathrm{id}_* : \pi_1(Y, y_0) \to \pi_1(Y, y_0). \tag{5.2}$$

(5.1) 式表明 f_* 为单同态, (5.2) 式表明 f_* 为满同态, 故 f_* 为同构. □

基本群由空间和基点共同决定, 那么同一个空间在不同基点下的基本群有何联系?

设 X 为拓扑空间, $x_0 \in X$. 先考虑 x_0 所在的道路连通分支中的一点 x_1. 设 γ 是 X 中从 x_0 到 x_1 的一个道路. 任取 $\langle \alpha \rangle \in \pi_1(X, x_0)$, 则 $\langle \gamma^{-1} \alpha \gamma \rangle \in \pi_1(X, x_1)$, 如图 5.13 所示. 若 $\alpha' \in \langle \alpha \rangle$, 即 $\alpha' \simeq_p \alpha$, 则 $\langle \gamma^{-1} \alpha' \gamma \rangle = \langle \gamma^{-1} \alpha \gamma \rangle$, 即 $\gamma^{-1} \alpha' \gamma \in \langle \gamma^{-1} \alpha \gamma \rangle$, 故可定义

$$\gamma_\# : \pi_1(X, x_0) \to \pi_1(X, x_1),$$

其中对于 $\langle \alpha \rangle \in \pi_1(X, x_0)$, $\gamma_\#(\langle \alpha \rangle) = \langle \gamma^{-1} \alpha \gamma \rangle \in \pi_1(X, x_1)$.

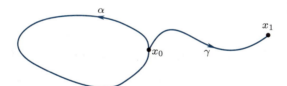

图 5.13　$\gamma^{-1} \alpha \gamma$ 是以 x_1 为基点的一个道路

若 $\gamma' \simeq_p \gamma$, 则显见 $\gamma'_\# = \gamma_\#$, 即 $\gamma_\#$ 由 γ 的定端同伦类完全确定. 又若 δ 是 X 中从 x_1 到 x_2 的一个道路, 则 $\forall \langle \alpha \rangle \in \pi_1(X, x_0)$,

$$\delta_\# \gamma_\#(\langle \alpha \rangle) = \delta_\#(\langle \gamma^{-1} \alpha \gamma \rangle) = \langle \delta^{-1} \gamma^{-1} \alpha \gamma \delta \rangle = (\gamma \delta)_\#(\langle \alpha \rangle),$$

故有 $(\gamma \delta)_\# = \delta_\# \gamma_\# : \pi_1(X, x_0) \to \pi_1(X, x_2)$.

定理 5.2.2　$\gamma_\# : \pi_1(X, x_0) \to \pi_1(X, x_1)$ 是一个同构.

证明　先证明 $\gamma_\#$ 是一个同态. 任取 $\langle \alpha \rangle, \langle \beta \rangle \in \pi_1(X, x_0)$,

$$\gamma_\#(\langle \alpha \rangle \langle \beta \rangle) = \gamma_\#(\langle \alpha \beta \rangle) = \langle \gamma^{-1} \alpha \beta \gamma \rangle = \langle \gamma^{-1} \alpha \gamma \gamma^{-1} \beta \gamma \rangle$$

$$= \langle \gamma^{-1} \alpha \gamma \rangle \langle \gamma^{-1} \beta \gamma \rangle = \gamma_\#(\langle \alpha \rangle) \gamma_\#(\langle \beta \rangle).$$

γ^{-1} 诱导的同态为 $(\gamma^{-1})_\# : \pi_1(X, x_1) \to \pi_1(X, x_0)$. 任取 $\langle \alpha \rangle \in \pi_1(X, x_0)$,

$$(\gamma^{-1})_\# \gamma_\#(\langle \alpha \rangle) = (\gamma^{-1})_\#(\langle \gamma^{-1} \alpha \gamma \rangle) = \langle (\gamma^{-1})^{-1} \gamma^{-1} \alpha \gamma \gamma^{-1} \rangle = \langle \alpha \rangle,$$

从而有

$$(\gamma^{-1})_\# \gamma_\# = \mathrm{id}_* : \pi_1(X, x_0) \to \pi_1(X, x_0);$$

类似地有

$$\gamma_\# (\gamma^{-1})_\# = \mathrm{id}_* : \pi_1(X, x_1) \to \pi_1(X, x_1).$$

故 $\gamma_\#^{-1} = (\gamma^{-1})_\#$, 从而 $\gamma_\#$ 为同构. □

定理 5.2.3 设 A 是 X 的一个道路连通分支, $i : A \to X$ 为含入映射, $a \in A$, 则 $i_* : \pi_1(A, a) \to \pi_1(X, a)$ 是一个同构.

证明 任取 $\langle\alpha\rangle \in \pi_1(X, a)$, 则 $\alpha(I) \subset A$. 这样, i_* 是满的.

如果在 X 中, $H : \alpha \simeq_p e_a$, 则 $H(I \times I) \subset A$. 这说明在 A 中也有 $H : \alpha \simeq_p e_a$. 这样, i_* 是单同态. 从而 i_* 是同构. 证毕. □

至此, 我们已经知道, 当 x_0 与 x_1 属于 X 的同一个道路连通分支时, $\pi_1(X, x_0) \cong \pi_1(X, x_1)$. 另一方面, 当 x_0 与 x_1 属于 X 的不同的道路连通分支时, X 中从 x_0 出发的任何道路 (包括闭路) 的像与 x_1 所在的道路连通分支不交, 故 $\pi_1(X, x_0)$ 和 $\pi_1(X, x_1)$ 没什么关系. 如果 X 是道路连通的, 则以 X 中任意一点为基点的基本群都是同构的. 这时, 就可以忽略基点, 而把基本群记作 $\pi_1(X)$.

5.2.3　基本群的同伦不变性

设 $f \simeq g : X \to Y$, 取 $x_0 \in X$, $y_0 = f(x_0), y_1 = g(x_0)$. 我们自然可以得到两个群同态 $f_* : \pi_1(X, x_0) \to \pi_1(Y, y_0)$ 和 $g_* : \pi_1(X, x_0) \to \pi_1(Y, y_1)$, 其中 y_0 与 y_1 也未必是同一点. 那么, f_* 与 g_* 之间有什么联系?

设 $H : f \simeq g$. 令 $\gamma : I \to Y$, $\forall t \in I$, $\gamma(t) = H(x_0, t)$, 则 γ 是 Y 中从 $f(x_0) = y_0$ 到 $g(x_0) = y_1$ 的道路. 前面已看到, γ 诱导了基本群的同构 $\gamma_\# : \pi_1(Y, y_0) \to \pi_1(Y, y_1)$.

定理 5.2.4 设 $H : f \simeq g : X \to Y$, 取 $x_0 \in X$, $y_0 = f(x_0), y_1 = g(x_0)$, γ 如上, 则有 $g_* = \gamma_\# \circ f_* : \pi_1(X, x_0) \to \pi_1(Y, y_1)$, 即有如下交换图表:

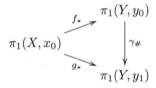

证明 任意 $\langle\alpha\rangle \in \pi_1(X, x_0)$, 往证 $g_*(\langle\alpha\rangle) = \gamma_\# \circ f_*(\langle\alpha\rangle))$, 即 $\langle g \circ \alpha\rangle = \langle\gamma^{-1}(f \circ \alpha)\gamma\rangle)$, 或 $g \circ \alpha \simeq_p \gamma^{-1}(f \circ \alpha)\gamma$, 抑或 $\gamma(g \circ \alpha) \simeq_p (f \circ \alpha)\gamma$.

令 $F : I \times I \to Y$, $\forall s, t \in I$, $F(s, t) = H(\alpha(s), t)$, 则 F 连续. 设 $b_0, b_1, c_0, c_1 : I \to I \times I$, $\forall t \in I$, $b_i(t) = (t, i)$, $c_i(t) = (i, t)$, $i = 0, 1$, 则 b_0, b_1, c_0, c_1 都是 ∂I 上的道路, 如

图 5.14 所示. 于是, $F \circ c_i = \gamma$, $i = 0, 1$; $F \circ b_0 = f \circ \alpha$, $F \circ b_1 = g \circ \alpha$.

在凸集 $I \times I$ 上, 道路 $c_0 b_1$ 与 $b_0 c_1$ 有相同的起点和终点, 从而 $c_0 b_1 \simeq_p b_0 c_1$. 这样就有 $F \circ (c_0 b_1) \simeq_p F \circ (b_0 c_1)$, 即 $\gamma(g \circ \alpha) \simeq_p (f \circ \alpha)\gamma$. $\qquad\square$

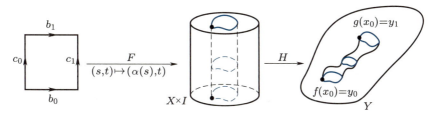

图 5.14 同伦的连续映射诱导的基本群同态相差一个同构

上述定理表明, 当 $f \simeq g$ 时, f_* 与 g_* 相差一个同构, 因此它们会有很多共同的性质. 例如, 当其中一个是单同态 (或满同态、或同构) 时, 另一个也是如此; 如果 f 是零伦的, f_* 为零同态, 则 g_* 亦然.

定理 5.2.5 设 $f : X \to Y$ 为同伦等价, 取 $x_0 \in X$, $y_0 = f(x_0)$. 则 $f_* : \pi_1(X, x_0) \to \pi_1(Y, y_0)$ 是同构.

证明 设 $g : Y \to X$ 是 f 的同伦逆, $g(y_0) = x_1$. 因 $g \circ f \simeq 1_X$, 故 $g_* \circ f_* = (g \circ f)_* : \pi_1(X, x_0) \to \pi_1(X, x_1)$ 与恒等同构 $1_* : \pi_1(X, x_0) \to \pi_1(X, x_0)$ 相差一个同构, 从而 $g_* \circ f_*$ 是同构. 由此即知, $f_* : \pi_1(X, x_0) \to \pi_1(Y, y_0)$ 是单同态, $g_* : \pi_1(Y, y_0) \to \pi_1(X, x_1)$ 是满同态.

再由 $f \circ g \simeq \mathrm{id}_Y$, 同理可知 $g_* : \pi_1(Y, y_0) \to \pi_1(X, x_1)$ 是单同态, 故 g_* 是同构. 这样, $f_* : \pi_1(X, x_0) \to \pi_1(Y, y_0)$ 也是同构. $\qquad\square$

推论 5.2.2 设 X 和 Y 都是道路连通的, $X \simeq Y$, 则 $\pi_1(X) \cong \pi_1(Y)$. 等价地, 若 $\pi_1(X) \ncong \pi_1(Y)$, 则 X 与 Y 不同伦等价.

最简单的群就是平凡群, 即只有单位元这一个元素的群. 若一个道路连通空间 X 的基本群平凡, 则称 X 为**单连通空间**. 从基本群角度看, 单连通空间就是最简单的空间. 例如, 欧氏空间 $\mathbb{R}^n$ 以及 $\mathbb{R}^n$ 的任何凸子空间都是单连通空间.

定理 5.2.6 可缩空间是单连通空间.

证明 设 X 为可缩空间, $x_0 \in X$, 则 X 是道路连通的, 且 $X \simeq \{x_0\}$. 显然, $\pi_1(\{x_0\}) = 1$, 由推论 5.2.2 即知 $\pi_1(X) = 1$. $\qquad\square$

后面将看到, S^1 不是单连通空间; 但 $n \geqslant 2$ 时, S^n 是单连通的, S^n 不是可缩的.

习题 5.2

1. (ER) 设 X 为单连通空间, α, β 是 X 中有相同起点和终点的道路. 证明 $\alpha \simeq_p \beta$.

2. (ER) 证明命题 5.2.2.

3. (ER) 设 X 为平凡或离散拓扑空间, $x_0 \in X$, 证明 $\pi_1(X, x_0)$ 是平凡群.

4. (ERH) 设 $A \subset X$, $r : X \to A$ 和 $i : A \to X$ 分别为收缩映射与含入映射, $a \in A$. 证明 $r_* : \pi_1(X, a) \to \pi_1(A, a)$ 是满同态, $i_* : \pi_1(A, a) \to \pi_1(X, a)$ 是单同态.

5. (ERH) 设 X 道路连通, 证明下列说法等价:

(1) X 单连通;

(2) 任意的连续映射 $f : S^1 \to X$ 可以扩张到 D^2 (扩张是指: $S^1 = \partial D^2$, 存在连续映射 $\widetilde{f} : D^2 \to X$, 使得 $\widetilde{f}|_{\partial D^2 = S^1} = f$).

6. (ER) 设 X 道路连通, $x_1, x_2 \in X$. 证明 $\pi_1(X, x_1)$ 是交换群当且仅当对任意两条连接 x_1, x_2 的道路 α, β, 有 $\alpha_\sharp = \beta_\sharp$. (参看定理 5.2.2 上面的定义.)

7. (MR) 设 $f : X \to Y$ 连续, $x_i \in X$, $y_i \in Y$, $i = 0, 1$. 设 γ 是 X 中一个从 x_0 到 x_1 的道路. 证明下面的同态图表可交换:

$$
\begin{array}{ccc}
\pi_1(X, x_0) & \xrightarrow{\ f_*\ } & \pi_1(Y, y_0) \\
{\scriptstyle \gamma_\#} \downarrow & & \downarrow {\scriptstyle (f \circ \gamma)_\#} \\
\pi_1(X, x_1) & \xrightarrow[\ f_*\ ]{} & \pi_1(Y, y_1)
\end{array}
$$

8. (ERH) 基本群的等价定义:

满足 $f : S^1 \to X$, 使得 $f((1, 0)) = x_0$ 的所有 f 组成集合 A. 在 A 上定义等价关系: 对于 $f_1, f_2 \in A$, 如果存在同伦 $H : S^1 \times [0, 1] \to X$, 使得 $H(x, 0) = f_1(x)$, $H(x, 1) = f_2(x)$, $H((1, 0), t) = x_0, \forall t \in [0, 1]$, 则称 f_1, f_2 等价, 记为 $f_1 \sim f_2$. 令 $\pi_1'(X, x_0) = A/\sim$. 在 A 上定义乘法如下:

$$
f_1 f_2((\cos\theta, \sin\theta)) = \begin{cases} f_1((\cos 2\theta, \sin 2\theta)), & \theta \in [0, \pi], \\ f_2((\cos 2\theta, \sin 2\theta)), & \theta \in [\pi, 2\pi]. \end{cases}
$$

证明 $\pi_1'(X, x_0)$ 同构于本节定义的基本群 $\pi_1(X, x_0)$.

5.3　基本群计算 I——几个简单情形

5.3.1　$\pi_1(S^1)$ 的计算

把 S^1 看作复平面上的单位圆周, $S^1 = \{z \in \mathbb{C} \mid \|z\| = 1\}$, 取 $z_0 = 1$ 为基点. 我们将借助指数映射 $\rho : \mathbb{R} \to S^1$ 来计算 $\pi_1(S^1) = \pi_1(S^1, z_0)$, 其中 $\forall t \in \mathbb{R}$, $\rho(t) = \mathrm{e}^{2\pi t \mathrm{i}}$, $2\pi t$ 为 $\rho(t)$ 的辐角, 参见图 5.15.

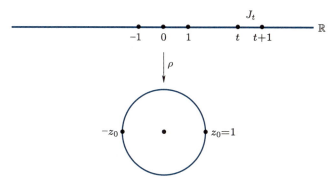

图 5.15 指数映射 $\rho : \mathbb{R} \to S^1$

易见, ρ 有如下几个性质:

(1) ρ 是周期为 1 的映射, $\rho^{-1}(z_0) = \mathbb{Z}$; $\rho^{-1}(-z_0) = \left\{ n + \dfrac{1}{2} \,\middle|\, n \in \mathbb{Z} \right\}$;

(2) $\forall t \in \mathbb{R}$, 记 $J_t = (t, t+1)$, $\rho|_{J_t} : J_t \to S^1 - \{e^{2\pi t i}\}$ 为同胚;

(3) $\rho^{-1}(S^1 - \{e^{2\pi t i}\}) = \bigcup\limits_{n \in \mathbb{Z}} J_{t+n}$.

定义 5.3.1 设 $f : X \to S^1$ 连续. 若存在连续映射 $\tilde{f} : X \to \mathbb{R}$, 使得 $\rho \circ \tilde{f} = f$, 则称 $\tilde{f}$ 为 f 的一个**提升**.

下面给出道路提升引理.

引理 5.3.1 (道路提升引理) 设 α 是 S^1 上的一个道路, $\alpha(0) = 1$, 则唯一存在 α 的一个提升 $\tilde{\alpha} : I \to \mathbb{R}^1$, 使得 $\tilde{\alpha}(0) = 0$.

证明 令 $U = S^1 - \{-z_0\}$, $V = S^1 - \{z_0\}$, 则 $\{U, V\}$ 是 S^1 的开覆盖, $\{\alpha^{-1}(U), \alpha^{-1}(V)\}$ 是 I 的开覆盖. I 紧致, 由勒贝格引理, 存在 I 的一个分划 $0 = t_0 < t_1 < \cdots < t_m = 1$, 使得 $I_i = [t_{i-1}, t_i] \subset \alpha^{-1}(U)$ 或 $\alpha^{-1}(V)$, 即 $\alpha(I_i) \subset U$ 或 V, $i = 1, 2, \cdots, m$.

下面我们将从 I_1 开始, 依次逐段构造 $\alpha|_{I_i}$ 的提升 $\tilde{\alpha}_i$, 使得这些提升满足

$$\tilde{\alpha}_i(t_{i-1}) = \tilde{\alpha}_{i-1}(t_{i-1}), \quad i = 2, \cdots, m. \tag{5.3}$$

$\alpha(0) = z_0 \notin V$, 故 $\alpha(I_1) \subset U$. 取 $W_1 = \left(-\dfrac{1}{2}, \dfrac{1}{2} \right)$, 则 $\rho|_{W_1} : W_1 \to U$ 为同胚. 令 $\tilde{\alpha}_1 = (\rho|_{W_1})^{-1} \circ \alpha|_{I_1} : I_1 \to \mathbb{R}$, 则 $\tilde{\alpha}_1(0) = 0$, $\tilde{\alpha}_1(t_1) \in W_1$.

取 $J_{-\frac{1}{2}}, J_0, J_{-1}$ 中的一个, 记为 W_2, 使得 $\alpha(I_2) \subset \rho(W_2) = U$ 或 V. 令 $\tilde{\alpha}_2 = (\rho|_{W_2})^{-1} \circ \alpha|_{I_2} : I_2 \to \mathbb{R}$, 则 $\tilde{\alpha}_2(t_1) = \tilde{\alpha}_1(t_1)$.

一般地, 设已有 $W_i = J_{s_i}$, 使得 $\alpha(I_i) \subset \rho(W_i)$ ($= U$ 或 V). 取 $J_{s_i - \frac{1}{2}}, J_{s_i}, J_{s_i + \frac{1}{2}}$ 中的一个, 记为 W_{i+1}, 使得 $\alpha(I_{i+1}) \subset \rho(W_{i+1})$ ($\rho(W_{i+1}) = U$ 或 V). 令 $\tilde{\alpha}_{i+1} = (\rho|_{W_{i+1}})^{-1} \circ$

$\alpha|_{I_{i+1}} : I_{i+1} \to \mathbb{R}$, 则 $\tilde{\alpha}_{i+1}(t_i) = \tilde{\alpha}_i(t_i)$.

如此下去, 即可构造出所有的 $\tilde{\alpha}_i : I_i \to \mathbb{R}$, 满足条件 (5.3).

令 $\tilde{\alpha} : I \to \mathbb{R}$, 当 $t \in I_i$ 时, $\tilde{\alpha}(t) = \tilde{\alpha}_i(t)$, $1 \leqslant i \leqslant m$. 由条件 (5.3) 和焊接引理, $\tilde{\alpha}$ 是 $\mathbb{R}$ 上一个道路.

显然, 当 $t \in I_i$ 时, $\rho \circ \tilde{\alpha}(t) = \rho \circ (\rho|_{W_i})^{-1} \circ \alpha|_{I_i}(t) = \alpha(t)$, $1 \leqslant i \leqslant m$. 即 $\tilde{\alpha}$ 是 α 的一个提升 ($\rho\tilde{\alpha} = \alpha$), 且 $\tilde{\alpha}(0) = 0$.

下证唯一性. 设 α 还有一个提升 $\tilde{\alpha}' : I \to \mathbb{R}$, 使得 $\tilde{\alpha}'(0) = 0$. 令 $\beta : I \to \mathbb{R}$, 对 $t \in I$, $\beta(t) = \tilde{\alpha}'(t) - \tilde{\alpha}(t)$, 则

$$\rho(\beta(t)) = \rho(\tilde{\alpha}'(t) - \tilde{\alpha}(t)) = \frac{\rho\tilde{\alpha}'(t)}{\rho\tilde{\alpha}(t)} = \frac{\alpha(t)}{\alpha(t)} = 1,$$

故 $\beta(t) \in \mathbb{Z}$. I 是连通的, $\beta(I)$ 是 $\mathbb{Z}$ 的连通子集, 它只能是一个单点集. 又 $\beta(0) = \tilde{\alpha}'(0) - \tilde{\alpha}(0) = 0$, 故 $\beta(I) = \{0\}$, 此即 $\tilde{\alpha}' = \tilde{\alpha}$. $\square$

称 α 的上述唯一提升 $\tilde{\alpha}$ 为 α 的**始于 0 的提升**.

引理 5.3.2 (道路同伦提升引理)   设 $F : I \times I \to S^1$ 连续, 满足对任意 $t \in I$, $F(0, t) = F(1, t) = z_0$, 则存在 F 的唯一提升 $\tilde{F} : I \times I \to \mathbb{R}$ ($\rho \circ \tilde{F} = F$), 满足 $\tilde{F}(0, t) = 0$, $\tilde{F}(1, t) = n \in \mathbb{Z}$, $\forall t \in I$.

证明概要: 由勒贝格引理, 可用有限多条水平线和竖直线把 $I \times I$ 分割成一些小方块, 使得每个小方块被 F 映入 U 或 V. 从左下角的小方块开始, 从左至右依次在最下面一排的每个方块上定义 $\tilde{F}$, 然后第二排按同方向进行, 如此进行下去, 最后在每个小方块上都定义了 $\tilde{F}$. 需要注意的是, 当我们要在某个特定的小方块上扩张 $\tilde{F}$ 的定义时, 在这方块上 $\tilde{F}$ 已经有定义的部分 L 或者是其左侧边, 或者是其左侧边与底边之并, L 是连通的. 因此, L 在 $\tilde{F}$ 之下的像整个落在 $\rho^{-1}(U)$ 或 $\rho^{-1}(V)$ 的一个连通分支内 (依照 F 把该小方块送入 U 或 V 而定), 然后利用 ρ 在这个连通分支上的限制为同胚给出 $\tilde{F}$ 在整个该小方块上的定义. 如此定义的 $\tilde{F}$ 即为所求, 也同样可以验证唯一性. $\square$

有了上述准备工作, 我们就可以着手证明:

定理 5.3.1 $\pi_1(S^1, z_0) \cong \mathbb{Z}$.

证明   任取 $\langle \alpha \rangle \in \pi_1(S^1, z_0)$, 若 $F : \alpha' \simeq_p \alpha$, 则由道路同伦提升引理, F 有唯一提升 $\tilde{F} : I \times I \to \mathbb{R}$ ($\rho \circ \tilde{F} = F$), 满足 $\tilde{F}(0, t) = 0$, $\tilde{F}(1, t) = n \in \mathbb{Z}$, $\forall t \in I$. 记 $\tilde{\alpha}'(t) = \tilde{F}(t, 0)$, $\tilde{\alpha}(t) = \tilde{F}(t, 1)$, 则 $\tilde{\alpha}', \tilde{\alpha}$ 分别是 α', α 的以 0 为起点的提升, 且 $\tilde{F} : \tilde{\alpha}' \simeq_p \tilde{\alpha}$. 特别地, $\tilde{\alpha}'(1) = \tilde{\alpha}(1) \in \mathbb{Z}$. 据此, $\forall \langle \alpha \rangle \in \pi_1(S^1, z_0)$, 令 $\varphi(\langle \alpha \rangle) = \tilde{\alpha}(1)$, 就有 $\varphi : \pi_1(S^1, z_0) \to \mathbb{Z}$. $\varphi(\langle \alpha \rangle)$ 的定义与 $\langle \alpha \rangle$ 的代表选取无关, 定义合理. 下面证明 φ 是一个同构.

(1) φ 是满射. 事实上, 对于 $n \in \mathbb{Z}$, 令 $\gamma_n : I \to \mathbb{R}$, $\forall t \in I$, $\gamma_n(t) = nt$; $\alpha_n = \rho \circ \gamma_n$, 则 $\langle \alpha_n \rangle \in \pi_1(S^1, 1)$, γ_n 是 α_n 的以 0 为起点的道路提升, 故 $\varphi(\langle \alpha_n \rangle) = \gamma_n(1) = n$.

(2) φ 是同态. 设 $\langle \alpha \rangle, \langle \beta \rangle \in \pi_1(S^1, z_0)$, α 和 β 的以 0 为起点的道路提升分别为 $\tilde{\alpha}$ 和 $\tilde{\beta}$, $\tilde{\alpha}(1) = m$, $\tilde{\beta}(1) = n$. 令 $\tilde{\beta}' : I \to \mathbb{R}$, $\tilde{\beta}'(t) = \tilde{\beta}(t) + n$, $\forall t \in I$, 则 $\tilde{\beta}'$ 是直线 $\mathbb{R}$ 上从

m 到 $m+n$ 的道路, $\tilde{\alpha}\tilde{\beta}'$ 是直线 $\mathbb{R}$ 上从 0 到 $m+n$ 的道路. 又

$$\rho(\tilde{\alpha}\tilde{\beta}') = \rho(\tilde{\alpha}) \cdot \rho(\tilde{\beta}') = \rho(\tilde{\alpha}) \cdot \rho(\tilde{\beta}+n) = \rho(\tilde{\alpha}) \cdot \rho(\tilde{\beta}) = \alpha\beta,$$

故 $\tilde{\alpha}\tilde{\beta}'$ 是 $\alpha\beta$ 的以 0 为起点的道路提升. 于是,

$$\varphi(\langle\alpha\beta\rangle) = \tilde{\alpha}\tilde{\beta}'(1) = m+n = \varphi(\langle\alpha\rangle) + \varphi(\langle\beta\rangle),$$

即 φ 是同态.

(3) φ 是单同态. 事实上, 设 $\varphi(\langle\alpha\rangle) = 0$, α 的以 0 为起点的道路提升为 $\tilde{\alpha}$, $\mathbb{R}$ 上 0 点的常值道路为 e_0. $\tilde{\alpha}$ 和 e_0 的起点和终点都是 0, $\mathbb{R}$ 是凸集, 故 $\tilde{\alpha} \simeq_p e_0$, $\alpha = \rho\tilde{\alpha} \simeq_p \rho e_0 = e_{z_0}$, 即 $\langle\alpha\rangle = \langle e_{z_0}\rangle$. □

> **注 5.3.1**　在定理 5.3.1 的证明中, 我们看到, 对于 $\langle\alpha\rangle \in \pi_1(S^1, z_0)$, $\tilde{\alpha}$ 是 α 的以 0 为起点的提升, 则 $\varphi(\langle\alpha\rangle) = \tilde{\alpha}(1) = n \in \mathbb{Z}$. 另一方面, 对于 $\gamma_n: I \to \mathbb{R}$, $\gamma_n(t) = nt$, $\tilde{\alpha}$ 和 γ_n 是直线 $\mathbb{R}$ 上的起点和终点分别相同的两个道路, $\mathbb{R}$ 是凸集, 故 $\tilde{\alpha} \simeq_p \gamma_n$, $\alpha = \rho\tilde{\alpha} \simeq_p \rho\gamma_n$, 也就是说, $\rho\gamma_n$ 是 $\langle\alpha\rangle$ 中的一个代表.
>
> $\rho\gamma_n$ 有直观的几何含义: $\rho\gamma_n$ 就是 S^1 上从基点 z_0 出发匀速绕 S^1 转 n 圈的闭道路. $n > 0$ 时, $\rho\gamma_n$ 是逆时针转, α 是本质上逆时针转了 n 圈; $n < 0$ 时, $\rho\gamma_n$ 是顺时针转, α 是本质上顺时针转了 n 圈; $n = 0$ 则表明, α 可以在 S^1 上往复多次转圈, 中途没转完也可以折返, 但正向转和反向转的累计圈数最后互相抵消. 同样是转圈, $\rho\gamma_n$ 是不走回头路的转法.
>
> 利用推论 5.2.2, 基本群还可以用来判定两个空间不同伦等价 (从而也不同胚). 例如, 平环与单位圆盘 D^2 不同伦等价, 因平环的基本群也是 $\mathbb{Z}$, 而 $\pi_1(D^2) = 1$; 再如, $\pi_1(S^2) = 1$, $\pi_1(T^2) = \mathbb{Z}^2 \neq 1$, 故球面与环面也不同伦等价, 从而也不同胚.

5.3.2　$\pi_1(S^n)(n \geqslant 2)$ 的计算

定理 5.3.2　设 X_1, X_2 都是 X 的单连通的开集, $X_1 \cap X_2 \neq \varnothing$, $X_1 \cup X_2 = X$, 且 $X_1 \cap X_2$ 是道路连通的, 则 X 也是单连通的.

证明　显然, X 是道路连通的. 取 $x_0 \in X_1 \cap X_2$. 任意 $\alpha \in \Omega(X, x_0)$ (见第 5.2.2 小节), 令 $U = \alpha^{-1}(X_1)$, $V = \alpha^{-1}(X_2)$, 则 $\{U, V\}$ 是 I 的开覆盖. I 紧致, 由勒贝格引理, 存在 I 的一个分划 $0 = t_0 < t_1 < \cdots < t_m = 1$, 使得 $I_i = [t_{i-1}, t_i] \subset U$ 或 V, 从而 $\alpha(I_i) \subset X_1$ 或 X_2, $1 \leqslant i \leqslant m$.

$\alpha(t_0) = \alpha(0) = x_0 \in X_1 \cap X_2$. 对于 $t_i \in I$, $1 \leqslant i \leqslant m-1$,

(1) 若 $t_i \in U \cap V$, 则令 γ_i 是 $X_1 \cap X_2$ 中从 x_0 到 $\alpha(t_i)$ 的道路;

(2) 若 $t_i \in U, t_i \notin V$, 则令 γ_i 是 X_1 中从 x_0 到 $\alpha(t_i)$ 的道路;

(3) 若 $t_i \in V, t_i \notin U$, 则令 γ_i 是 X_2 中从 x_0 到 $\alpha(t_i)$ 的道路.

把 α 拆分成 m 段道路如下: 对于 $1 \leqslant i \leqslant m$, 令 $\alpha_i : I \to X$, $\forall s \in I$, $\alpha_i(s) = \alpha((1-s)t_{i-1} + st_i)$. 这样,

$$
\begin{aligned}
\langle \alpha \rangle &= \langle \alpha_1 \alpha_2 \cdots \alpha_m \rangle \\
&= \langle \alpha_1 \gamma_1^{-1} \gamma_1 \alpha_2 \gamma_2^{-1} \gamma_2 \cdots \gamma_{m-1}^{-1} \gamma_{m-1} \alpha_m \rangle \\
&= \langle \alpha_1 \gamma_1^{-1} \rangle \langle \gamma_1 \alpha_2 \gamma_2^{-1} \rangle \cdots \langle \gamma_{m-1} \alpha_m \rangle.
\end{aligned}
$$

不妨记 $\gamma_{-1} = e_{x_0}$, $\gamma_m = e_{x_0}$. 对于每个 $1 \leqslant i \leqslant m$, $\alpha_i(I) (= \alpha(I_i))$ 有三种可能性:

(1) $\alpha_i(I) \subset X_1$;

(2) $\alpha_i(I) \subset X_2$;

(3) $\alpha_i(I) \subset X_1 \cap X_2$.

对于 (1), 可进一步分成如下三种情况: $t_{i-1}, t_i \in U - V$; 或 $t_{i-1} \in U - V$, $t_i \in U \cap V$; 或 $t_i \in U - V$, $t_{i-1} \in U \cap V$. 由 γ_i 的选取可知, 这时 $\gamma_{i-1} \alpha_i \gamma_i^{-1}$ 都是 X_1 中以 x_0 为基点的闭路.

类似可知, 对于 (2), 每个 $\gamma_{i-1} \alpha_i \gamma_i^{-1}$ 都是 X_2 中以 x_0 为基点的闭路; 对于 (3), 每个 $\gamma_{i-1} \alpha_i \gamma_i^{-1}$ 都是 $X_1 \cap X_2$ 中以 x_0 为基点的闭路.

对于 $j = 1$ 或 2, 若 $\gamma_{i-1} \alpha_i \gamma_i^{-1}(I) \subset X_j$, 因为 X_j 是单连通的, 所以在 X_j 中, $\gamma_{i-1} \alpha_i \gamma_i^{-1} \simeq_p e_{x_0}$, 从而在 X 中, $\gamma_{i-1} \alpha_i \gamma_i^{-1} \simeq_p e_{x_0}$. 这样, 在 X 中, $\langle \alpha \rangle = \langle e_{x_0} \rangle$.   □

推论 5.3.1 $n \geqslant 2$ 时, S^n 是单连通的.

证明   如图 5.16 所示, 在 S^n 中取两个不同点 N, S, 不妨 $N = (0, \cdots, 0, 1)$ 为北极点, $S = (0, \cdots, 0, -1)$ 为南极点, 并记 $X_1 = S^n - \{N\}$, $X_2 = S^n - \{S\}$, 则 $X_1 \cong \mathbb{R}^n \cong X_2$. $n \geqslant 2$ 时, X_1 和 X_2 都是单连通的, $X_1 \cap X_2 \cong \mathbb{R}^n - \{P\}$ 是道路连通的, 其中 P 是 $\mathbb{R}^n$ 中一点. 应用定理 5.3.2 即得结论.   □

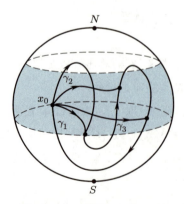

图 5.16 $\pi_1(S^n) = 1 (n \geqslant 2)$

5.3.3 乘积空间 $X \times Y$ 的基本群

回想两个群乘积的定义: 设 $(G_1, \cdot)$ 和 $(G_2, \cdot)$ 为群, G_1 和 G_2 的**乘积**(或**直积**) 是群 $G_1 \times G_2$, $\forall (g_1, g_2), (h_1, h_2) \in G_1 \times G_2$, 其乘积为 $(g_1, g_2) \cdot (h_1, h_2) = (g_1 h_1, g_2 h_2) \in G_1 \times G_2$.

定理 5.3.3 设 $x_0 \in X, y_0 \in Y$, 则 $\pi_1(X \times Y, (x_0, y_0)) \cong \pi_1(X, x_0) \times \pi_1(Y, y_0)$.

证明 令 $p_1 : X \times Y \to X, p_2 : X \times Y \to Y$ 为投影. 定义

$$\rho : \pi_1(X \times Y, (x_0, y_0)) \to \pi_1(X, x_0) \times \pi_1(Y, y_0),$$

使得对任意 $\alpha \in \Omega(X \times Y, (x_0, y_0))$, $\rho(\langle \alpha \rangle) = (p_{1*} \langle \alpha \rangle, p_{2*} \langle \alpha \rangle)$. 下证 ρ 为同构.

$\forall \alpha, \beta \in \Omega(X \times Y, (x_0, y_0))$,

$$\begin{aligned}
\rho(\langle \alpha \rangle \langle \beta \rangle) &= \rho(\langle \alpha \beta \rangle) \\
&= (p_{1*} \langle \alpha \beta \rangle, p_{2*} \langle \alpha \beta \rangle) \\
&= (p_{1*} \langle \alpha \rangle p_{1*} \langle \beta \rangle, p_{2*} \langle \alpha \rangle p_{2*} \langle \beta \rangle) \\
&= (p_{1*} \langle \alpha \rangle, p_{2*} \langle \alpha \rangle) \cdot (p_{1*} \langle \beta \rangle, p_{2*} \langle \beta \rangle) \\
&= \rho(\langle \alpha \rangle) \times \rho(\langle \beta \rangle),
\end{aligned}$$

故 ρ 为同态.

对于 $\alpha \in \Omega(X \times Y, (x_0, y_0))$, 若 $\rho(\langle \alpha \rangle) = (p_{1*} \langle \alpha \rangle, p_{2*} \langle \alpha \rangle) = (\langle e_{x_0} \rangle, \langle e_{y_0} \rangle)$, 则存在定端同伦 $F_1 : p_1 \alpha \simeq_p e_{x_0}$, $F_2 : p_2 \alpha \simeq_p e_{y_0}$. 令 $F : I \times I \to X \times Y$, $F(s, t) = (F_1(s, t), F_2(s, t))$, $s, t \in I \times I$, 则 $F : \alpha \simeq_p e_{(x_0, y_0)}$. 故 ρ 为单同态.

任取 $\langle \beta \rangle \in \pi_1(X, x_0), \langle \gamma \rangle \in \pi_1(Y, y_0)$, 令 $\alpha : I \to X \times Y$, 任意 $t \in I$, $\alpha(t) = (\beta(t), \gamma(t))$, 则 α 是 $X \times Y$ 中以 (x_0, y_0) 为基点的闭路, 且 $\rho(\langle \alpha \rangle) = (p_{1*} \langle \alpha \rangle, p_{2*} \langle \alpha \rangle) = (\langle \beta \rangle, \langle \gamma \rangle)$, 故 ρ 为满同态. $\qquad \square$

推论 5.3.2 设 $T^n = S^1 \times \cdots \times S^1$ 为 n 个 S^1 的乘积空间, 则

$$\pi_1(T^n) \cong \mathbb{Z} \times \cdots \times \mathbb{Z} = \mathbb{Z}^n.$$

推论 5.3.3 $T^2 = S^1 \times S^1$ 与 S^2 不同胚.

证明 $\pi_1(T^2) \cong \mathbb{Z}^2 \neq 1$, $\pi_1(S^2) = 1$, 故 T^2 与 S^2 不同胚 (同胚的空间有同构的基本群). $\qquad \square$

习题 5.3

1. (ER) 设 $f : [0, 1] \to S^1$, $x \mapsto e^{2\pi i x}$, 求 f 的一个提升 $\tilde{f} : [0, 1] \to \mathbb{R}$ 的表达式.

2. (ER) 证明:

(1) $\mathbb{R}^2$ 去除一点所得的空间基本群同构于自由循环群;

(2) $\mathbb{R}^n (n \geqslant 3)$ 去除一点所得的空间是单连通的.

3. (E) 设 $x \in \mathbb{R}^2$, $U_x \subset \mathbb{R}^2$ 是 x 的一个邻域, 证明 $U_x - \{x\}$ 不是单连通的.

4. (E) 设 l 是 $\mathbb{R}^3$ 中一条直线, 证明 $\pi_1(\mathbb{R}^3 - l)$ 是自由循环群.

5. (ERH) 设 $2 < n \in \mathbb{Z}$, 证明:

(1) $\mathbb{R}^2 \not\cong \mathbb{R}^n$;

(2) $D^2 \not\cong D^n$.

6. (ER) 证明圆柱筒 $S^1 \times I$ 与默比乌斯带的基本群都同构于自由循环群, 从而它们与单位圆盘 D^2 都不同胚.

7. (ERH) 举例说明, 定理 5.3.2 中的条件 "$X_1 \cap X_2$ 是道路连通的" 不可缺少.

8. (ERH) 设 $f : S^1 \to S^1$ 连续. 在下列两种情况下, 试描述 f_* 是如何作用的:

(1) $f(z) = -z, \forall z \in S^1$;

(2) $f(z) = z^n, \forall z \in S^1$.

9. (E) 举例说明, 存在 $f : X \to Y$ 是连续单射, 但它在基本群上诱导的映射不是单射.

10. (MRH) 设 X 是默比乌斯带, $A = \partial X$, $a \in A$, $i : A \to X$ 为含入映射. 证明:

(1) $i_* : \pi_1(A, a) \to \pi_1(X, a)$ 不是同构;

(2) 默比乌斯带不能收缩到它的边界上.

11. (MRH) 设 $f : S^1 \to S^1$ 连续, 且 f 不与恒等映射 $\text{id} : S^1 \to S^1$ 同伦. 证明存在 $x \in S^1$, 使得 $f(x) = -x$.

12. (MRH) 设 D^2 为 2 维闭圆盘, $f : D^2 \to D^2$ 连续, 且它在 S^1 上的限制是 S^1 上的恒等映射. 证明 f 是满射.

13. (E) 设 $r : S^1 \to S^1$ 为对径映射, 即对任意 $x \in S^1$, $r(x) = -x$. 证明 r 同伦于恒等映射 $\text{id} : S^1 \to S^1$.

14. (MRH) 设 $n \geqslant 2$, 证明 S^n 中的任何道路都与一个非满射道路定端同伦. 由此证明 S^n 的基本群平凡. (提示: 应用数学分析里关于一致连续的定理和性质.)

15. (DRH*) 特殊线性群定义为 $SL(n, \mathbb{R}) = \{A \in \mathbb{R}^{n \times n} \mid \det A = 1\} \subset \mathbb{R}^{n \times n}$. $SL(n, \mathbb{R})$ 上采用欧氏空间 $\mathbb{R}^{n \times n}$ 的子空间拓扑. 证明它的基本群是交换群.

5.4 基本群计算 II —— 利用范坎彭定理与伦型

我们已看到, 对于道路连通的空间 X 和 Y, 若 X 与 Y 同伦等价, 则 $\pi_1(X) \cong \pi_1(Y)$; 或等价地, 若 $\pi_1(X) \not\cong \pi_1(Y)$, 则 X 与 Y 不同伦等价, X 与 Y 也不同胚.

利用该结论, 可以将计算一个空间的基本群的问题转化成一个伦型相同但比较简单的空间的基本群的计算问题. 例如, 平环 A 和默比乌斯带 M 都与 S^1 同伦等价, $\pi_1(S^1) \cong \mathbb{Z}$, 即知 A 和 M 的基本群也都是 $\mathbb{Z}$.

利用该结论, 也可以判定两个基本群不同构的空间不同胚. 例如, $\pi_1(\mathbb{R}) = 1, \pi_1(S^1) \cong \mathbb{Z}$, 故 $\mathbb{R}$ 与 S^1 既不同伦等价, 也不同胚; $\pi_1(D^2) = 1$, $\pi_1(A) \cong \mathbb{Z}$, 故单位圆盘 D^2 与平环 A 既不同伦等价, 也不同胚; $\pi_1(S^1) \cong \mathbb{Z}$, $n \geqslant 2$ 时, $\pi_1(S^n) = 1$, 故 S^n 与 S^1 既不同伦等价, 也不同胚.

本节我们将利用范坎彭 (van Kampen) 定理与伦型给出计算基本群的更多例子.

下面的范坎彭定理涉及的有限表示群及融合积的代数知识可参见附录第 2 节.

定理 5.4.1 (范坎彭定理) 设 X_1, X_2 是 X 的两个开子空间, $X = X_1 \cup X_2$, $X_0 = X_1 \cap X_2 \neq \emptyset$, 且 X_0 是道路连通的. 取 $x_0 \in X_0$, 则有

$$\pi_1(X, x_0) \cong \pi_1(X_1, x_0) * \pi_1(X_2, x_0)/\langle R_3 \rangle^N,$$

其中, $R_3 = \{i_{1*}(\alpha)(i_{2*}(\alpha))^{-1} \mid \alpha \in \pi_1(X_0, x_0)\}$, $i_j : X_0 \to X_j$ 为含入映射, $i_{j*} : \pi_1(X_0, x_0) \to \pi_1(X_j, x_0)$ 为含入映射 i_j 诱导的同态, $j = 1, 2$.

范坎彭定理大意是说, 在定理的条件下, 拓扑空间 X 的基本群是在它的两个开子空间的基本群的自由积中添加新的关系, 使得在 $\pi_1(X_0, x_0)$ 中的每个元素在含入映到两个子空间的基本群后相等.

范坎彭定理中要求 X_1 和 X_2 都是开集, 这在许多情况下用起来不方便. 如果把这个要求变为 X_1 和 X_2 都是闭集, 且 X_0 是它的一个开邻域的强形变收缩核, 其他条件不变, 则定理结论仍然成立, 在此不再详述.

下面是范坎彭定理的两个常用的特殊情况:

(1) X_0 是单连通的, 这时结论简化为

$$\pi_1(X, x_0) \cong \pi_1(X_1, x_0) * \pi_1(X_2, x_0);$$

(2) X_2 是单连通的, 则

$$\pi_1(X, x_0) \cong \pi_1(X_1, x_0)/\langle \mathrm{Im}(i_{1*}) \rangle^N;$$

特别地, 当 $\pi_1(X_0, x_0)$ 有生成元组 A 时, $\langle \mathrm{Im}(i_{1*}) \rangle^N = \langle i_{1*}(A) \rangle^N$.

下面给出范坎彭定理的几个应用.

例 5.4.1 取单位圆周 S^1 的 n 拷贝 $S_1^1, \cdots, S_n^1$, 在每个 S_i^1 上取一点 P_i, $1 \leqslant i \leqslant n$, 称商空间 $\coprod\limits_{i=1}^{n} S_i^1/P_1 \sim P_2 \sim \cdots \sim P_n$ 为 n **个圆周的一点并**, 或一个 n **圆束**, 记作 $X_n = \bigvee\limits_{i=1}^{n} S_i^1$.

先考虑 X_2. S_1^1 和 S_2^1 是 X_2 的闭子集, $S_1^1 \cap S_2^1 = \{x_0\}$ 是其某个开邻域 U 的强形

变收缩核, 如图 5.17(a) 所示, 则由范坎彭定理的特殊情形 (1), $\pi_1(X_2, x_0) \cong \pi_1(S_1^1, x_0) *$
$\pi_1(S_2^1, x_0)$. 设 x_i 是以 x_0 为基点沿 S_i^1 走一圈的闭路 α_i 的定端同伦类, $i = 1, 2$, 则
$\pi_1(X_2, x_0) = F(x_1, x_2)$. 称 $B_2 = \{x_1, x_2\}$ 为 $\pi_1(X_2)$ 的一个**自然生成元组**. 特别地,
$\pi_1(X_2)$ 不是**交换群**. 对于 X_n, 如图 5.17(b) 所示, 通过有限归纳即知, $\pi_1(X_n, x_0) =$
$F(B_n)$, 即 $\pi_1(X_n, x_0)$ 是秩为 n 的自由群, 其中 $B_n = \{x_1, x_2, \cdots, x_n\}$ 为 $\pi_1(X_n)$ 的**自**
然生成元组.

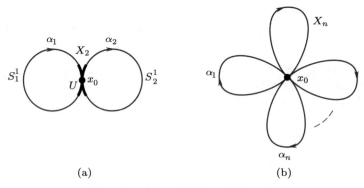

(a)   (b)

图 5.17 2 圆束和 n 圆束

例 5.4.2 (1) 设 $X_n = \bigvee\limits_{i=1}^{n} S_i^1$, 取 X_n 中 n 个圆周的公共点 x_0 为 X_n 的基点. 设
$A = S^1 \times I$ 为圆柱筒, A 的两个边界分支分别为 $C_0 = S^1 \times \{0\}$ 和 $C_1 = S^1 \times \{1\}$.
设 $f : C_0 \to X_n$ 为连续映射, $x_0 \in f(C_0)$, Y 为商空间 $A \coprod X_n / x \sim f(x), x \in C_0$,
$p : A \coprod X_n \to Y$ 为商映射. 称 Y 是**用 f 黏合 A 到 X_n 所得的空间**, 记作 $X_n \cup_f A$. 令
$r : Y \to X_n$,

$$r(y) = \begin{cases} p(x, 0) = p(f(x), 0), & y = p(x, t) \in p(A), \\ y, & y \in X_n. \end{cases}$$

显然, r 的定义合理, r 连续, $r|_{X_n} = 1_{X_n}$, 即 r 是一个收缩映射. 用类似于直线同伦的方
法可以验证 r 是一个强形变收缩 (参见例 5.1.8). 选取 $y_0 \in C_1 \subset Y$, 使得 $r(y_0) = x_0$, 则
$r_* : \pi_1(Y, y_0) \to \pi_1(X_n, x_0)$ 是一个同构,

$$r_*(\pi_1(Y, y_0)) = \pi_1(X_n, x_0) = F(x_1, x_2, \cdots, x_n),$$

其中, $B_n = \{x_1, x_2, \cdots, x_n\}$ 为 $\pi_1(X_n)$ 的自然生成元组.

设 γ 是 $p(A)$ 中从 y_0 到 x_0 的直线段道路, 如图 5.18(a) 所示, 则 r_* 实际上就是道
路 γ 诱导的基本群的同构 $\gamma_\# : \pi_1(Y, y_0) \to \pi_1(X_n, x_0)$.

(2) 在 (1) 中, 取 $A = S^1 \times [0, 1)$, 类似地, 可证 $Y = X_n \cup_f A$ 可以强形变收缩到 X_n
上, 此时, $\pi_1(Y) \cong \pi_1(X_n) \cong F(x_1, x_2, \cdots, x_n)$.

设 D 为单位圆盘, 取圆心 $O \in \text{Int}(D)$, $D' = D - \{O\}$, 则有 $D' \cong S^1 \times [0, 1)$, 故 $Y' =$
$X_n \cup_f D'$ 可以强形变收缩到 X_n 上, $\pi_1(Y') \cong \pi_1(X_n) \cong F_n, F_n = F(x_1, x_2, \cdots, x_n)$.

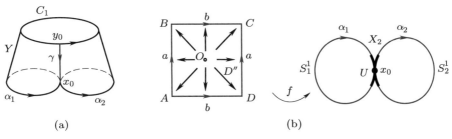

图 5.18 应用范坎彭定理计算基本群

在图 5.18(b) 中, $O \in \text{Int}(I \times I)$, $D'' = I \times I - \{O\}$, $f : D'' \to X_2$, 分别将 AB, BC, CD, DA 与 I 等同, $f|_{AB} = \alpha_1$, $f|_{BC} = \alpha_2$, $f|_{CD} = \alpha_1^{-1}$, $f|_{DA} = \alpha_2^{-1}$, $f(\{A, B, C, D\}) = \{x_0\}$, 则 $X_2 \cup_f D''$ 同胚于从环面 T^2 上挖除一点所得的曲面 T_1^2. 故 $\pi_1(T_1^2) \cong F_2$.

类似可知, 若用 T_2^2 表示从环面 T^2 上挖除一个圆盘 E 的内部所得的曲面, 则 $\pi_1(T_2^2) \cong F_2$. 沿用上面 (1) 的记号, 取基点 $y_0 \in \partial T_2^2$, 则

$$\pi_1(T_2^2, y_0) \cong r_*(\pi_1(T_2^2, y_0)) = \pi_1(X_2, x_0) = F(x_1, x_2).$$

若用 β 表示以 y_0 为基点绕 C_1 自然转一圈的定向简单闭路, 则 $z = \langle \beta \rangle$ 是 $\pi_1(C_1, y_0)$ 的一个生成元, 在 $\pi_1(T_2^2, y_0)$ 中, $r_*(z) = x_1 x_2 x_1^{-1} x_2^{-1}$.

现在对 $T = T_2^2 \cup E$ 应用范坎彭定理的特殊情形 (2) (参见图 5.19), 即有

$$\pi_1(T, y_0) = \pi_1(T_2^2, y_0)/\langle i_*(z) \rangle^N$$

$$\cong \pi_1(T_2^2, x_0)/\langle r_*(z) \rangle^N = \langle x_1, x_2 : x_1 x_2 x_1^{-1} x_2^{-1} \rangle,$$

即 $\pi_1(T, y_0)$ 是两个生成元的自由交换群.

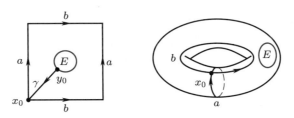

图 5.19 应用范坎彭定理计算基本群

例 5.4.3 回想一下, 射影平面 $\mathbb{P}^2$ 是把单位圆盘 D 的边界 S^1 的每对对径点黏合起来得到的商空间, 即 $\mathbb{P}^2 = D/x \sim -x, x \in D$. 把 S^1 看成复平面的子空间, $B \in S^1$ 为辐角为 0 的点, 其对径点 B' 是辐角为 π 的点. 点 B 和 B' 把 S^1 分成两段弧 l 和 l', 如图 5.20 所示.

令 $f : S^1 \to S^1$, 对于 $z = e^{\theta i} \in S^1$, $f(z) = e^{2\theta i}$. f 把从点 B 出发到点 B' 的弧段 l 按逆时针方向映满 S^1, 再把从点 B' 出发到 B 的弧段 l' 按逆时针方向映满 S^1.

用类似于例 5.4.2 的方法可以证明, $\pi_1(\mathbb{P}^2) \cong \mathbb{Z}_2$, 即 $\pi_1(\mathbb{P}^2)$ 是 2 阶循环群.

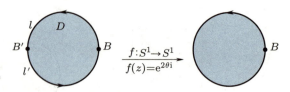

图 5.20 射影平面 $\mathbb{P}^2$

例 5.4.4 将 $\triangle ABC$ 的三条边按图 5.21 所示的方式黏合成一个圆周, 所得的商空间 X 称为一个**蜷帽空间**. 显然, X 是道路连通的. 令 $\alpha : I \to S^1$, 对于 $t \in I$, $\alpha(t) = e^{2\pi ti}$, $z = \langle \alpha \rangle$ 是 $\pi_1(S^1, x_0)$ 的自然生成元. 将 $\triangle ABC$ 的三条边 AB, BC, CA 分别与 I 等同, 取 $f : \partial \triangle ABC \to S^1$, $f|_{AB} = \alpha$, $f|_{BC} = \alpha$, $f|_{CA} = \alpha^{-1}$, 则 $X = S^1 \cup_f \triangle ABC$. f 所确定的 $\Omega(S^1, x_0)$ 中的成员记为 β, 则 $\beta = (\alpha \cdot \alpha) \cdot \alpha^{-1} \simeq_p \alpha$, 即 $\langle \beta \rangle = \langle \alpha \rangle = z \in \pi_1(S^1, x_0)$.

与例 5.4.3 类似可知, $\pi_1(X, x_0) \cong \langle \alpha; \beta \rangle = \langle z; z \rangle = 1$, 即蜷帽空间是单连通的. 可进一步证明, 蜷帽空间还是可缩的.

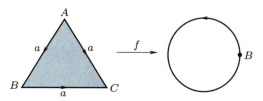

图 5.21 蜷帽空间

下面给出商空间的形变收缩判定.

定理 5.4.2 设 $f : X \to Y$ 为商映射, $A \subset X$, $B = f(A)$. 若 $r : X \to A$ 是 (强) 形变收缩, $H : \mathrm{id}_X \simeq i \circ r$, 并且满足: 当 $x \overset{f}{\sim} x'$ (即 $f(x) = f(x')$) 时, $\forall t \in I$, $H(x, t) \overset{f}{\sim} H(x', t)$, 则存在 Y 到 B 的 (强) 形变收缩.

证明 定义 $G : Y \times I \to Y$, 使得 $\forall (y, t) \in Y \times I$, 取 $x \in f^{-1}(y)$, $G(y, t) = f(H(x, t))$. H 的条件保证 G 是确定的, 并且有如下交换图表, 即 $G \circ (f \times \mathrm{id}_I) = f \circ H$.

$$
\begin{array}{ccc}
X \times I & \overset{H}{\longrightarrow} & X \\
{\scriptstyle f \times \mathrm{id}_I} \downarrow & & \downarrow {\scriptstyle f} \\
Y \times I & \underset{G}{\longrightarrow} & Y
\end{array}
$$

f 是商映射, 从而 $f \times \mathrm{id}_I$ 是商映射, 而 $f \circ H$ 连续, 故由商映射的性质即知 G 连续. 记 $r' = G|_{Y \times 1}$. 下面验证 $r' : Y \to f(B)$ 是形变收缩映射.

(1) $r' : Y \to f(B)$ 是收缩映射.

事实上, 任意 $y \in Y$, 取 $x \in f^{-1}(y)$, 则

$$ r'(y) = G(y, 1) = f(H(x, 1)) = f(i \circ r(x)) = f(r(x)) \in f(A) = B, $$

即 $r'(Y) \subset B$ 连续. 任意 $b \in B$, 取 $a \in f^{-1}(b)$, 则

$$r'(b) = G(b, 1) = f(H(a, 1)) = f(a) = b,$$

故 $r' : Y \to f(B)$ 是收缩映射.

(2) 任意 $y \in Y$, 取 $x \in f^{-1}(y)$, 则

$$G(y, 0) = f(H(x, 0)) = f(x) = y,$$

即 $G : 1_Y \simeq i \circ r'$, 故 $r' : Y \to f(B)$ 是形变收缩映射.

(3) 如果 H 是强形变收缩, 则对于任意 $b \in B$, 取 $a \in f^{-1}(b)$, 对于任意 $t \in I$,

$$G(b, t) = f(H(a, t)) = f(a) = b,$$

故 G 也是强形变收缩.

利用定理 5.4.2 可以直接证明例 5.4.2(1). $\qquad\square$

习题 5.4

1. (ER) 设 $2 < n \in \mathbb{Z}$, 证明 $\mathbb{R}^n$ 中去掉有限多个点所得的空间仍是单连通的.

2. 计算下列空间的基本群:

(1) (ER) 去掉两个点的开圆盘;

(2) (ER) $\mathbb{R}^2$ 去掉 n 个点;

(3) (ER) T^2 去掉 1 个点;

(4) (E) T^2 去掉 n 个点;

(5) (E) T^n 去掉 1 个点;

(6) (ER) S^2 去掉 n 个点.

3. 计算下列空间的基本群:

(1) (ER) $\mathbb{R}^3$ 中去掉 2 条不交直线;

(2) (E) $\mathbb{R}^3$ 中去掉 3 条坐标轴;

(3) (ER) $\mathbb{R}^3$ 挖去 3 点;

(4) (ER) $\mathbb{R}^3$ 挖去 2 条相交直线;

(5) (MR) $\mathbb{R}^3$ 挖去 3 条相交直线 (讨论有几种可能);

(6) (E) $\mathbb{R}^3$ 挖去 xy 平面上的单位圆周;

(7) (MR) $\mathbb{R}^3$ 挖去 xy 平面上的 2 个同心的圆周;

(8) (MR) $\mathbb{R}^3$ 挖去 xy 平面上的一个 8 字形图案.

4. (MR) 证明 $\mathbb{R}^3$ 挖去 n 个点后是单连通的.

5. (MR) 设 X 是 $\mathbb{R}^3$ 中 n 条过原点的直线的并, 计算 $\pi_1(\mathbb{R}^3 - X)$.

6. (M) 设 S_i^2 是 $\mathbb{R}^3$ 中以 $(i, 0, 0)$ 为心、$\frac{1}{2}$ 为半径的球面, $i \in \mathbb{Z}$, $X = \bigcup_{i \in \mathbb{Z}} S_i^2$, 如

图 5.22 所示. 证明 X 是单连通的.

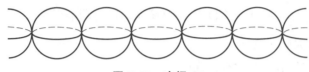

$$\text{图 5.22　空间 } X$$

7. (M) 设 X 是 $\mathbb{R}^3$ 中以原点为心的单位球面, Y 是三条坐标轴的并, $A = X \cup Y$. 计算 $\pi_1(A)$.

8. (MRH) 拓扑学中, 有限图可以定义为高维欧氏空间 $\mathbb{R}^n$ 的子空间, 它是有限个点 $A_1, A_2, \cdots, A_n$ 和有限条线段 $e_1, e_2, \cdots e_m$ 的并集, 满足每一条线段 e_i 的端点在集合 $V = \{A_1, A_2, \cdots, A_n\}$ 中, 且任何两条线段的内部不相交. 证明有限图的基本群是自由群, 并计算 "田" 字图的基本群.

9. (DR) 设 X 是 $\mathbb{R}^3$ 中以 $(1, 0, 0)$ 为圆心、1 为半径的圆周. 将 X 在 $\mathbb{R}^3$ 中绕 y 轴旋转一周得到空间 Y. 计算 $\pi_1(Y)$. (需考虑 X 的位置.)

10. (DR) 解答下列问题:

(1) 计算子空间 $Q_1 = \{(b, c) \in \mathbb{C}^2 \mid x^2 + bx + c = 0 \text{ 有两个不同的根}\}$ 的基本群;

(2) 计算子空间 $Q = \{(a, b, c) \in \mathbb{C}^3 \mid ax^2 + bx + c = 0 \text{ 有两个不同的根}\}$ 的基本群.

11. (DR*) 设 $E = \{(x, y) \in \mathbb{R}^3 \times \mathbb{R}^3 \mid x \neq y\}$ 是 $\mathbb{R}^6 = \mathbb{R}^3 \times \mathbb{R}^3$ 的子集. 在 E 上定义一个等价关系 $(x, y) \sim (y, x), \forall (x, y) \in E$, 计算 $E/\sim$ 的基本群.

12. (MRH) 在附录中融合积的定义里, 生成元之间的对应 $X_i \mapsto X_i$ 诱导了群同态 $f_1: G_1 \to G_1 *_\Phi G_2$ 和 $f_2: G_2 \to G_1 *_\Phi G_2$. 此外, $\forall h \in H$, $f_0: h \mapsto \phi_1(h)$ 诱导了同态 $f_0: H \to G_1 *_\Phi G_2$. 如果我们加入条件 "$\phi_1, \phi_2$ 都是单射", 则可以证明 f_1, f_2, f_0 都是单射.

应用这个代数结果, 证明下面的拓扑定理:

在范坎彭定理中, 有含入映射 $f_1: X_1 \to X, f_2: X_2 \to X, f_0: X_0 \to X$. 如果 i_{1*}, i_{2*} 都是单射, 则基本群之间的同态 f_{1*}, f_{2*}, f_{0*} 都是单射.

13. (DRH) 设 A, B 是 X 的子空间. $f: A \to B$ 是一个同胚. 在 X 上引入等价关系 $\forall a \in A, f(a) \sim a$. 令 $Y = X/\sim$.

(1) 范坎彭定理中的 X 可以看成 X_1, X_2 沿 X_0 黏合. 上面的 Y 可以看成 X 中 A, B 用同胚 f 黏合. 如何利用范坎彭定理处理这种情形?

(2) 如果 f 只是连续映射, 应如何处理?

14. (DRH) 在范坎彭定理中, 要求 X_0 是连通的. 如果 X_0 不连通 (例如有两个分支), 如何利用范坎彭定理处理这种情形?

15. (DRH**) 设 $K \subset \mathbb{R}^3$ 是一个纽结, 记 $X = \mathbb{R}^3 - K$, 则 $\pi_1(X)$ 称为这个纽结的基本群 (也称纽结群). 对于图 5.23(b) 中的纽结, 在每个交点处作一个球面, X 在球面内

部的部分分别记为 B_1, B_2, B_3, 得到图 5.23(a). 令 $A = X - B_1 - B_2 - B_3$.

(1) 依次计算 $\pi_1(A), \pi_1(A \cup B_1), \pi_1(A \cup B_1 \cup B_2), \pi_1(A \cup B_1 \cup B_2 \cup B_3)$ (用范坎彭定理);

(2) 利用 (1) 中的方法求图 5.23 中 (b)(c) 两个纽结的基本群;

(3) 证明这两个纽结群不同构 (所以这两个纽结不等价).

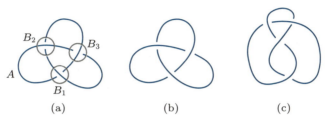

图 5.23　计算纽结的群

16. (DRH**) 链环是多个纽结的无交并. 设 $L \subset \mathbb{R}^3$ 是一个链环, 则 $\pi_1(\mathbb{R}^3 - L)$ 称为这个链环的基本群. 求图 5.24 中 (a)(b) 两个链环的基本群, 并证明这两个群不同构 (所以这两个链环不等价).

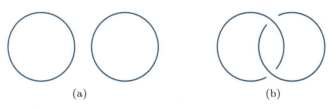

图 5.24　两个链环

5.5　基本群的应用

我们下面看看圆周基本群的几个应用, 这些应用也说明了基本群的重要性.

5.5.1　几个经典应用

应用 1: 布劳威尔不动点定理 2 维情形的证明

定理 5.5.1 (2 维布劳威尔不动点定理)　设 D^2 是单位圆盘, $f : D^2 \to D^2$ 连续. 则存在 $x \in D^2$, 使得 $f(x) = x$.

证明　反证. 假设对任意 $x \in D^2$, $f(x) \neq x$. 从 $f(x)$ 出发过 x 引射线 l_x, l_x 交 $\partial D^2 = S^1$ 于一点 $r(x)$, 则 $r : D^2 \to S^1$ 连续, $r|_{S^1} = 1_{S^1}$, 即 r 为收缩映射.

令 $i : S^1 \to D^2$ 为含入映射, 取基点 $x_0 \in S^1$, 则 $r \circ i = 1_{S^1}$, 1_{S^1} 诱导了恒等同构 $1_* : \pi_1(S^1, x_0) \to \pi_1(S^1, x_0)$, $\pi_1(S^1, x_0) \cong \mathbb{Z}$, 1_* 为非零同态. 因 $r_* \circ i_* = 1_*$, 其中 $i_* : \pi_1(S^1, x_0) \to \pi_1(D^2, x_0)$, $r_* : \pi_1(D^2, x_0) \to \pi_1(S^1, x_0)$. 注意到 $\pi_1(D^2, x_0) = 1$, 故 r_* 是零同态, 从而 $1_* = r_* \circ i_*$ 为零同态, 矛盾. 故 f 必有不动点. $\qquad\square$

上述证明实际上是证明了不存在从 D^2 到 S^1 的收缩映射.

应用 2: 代数基本定理的证明

定理 5.5.2 (代数基本定理) 设 $f(z) = \sum_{i=0}^{n} c_i z^i$ 是复数域 $\mathbb{C}$ 上的 n 次多项式, $n \geqslant 1, c_i \in \mathbb{C}, 0 \leqslant i \leqslant n, c_n \neq 0$, 则存在 $z_0 \in \mathbb{C}$, 使得 $f(z_0) = 0$.

证明 反证. 假设对任意 $z \in \mathbb{C}$, $f(z) \neq 0$. 不妨设 $c_n = 1$. 对于 $t \geqslant 0$, 令 $g_t : S^1 \to S^1$, $\forall z \in S^1, g_t(z) = \dfrac{f(tz)}{|f(tz)|}$, 则每个 g_t 都连续.

对于 $t, t' \geqslant 0$, 令 $G : S^1 \times I \to S^1$, $\forall z \in S^1, s \in I$,

$$G(z, s) = \frac{f(((1-s)t + st')z)}{|f(((1-s)t + st')z)|},$$

则 G 连续, 且 $G(z, 0) = g_t(z), G(z, 1) = g_{t'}(z)$, 故 $G : g_t \simeq g_{t'}$, 从而 $\forall t > 0, g_t \simeq g_0$. g_0 为常值映射, 故 $g_{0*} : \pi_1(S^1) \to \pi_1(S^1)$ 为零同态, 从而 g_{t*} 也是零同态. 令 $h : S^1 \to S^1, h(z) = z^n$. 对于 $\pi_1(S^1)$ 的一个生成元 $\alpha, h_*(\alpha) = \alpha^n$, 故 h_* 不是零同态.

但 t 充分大时,

$$g_t(z) = \frac{f(tz)}{|f(tz)|} = \frac{z^n + \dfrac{1}{t}c_{n-1}z^{n-1} + \cdots + \dfrac{1}{t^n}c_0}{\left| z^n + \dfrac{1}{t}c_{n-1}z^{n-1} + \cdots + \dfrac{1}{t^n}c_0 \right|},$$

$g_t \simeq h, g_{t*} = \gamma_{\#} \circ h_*$ 为非零同态, 矛盾. $\qquad\square$

应用 3: 曲面上边界点与内点的区分

定理 5.5.3 设 X 为拓扑空间, $x \in X$, V 是 x 的开邻域, 且有同胚 $f : V \to \mathbb{R}^2_+$ ($\mathbb{R}^2_+$ 为上半平面), 使得 $f(x) = O$ (原点), 则 x 没有同胚于 $\mathbb{R}^2$ 的开邻域.

证明 反证. 假设 x 有开邻域 U, 使得存在同胚 $g : U \to \mathbb{R}^2$, 则 $U \cap V$ 是 x 的开邻域, $f(U \cap V)$ 是 O 在 $\mathbb{R}^2_+$ 的开邻域, $g(U \cap V)$ 是 $g(x)$ 在 $\mathbb{R}^2$ 的开邻域, 且 $h = g|_{U \cap V} \circ (f|_{U \cap V})^{-1} : f(U \cap V) \to g(U \cap V)$ 为同胚, 参见图 5.25.

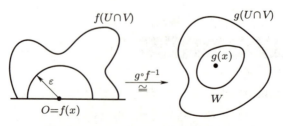

图 5.25 $f(x)$ 和 $g(x)$ 的开邻域同胚

取 $\varepsilon > 0$, 使得 $\mathbb{R}^2_+$ 中的球形邻域 $B(O,\varepsilon) \subset f(U \cap V)$, 则 $W = h(B(O,\varepsilon))$ 是 $g(x) \in \mathbb{R}^2$ 的开邻域. 注意, $B(O,\varepsilon) - \{O\}$ 仍是可缩的.

取 $g(x)$ 的一个邻域 $\Theta = B(g(x),\delta)$, 使得 $\Theta \subset \mathrm{Cl}(\Theta) \subset W$. 记 $C = \partial\Theta \cong S^1$. 对于任意 $y \in W - \{g(x)\}$, 从 $g(x)$ 出发在 $\mathbb{R}^2$ 上过 y 引射线 l_y, 交 C 于一点 $r(y)$, 则

$$r : W - \{g(x)\} \to C$$

连续, 且 $r|_C = \mathrm{id}_C$, 即 r 为收缩映射.

令 $i : C \to W - \{g(x)\}$ 为含入映射, 则 $r \circ i = 1_C$. 取基点 $x_0 \in C$, 则有 $r_* \circ i_* = 1_*$, 其中 $1_* : \pi_1(C, x_0) \to \pi_1(C, x_0)$ 为恒等同构. 因 $\pi_1(C, x_0) \cong \mathbb{Z}$, 故 $i_* : \pi_1(C, x_0) \to \pi_1(W - \{g(x)\}, x_0)$ 为单同态. 这样, $\pi_1(W - \{g(x)\}, x_0)$ 有非平凡子群 $i_*(\pi_1(C, x_0)) \cong \mathbb{Z}$, 从而是非平凡的, 与 $h(B(O,\varepsilon) - \{O\}) = W - \{g(x)\}$ 是可缩的矛盾. $\qquad\square$

应用 4: 圆周函数 $f : S^1 \to S^1$ 的度与同伦分类

将单位圆周 S^1 看成复平面的子空间. S^1 上的点用 $\mathrm{e}^{\theta\mathrm{i}}$ 来表示, 其中 θ 为该点的辐角, $0 \leqslant \theta \leqslant 2\pi$, $1 = \mathrm{e}^0 = \mathrm{e}^{2\pi\mathrm{i}}$. 称连续映射 $f : S^1 \to S^1$ 为一个**圆周函数**. 设 $\delta : I \to S^1$, 对于 $t \in I$, $\delta(t) = \mathrm{e}^{2\pi t\mathrm{i}}$. 记 $\bar{f} = f \circ \delta : I \to S^1$, 称 $\bar{f}$ 为 f 的**伴随函数**.

命题 5.5.1 设 $f, g : S^1 \to S^1$ 都是圆周函数, 则 $f \simeq g$ 当且仅当 $\bar{f} \simeq_p \bar{g}$.

证明 必要性显然. 下证充分性. 设 $F : I \times I$, $F : \bar{f} \simeq_p \bar{g}$. 令 $G : S^1 \times I \to S^1$, 对于 $(\mathrm{e}^{\theta\mathrm{i}}, s) \in S^1 \times I$, $G(\mathrm{e}^{\theta\mathrm{i}}, s) = F\left(\dfrac{\theta}{2\pi}, s\right)$, 则显然 G 连续, 且 $G : \bar{f} \simeq_p \bar{g}$. $\qquad\square$

对于圆周函数 $f : S^1 \to S^1$, 设 $f(1) = \mathrm{e}^{\theta_0\mathrm{i}} \in S^1$, $f_* : \pi_1(S^1, 1) \to \pi_1(S^1, \mathrm{e}^{\theta_0\mathrm{i}})$ 为 f 诱导的同态. $\langle\delta\rangle$ 是 $\pi_1(S^1, 1)$ 的生成元. 设 $\delta_f : I \to S^1$, 对于 $t \in I$, $\delta_f(t) = \mathrm{e}^{(\theta_0 + 2\pi t)\mathrm{i}}$, 则 $\langle\delta_f\rangle$ 是 $\pi_1(S^1, \mathrm{e}^{\theta_0\mathrm{i}})$ 的生成元. 故 $f_*(\langle\delta\rangle) = n\langle\delta_f\rangle$. 同理, 对于圆周函数 $g : S^1 \to S^1$, 设 $g(1) = \mathrm{e}^{\theta_1\mathrm{i}} \in S^1$, $g_* : \pi_1(S^1, 1) \to \pi_1(S^1, \mathrm{e}^{\theta_1\mathrm{i}})$ 为 g 诱导的同态. 设 $\delta_f : I \to S^1$, 对于 $t \in I$, $\delta_g(t) = \mathrm{e}^{(\theta_1 + 2\pi t)\mathrm{i}}$, 则 $\langle\delta_g\rangle$ 是 $\pi_1(S^1, \mathrm{e}^{\theta_1\mathrm{i}})$ 的生成元, 且 $g_*(\langle\delta\rangle) = m\langle\delta_g\rangle$. 由定理 5.2.4 可知 $m = n$. 据此, 可以定义 f 的度如下:

定义 5.5.1 称 $f_*(\langle\delta\rangle) = n\langle\delta_f\rangle$ 式中的 n 为圆周函数 $f : S^1 \to S^1$ 的**度**, 记作 $\deg_{\pi_1}(f)$.

定理 5.5.4 设 $f, g : S^1 \to S^1$ 都是圆周函数, 则 $f \simeq g$ 当且仅当 $\deg_{\pi_1} f = \deg_{\pi_1} g$.

证明 必要性由 $\deg_{\pi_1}(f)$ 的定义直接可得.

下证充分性. 若 $f(1) = \theta_0 \neq 1$, 令 $f' : S^1 \to S^1$, 对于 $\mathrm{e}^{\theta\mathrm{i}} \in S^1$, $f'(\mathrm{e}^{\theta\mathrm{i}}) = f(\mathrm{e}^{\theta\mathrm{i}})\mathrm{e}^{-\theta_0\mathrm{i}}$, $0 \leqslant \theta \leqslant 2\pi$, 则易见 $f' \simeq f$, 且 $f'(1) = 1 \in S^1$, $\deg f = \deg f'$. 下面不妨假设 $f, g : S^1 \to S^1$ 都是圆周函数, 且 $f(1) = 1 = g(1)$, $\deg_{\pi_1} f = \deg_{\pi_1} g = n \in \mathbb{Z}$. 现在, $\bar{f}, \bar{g} : I \to S^1$ 都是 S^1 上以 1 为基点的闭路. 由引理 5.3.1, $\bar{f}, \bar{g}$ 都可以通过指数映射 $\rho : \mathbb{R} \to S^1$ 提升至 $\tilde{f}, \tilde{g} : (I, 0) \to (\mathbb{R}, 0)$. 由定理 5.3.1 的证明可知 $\tilde{f}(1) = n = \tilde{g}(1)$. 故 $\tilde{f} \simeq_p \tilde{g}$, 从而

$\bar{f} = \rho \circ \tilde{f} \simeq_p \rho \circ \tilde{g} = \bar{g}$. 再由命题 5.5.1 即知 $f \simeq g$. □

下面是定理 5.5.4 的直接推论, 它们将在第 10 章讨论度在心脏搏动模型中的应用时发挥作用:

推论 5.5.1 设 $F: S^1 \times I \to S^1$ 连续. 对于 $t \in I$, 记 $f_t = F|_{S^1 \times \{t\}}: S^1 \to S^1$, 对任意 $x \in S^1$, $f_t(x) = F(x,t)$, 则对于 $s, t \in I$, $\deg_{\pi_1}(f_s) = \deg_{\pi_1}(f_t)$, 即 $\deg_{\pi_1}(f_t)$ 与 t 无关.

推论 5.5.2 设 $f: S^1 \to S^1$ 连续, $\deg_{\pi_1}(f) \neq 0$, 则 f 为满射.

事实上, 若 f 非满射, f 是零伦的, 则有 $\deg_{\pi_1}(f) = 0$, 与假设矛盾.

*5.5.2　若尔当曲线定理

应用 5: 若尔当曲线定理

回想一下, $\mathbb{R}^2$ 上的一条简单闭曲线 J 是 S^1 在 $\mathbb{R}^2$ 上的一个嵌入像, 也称 J 为一条**若尔当曲线**; 称单位区间 I 在 $\mathbb{R}^2$ 上的一个嵌入像为 $\mathbb{R}^2$ 上的一条**简单弧**.

定理 5.5.5 (若尔当曲线定理) 设 J 为 $\mathbb{R}^2$ 上一条若尔当曲线, 则 J 是 $\mathbb{R}^2$ 的一个分割子集.

证明 设 $h: \mathbb{R}^2 \to S^2 - \{(0,0,1)\}$ 为一个同胚, 取定一点 $p \in J$, 再取定一个同胚 $k: \mathbb{R}^2 \to S^2 - \{h(p)\}$. 记 $L = k^{-1}(h(J) - \{p\})$, 则 L 是 $\mathbb{R}^2$ 上同胚于直线 $\mathbb{R}$ 的一个闭集. 可想象 L 是 $\mathbb{R}^2$ 上两端伸向无穷的曲线, 如图 5.26 所示.

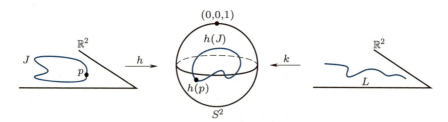

图 5.26　曲线 J 和 L

不难验证, $\mathbb{R}^2 - J$, $S^2 - h(J)$ 和 $\mathbb{R}^2 - L$ 的连通分支数相同.

将 $\mathbb{R}^2$ 视为 $\mathbb{R}^3$ 中的 xy 平面. 记 $X = \mathbb{R}^2 - L$. 因 L 是 $\mathbb{R}^2$ 中的闭集, 故 X 是 $\mathbb{R}^2$ 中的开集. 假设 X 连通, 则 X 是道路连通的.

令 $\mathbb{R}^3_+ = \{(x,y,z) \in \mathbb{R}^3 \mid z > 0\}$, $\mathbb{R}^3_- = \{(x,y,z) \in \mathbb{R}^3 \mid z < 0\}$,

$$U = \mathbb{R}^3_+ \cup \{(x,y,z) \mid (x,y) \in X, -1 < z \leqslant 0\},$$

$$V = \mathbb{R}^3_- \cup \{(x,y,z) \mid (x,y) \in X, 0 \leqslant z < 1\},$$

则

$$U \cup V = \mathbb{R}^3 - L, \quad U \cap V = X \times (-1, 1).$$

显然, U 和 V 都是单连通的, $U \cap V$ 是道路连通的, 故 $\mathbb{R}^3 - L$ 是单连通的. 若下面的断言成立, 则 $\mathbb{R}^3 - L \cong \mathbb{R}^3 - z$ 轴, 但 $\mathbb{R}^3 - z$ 轴 $\simeq S^1$, S^1 非单连通, 矛盾. 从而定理得证.

断言: 存在一个同胚 $\varphi : \mathbb{R}^3 \to \mathbb{R}^3$, $\varphi(L) = z$ 轴.

取定一个同胚 $f : L \to \mathbb{R}$, 令 $L_1 = \{(x, y, f(x, y)) \mid (x, y) \in L\}$, 则 L_1 是 $\mathbb{R}^3$ 中的一个闭集, 也是 $\mathbb{R}^3$ 中的一条曲线, 其 "一半" (另 "一半") 垂直地位于 L 的上方 (下方), L_1 与 $\mathbb{R}^3$ 中的每个水平面恰好交于一点, 如图 5.27 所示. 下面基本的想法是先将 L 上的点垂直地挪到 L_1 上, 再将 L_1 水平地挪到 z 轴. 我们需用整个 $\mathbb{R}^3$ 的同胚来实现这个想法.

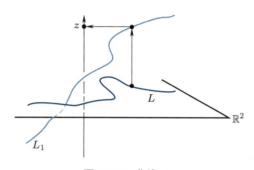

图 5.27 曲线 L_1

用蒂策扩张定理将 $f : L \to \mathbb{R}$ 连续地扩张为 $g : \mathbb{R}^2 \to \mathbb{R}$. 令 $\varphi_1 : \mathbb{R}^3 \to \mathbb{R}^3$, $\varphi_1(x, y, z) = (x, y, z + g(x, y))$, 则容易验证, φ_1 是一个同胚, 且 $\varphi_1(L) = L_1$.

设 $p_i : \mathbb{R}^2 \to \mathbb{R}$ 为自然投影, 即 $p_i(x_1, x_2) = x_i$, $i = 1, 2$. 再令

$$\varphi_2 : \mathbb{R}^3 \to \mathbb{R}^3, \varphi_2(x, y, z) = (x - p_1 \circ f^{-1}(z), y - p_2 \circ f^{-1}(z), z),$$

则容易验证, φ_2 也是一个同胚, 且 $\varphi_2(L_1)$ 为 z 轴.

记 $\varphi = \varphi_2 \circ \varphi_1 : \mathbb{R}^3 \to \mathbb{R}^3$, 则 φ_2 是同胚, 且 $\varphi(L) = z$ 轴, 断言得证. $\qquad\square$

应用 6: 简单弧在平面上的非分离性

定理 5.5.6 设 A 为 $\mathbb{R}^2$ 上一条简单弧, 则 A 不是 $\mathbb{R}^2$ 的一个分割子集.

证明 记 $Y = \mathbb{R}^2 - A$. 假设 Y 不是连通的, 即 Y 的连通分支多于一个. 因 A 紧致, 故是一个有界闭集, 从而 Y 是平面上的开集. 易知 Y 只有一个连通分支是无界的. 再取 Y 的一个有界连通分支 K, 则 K 是 Y 的开集, 从而也是平面上的开集. 取一个足够大的以原点为中心的圆盘 D, 使得 $F_1 = A \cup K$ 含于 D 的内部. K 是 Y 的一个连通分支, K 的闭包不能与 Y 的其他连通分支相交, 故 $\mathrm{Cl}(K) \subset F_1$. A 显然是 D 内的闭集, 故 F_1 在 D 内是闭集.

设 $q \in K$, 将 D 的边界圆周 ∂D 记为 S^1, $r : D - \{q\} \to S^1$ 为沿着射线 $(q, s]$ 到每点 $s \in S^1$ 所作的收缩映射.

考虑 $h = r|_A : A \to S^1$. 由于 A 同胚于 $[0, 1]$, 可以用道路提升引理提升 h 为映射 $\tilde{h} : A \to \mathbb{R}$, 使得 $p \circ \tilde{h} = h$, 其中 $p : \mathbb{R} \to S^1$ 为指数映射. 由蒂策扩张定理, 将 $\tilde{h}$ 扩张为

连续映射 $g: F_1 \to \mathbb{R}$. 再令 $f_1 = p \circ g: F_1 \to S^1$.

记 $F_2 = D - K$. 前面已看到, K 是平面上的开集, 故 F_2 也是 D 的闭集, 且 $F_1 \cap F_2 = A$. 记 $f_2 = r|_{F_2}: F_2 \to S^1$. $\forall a \in A$, $f_1(a) = r(a) = f_2(a)$. 令 $H: D \to S^1$,

$$H(x) = \begin{cases} f_1(x), & x \in F_1, \\ f_2(x), & x \in F_2. \end{cases}$$

由焊接引理, H 连续. 注意到当 $x \in S^1 = \partial D \subset F_2$ 时, $H(x) = f_1(x) = r(x) = x$, 即 H 是收缩映射. 我们在前面应用 1 中已看到, 不存在从圆盘到它的边界圆周上的收缩映射, 于是得到了矛盾. 这就证明了 Y 是连通的. $\qquad \square$

注 5.5.1 (1) 经典的平面拓扑学有几个较为困难的问题, 它们是在分析学的研究中很自然产生的. 这些问题的答案看上去很直观, 但要给出证明却非常困难. 若尔当曲线定理是其中之一, 它涉及一个在几何上看似很直观的结论: 平面上的一条简单闭曲线总会将平面分成两个连通分支, 一个在 "内", 一个在 "外". 这个猜测最初由若尔当于 1892 年提出, 随后便出现了一些不正确的证明, 其中包括了若尔当本人给出的一个证明. 正确的证明最终由维布伦 (Veblen) 于 1905 年给出. 早期的证明是很复杂的, 数年之后才找到了较为简单的证明方法. 如果借助于现代代数拓扑学, 尤其是奇异同调论, 证明则会变得很直接.

(2) 如果将若尔当曲线换成平面内若干线段连成的若尔当曲线 J, X 为 $\mathbb{R}^2 - J$ 的有界连通分支的闭包, 则不难证明, X 同胚于圆盘. 前面陈述的是若尔当曲线定理的一个较弱的形式, 较强形式的陈述是: "$\mathbb{R}^2$ 上一条若尔当曲线 J 总是把 $\mathbb{R}^2$ 分割成两个分支, 其中有界的分支 X 的闭包同胚于圆盘, 且 $\partial \mathrm{Cl}(X) = J$", 但证明起来则困难得多.

习题 5.5

1. (ER) 证明连续映射 $f: I^2 \to I^2$ 一定有不动点.

2. (MRH) 设 $D \subset \mathbb{R}^2$ 为单位圆盘, $f: D \to \mathbb{R}^2$ 连续. 证明在下列条件之一成立时, f 有不动点, 即存在 $x_0 \in D$, 使得 $f(x_0) = x_0$:

(1) $f(S^1) \subset D$;

(2) 对任意的 $x \in S^1$, $f(x)$, x 与原点不共线;

(3) 对任意的 $x \in S^1$, 线段 $[x, f(x)]$ 不过原点.

3. (MRH) 设 $f: S^1 \to S^1$ 零伦, 证明 f 一定有不动点, 且存在 $x \in S^1$, 使得 $f(x) = -x$.

4. (MRH) 已知不存在收缩 $r: B^3 \to S^2$, 证明:

(1) 恒等映射 $\mathrm{id}: S^2 \to S^2$ 不是零伦;

(2) 含入映射 $i: S^2 \to \mathbb{R}^3 - \{0\}$ 不是零伦;

(3) 任意映射 $f: B^3 \to B^3$ 必有不动点;

(4) 非负可逆 3×3 实矩阵必有一个正的实特征值;

(5) 若 $f: S^2 \to S^2$ 零伦, 则 f 一定有不动点, 且存在 $x \in S^2$, 使得 $f(x) = -x$.

5. 判断下列空间是否具有不动点性质 (见第 7 题); 若没有, 构造一个不存在不动点的连续映射:

(1) (ER) 闭区间;

(2) (ER) 开区间;

(3) (ER) 开圆盘;

(4) (ER) 闭圆盘去掉一个点;

(5) (ERH) 球面 S^2;

(6) (ER) n 维环面 T^n;

(7) (MRH) "8" 字形.

6. (ERH) 设 B^2 表示 2 维闭圆盘, $A \subset B^2$ 为收缩核. 证明 $f: A \to A$ 有不动点.

7. (MRH) 设 X 为拓扑空间. 若每个连续映射 $f: X \to X$ 都有不动点, 则称 X 具有不动点性质.

(1) 设 X 具有不动点性质, 且 X 可以形变收缩到它的子空间 A, 证明 A 也有不动点性质;

(2) 利用结论 "如果一个图是树 (定义见第 8.2 节), 那么它是圆盘的一个收缩" 来证明: 每一个树都有不动点性质.

8. (M) 给出一个满足下列条件的例子: 空间 X 可形变收缩到它的一个子空间 A, A 具有不动点性质, 但 X 没有.

9. (H) 设 $A \subset X$. 证明在下列各情况中不存在形变收缩 $f: X \to A$:

(1) (ER) $X = \mathbb{R}^3$, $A \cong S^1$;

(2) (MR) X 是实心环 $D \times S^1$, A 是它的边界环面 $S^1 \times S^1$;

(3) (ER) $X = S^2$, A 是球面上的赤道.

10. (MRH) 设 $G = \langle x_1, \cdots, x_n; r \rangle$ 是一个 n 元单关系有限表现群. 试构造一个基本群同构于 G 的空间.

11. (MRH) 试给出一个基本群同构于下述群的空间:

(1) $\mathbb{Z}_p$;

(2) $\mathbb{Z}_p \times \mathbb{Z}_q$;

(3) $\mathbb{Z}_p * \mathbb{Z}_q$.

12. (DRH**) 与平面的情形不同, 二维球面嵌入 $\mathbb{R}^3$ 时会有奇怪的情形出现. 一方面, 可以证明对于任意的嵌入 $g: S^2 \to \mathbb{R}^3$, $g(S^2)$ 都把 $\mathbb{R}^3$ 分成两部分. 另一方面, 存在

特殊的嵌入 $f : S^2 \to \mathbb{R}^3$, 使得 $\mathbb{R}^3 - f(S^2)$ 的任一分支的基本群都非平凡. 请读者查阅亚历山大怪球 (Alexander's horned sphere 1924, 图 5.28) 的构造, 并证明亚历山大怪球外面的空间的基本群非平凡. (提示: 应用上节习题中关于范坎彭定理的补充内容).

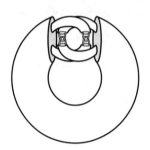

图 5.28　亚历山大怪球

注　(1) 另一个著名例子是安托万 (Antoine) 的项链. 用 C 代表康托尔集, 安托万 (1921) 构造了一个嵌入 $h : C \to \mathbb{R}^3$, 使得 $\mathbb{R}^3 - h(C)$ 的基本群非平凡 (使用类似方法证明).

(2) 此外, 还有一维的构造. 存在一个嵌入 $q : I \to \mathbb{R}^3$, 使得 $\mathbb{R}^3 - q(I)$ 的基本群非平凡 (使用类似方法证明). 著名的例子是福克斯－阿廷 (Fox-Artin) 弧 (1948), 它也称为狂野弧 (wild arc). 该题相关内容参见文献 [50] 和 [51].

第 6 章

曲面的拓扑分类

本章介绍流形的概念. 流形是现代几何学的主要研究对象. 拓扑学最主要的三部分是点集拓扑、代数拓扑和几何拓扑. 而代数拓扑和几何拓扑的最重要的研究对象也是流形. 第 1—4 章研究了各种各样的拓扑空间, 但是这些拓扑空间大部分和欧氏空间差别很大, 无法在上面定义导数. 研究流形的一大好处是可以把微积分推广到比欧氏空间更广的空间, 从而可以用微积分的工具研究空间的性质, 这是现代几何学的内容.

常见的 1 维连通流形是区间和圆周, 2 维连通流形是各种各样的曲面, 例如, 平面、球面、圆盘、环面、默比乌斯带, 等等. 球面和平面有很不相同的整体结构: 在球面上沿某一个固定方向走, 最终可以回到起点; 而在一个平面上, 沿任一个固定方向一直走下去回不到起点. 但是在局部上, 它们每一点的附近都有一个邻域同胚于平面. 这种特性是流形最重要的特点, 它使得我们可以在局部范围内应用分析学工具对流形进行研究.

本章第 1 节先介绍拓扑流形, 它是欧氏空间和曲面的推广. 本章其余部分主要介绍曲面. 第 2 节将介绍曲面的多边形表示, 第 3 节将介绍紧致曲面的拓扑分类定理 —— 拓扑学中一个非常完美的分类定理.

6.1　拓扑流形

喜欢旅游或地理的人手头上都会有各种各样的地图册, 在他们准备启程去某一个目的地之前, 通常会翻到地图册中该地所在的页面了解当地的风土人情、特色景点和地貌特征. 各地的情况都可以在它所在的页面中找到. 数学上, 我们可以用类似的方法来描述一类比较特别的对象 —— 流形. 通常不可能用一张图来描述整个流形, 这是因为流形整体上通常比建造它的模型所用的简单空间要复杂. 当使用多张图来覆盖流形的时候, 我们需要注意它们重叠的区域, 因为这些重叠包含了整体结构的信息.

回想一下, 平面上的单位圆周 S^1 上有一个拓扑基 $\mathcal{B}$, 它由 S^1 上所有的开弧段构成. 把 $\mathcal{B}$ 看成一个地图册, 其中每个开弧段是一个页面, 每个这样的页面都同胚于一个开区间或直线 $\mathbb{R}$. 当然这是一个很详尽的地图册. 我们已经知道, S^1 不同胚于直线 $\mathbb{R}$. 如果要求地图册的每个页面同胚于一个开区间, 所有页面形成一个开覆盖, 则 S^1 的一个地图册至少要有两个页面, $\mathbb{R}$ 有一个只有一个页面的地图册. 另一方面, S^1 的确有一个只有两个页面的地图册. 例如, 设 x, y 是 S^1 上两个不同的点, 令 $U = S^1 - \{y\}$, $V = S^1 - \{x\}$, 则 $\{U, V\}$ 是 S^1 的一个只有两个页面的地图册. 我们在证明道路提升引理和道路同伦提升引理时就用到了类似的地图册.

类似可知, 单位球面 S^2 和环面 $T = S^1 \times S^1$ 也有这样的描述, 它们都有这样的开覆盖 $\mathcal{U}$ (或 $\mathcal{U}'$), 其中的每个成员都同胚于 $\mathbb{R}^2$. 对于 $S^1 \times I$, $\partial(S^1 \times I) \neq \emptyset$, 我们可以要求其开覆盖的成员同胚于 $\mathbb{R}^2$ 或上半平面 $\mathbb{R}^2_+$.

下面介绍一般 n 维拓扑流形的定义. 记 $\mathbb{R}^n_+ = \{(x_1, \cdots, x_n) \in \mathbb{R}^n \mid x_n \geqslant 0\}$, 称之为 $\mathbb{R}^n$ 的**上半空间**.

定义 6.1.1 设 M 是一个豪斯多夫拓扑空间, n 为非负整数. 若 M 中每一点 x 都有一个开邻域同胚于 $\mathbb{R}^n$ 或 $\mathbb{R}^n_+$, 则称 M 为一个 n **维拓扑流形** (简记为 n **流形**), 称 n 为 M 的**维数**.

由定理 5.5.3 可知, 空间中有邻域同胚于 $\mathbb{R}^2$ 的点 P 与有邻域同胚于 $\mathbb{R}^2_+$ 的点 Q (并且该同胚将 Q 送入 $\partial \mathbb{R}^2_+$) 是不同的点. 在学习了第 8、9 章后, 我们就会知道在 $n \geqslant 3$ 时, 情况也是这样. 我们称一个 n 流形 M 中的所有有开邻域同胚于 $\mathbb{R}^n$ 的点构成的子集为 M 的**内部**, 记作 $\text{Int}(M)$; 称 $M - \text{Int}(M)$ 为 M 的**边界**, 记为 ∂M; 称 $\text{Int}(M)$ 中的点为 M 的**内点**; 称 ∂M 中的点为 M 的**边界点**. 需要注意, 这里所说的流形的内部、内点、边界和边界点与拓扑空间中一个子集的相应概念含义有所不同, 通常可根据上下文确定其确切含义. 容易看到, 当 $\partial M \neq \emptyset$ 时, ∂M 是一个 $(n-1)$ 流形, 称 M 为一个**带边流形**. 当 M 紧致连通无边 (即 $\partial M = \emptyset$) 时, 称 M 是一个**闭流形**. 非紧的无边的连通流形称为**开流形**.

流形不必是连通的, 所以两个不相交的圆周也是一个拓扑流形. 流形不必是闭的, 所以不带两个端点的线段也是流形. 流形也不必有界, 所以抛物线这样的图形也是一个拓扑流形. 两个相切的圆 (它们有一个公共点并形成 8 字形) 不是流形, 因切点的任意小的邻域都不同胚于欧氏直线的任何一个开集. 同理, 两条相交直线也不是流形.

例 6.1.1 (1) $\mathbb{R}^n$ 和 $\mathbb{R}^n$ 的开子集都是 n 流形;

(2) $S^n = \{x \in \mathbb{R}^{n+1} \mid \|x\| = 1\}$ 是一个闭 n 流形, 称之为 n **单位球面**;

(3) $B^n = \{x \in \mathbb{R}^n \mid \|x\| \leqslant 1\}$ 是一个带边 n 流形, 称之为 n **单位球**, 或 n **实心单位球**, $\partial B^n = S^{n-1}$.

例 6.1.2 $T^n = S^1 \times S^1 \times \cdots \times S^1$ (n 个 S^1 的乘积空间) 是一个 n 流形.

通常称一个 2 流形为**曲面**. 环面 $T^2 = S^1 \times S^1$ 为闭曲面, 圆柱筒 (或平环) $A = S^1 \times I$ 和默比乌斯带 M 都是带边曲面.

例 6.1.3 $\mathbb{P}^n = S^n / x \sim -x, \forall x \in S^n$, 即 $\mathbb{P}^n$ 是黏合 S^n 的每对对径点所得的商空间, 则 $\mathbb{P}^n$ 是一个 n 流形, 称之为 n **射影空间**. 特别地, 称 $\mathbb{P}^2$ 为**射影平面**. 射影平面可由一个默比乌斯带和一个 2 圆片沿边界黏合而得 (稍后验证).

注 6.1.1 流形定义中附加在拓扑空间上的豪斯多夫条件是技术性的, 以排除病态的情形. 有些书上也根据具体需要要求流形是豪斯多夫空间并且满足第二可数条件.

例 6.1.4 令 $X = (\mathbb{R} \times \{0\}) \cup (\mathbb{R} \times \{1\}) \subset \mathbb{R}^2$. 对于 $0 \neq x \in \mathbb{R}$, $(x, 0) \sim (x, 1)$. 易见 "$\sim$" 是 X 上的等价关系, X 在 "$\sim$" 下的商空间 $L = X/\sim$ 与直线 $\mathbb{R}$ 相比, 它有两个原点 $(0,0)$ 和 $(0,1)$. 显然, L 的局部与 $\mathbb{R}$ 一样, 但 $L = X/\sim$ 中的两个原点 $(0,0)$ 和 $(0,1)$ 不能由不交的开邻域隔离开来, L 不是流形, 参见图 6.1. L 是一个 "病态" 空间的例子, 它

满足拓扑流形除豪斯多夫条件外所有的条件.

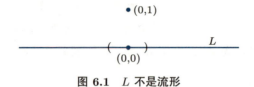

图 6.1　L 不是流形

在第 9 章同调群的应用中我们将看到, 维数不同的流形是不同胚的.

> **注 6.1.2**　流形是近代数学最重要的基础概念之一. 它不仅在几何学中占有重要地位, 在分析学和应用数学中也是重要研究对象. 流形是比较复杂的概念, 在不同的研究领域还要求流形带有各种特殊的结构. 例如, 一个微分流形上不仅有拓扑结构, 而且可以做微积分演算. 黎曼流形上有某种度量结构, 它是广义相对论的数学基础, 使得人们能够用曲率来描述时空. 本章定义的拓扑流形是最一般的流形.

拓扑学的中心问题之一是对 n 流形进行拓扑分类. 流形的拓扑分类问题包含两个方面的含义:

(1) 给出要分类的流形的完全集合, 并且该集合中的任意两个成员不同胚;

(2) 任意给定该类中一个流形, 有办法通过有限步骤确定该流形与完全集合中的哪一个流形同胚.

容易想到, 连通的 1 流形只有区间 (包括直线) 和单位圆周 (证明并不平凡). 本章后面我们将聚焦紧致连通曲面的拓扑分类问题.

习题 6.1

1. (ER) 对于下面的每一个空间, 确定该空间是流形、带边流形、闭流形还是以上都不是; 如果它是一个流形 (无论是否带边), 给出空间的维数:

(1) $\mathbb{R}$;

(2) $\mathbb{R} - \left\{ \dfrac{1}{n} \,\middle|\, n \in \mathbb{N}_+ \right\}$;

(3) n 球体挖去有限多个点;

(4) 2 维环面挖去一个开圆盘;

(5) 3 维环面 T^3 挖去一个闭球;

(6) 3 维环面挖去一个开的 2 维圆盘;

(7) 3 维环面挖去一个闭的 2 维圆盘;

(8) $\mathbb{Q}$;

(9) $\{(x,y) \in \mathbb{R}^2 \mid xy = 0\}$;

(10) $S^3 \times I$.

2. (ER) 分别用否定句和肯定句给出流形的边界点的两种定义.

3. (ER) 证明流形满足 C_1 公理.

4. (ERH) 证明紧致流形满足 C_2 公理.

5. (ER) 证明连通的流形也是道路连通的.

6. (MR) 证明蜷帽空间不是流形.

7. (ER) 证明 $\mathbb{R}^3 - S^1$ 是一个连通的 3 维流形.

8. (ERH) 证明例 6.1.4 中的空间 L 是第二可数的, 但不是豪斯多夫的.

9. (ERH) 设 $X = \mathbb{R} \times \mathbb{R}_d$, 其中 $\mathbb{R}_d$ 是离散拓扑下的 $\mathbb{R}$, 证明:

(1) 空间 X 上的每一点都有一个同胚于区间的邻域;

(2) 空间 X 是豪斯多夫空间;

(3) 空间 X 不是第二可数的.

10. (ERH) 证明从闭流形到 $\mathbb{R}^n$ 的连续单射都是嵌入.

11. (DRH) 设 M 是正常嵌入 (图 2.13) $\mathbb{R}^3$ 的默比乌斯带. 证明: 不存在一个 $\mathbb{R}^3$ 的子空间 D, 它同胚于圆盘, 它的边界圆周就是默比乌斯带的边界, 而且 D 的内部与默比乌斯带的内部不相交.

12. (DRH) 设 $f: M \to N$ 是带边曲面之间的同胚. 证明 $f(\partial M) = \partial N$, 进而说明默比乌斯带与 $S^1 \times I$ 不同胚.

13. (MRH) 设 S^3 表示 4 维欧氏空间中的单位球面, H 表示实心环 ($\mathbb{R}^3$ 中正常嵌入的环面围住的三维闭集). 证明: S^3 可以由两个实心环沿边界环面用同胚黏合得到.

14. (DRH) 查阅透镜空间 $L(p,q)$ 的构造, 并求它的基本群.

6.2 紧致连通曲面的多边形表示

6.2.1 多边形表示的定义

在例 2.3.6 中我们已经看到, 从单位正方形 $I \times I$ 出发, 通过几种不同的商空间方式 (以不同的方式黏合一对边或两对边), 我们可以分别得到圆柱筒 $S^1 \times I$、默比乌斯带、环面 $S^1 \times S^1$ 和克莱因瓶. 它们都是紧致连通曲面.

一般地, 设 Σ_m 为平面上的 m 边形, 取 Σ_m 的 $2n$ 条边 (有可能 $2n < m$), 其构成的集合记为 Λ. 设 $\{a_1, \cdots, a_n\}$ 是 Λ 的一个分划, 其中 $a_i = \{a_i', a_i''\}$ (即每组两条不同的边), $1 \leqslant i \leqslant n$. 分别给每组 a_i 的两条边各一个定向, 使它们成为有向边, 取一个保持定向的同胚 (简称为**保向同胚**) $h_i: a_i' \to a_i''$, $1 \leqslant i \leqslant n$. 将商空间

$$\Sigma_m/(x \sim h_i(x), x \in a_i', 1 \leqslant i \leqslant n)$$

记作 S. S 实际上是每组 a_i 中的一对边通过 h_i 黏合所得的商空间. 不难验证, S 是一个紧致连通曲面. 若 $2n = m$, 则 S 是一个闭曲面. 记这 $2n$ 条边的整体黏合方式为 φ, 则称 (Σ, φ) 为曲面 S 的一个**多边形表示**, 称 a_i 为该表示中的一个**黏合边对**. 这里需要说明, S 的同胚型与每个保向同胚 h_i 的选取无关 (只要求 h_i 把定向边 a_i' 的起点和终点分别映到定向边 a_i'' 的起点和终点, 证明用到定向圆盘的保向自同胚与恒等自同胚同痕, 此略).

图 6.2 是一个示例说明, 其中多边形为六边形 Σ_6, AB 和 FE、BC 和 CD 分别按图中所示的方式黏合. 特别地, 顶点 A 和 F 黏合为 S 的边界上一点 P, 顶点 B, C, D 和 E 黏合为 S 的边上一点 Q. P 在 S 上有一个同胚于 $\mathbb{R}^2_+$ 的开邻域, DE 边的内部没有参与黏合, 其内点在 S 上有一个同胚于 $\mathbb{R}^2_+$ 的开邻域, 如图 6.2(a) 所示; Q 在 S 上有一个同胚于 $\mathbb{R}^2_+$ 的开邻域, 如图 6.2(c) 所示; Σ_6 的内点和参与黏合的边的内点在 S 上都有一个同胚于 $\mathbb{R}^2$ 的开邻域, 如图 6.2(b) 所示. 故 S 是一个紧致连通曲面. 一般情况的证明类似.

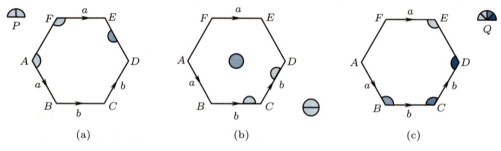

(a)　　　　　　　　(b)　　　　　　　　(c)

图 6.2　商空间 S 为曲面

设 (Σ, φ) 为曲面 S 的一个如上的多边形表示. (Σ, φ) 也可以用按如下方式确定的一个字来记: 选定 Σ 的边界的一个转向 Ω (也称为定向, 比如逆时针方向). 对于 Σ 的在 a_i 中一条边, 若其方向与 Ω 一致, 就用 a_i 来标记, 否则, 用 a_i^{-1} 来标记; 对于 Σ 的没有参与黏合的边, 用其他字母来标记, 不同的边用不同的字母标记. 选定 Σ 的一个顶点作为出发点, 按 Ω 方向沿 Σ 的边界走一圈, 从左到右依次写出标在各边上的标记, 所读出来的字 w 就与多边形表示 (Σ, φ) 一一对应, 可以代表这个多边形表示, 称之为曲面 S 的一个**字表示**.

例如, 在图 6.2 中, 边 AF 用 c 来记, 边 DE 用 d 来记, 若选取 A 为出发点, 转向 Ω 为逆时针方向, 则其多边形表示对应的字是

$$abbda^{-1}c \quad (可简记为 \ ab^2da^{-1}c);$$

若选取 A 为出发点, 转向 Ω 为顺时针方向, 则其多边形表示对应的字是

$$cadb^{-1}b^{-1}a^{-1} \quad (可简记为 \ cadb^{-2}a^{-1}).$$

在曲面 S 的一个字表示 w 中, 成对出现的字母表示的是一对黏合边, 其黏合方式由其右上角有或无 -1 完全确定; 单独出现的字母表示其 (内部) 没有参与黏合. 若 w 中的所有字母都是成对出现的, 则 S 是一个闭曲面; 否则, S 是一个带边曲面. 显然, w 和 w^{-1} 都可以代表 (Σ, φ); 从不同顶点出发得到的字以及同时改变一对 (或几对) 边对的方向所得的字也都可以代表 (Σ, φ).

例 6.2.1 圆柱筒 $S^1 \times I$ 可由字 $aba^{-1}c$ 表示; 默比乌斯带 M 可由字 $abac$ 表示; 环面 T 可由字 $aba^{-1}b^{-1}$ 表示; 克莱因瓶 K 可由字 $abab^{-1}$ 表示. 它们对应的四边形表示分别如图 6.3 中的 (a)—(d) 所示.

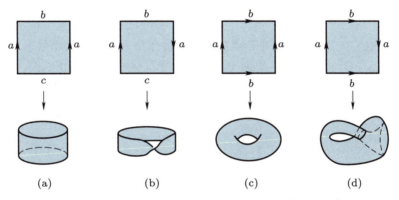

图 6.3 圆柱筒、默比乌斯带、环面和克莱因瓶的四边形表示

在一个紧致连通曲面 S 的多边形表示 (Σ, φ) 中, 若 Σ 的在 φ 下要黏合的一对边标有相同的方向, 则称它们为一个**同向边对**; 否则, 称它们为一个**反向边对**. 例如, 在如上的克莱因瓶 K 的由字 $abab^{-1}$ 确定的四边形表示中, a 对应着一个同向边对, b 对应着一对反向边对.

一个直边多边形至少要有三条边. 下面我们将多边形推广到曲边多边形, 允许仅有一条边或两条边. 多边形与圆盘拓扑等价. 我们可类似地定义曲面的圆盘表示. 特别地, 在平面上的单位圆盘 D 的边界 ∂D 上取两点 A, B, 它们将 ∂D 分为两段弧. 将这两段弧作为一对黏合边对, 用字母 a 表示. 黏合边对 a 所得的商空间 S 分为两种情况: 当 a 是一对反向边时, S 同胚于单位球面 S^2, 如同例 2.3.8 中 (1) 所示; 当 a 是一对同向边时, S 同胚于射影平面 $\mathbb{P}^2$, 如同例 2.3.8 中 (2) 所示. 也称曲面 S 的这样的表示为**二边形表示**, 其对应的字表示分别为 aa^{-1} 和 aa, 参见图 6.4. 在平面上的单位圆盘 D 的边界 ∂D 上取一点 A, 它将 ∂D 分为一段弧. 曲面 S 的这样的表示为一边形表示, 其对应的字表示为 a.

设 (Σ, φ) 为紧致连通曲面 S 的一个多边形表示. 若 Σ 的两个顶点在 φ 下黏合成一点, 则称它们是**等价的**. Σ 的所有顶点在此等价关系之下分成若干等价类, 每个等价类在 S 上恰好黏合为一点. 例如, 对图 6.3, 从左到右的四边形表示中的顶点类个数分别为 2, 1, 1, 1; 对图 6.4, 左边的二边形有 2 个顶点类, 而右边的二边形有 1 个顶点类.

若 $D_1, \cdots, D_k$ 是曲面 S 上 k 个互不相交的闭圆盘, 则称从 S 上挖除 $D_1, \cdots, D_k$

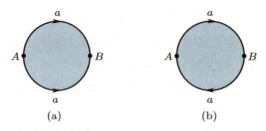

图 6.4　球面和射影平面的二边形表示

的内部所得的为 k 次**穿孔的** S.

例 6.2.2　考虑下面的五边形表示 $aba^{-1}b^{-1}c$ 所表示的曲面 S. S 是个什么样的曲面?

在图 6.5(a) 中, 五边形的五个顶点在 S 上将黏合为一点 (顶点类个数为 1). 先将 (a) 左下角顶点 A 和右下角顶点 A 黏合, 得到的是挖除一个开圆盘的四边形, 如图 6.5(b) 所示. 填充一个圆盘 D, 如图 6.5(c) 所示, 得到一个四边形表示, 对应的曲面是一个环面, 见图 6.5(d). 再把 D 的内部从环面上去除, 即知 S 是穿一次孔的环面, 见图 6.5(e). 也常称 S 为一个**环柄**.

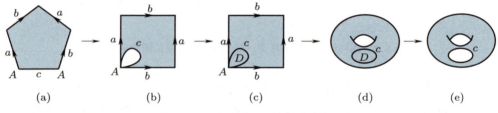

图 6.5　一次穿孔环面的五边形表示

下面的定理是本章后续讨论的基础.

定理 6.2.1　任意一个紧致连通曲面都有多边形表示.

上述定理的证明要用到 1925 年拉多 (Rado) 的一个经典结果 (拉多定理): 闭曲面都是可三角剖分的. 拉多定理的证明本身是初等的, 但比较冗长, 此处省略. 第 9.1 节将在拉多结果的基础上给出定理 6.2.1 的一个证明.

6.2.2　多边形表示的手术与性质

下面所讨论的曲面都是紧致连通的. 先介绍曲面的多边形表示的两种剪接手术.

定义 6.2.1　设曲面 S 的多边形表示 (Σ_m, φ) 中有一个边对 a 是相邻的反向边对, 其公共顶点为 A, 如图 6.6(a) 所示. 先黏合多边形 Σ 这个反向边对 a, 其他边对暂不黏合, 则得到一个 $(m-2)$ 边形 Σ'. φ 在 Σ' 上诱导的黏合关系记为 φ'. 这样就得到 S 的一个新的多边形表示 (Σ', φ'). 称这样的操作为沿相邻反向边 a 对 (Σ_m, φ) 作 **I 型手术**.

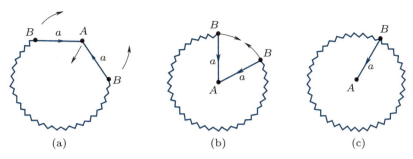

图 6.6 Ⅰ 型手术: 黏合相邻反向边对

显然, (Σ_m, φ) 中的 A 所在的顶点类中只有顶点 A. 经过 Ⅰ 型手术后得到的多边形表示 (Σ', φ') 中, A 成为内点, 不再是顶点, 故 (Σ', φ') 的顶点类比 (Σ', φ') 的少一个.

设 α 是曲面 Σ 上的一个简单弧. 若 $\partial\alpha \subset \partial\Sigma$, $\mathrm{Int}(\alpha) \subset \mathrm{Int}(\Sigma)$, 则称 α 是**真嵌入的**.

定义 6.2.2 设 a 是曲面 S 的多边形表示 (Σ, φ) 中的一个黏合边对. 在 Σ 中取一条真嵌入的定向简单弧 a', 使得 a 的两条边分别位于 a' 的两侧, 且 a' 的每个端点或是 Σ 的一个顶点, 或在 Σ 的一条未参与黏合的边的内部. 沿 a' 剪开 Σ 得到两片 A 和 B, 然后将 A 和 B 沿 a 黏合得到多边形 Σ', Σ' 上黏合关系 φ' 保留了 φ 的除 a 之外的所有黏合关系, 再增加 a' 的黏合关系, 如图 6.7 所示. 称这样的操作为用 (a', a) 对 (Σ, φ) 作 **Ⅱ 型手术**, 称 a' 为 (Σ, φ) 的一个**分割线**.

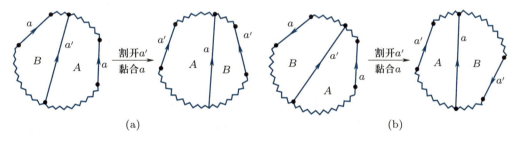

图 6.7 Ⅱ 型手术

注意, 图 6.7(a) 的 Ⅱ 型手术中, a 是反向边对, 手术过程中切开的两块只需作平移即可黏合; (b) 的 Ⅱ 型手术中, a 是同向边对, 手术过程中, 必须翻转切开两块中的一块才能沿 a 黏合.

显然, 对曲面 S 的多边形表示 (Σ, φ) 作有限次的 Ⅰ 型手术、Ⅱ 型手术后所得的 (Σ', φ') 仍是 S 的一个多边形表示.

例 6.2.3 (1) 显然, 把一个三角形的两边 "反向" 地黏合起来所得的曲面是一个圆盘.

(2) 把一个三角形的两边 "同向" 地黏合起来所得的曲面为 Y, 如图 6.8 所示. 对 Y 的三角形表示用 (b, a) 作一次 Ⅱ 型手术, 其中 b 为分割线, 则可以看到, 新的四边形表示对应的曲面是一个默比乌斯带.

例 6.2.4 设曲面 Y 有如图 6.9(a) 所示的五边形表示, 取 c 为分割线, 对它用 (c, b) 作 Ⅱ 型手术, 在所得的多边形表示图 6.9(d) 中记 $d = a \cup c$, 则可知它表示的曲面也是一

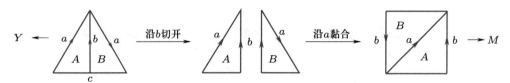

图 6.8 aac 是默比乌斯带的一个字表示

个默比乌斯带.

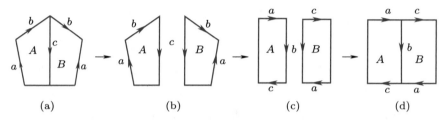

图 6.9 默比乌斯带的另一个多边形表示

如果将上述五边形表示中的 a 边对黏合, 则得到的是圆柱筒 $C = S^1 \times I$, 再黏合 b 边对相当于将 C 的上边界的每一对对径点黏合起来, 仍可以得到一个默比乌斯带.

射影平面 $\mathbb{P}^2$ 由黏合单位圆盘 D^2 边界上的每对对径点而得, 对应的字表示为 aa. 从 D^2 的内部去掉一个开圆盘 E, 所得的曲面有如上的五边形表示, 因而它是一个默比乌斯带. 由此可知, 射影平面是一个默比乌斯带和一个圆盘沿边界黏合所得的曲面.

例 6.2.5 在例 6.2.1 中已看到, 克莱因瓶有字表示 $abab^{-1}$. 图 6.10 的 II 型手术表明, a^2b^2 也是克莱因瓶的一个字表示:

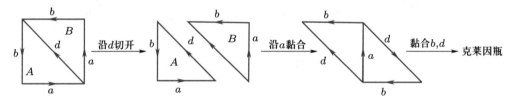

图 6.10 a^2b^2 也是克莱因瓶的一个字表示

如果从图 6.10 左图的左下角到右上角的对角线剪开该正方形, 则可以看到克莱因瓶也是两个默比乌斯带沿边界黏合起来所得的曲面.

下面的命题 6.2.1 给出了闭曲面的多边形表示上的 I 型手术、II 型手术的常用的两个性质.

命题 6.2.1 设闭曲面 S 有多边形表示 (Σ, φ).

(1) II 型手术不改变多边形的边数和顶点类数;

(2) 若 (Σ, φ) 中有同向边对, 经过一次 I 型手术或 II 型手术后得到的多边形表示记为 (Σ', φ'), 则 (Σ', φ') 中仍有同向边对.

证明 (1) 显然.

(2) 设 (Σ, φ) 中有同向边对 a. 经过一次 I 型手术后, 显然 a 仍是 (Σ', φ') 中的同向边对, 因一次 I 型手术去掉的是一对相邻反向边.

现在对 (Σ, φ) 用 (a', a) 作 II 型手术. 若 a 是同向边对, 则手术过程中, 必须翻转切开两块中的一块才能沿 a 黏合. 这样, 在黏合后的 (Σ', φ') 上, 新增边对 a' 仍是同向的; 若 a 是反向边对, 手术过程中切开的两块只需作平移即可黏合, 这样原有的非 a 的边对不改变方向, 从而原来 (Σ, φ) 中的同向边对仍是 (Σ', φ') 中的同向边对. □

<u>定义 6.2.3</u> 若一个曲面 S 上有一个同胚于默比乌斯带的子曲面, 则称 S 是**不可定向的**. 若曲面 S 不是不可定向的, 则称 S 是**可定向的**.

显然, 默比乌斯带、射影平面和克莱因瓶都是不可定向的曲面. 后面将看到, 球面 S^2 和环面 $S^1 \times S^1$ 都是可定向的.

习题 6.2

1. (ER) 给定平环为 $\{(x, y) \mid x, y \in \mathbb{R}, 1 \leqslant x^2 + y^2 \leqslant 4\}$, 柱面为 $\{(x, y, z) \mid x, y, z \in \mathbb{R}, x^2 + y^2 = 1, 1 \leqslant z \leqslant 2\}$. 写出从该平环到该柱面的一个同胚.

2. (ERH) 设 $S = S^1 \times I$, β 是一个定角. 在 S 上定义等价关系 "$\sim$" 如下: 当 $x \in \text{Int}(S)$ 时, $x \sim x$; $\forall \theta \in [0, 2\pi]$, $e^{\theta i} \times \{0\} \sim e^{(\theta + \beta)i} \times \{1\}$. 证明: 商空间 $S/\sim$ 与环面同胚.

3. (ERH) 证明射影平面 $\mathbb{P}^2$ 的以下几种定义方法等价:

(1) 3 维空间全体过原点的直线, 每一条直线作为 $\mathbb{P}^2$ 的一个点;

(2) 3 维空间的单位球面/对径点等价;

(3) 3 维空间的半球面/大圆上对径点等价;

(4) 平面上的闭圆盘/圆周对径点等价;

(5) 平面上的正方形 (2 维图形)/边界正方形 (1 维) 中心对称点等价;

(6) 射影几何中: 平面 + 无穷远直线;

(7) 默比乌斯带沿边界黏合一个圆盘.

注 (1) 中的构造可以推广. 可以证明 $\mathbb{R}^n$ 中所有的 m 维线性子空间组成的集合是一个流形, 它称为格拉斯曼 (Grassmann) 流形.

4. (ERH) 回答下列问题:

(1) 如果把矩形左端固定, 右端扭转 $n\pi$ 角度, $n \in \mathbb{N}_+$, 再把左右两侧边黏合, 可以得到什么曲面?

(2) 把 "长条形" 的矩形在三维空间中 "打结", 然后再把左右两侧边黏合, 可以得到什么曲面?

(3) "长条形" 矩形的左右两端还有没有其他方式的同胚黏合? 可以得到多少种不同胚的曲面?

5. (ERH) 回答下列问题:

(1) 如果把细长的柱面在三维空间中 "打结", 然后再把上下两端的边界曲线黏合, 会得到什么曲面?

(2) 柱面两端的边界曲线还有没有其他方式的同胚黏合? 可以得到多少种不同胚的曲面?

6. (E) 设 D^2 为单位圆盘, $S = D^2/S^1$, 证明 $S \cong S^2$.

7. (MRH) 设 M 为默比乌斯带, ∂M 是 M 的边界. 证明 $M/\partial M \cong \mathbb{P}^2$.

8. (ERH) 证明沿默比乌斯带的二等分腰线割开它, 所得的曲面同胚于平环.

9. (EH) 回答下列问题:

(1) 沿默比乌斯带的三等分腰线割开它, 得到什么曲面?

(2) 沿默比乌斯带四等分腰线、五等分腰线分别割开它, 各得到什么曲面?

10. (DRH) 沿默比乌斯带的三等分腰线割开它, 得到的曲面有两个连通分支. 证明它们在三维空间中是 "交织在一起的" (不能把这两个曲面分开). 提示: 这两个曲面记为 A, B, 其中 A 可以形变收缩到中心线 a (即二等分腰线), 证明 a 在 $\pi_1(\mathbb{R}^3 - B)$ 中不等于单位元.

11. (MH) 在射影平面 $\mathbb{P}^2$ 上分别找出两条简单闭曲线 α 和 β, 使得 $\mathbb{P}^2$ 沿 α 切开得到默比乌斯带和一个圆盘, 而沿 β 切开只得到一个圆盘.

12. (ERH)

(1) 如果把同时改变曲面多边形表示中一对或几对黏合边对的方向看成一类表示, 证明闭曲面的四边形表示共有如图 6.11 所示六种情形:

(2) 写出上述四边形表示对应的字表示;

(3) 确定上述每种表示所表示的曲面.

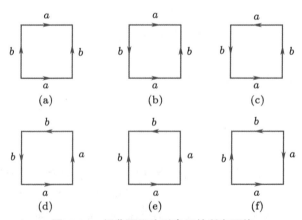

图 6.11   闭曲面四边形表示的所有可能

13. (MRH) 定义映射 $f : I^2 \to \mathbb{R}^5$ 如下:

$$f(x, y) = (\cos(2\pi x), \cos(2\pi y), \sin(2\pi y), \sin(2\pi x)\cos(\pi y), \sin(2\pi x)\sin(\pi y)).$$

证明: f 的像同胚于克莱因瓶.

14. (MRH) 构造两个嵌入 $f, g : I^2 \to \mathbb{R}^4$, 使得

(1) f 的像同胚于克莱因瓶;

(2) g 的像同胚于射影平面 $\mathbb{P}^2$.

15. (MRH) 证明克莱因瓶是某个 3 维流形的边界. (后续可以利用示性类证明射影平面不是 3 维流形的边界.)

16. (DRH) 类似于 $\mathbb{P}^2$, 1 维射影空间 $\mathbb{P}^1$ 可以定义为 2 维空间全体过原点的直线, 每一条直线作为 $\mathbb{P}^1$ 的一个点. 这样就有一个自然的含入映射 $i : \mathbb{P}^1 \to \mathbb{P}^2$. $\mathbb{R}^3$ 中的每一个点 $(x, y, z) \neq (0, 0, 0)$, 唯一地决定了一条过原点的直线, 从而决定了唯一的 $\mathbb{P}^2$ 中的点, 将这个点记为 $[x, y, z]$, 称为这个点的齐次坐标. 同理, $\mathbb{P}^1$ 中的点也有齐次坐标 $[x, y]$.

定义映射 $f, g : \mathbb{P}^1 \to \mathbb{P}^2$, $f([x, y]) = [x, y, 0]$, $g([x, y]) = [x, -y, 0]$. 请写出 f, g 之间一个同伦的表达式.

6.3　紧致曲面的拓扑分类

6.3.1　闭曲面的标准多边形表示

先介绍闭曲面的两种标准多边形表示.

定义 6.3.1　(1) 设 $n \geqslant 1$. 称闭曲面的多边形表示

$$a_1 b_1 a_1^{-1} b_1^{-1} a_2 b_2 a_2^{-1} b_2^{-1} \cdots a_n b_n a_n^{-1} b_n^{-1}$$

为闭曲面 I_n **型标准多边形表示**, 简记为 $\displaystyle\prod_{i=1}^n a_i b_i a_i^{-1} b_i^{-1}$;

(2) 设 $m \geqslant 1$. 称闭曲面的多边形表示

$$a_1 a_1 a_2 a_2 \cdots a_m a_m$$

为闭曲面的 II_m **型标准多边形表示**, 简记为 $\displaystyle\prod_{i=1}^n a_i^2$.

(3) 特别约定, 球面 S^2 的**多边形标准化表示**是 $(\Sigma_m, \partial \Sigma_m)$, 是将多边形 Σ_m 的边界黏合成一点所得的商空间.

由定义可知, I_n 中每一个边对都是反向边对, 并且对于每个 i, a_i 和 b_i 分别表示的两对边对是依次相间排列, $1 \leqslant i \leqslant n$; 而在 II_m 中, 每一个边对都是相邻的同向边对.

定理 6.3.1　任意闭曲面都有标准的多边形表示.

由拉多定理, 每个闭曲面都有多边形表示. 我们在上一节已看到, 射影平面 $\mathbb{P}^2$ 有标

准二边形表示 a^2, 环面 T^2 有标准四边形表示 $aba^{-1}b^{-1}$, 克莱因瓶 K 有标准四边形表示 $a_1^2 a_2^2$. 实际上, 所有二边形、四边形所表示的闭曲面就是球面、射影平面、环面和克莱因瓶这四种曲面 (参见例 6.2.1 和习题 6.2 练习 12(1)), 它们都有标准多边形表示.

下面假设所考虑的闭曲面 S 的多边形表示 (Σ, φ) 中, Σ 的边数大于或等于 6. 定理的证明过程实际上就是从 (Σ, φ) 出发, 找出 S 的标准多边形表示的过程. 按下面两个步骤进行:

步骤 1　找出曲面 S 的一个多边形表示 (Σ', φ'), 其顶点类数至多为 1.

因 S 是闭曲面, 由命题 6.2.1, 只有 I 型手术减少顶点类数 (同时也减少闭曲面多边形表示的边数), 故若 (Σ, φ) 的顶点类只有一个, 其边数就不能再减少了.

设闭曲面 S 的多边形表示 (Σ, φ) 中顶点类数大于 1, 取其中一个顶点类 $\mathcal{P}$. 若 $\mathcal{P}$ 中只有一个顶点 P, 则 P 是一对相邻反向边对 a 的公共顶点. 沿 a 作 I 型手术, 就可以消去顶点类 $\mathcal{P}$, 并减少两条边.

如果 $\mathcal{P}$ 中包含不止一个顶点, 取其中一点 P, 使得与 P 相邻的一个顶点 Q 不属于 $\mathcal{P}$, 如图 6.12 左侧所示, 其中上方的顶点 P 和 Q 相邻, 从而与上方顶点 P 相邻的两条边 a 和 b 不是黏合边对. 设 a' 是 a 和 b 非 P 的顶点连成的对角线, 如图 6.12 右侧所示, 用 (a', a) 作 II 型手术, 得到的多边形表示, 其中 $\mathcal{P}$ 类顶点减少一个, Q 类顶点增加一个. 重复上述做法, 直到 $\mathcal{P}$ 中只含一个顶点, 再用一次 I 型手术, 就可以消去 $\mathcal{P}$ 顶点类, 并减少两条边.

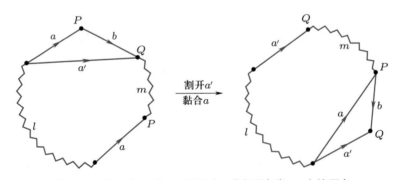

图 6.12　用 (a', a) 作 **II** 型手术: 减少顶点类 $\mathcal{P}$ 中的顶点

若 (Σ, φ) 有 b 条边、k 个顶点类, 则重复上述操作 $k-1$ 次后可以得到 S 的一个新表示 (Σ', φ'), 它只有一个顶点类, 边数为 $b - 2(k-1)$; 若 (Σ, φ) 的顶点类数可最终化为 0, 则得到球面 S^2 的标准表示.

下设标准化步骤 1 已完成, 得到 S 的一个新表示 (Σ', φ'), 它只有一个顶点类. 在步骤 2 之前先证明如下引理.

引理 6.3.1　(Σ', φ') 中反向边对不相邻, 且至少与另一边对相间排列.

引理 6.3.1 中所说的相间排列指的是如同图 6.13 中的 a 边对与 b 边对的排列, 后者可能同向, 也可能反向.

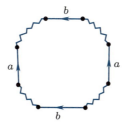

图 6.13 相间排列

证明 设 a 是它的一个反向边对. 它的两条边显然不相邻. 设 Σ' 中其余边对构成折线段 K 与 L. 如果 K 中的边不与 L 中的边黏合, 则 K 中顶点不与 L 中顶点等价, Σ' 的顶点类个数大于 1, 矛盾. 故 a 至少与另一黏合边对相间排列. □

步骤 2 分两种情况进行标准过程.

情况 1 (Σ', φ') 上没有同向边对

设 a 是 (Σ', φ') 的一个反向边对, 由引理 6.3.1, 存在另一个边对 b 与 a 相间排列, 且 b 也是反向边对. 按图 6.14 所示方式对 a 和 b 施行两次 II 型手术, 可消去边对 a 和 b, 同时增加相间并相邻排列的 a_1 和 b_1.

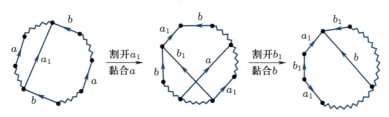

图 6.14 两次 II 型手术

由命题 6.2.1, 完成上述两次 II 型手术后, 所得的多边形表示仍只有一个顶点类, 且无同向边对. 重复施行上述操作, 最后可以得到闭曲面 S 的 I_n 形式的多边形表示:

$$a_1 b_1 a_1^{-1} b_1^{-1} a_2 b_2 a_2^{-1} b_2^{-1} \cdots a_n b_n a_n^{-1} b_n^{-1},$$

其中 n 是多边形 Σ' 的边数的四分之一.

情况 2 (Σ', φ') 上有同向边对

设 a 是 (Σ', φ') 的一个同向边对. 按图 6.15 所示方式对 a 施行一次 II 型手术, 可消去边对 a, 同时增加一相邻同向边对 c.

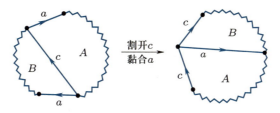

图 6.15 用 (c, a) 作 II 型手术

重复施行上述操作有限次后, 可以得到闭曲面 S 的一个多边形表示 (Σ'', φ''), 其中的同向边对都相邻. 此时, 若已无反向边对, 则已得到如 II_m 的标准表示 $a_1^2 a_2^2 \cdots a_m^2$, 其中 m 是多边形 Σ'' 的边数的二分之一.

如果 (Σ'', φ'') 上有反向边对 a, 则由引理 6.3.1, 存在另一个反向边对 b, a 和 b 相间排列 (因所有同向边对已相邻), 如图 6.16 左一所示. 取一个相邻同向边对 c, 选取从边对 c 的公共顶点出发的对角线 c', 使得沿 c' 切割所得的两块的每一块上都有 a 边和 b 边. 用 (c', c) 作一次 II 型手术得到新的多边形表示 (Σ''', φ'''), 则 a, b 和 c' 就都变成它上面的同向边对, 如图 6.16 左二所示. 再按前面做法, 分别施行三次 II 型手术, 所得的新多边形表示 (Σ^*, φ^*) 中, 相邻同向边对比 (Σ'', φ'') 增加了两个. 注意, 在上述操作过程中原来除了 c 之外相邻的同向边对仍相邻.

如此继续, 直至消除所有反向边对, 并且所有同向边对都相邻排列, 最后就得到如 II_m 的标准表示.

完成上述两个步骤, 就完成了定理 6.3.1 的证明.

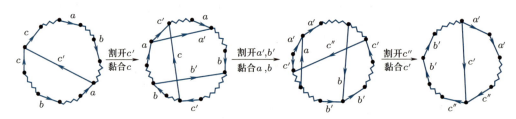

图 6.16 三次 II 型手术

下面给出标准表示代表的曲面类型.

定理 6.3.2 (1) 设闭曲面 S 有标准多边形表示 I_n, 则 S 是沿 n 次穿孔球面的每个边界分支各黏合一个环柄所得的曲面;

(2) 设闭曲面 S 有标准多边形表示 II_m, 则 S 是沿 m 次穿孔球面的每个边界分支各黏合一个默比乌斯带所得的曲面.

证明 先证 (2), 以 $m = 3$ 为例, 一般情形同理. 取如图 6.17(a) 所示的六边形 Σ 的三条对角线将 Σ 分割成四个三角形, 其中三角形 Δ_1, Δ_2 和 Δ_3 分别黏合成一个默比乌斯带, 而三角形 Δ 则黏合成从球面上挖除交于一点的三个圆盘的内部 (图 6.17(b)), 将三个默比乌斯带分别黏合在三次穿孔球面的三个洞口上就得到 S (图 6.17(c)). 因此, S 是沿 m 次穿孔球面的每个边界分支各黏合一个默比乌斯带所得的曲面.

对 (1) 用类似方法证明. 设闭曲面 S 有标准多边形表示 $\text{I}_n : \prod_{i=1}^{n} a_i b_i a_i^{-1} b_i^{-1}$. 用 Σ 上的一条对角线将 Σ 的包含四条边 $a_i b_i a_i^{-1} b_i^{-1}$ 的块切下得到一个五边形 Δ_i, 如图 6.18(a) 所示. 由例 6.2.2 可知, 黏合 Δ_i 的边对 a_i 和 b_i 后, 它成为一个环柄, $1 \leqslant i \leqslant n$, 如图 6.18(b) 所示. 当然可要求这 n 条对角线只交于 Σ 上的顶点处. 将 Σ 的这 n 个五边形

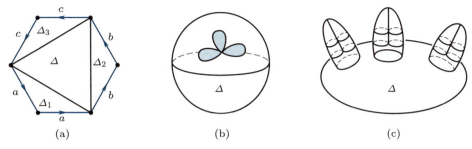

图 6.17 标准多边形表示 II_m 确定的曲面

Δ_i 切掉后得到一个 n 边形, 把它的 n 个顶点黏合得到一个从球面上挖除交于一点的 n 个圆盘的内部所得的曲面 S'. 将 n 个环柄分别黏合在 S' 的 n 个洞口上就得到 S, 如图 6.18(c) 所示. □

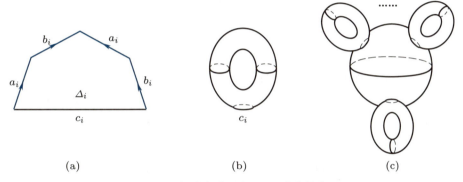

图 6.18 标准多边形表示 I_n 确定的曲面

通常也称有 I_n 型标准多边形表示确定的闭曲面 S 是往球面上添加 n 个**环柄**所得的曲面, 有 II_m 型标准多边形表示确定的闭曲面 S 是往球面上添加 m 个**交叉帽**所得的曲面.

推论 6.3.1 闭曲面 S 有 II_m 型多边形表示当且仅当 S 上有一个子曲面是一个默比乌斯带.

证明 必要性显然. 反之, 若闭曲面 S 的一个子曲面 M 是一个默比乌斯带, 如同标准化步骤 1, 总可取到 $\mathrm{Cl}(S - M)$ 的一个顶点类数为 1 的多边形表示, 从而 S 有一个顶点类数为 1 的多边形表示, 它包含一个同向黏合边对. 由定理 6.3.2, S 有 II_m 型多边形表示. □

定义 6.3.2 (1) 若曲面 S 上有一个子曲面是一个默比乌斯带, 则称 S 是**不可定向的**; 否则, 称 S 是**可定向的**;

(2) 对于 $n \geqslant 1$, 将 I_n 型多边形表示确定的闭曲面记为 nT^2, 称 n 为它的**亏格**; 对于 $m \geqslant 1$, 将 II_m 型多边形表示确定的闭曲面记为 $m\mathbb{P}^2$, 称 m 为它的**亏格**.

例如, 环面是亏格为 1 的可定向闭曲面, 克莱因瓶是亏格为 2 的不可定向闭曲面.

6.3.2 闭曲面的拓扑分类定理

本节我们将介绍闭曲面的拓扑分类定理, 我们将看到, 闭曲面的拓扑分类定理的证明中, 基本群发挥了重要的作用. 我们已经知道, $\pi_1(S^2) = 1$.

定理 6.3.3 (1) $\pi_1(nT^2) = \langle a_i, b_i, 1 \leqslant i \leqslant n; \prod_{i=1}^{n} a_i b_i a_i^{-1} b_i^{-1} \rangle$, $n \geqslant 1$;

(2) $\pi_1(m\mathbb{P}^2) = \langle a_i, 1 \leqslant i \leqslant m; \prod_{i=1}^{m} a_i^2 \rangle$, $m \geqslant 1$.

证明 注意到 nT^2 和 $m\mathbb{P}^2$ 的多边形标准化表示 (Σ, φ) 中, Σ 只有一个顶点类, 故 $\partial\Sigma$ 在所代表的曲面上是一个 $2n$ 圆周束或 m 圆周束. 由范坎彭定理的特殊形式 (2), 即知结论成立 (可参见例 5.4.2 或例 5.4.3). □

设 G 是一个群, $\tilde{G}$ 表示 G 的交换化 (见附录).

推论 6.3.2 (1) $\widetilde{\pi_1(nT^2)} \cong \mathbb{Z}^{2n}$, $n \geqslant 1$;

(2) $\widetilde{\pi_1(m\mathbb{P}^2)} \cong \mathbb{Z}^{m-1} \oplus \mathbb{Z}_2$, $m \geqslant 1$.

证明 (1) 由定理 6.3.3(1) 直接可得.

(2) 记定理 6.3.3(2) 中 $\pi_1(m\mathbb{P}^2)$ 的生成元 a_i 在商群 $\widetilde{\pi_1(m\mathbb{P}^2)}$ 中的像为 $\overline{a_i}$, $1 \leqslant i \leqslant m$, 则交换群 $\widetilde{\pi_1(m\mathbb{P}^2)}$ 有生成元集 $\{\overline{a_i} \mid 1 \leqslant i \leqslant m\}$, 这些生成元满足 $2(\overline{a_1} + \overline{a_2} + \cdots + \overline{a_m}) = 0$. 令

$$b_i = \begin{cases} \overline{a_i}, & 1 \leqslant i \leqslant m-1, \\ \overline{a_1} + \overline{a_2} + \cdots + \overline{a_m}, & i = m, \end{cases}$$

则易见 $\{b_i \mid 1 \leqslant i \leqslant m\}$ 仍是 $\widetilde{\pi_1(m\mathbb{P}^2)}$ 的一个生成元集, 它们满足 $2b_m = 0$. 由此即知 (2) 成立. □

为方便和统一起见, 用 $0T^2$ 表示 2 维球面 S^2. 下面是闭曲面的拓扑分类定理.

定理 6.3.4 (闭曲面的拓扑分类定理) 任意一个闭曲面必同胚于下面的两类曲面之一:

(1) 可定向闭曲面 $\{nT^2 \mid n = 0, 1, 2, \cdots\}$;

(2) 不可定向闭曲面 $\{m\mathbb{P}^2 \mid n = 1, 2, 3, \cdots\}$.

不同类别中的曲面不同胚, $n_1T^2 \cong n_2T^2$ 当且仅当 $n_1 = n_2$, $m_1\mathbb{P}^2 \cong m_2\mathbb{P}^2$ 当且仅当 $m_1 = m_2$.

证明 定理的前半部分由每个闭曲面都有标准的多边形表示直接可得. 对于定理的后半部分, 由推论 6.3.2 和基本群是同伦不变的 (从而也是同胚不变的) 可知:

$\forall 1 \leqslant n_1 \neq n_2$, $\widetilde{\pi_1(n_1T^2)} \not\cong \widetilde{\pi_1(n_2T^2)}$, 故 $\pi_1(n_1T^2) \not\cong \pi_1(n_2T^2)$, 从而 $n_1T^2 \not\cong n_2T^2$;

$\forall 1 \leqslant m_1 \neq m_2$, $\widetilde{\pi_1(m_1\mathbb{P}^2)} \not\cong \widetilde{\pi_1(m_2\mathbb{P}^2)}$, 故 $\pi_1(m_1\mathbb{P}^2) \not\cong \pi_1(m_2\mathbb{P}^2)$, 从而 $m_1\mathbb{P}^2 \not\cong m_2\mathbb{P}^2$;

$\forall n \geqslant 0, m \geqslant 1$, $\widetilde{\pi_1(nT^2)} \not\cong \widetilde{\pi_1(m\mathbb{P}^2)}$, 故 $\pi_1(nT^2) \not\cong \pi_1(m\mathbb{P}^2)$.

$\pi_1(S^2) = 1$ (平凡群), 而对于 $n \geqslant 1$, $\widetilde{\pi_1(nT^2)} \neq 0$ (平凡的交换群), 故 $\pi_1(nT^2) \neq 1$; $\widetilde{\pi_1(n\mathbb{P}^2)} \neq 0$, 故 $\pi_1(n\mathbb{P}^2) \neq 1$. 从而 $S^2 \ncong nT^2$, $S^2 \ncong n\mathbb{P}^2$. □

由定理 6.3.4, 通常也把球面记作 $0T^2$, 称之为亏格为 0 的可定向闭曲面.

一般来说, 对一个任意给定的多边形表示进行标准化的工作量是很大的. 但是, 其实不需要完成整个过程就可决定最后得出的是什么样的标准化表示. 有两个因素决定最后的结果:

(i) **有无同向对**. 在标准化的过程中, 这个性质一直不改变. 因此, 当原表示有同向对时, 最后结果一定是 $m\mathbb{P}^2$ 型的, 否则是 nT^2 型的.

(ii) **标准化表示的边数**. 设原表示的边数为 b, 顶点类个数为 k. 考察 "边数 $- 2\times$ 顶点类个数", 它在 I 型、II 型手术下都不改变, 所以

$$原表示的边数 - 2 \times 顶点类个数 = b - 2k = 标准化表示的边数 - 2.$$

这样我们有以下结论:

$$边数 = b - 2(k-1) = b - 2k + 2.$$

这样, 从原表示可以直接知道曲面的类型. 从同时有同向边对和反向边对的表示的标准化过程还可以直接得到

推论 6.3.3 设 $n \geqslant 0$, $m \geqslant 1$, S 是往球面上加 n 个环柄和 m 个交叉帽所得的闭曲面, 则 $S \cong (2n+m)\mathbb{P}^2$.

例 6.3.1 考虑图 6.19 的多边形表示. 简单计数即知, 其边数 $l = 8$, 顶点类数 $k = 2$, 且有同向边对, S 的标准型的边数为 $6 = 8 - 2 \times 2 + 2$. 因此它表示的是曲面 $3\mathbb{P}^2$.

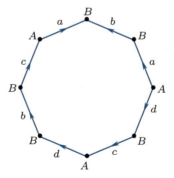

图 6.19 曲面的多边形表示

对于紧致连通带边曲面 S, 令 $b = b(S)$ 为 S 的边界分支个数, $\hat{S}$ 表示沿 S 的每个边界分支往 S 上黏合一个圆片所得的闭曲面, 定义 S 的亏格 $g(S)$ 为闭曲面 $\hat{S}$ 的亏格 $g(\hat{S})$, 再令

$$\delta(S) = \begin{cases} 0, & S \text{ 可定向}, \\ 1, & S \text{ 不可定向}, \end{cases}$$

则由闭曲面分类定理 6.3.4 可知, 一个紧致连通曲面 S 的同胚型由 $\delta(S)$, $g(S)$ 和 $b(S)$ 完全确定, 即有

推论 6.3.4 设 S 和 F 为紧致连通曲面, 则 $S \cong F \Leftrightarrow (\delta(S), g(S), b(S)) = (\delta(F), g(F), b(F))$.

曲面的拓扑分类定理 (2 维流形分类) 是一百多年前的结果, 但是 3 维流形分类至今仍未完成, 后者是低维拓扑学的主要问题之一. 期待我国数学家将来能在这方面做出杰出成果.

习题 6.3

1. (ERH) 判断以下多边形表示的曲面实际上是闭曲面的拓扑分类定理中的哪一个?

(1) $acda^{-1}bc^{-1}bd$;

(2) $abcab^{-1}dcd$;

(3) $ab^{-1}dc^{-1}a^{-1}bcd^{-1}$;

(4) $abca^{-1}cdeb^{-1}de$.

2. (ERH) 验证下面各小题中的两个多边形表示所代表的曲面类型相同, 并确定其曲面类型, 再判断两种表示是什么关系:

(1) $aba^{-1}b^{-1}$ 与 $bab^{-1}a^{-1}$;

(2) $abcc^{-1}ab$ 与 $abab$;

(3) $a^{-1}cdc^{-1}d^{-1}bab^{-1}$ 与 $a^{-1}c^{-1}d^{-1}bcdab^{-1}$;

(4) $ab^{-1}c^{-1}bca$ 与 $aac^{-1}b^{-1}cb$;

(5) $aba^{-1}b^{-1}cc$ 与 $ccaba^{-1}b^{-1}$.

3. (MR) 分别列出 $\mathbb{P}^2$、克莱因瓶 K 和环面 T^2 的所有六边形表示.

4. (ERH) 从两个闭曲面 M 和 N 各挖去一个开圆盘, 然后将所得的两个曲面沿其边界圆周用一个同胚映射黏合, 得到的新的闭曲面称为 M 和 N 的**连通和**, 记为 $M \# N$. 判断以下曲面是闭曲面的拓扑分类定理中的哪一个?

(1) $mT^2 \# nT^2$;

(2) $m\mathbb{P}^2 \# n\mathbb{P}^2$;

(3) $mT^2 \# n\mathbb{P}^2$.

5. (ERH) 设 $M \# N \cong S^2$. 证明 M 和 N 都是 S^2. (这个问题的 4 维情形还没有被完全解决!)

6. (DRH) 证明两个曲面的连通和的定义是良定的, 即它不依赖于圆周位置的选取以及两个圆周的黏合方式.

7. (MRH) 在 T^2 上挖去一个圆盘的内部, 然后将洞口 (同胚于一个圆周) 的对径点黏合, 得到的新的闭曲面 X. X 实际上是闭曲面的拓扑分类定理中的哪一个?

8. (DRH) 证明 $\mathbb{P}^2\#\mathbb{P}^2\#\mathbb{P}^2 \cong T^2\#\mathbb{P}^2$. 尝试用两种方法证明: (1) 用闭曲面的拓扑分类定理; (2) 通过割补黏合直接证明.

9. (MRH) 克莱因瓶在闭曲面分类中是哪一类?

10. (ERH) 确定图 6.20 所示的两个曲面的身份. 从这两个图能导出一个什么样的一般性结论?

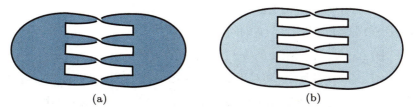

图 6.20　两个曲面

11. (DH) 上题中给出了这样的例子: 存在 $\mathbb{R}^3$ 中嵌入的某个曲面, 它的边界是 $\mathbb{R}^3$ 中一个纽结. 请构造两个可定向曲面, 它们的边界分别是图 6.21 中的纽结.

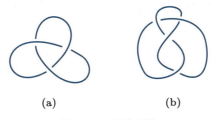

图 6.21　两个纽结

12. (DRH) 证明: 任何一个连通的不可定向闭曲面挖去一个小开圆盘后都可以嵌入 $\mathbb{R}^3$.

13. (ERH) 设三角形 (三条边围住的闭集) 的边由 aaa 方式黏合得到 X, 由 $aa^{-1}a$ 方式黏合得到 Y. 计算 X 和 Y 的基本群.

14. (ER) 设七边形的边由 $abab^{-1}a^{-1}ab$ 方式黏合得到 Z. 计算 Z 的基本群.

15. (MRH) 计算以下空间的基本群:

(1) 实心环 $S^1\times D^2$ 挖去 $S^1\times\{O\}$, 其中 O 代表 D^2 的中心;

(2) $2T^2$ 挖去 2 个点;

(3) $2\mathbb{P}^2$ 挖去 2 个点.

16. (DRH) 证明双环面的基本群是非交换群, 但不是自由群.

17. (MRH) 对于双环面 F, 找到四条曲线作为 $\pi_1(F)$ 的生成元. 在 F 上作一条较复杂的闭曲线 α, 把 α 用 $\pi_1(F)$ 的生成元表示.

18. (MRH) 设 γ 是连通曲面 S 内部的一条简单闭曲线. 当 $S-\gamma$ 连通时, 称 γ 在 S 上是非分离的; 否则, 称 γ 在 S 上是分离的.

(1) 设 γ 是连通曲面 S 上的一条分离的简单闭曲线, 证明 $S - \gamma$ 有两个连通分支;

(2) 证明环面 T 上一条分离的简单闭曲线必是 T 上一个圆盘的边界;

(3) 对于克莱因瓶 K 上一条分离的简单闭曲线 γ, $K - \gamma$ 有可能是哪些情况? 把所得结论推广到一般闭曲面上.

19. (MRH) 设 F 是一个连通闭曲面, α, β 是 F 上任意两条非分离的简单闭曲线. 沿 α, β 把 F 剪开得到两个带边的曲面, 分别记为 $F(\alpha), F(\beta)$.

(1) 应用曲面的分类定理证明它们同胚;

(2) 证明存在一个自同胚 $f: F \to F$, 使得 $f(\alpha) = \beta$.

20. (DRH) 试在双孔环面 (即双环面) 上找两个不交的简单闭曲线, 使得它们的补是连通的. 对于一个 k 次穿孔的环面 M_k, 在 M_k 中最多能嵌入多少条互不相交的简单闭曲线, 使得它们并的补是连通的?

注   一个连通曲面 F 的**连通性**定义为 "使得 $F - \bigcup_{n=1}^{k} \gamma_k$ 连通的 F 内部互不相交的简单闭曲线 $\gamma_1, \gamma_2, \cdots, \gamma_n$ 的最大个数". 这个定义来自黎曼. 在 19 世纪 60 年代, 默比乌斯 "证明" 了两个紧致可定向曲面是同胚的当且仅当它们具有相同的连通性. 这提供了紧致可定向曲面的分类依据.

21. (M) 找到一个 3 维流形 X, 使得对于 X 中的某一个嵌入 2 球面 S, $X - S$ 只有一个分支.

第 7 章

覆叠空间

覆叠空间 (有些书或文献中称作复迭空间、覆盖空间或复叠空间) 理论是代数拓扑学中的一个小而重要的专题. 它在代数拓扑学和几何拓扑学中都是很常用的工具. 很多问题在底空间中看起来很复杂, 但提升到覆叠空间中时就得到很大的简化. 覆叠空间与基本群关系很密切, 可用来计算某些空间的基本群. 用覆叠空间还能得到有关群的一些有趣的结果. 此外, 覆叠空间在分析学 (如复变函数) 中也很有用.

本章第 1 节介绍覆叠空间的定义与基本性质, 第 2 节介绍映射提升准则及其若干简单应用, 第 3 节介绍覆叠空间的分类与泛覆叠空间. 在第 6 章我们已看到, 基本群在紧致曲面的拓扑分类中发挥了重要的作用. 在本章我们将看到, 基本群在覆叠空间的分类中更是发挥了非常关键的作用.

7.1   覆叠空间的定义与性质

7.1.1   覆叠空间的定义与基本性质

回想一下, 在第 5 章计算 S^1 的基本群时我们用到了指数映射 $\rho : \mathbb{R} \to S^1$, $\rho(t) = e^{2\pi t i}$. 这是覆叠映射的最简单的非平凡的例子之一. 它的一个重要性质是: 对于 S^1 的任意一个同胚于开区间的子集 U, $\rho^{-1}(U)$ 是 $\mathbb{R}$ 上一组互不相交的开区间的并集, 并且 ρ 把这种开区间中的每一个同胚地映到 U. 粗略而言, 覆叠映射就是具有类似特性的映射.

定义 7.1.1 设 E 和 B 都是道路连通、局部道路连通的拓扑空间, $\rho : E \to B$ 连续. 若 B 中任意 b 都有一个开邻域 U, 使得 $\rho^{-1}(U)$ 是 E 上一组互不相交的开集 $\{V_\lambda \mid \lambda \in \Lambda\}$ 的并集, 并且 ρ 把每个 V_λ 同胚地映到 U, 则称 ρ 是一个**覆叠映射**, 称 (E, ρ) 是 B 上的一个**覆叠空间**, 称 B 为该覆叠空间的**底空间**, 称具有上述性质的开集 U 为该覆叠空间的一个**基本邻域**, 参见图 7.1.

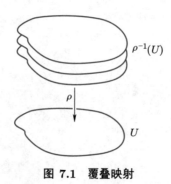

图 7.1   覆叠映射

显然, 覆叠空间中一个基本邻域的任何开子集也是基本邻域. 一个覆叠空间的底空间

B 总是局部道路连通的, 故 B 中任意点 b 都有道路连通的基本邻域, 此时每个 V_λ 就是 $\rho^{-1}(U)$ 的道路连通分支, 简称每个 V_λ 为 $\rho^{-1}(U)$ 的**分支**. 在下面的讨论中, 我们总是假设所取的基本邻域 U 都是道路连通的, 不再每次重述.

设 $\rho: E \to B$ 为覆叠映射. 由覆叠空间的定义立刻可知:

(1) $\forall b \in B$, $\rho^{-1}(b)$ 是 E 的离散子空间, 称 $\rho^{-1}(b)$ 为 b 上的**纤维**;

(2) ρ 是局部同胚, 即对任意 $e \in E$, 存在 e 的开邻域 V, 使得 $\rho|_V: V \to \rho(V)$ 为同胚;

(3) ρ 是满射, 又是开映射, 故 $\rho: E \to B$ 为商映射, 即 B 有商拓扑.

显然, 对于道路连通空间 X, 任意同胚 $\rho: X \to X$ 都是覆叠映射.

下面看几个例子.

例 7.1.1 (1) 指数映射 $\rho: \mathbb{R} \to S^1$ 是覆叠映射, 其中对任意 $t \in \mathbb{R}$, $\rho(t) = \mathrm{e}^{2\pi t i}$.

注意, $\rho' = \rho|_{\mathbb{R}_+}: \mathbb{R}_+ \to S^1$ 并不是覆叠映射, 其中 $\mathbb{R}_+ = [0, +\infty)$. 这是因为 S^1 上的点 $b_0 = (1, 0)$ 没有基本邻域, 如图 7.2 所示.

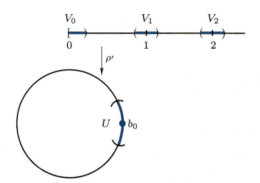

图 7.2 指数映射 $\rho': \mathbb{R}_+ \to S^1$

(2) 记 $\rho \times \rho: \mathbb{R}^2 \to S^1 \times S^1 = T^2$, 对任意 $(s, t) \in \mathbb{R}^2$,

$$\rho \times \rho(s, t) = (\rho(s), \rho(t)) = (\mathrm{e}^{2\pi s i}, \mathrm{e}^{2\pi t i}),$$

则 $\rho \times \rho$ 是覆叠映射.

例 7.1.2 设 $h_n: S^1 \to S^1$, $h_n(z) = z^n$, $0 < n \in \mathbb{N}_+$, 则 h_n 为覆叠映射.

例 7.1.3 设商映射 $\rho: S^n \to \mathbb{P}^n$, $\forall x \in S^n$, $\rho(x) = [x] = \{x, -x\} \in \mathbb{P}^n$, 则 ρ 为覆叠映射.

定义 7.1.2 设 $\rho: E \to B$ 为覆叠映射, $f: X \to B$ 连续. 若有 $\tilde{f}: X \to E$, 使得 $\rho \circ \tilde{f} = f$ (即下列图表可交换), 则称 $\tilde{f}$ 为 f 的一个**提升**.

定理 7.1.1 (提升唯一性定理)　设 $\rho: E \to B$ 为覆叠映射, X 为连通空间, $f: X \to B$ 为连续映射. 若 $\tilde{f}_1, \tilde{f}_2: X \to E$ 都是 f 的提升, 且在某一点 $x_0 \in X$, $\tilde{f}_1(x_0) = \tilde{f}_2(x_0)$, 则 $\tilde{f}_1 = \tilde{f}_2$.

证明　记 $A = \{x \in X \mid \tilde{f}_1(x) = \tilde{f}_2(x)\}$, 则 $x_0 \in A \neq \emptyset$. 往证 A 是整个 X. 因 X 连通, 只需证明 A 既是开集又是闭集.

设 $a \in A, e = \tilde{f}_1(a) = \tilde{f}_2(a) \in E$, 则因 ρ 是局部同胚, 故存在 e 的开邻域 V, 使得 $\rho|_V$ 是嵌入. 记 $W = \tilde{f}_1^{-1}(V) \cap \tilde{f}_2^{-1}(V)$, 它是 a 的开邻域. 对于任意 $x \in W$, $\tilde{f}_1(x), \tilde{f}_2(x) \in V$, 且 $f(x) = \rho\tilde{f}_1(x) = \rho\tilde{f}_2(x)$. 因 $\rho|_V$ 是嵌入, 故 $\tilde{f}_1(x) = \tilde{f}_2(x)$, 从而 $x \in A$, 即 $W \subset A$, 故 A 是开集.

下证 A 也是闭集, 即 $X - A$ 是开集. 对于任意 $x \in X - A$, 记 $e_1 = \tilde{f}_1(x), e_2 = \tilde{f}_2(x)$, $e_1, e_2 \in E, e_1 \neq e_2$, 但 $\rho\tilde{f}_1(x) = \rho\tilde{f}_2(x) = f(x) \in B$, 故 $e_1, e_2 \in \rho^{-1}(f(x))$. 取 $f(x)$ 的基本邻域 U, 则 $\rho^{-1}(U)$ 中存在 e_1 和 e_2 的互不相交的开邻域 V_1 和 V_2, 使得 $\rho|_{V_1}: V_1 \to U$ 和 $\rho|_{V_2}: V_2 \to U$ 都是同胚. 令 $W = \tilde{f}_1^{-1}(V_1) \cap \tilde{f}_2^{-1}(V_2)$, 它是 x 的开邻域, 但对于任意 $y \in W$, $\tilde{f}_1(y) \in V_1, \tilde{f}_2(y) \in V_2$, 而 $V_1 \cap V_2 = \emptyset$, 故 $\tilde{f}_1(y) \neq \tilde{f}_2(y)$, 从而 $W \subset X - A$, 即 $X - A$ 是开集. $\square$

定理 7.1.2 (覆叠道路提升定理)　设 (E, ρ) 为 B 的覆叠空间, $b_0 \in B, \sigma: (I, 0) \to (B, b_0)$ 为 B 中道路. 任取 $e_0 \in \rho^{-1}(b_0)$, 则唯一存在 E 中道路 $\tilde{\sigma}: (I, 0) \to (E, e_0)$, 使得 $\rho \circ \tilde{\sigma} = \sigma$, 即 $\tilde{\sigma}$ 是 σ 的以 e_0 为起点的道路提升.

证明　$\forall x \in B$, 取 x 的一个基本邻域 U_x, 则 $\{\sigma^{-1}(U_x) \mid x \in B\}$ 是 I 的开覆盖. 由勒贝格引理, 存在 I 的一个分划 $0 = t_0 < t_1 < \cdots < t_n = 1$, 使得每个 $I_j = [t_{j-1}, t_j]$ 含于某个 $\sigma^{-1}(U_x), 1 \leqslant j \leqslant n, x \in X$. 下面逐段来提升 σ.

首先在 I_1 上提升 $\sigma|_{I_1}$. 对于 b_0 的道路连通的基本邻域 U_{b_0}, 取 $\rho^{-1}(U_{b_0})$ 的包含 e_0 的分支 V_1. 令 $\tilde{\sigma}_1: I_1 \to E$, 对任意 $t \in I_1$, $\tilde{\sigma}_1(t) = \rho|_{V_1}^{-1} \circ \sigma(t)$, 则 $\tilde{\sigma}_1$ 连续, $\tilde{\sigma}_1(0) = e_0$, $\rho \circ \tilde{\sigma}_1 = \sigma|_{I_1}$.

假设 $\tilde{\sigma}_i: [0, t_i] \to E$ 已有定义, 满足 $\tilde{\sigma}_1(0) = e_0, \rho \circ \tilde{\sigma}_i = \sigma|_{[0,t_i]}$.

设 $\sigma(I_{i+1})$ 含于基本邻域 U, 取 $\rho^{-1}(U)$ 的包含 $\tilde{\sigma}_i(t_i)$ 的分支 V. 令 $\tau: I_{i+1} \to E$, 对于 $t \in I_{i+1}$, $\tau(t) = \rho|_V^{-1} \circ \sigma(t)$, 则 $\tau(t_i) = \rho|_V^{-1} \circ \sigma(t_i) = \tilde{\sigma}_i(t_i)$, 从而 $\tilde{\sigma}_i$ 和 τ 可乘. 令 $\widetilde{\sigma_{i+1}}: [0, t_{i+1}] \to E$,

$$\widetilde{\sigma_{i+1}}(t) = \begin{cases} \tilde{\sigma}_i(t), & t \in [0, t_i], \\ \tau(t), & t \in [t_i, t_{i+1}], \end{cases}$$

则 $\widetilde{\sigma_{i+1}}$ 连续, $\widetilde{\sigma_{i+1}}(0) = e_0, \rho \circ \widetilde{\sigma_{i+1}} = \sigma|_{[0,t_{i+1}]}$.

最后, 所得的道路 $\tilde{\sigma} = \tilde{\sigma}_n: I \to E$ 即为所求. 提升的唯一性由定理 7.1.1 保证. $\square$

定理 7.1.3 (覆叠同伦提升定理)　设 (E, ρ) 为 B 的覆叠空间, $b_0 \in B, e_0 \in \rho^{-1}(b_0)$. 又设 X 是局部连通的空间, $x_0 \in X$, 连续映射 $f: (X, x_0) \to (B, b_0)$ 有提升 $\tilde{f}: (X, x_0) \to (E, e_0)$. 再假设 $H: f \simeq g$, 即 $H: X \times I \to B$ 连续, 且 $H(x, 0) = f(x), \forall x \in X$, 则存在

H 的唯一提升 $\tilde{H}: X \times I \to E$, 使得对任意 $x \in X$, $\tilde{H}(x,0) = \tilde{f}(x)$.

定理 7.1.3 的证明与定理 7.1.2 的证明类似, 使用相似的证明技巧, 具体证明留作练习.

7.1.2　覆叠空间的基本群

覆叠空间的基本群有如下好的性质:

定理 7.1.4　设 $\rho: E \to B$ 为覆叠映射, $b_0 \in B$, $e_0 \in \rho^{-1}(b_0)$, 则 ρ 诱导的同态

$$\rho_*: \pi_1(E, e_0) \to \pi_1(B, b_0)$$

为单同态.

证明　设 $\langle \tilde{\sigma} \rangle, \langle \tilde{\tau} \rangle \in \pi_1(E, e_0)$. 若 $\rho_* \langle \tilde{\sigma} \rangle = \rho_* \langle \tilde{\tau} \rangle$, 则

$$\sigma = \rho \circ \tilde{\sigma} \simeq_p \rho \circ \tilde{\tau} = \tau,$$

即有定端同伦 $H: \sigma \simeq_p \tau$. 往证 $\langle \tilde{\sigma} \rangle = \langle \tilde{\tau} \rangle$.

由覆叠同伦提升定理, 存在 H 的唯一提升 $\tilde{H}: I \times I \to E$, 使得对任意 $s \in I$, $\tilde{H}(s,0) = \tilde{\sigma}(s)$. 又对任意 $t \in I$, $\rho \circ (\tilde{H}(0,t)) = H(0,t) = b_0$, 而 $\{0\} \times I$ 是连通的, 故 $\tilde{H}(0,t) = \{e_0\}$; 同理, $\forall t \in I$, $\tilde{H}(1,t) = \{e_0\}$. 这样, $\tilde{\sigma}$ 和 $\tilde{\tau}$ 分别是 σ 和 τ 的以 e_0 为基点的提升, 且 $\tilde{H}: \tilde{\sigma} \simeq_p \tilde{\tau}$, 即 ρ_* 是单同态. □

定理 7.1.5　设 (E, ρ) 为 B 的覆叠空间, 则对任意 $b \in B$, $\rho^{-1}(b)$ 的基数都相等.

证明　往证对任意 $b_0, b_1 \in B$, 在集合 $\rho^{-1}(b_0)$ 和 $p^{-1}(b_1)$ 之间存在一个双射.

设 α 是 B 中从 b_0 到 b_1 的一个道路. 对于 $x \in \rho^{-1}(b_0)$, 由定理 7.1.2, α 有以 x 为起点的唯一的道路提升 $\widetilde{\alpha_x}: I \to E$, 则 $\rho \circ \widetilde{\alpha_x}(1) = \alpha_x(1) = b_1$, 故 $\widetilde{\alpha_x}(1) \in \rho^{-1}(b_1)$. 定义映射 $\varphi: \rho^{-1}(b_0) \to \rho^{-1}(b_1)$, $\varphi(x) = \widetilde{\alpha_x}(1)$.

类似地, 对于 α 的逆道路 α^{-1} (它是 B 中从 b_1 到 b_0 的道路), 可以定义 $\psi: \rho^{-1}(b_1) \to \rho^{-1}(b_0)$, 对于 $y \in \rho^{-1}(b_1)$, $\psi(y) = \widetilde{\alpha_y^{-1}}(1)$.

对于 $x \in p^{-1}(b_0)$, 取 $y = \varphi(x) = \widetilde{\alpha_x}(1)$. 易知, $\psi\varphi = \mathrm{id}_{\rho^{-1}(b_0)}$, $\varphi\psi = \mathrm{id}_{\rho^{-1}(b_1)}$ (验证留作练习), 于是 φ 是双射. □

也称定理 7.1.5 为纤维基数相同定理. 由此可定义覆叠空间的页数如下:

定义 7.1.3　设 (E, ρ) 为 B 的覆叠空间. 对于任意 $b \in B$, 称 $\rho^{-1}(b)$ 的基数为该覆叠空间 (或覆叠映射) 的**页数**或**重数**.

例 7.1.4　(1) 指数映射 $\rho: \mathbb{R} \to S^1$ 的页数是可数无穷;

(2) 例 7.1.2 中覆叠映射 $h_n: S^1 \to S^1$ 的页数是 n;

(3) 自然投影 $\rho: S^n \to \mathbb{P}^n$ 的页数为 2, $n \geqslant 1$; 注意, $\mathbb{P}^1 \cong S^1$.

例 7.1.5　设空间 E 如图 7.3 左侧所示, 它由一个大圆周和 4 个与它外切的等半径

小圆周构成, 空间 B 由如图 7.3 右侧所示的两个相切圆周构成. 设 $\rho : E \to B$ 把 E 中的 a, b 弧段相应地同胚地映到 B 中的 a, b 弧段. 容易验证, ρ 是覆叠映射, 页数为 4. 可类似地构造出页数为任意正整数 n 的覆叠映射.

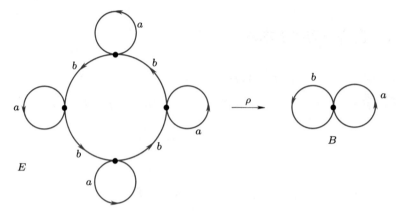

图 7.3 页数为 4 的覆叠映射

例 7.1.6 图 7.4 是一个中心对称地放置在 $\mathbb{R}^3$ 中的双环面 $2\mathbb{T}^2$, $f : 2\mathbb{T}^2 \to 2\mathbb{T}^2$ 是中心对称映射. 容易验证商空间 $2\mathbb{T}^2/f \cong 3\mathbb{P}^2$ (留作练习), 商映射 $\rho : 2\mathbb{T}^2 \to 3\mathbb{P}^2$ 是 2 重覆叠映射.

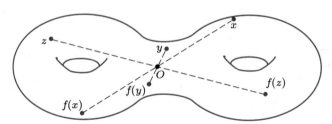

图 7.4 双环面 $2\mathbb{T}^2$ 上的中心对称映射

类似地, 对任意正整数 n, 可以构造 $n\mathbb{T}^2$ 到 $(n+1)\mathbb{P}^2$ 的 2 重覆叠映射 (留作练习). 下面给出覆叠空间在代数中的一个应用例子.

例 7.1.7 如图 7.5 所示, $B = S^1 \vee S^1$ 是两个圆周的一点并, E 为四个依次相切的圆周, 定义 $\rho : E \to B$, 它把 E 两边的圆周分别映到 B 的两边的圆周, 中间的两个圆周按如下方式映到 B 的两个圆周上: 标有 a, b 的每个弧段分别映到 B 的 a, b 圆上). 易见, ρ 为 3 重覆叠映射. $\pi_1(E) = F_4 = F(x_1, x_2, x_3, x_4)$, $\pi_1(B) = F_2 = F(y_1, y_2)$, $\rho_* : \pi_1(E) \to \pi_1(B)$ 为单同态. 这说明 F_2 有秩为 4 的自由子群.

用类似方法可以证明, F_2 有秩为任意正整数的自由子群, 也有秩为可数无穷的自由子群 (证明留作练习).

设 (E, ρ) 为 B 的覆叠空间, $b \in B$, $e \in \rho^{-1}(b)$. $\rho_* : \pi_1(E, e) \to \pi_1(B, b)$ 是单同态. 记 $H_e = \rho_*(\pi_1(E, e))$, 则 H_e 是 $\pi_1(B, b)$ 的同构于 $\pi_1(E, e)$ 的子群. H_e 在 $\pi_1(B, b)$ 中

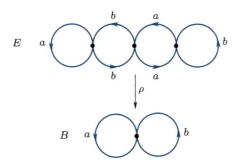

图 7.5 覆叠空间的应用

的**指数** (即右陪集的个数) 记为 $[\pi_1(B,b) : H_e]$.

定理 7.1.6 设 (E,ρ) 为 B 的覆叠空间, $b \in B$, $e \in \rho^{-1}(b)$, 则 $[\pi_1(B,b) : H_e]$ 等于覆叠的重数.

证明 任取 $x \in \rho^{-1}(b)$, 令 $\tilde{\alpha}_x$ 是 E 中从 e 到 x 的一个道路, 则 $\alpha_x = \rho \circ \tilde{\alpha}_x \in \Omega(B,b)$. 令 $\eta : \rho^{-1}(b) \to \pi_1(B,b)/H_e$, $x \mapsto \langle \alpha_x \rangle H_e$. 只需证明 η 是双射即可.

设 $\langle \alpha_x \rangle H_e = \langle \beta_y \rangle H_e$, 则 $\langle \alpha_x \rangle = \langle \beta_y \rangle \rho_*(\langle \gamma \rangle)$, 其中 $\gamma \in \Omega(E,e)$, 即

$$\rho \circ \tilde{\alpha}_x = \alpha_x \simeq_\rho \beta_y(p \circ \gamma) = (\rho \circ \tilde{\beta}_y)(\rho \circ \gamma) = \rho \circ (\tilde{\beta}_y \gamma_y),$$

其中 γ_y 是 $\rho \circ \gamma$ 的始于 y 的道路提升, 且仍是闭路. 由定理 7.1.3, $\tilde{\alpha}_x \simeq_p \tilde{\beta}_y \gamma_y$, 于是 $x = y$, 即 η 是单射.

$\forall \langle \alpha \rangle \in \pi_1(B,b)$, 记 α 的始于 e 的唯一道路提升为 $\tilde{\alpha}$, $\tilde{\alpha}(1) = x$, 则 $\eta(x) = \langle \alpha \rangle H_e$, 于是 η 是满射, 从而是双射. $\qquad\qquad \square$

例 7.1.8 设 $\rho : S^n \to \mathbb{P}^n$ 为自然商映射, $n \geqslant 2$, ρ 为 2 重覆叠映射. 但 $\pi_1(S^n) = 1$, 故由定理 7.1.6, $[\pi_1(\mathbb{P}^n) : \pi_1(S^n)] = 2$, 即 $\pi_1(\mathbb{P}^n)$ 是只有两个元素的群, 故只能 $\pi_1(\mathbb{P}^n) \cong \mathbb{Z}_2$.

一般地, H_e 与 e 在 $\rho^{-1}(b)$ 中的选取有关. 不同的选取会有什么影响?

定理 7.1.7 (子群共轭定理) 设 (E,ρ) 为 B 的覆叠空间, 则 $\{H_e \mid e \in \rho^{-1}(b)\}$ 构成 $\pi_1(B,b)$ 的一个子群共轭类.

证明 设 $e, e' \in \rho^{-1}(b)$, 令 α 是 E 中从 e 到 e' 的一个道路, $\alpha' = \rho \circ \alpha \in \Omega(B,b)$. 任取 $\langle \sigma \rangle \in \pi_1(E,e)$,

$$\rho_* \alpha_\#\langle \sigma \rangle = \rho_*\langle \alpha^{-1}\sigma\alpha \rangle = \langle (\rho \circ \alpha^{-1})(\rho \circ \sigma)(\rho \circ \alpha) \rangle$$
$$= \langle {\alpha'}^{-1}(\rho \circ \sigma)\alpha' \rangle = \alpha'_\# \circ \rho_*\langle \sigma \rangle,$$

从而 $\rho_* \alpha_\# = \alpha'_\# \circ \rho_*$. 故

$$H_{e'} = \rho_*(\pi_1(E,e')) = \rho_* \alpha_\#(\pi_1(E,e))$$
$$= \alpha'_\# \circ \rho_*(\pi_1(E,e)) = \alpha'_\# H_e.$$

注意到 α' 是一个以 b 为基点的闭路, 即知 H_e 与 $H_{e'}$ 是共轭的.

另一方面, 设 G 是 $\pi_1(B,b)$ 的一个与 H_e 共轭的子群, 即存在 $\langle \gamma \rangle \in \pi_1(B,b)$, 使得 $G = \gamma^{-1} H_e \gamma$. 设 γ' 是 γ 的以 e 为起点的 (唯一) 道路提升, $e' = \gamma'(1)$, 则如上, $G = \gamma_{\#} H_e = H_{e'}$. □

习题 7.1

1. (E) 设 $\rho_i : E_i \to B_i$ 为覆叠映射, $i = 1, 2$. 证明

$$\rho_1 \times \rho_2 : E_1 \times E_2 \to B_1 \times B_2$$

也是覆叠映射.

2. (E) 设 X 是一个拓扑空间, S 是一个离散拓扑空间, $p : X \times S \to X$, $\forall (x,s) \in X \times S$, $p(x,s) = x$. 证明 p 是一个覆叠映射.

3. 证明下列映射是覆叠映射:

(1) (ER) $f : \mathbb{R}^2 \to S^1 \times \mathbb{R}$, $(x,y) \mapsto (e^{2\pi i x}, y)$;

(2) (M) $f : \mathbb{C} \to \mathbb{C} - \{0\}$, $z \mapsto e^z$;

(3) (E) $f : \mathbb{R}^2 \to S^1 \times S^1$, $(x,y) \mapsto (e^{2\pi i x}, e^{2\pi i y})$.

4. (E) 下列映射是否为覆叠映射?

(1) $f : (0,3) \to S^1$, $x \mapsto e^{2\pi i x}$;

(2) $f : \mathbb{R}^2 \to \mathbb{R}^1$, $(x,y) \mapsto x$.

5. (ER) 给出 $S^1 \times \mathbb{R}$ 到默比乌斯带的覆叠映射.

6. (ER) 给出默比乌斯到自身的一个非平凡的覆叠映射.

7. (MRH) 证明环面是克莱因瓶上的覆叠空间.

8. (MRH) 分别用 $\mathbb{R}^2$ 和 $S^1 \times \mathbb{R}$ 给出克莱因瓶的一个覆叠, 并且用克莱因瓶给出自身的一个非平凡覆叠.

9. (DH) 证明 S^3 是透镜空间 $L(p,q)$ 的覆叠空间.

10. (MRH) 设 $\rho : E \to B$ 为覆叠映射, 证明 ρ 是开映射和商映射.

11. (M) 设 $\rho : E \to B$ 为覆叠映射, $U \subset B$ 为开集, 连续映射 $h : U \to E$ 满足 $\rho \circ h = i : U \to B$, 其中 $i : U \to B$ 为含入映射. 证明 $h(U)$ 为 E 的开集.

12. (MRH) 设 $\rho : E \to B$ 为覆叠映射, U 是 B 的一个道路连通子集, V 是 $\rho^{-1}(U)$ 的一个道路分支. 证明 $\rho(V) = U$.

13. (MR) 设 $\rho : E \to B$ 为覆叠映射, X 为连通空间, $f : X \to B$ 为常值映射. 证明 f 的提升 $\tilde{f} : X \to E$ 也是常值映射.

14. (E) 验证纤维基数相同定理证明中的 $\psi \varphi = \mathrm{id}_{\rho^{-1}(b_0)}$.

15. (ER) 画出图形 ∞ (两个圆周的一点并) 的两个不同胚的 3 重覆叠.

16. (DRH) 证明对于每个正整数 n, 都存在一个从 nT^2 到 $(n+1)\mathbb{P}^2$ 的 2 重覆叠.

17. (MRH) 设 $p: E \to B$, $q: B \to C$ 是覆叠映射, 令 $r = q \circ p$.

(1) 当 q 是有限重覆叠时, 证明 $r: E \to C$ 是覆叠映射;

(2) 举例说明, 当 q 是无限重覆叠时, $r: E \to C$ 可能不是覆叠映射;

(3) 反之, 若 q, r 是覆叠映射, C 是局部道路连通的, 证明 p 是覆叠映射.

18. (MRH) 设 $\rho: E \to B$ 是覆叠映射.

(1) 当 E 是紧致的时, 证明 ρ 的重数有限;

(2) 若 B 是豪斯多夫的, 证明 E 也是豪斯多夫的;

(3) 设 B 是一个紧致流形, 证明 E 是紧的当且仅当 p 是有限重覆叠;

(4) 设 ρ 的重数有限, E 是豪斯多夫的, B 是紧致的, 证明 E 也是紧致的;

(5) 设 ρ 的重数有限, 证明 E 是紧致豪斯多夫的当且仅当 B 是紧致豪斯多夫的.

19. (ER) 设 $p: \widetilde{X} \to X$ 是一个覆叠映射, X 是单连通的. 证明 p 是同胚.

20. (MRH) 回答下列问题:

(1) 从默比乌斯带到它自身的覆叠映射的重数可以是多少?

(2) 从圆柱筒 $S^1 \times I$ 到默比乌斯带的覆叠映射的重数可以是多少?

(3) 从环面到克莱因瓶的覆叠映射的重数可以是多少?

(4) 从克莱因瓶到自身的覆叠映射的重数可以是多少?

21. (MRH) 求环面到克莱因瓶的所有覆叠映射.

22. (E) 回答下列问题:

(1) 从平面 $\mathbb{R}^2$ 到克莱因瓶的覆叠映射的重数可以是多少?

(2) 从 $S^1 \times \mathbb{R}$ 到克莱因瓶的覆叠映射的重数可以是多少?

23. 设 $D \subset \mathbb{C}$ 是单位圆盘, $f: D \to D$, $z \mapsto z^2$, 则 $f|_{D-\{0\}}: D-\{0\} \to D-\{0\}$ 是一个覆叠映射. 此时称 $f: D \to D$ 是一个 2 **重分歧覆叠映射**. 第二个 $D-\{0\}$ 称为底空间, 底空间上的 0 称为分歧点 (此处没有给出严格定义). 请构造以下分歧覆叠:

(1) (ERH) 3 重分歧覆叠映射 $f: S^2 \to S^2$, 它有两个分歧点;

(2) (DRH) 2 重分歧覆叠映射 $f: T^2 \to S^2$, 它有两个分歧点.

24. (DH) 证明每一个可定向闭曲面都是 S^2 的 2 重分歧覆叠.

25. (DH) 构造以下分歧覆叠 (其中的 X 是某个未知空间):

(1) 2 重分歧覆叠映射 $f: X \to D^2$, 它有两个分歧点, 其中 D^2 是圆盘.

(2) 2 重分歧覆叠映射 $f: X \to S^3$, 它的分歧点是一个纽结. (提示: 对于任意一个纽结, 存在 S^3 中嵌入的一个带边定向曲面 F, 它的边界就是这个纽结. 构造分歧覆叠需要沿 F 把 S^3 剪开得到一个空间 X, 然后再把 X 的两个拷贝按正确的方式黏合.)

7.2　映射提升准则

设 (E, ρ) 为 B 的覆叠空间, $f : X \to B$ 连续, $x_0 \in X, b_0 = f(x_0), e_0 \in \rho^{-1}(b_0)$. 若 f 有提升 $\tilde{f} : (X, x_0) \to (E, e_0)$, 则 $\rho \circ \tilde{f} = f$, 从而

$$f_*(\pi_1(X, x_0)) = (\rho \circ \tilde{f})_*(\pi_1(X, x_0))$$
$$= \rho_* \circ \tilde{f}_*(\pi_1(X, x_0))$$
$$\subset \rho_*(\pi_1(E, e_0)) = H_{e_0}.$$

下面的定理表明, 当 X 满足一定条件时, 这也是 f 的提升存在的充分条件:

定理 7.2.1 (映射提升准则)　设 (E, ρ) 为 B 的覆叠空间, X 是道路连通和局部道路连通的空间, $f : (X, x_0) \to (B, b_0)$ 连续, $e_0 \in \rho^{-1}(b_0)$. 若 $f_*(\pi_1(X, x_0)) \subset H_{e_0}$, 则 f 有提升 $\tilde{f} : (X, x_0) \to (E, e_0)$, 且提升是唯一的.

证明　(1) 先给出 $\tilde{f} : (X, x_0) \to (E, e_0)$ 的定义.

对任意 $x \in X$, 设 $\alpha, \beta : (I, 0, 1) \to (X, x_0, x)$ 是 X 中的两个道路, 则 $\alpha \circ \beta^{-1} \in \Omega(X, x_0)$, 并且 $f\alpha, f\beta : (I, 0, 1) \to (X, b_0, f(x))$ 是 B 中的两个道路. 将 $f\alpha$ 和 $f \circ \beta$ 的以 e_0 为起点的道路提升分别记为 $\widetilde{f\alpha}$ 和 $\widetilde{f\beta}$. 由假设条件, 存在 $\tilde{\tau} \in \Omega(E, e_0)$, 使得 $f(\alpha \circ \beta^{-1}) \simeq_p \rho\tilde{\tau}$. 于是就有

$$f\alpha \simeq_p f(\alpha\beta^{-1}\beta) \simeq_p f(\alpha\beta^{-1}) \cdot f\beta \simeq_p \rho\tilde{\tau} \cdot f\beta.$$

另一方面, $\rho(\tilde{\tau} \cdot \widetilde{f\beta}) = \rho\tilde{\tau} \cdot \rho(\widetilde{f\beta}) = \rho\tilde{\tau} \cdot f\beta$, 且 $\tilde{\tau} \cdot \widetilde{f\beta}(0) = \tilde{\tau}(0) = e_0$. 故 $\tilde{\tau} \cdot \widetilde{f\beta}$ 是 $\rho\tilde{\tau} \cdot f\beta$ 的以 e_0 为起点的提升. 这样, 由同伦提升定理, $\widetilde{f\alpha} \simeq_p \tilde{\tau} \cdot \widetilde{f\beta}$. 特别地, $\widetilde{f\alpha}(1) = \tilde{\tau} \cdot \widetilde{f\beta}(1) = \widetilde{f\beta}(1)$.

令 $\tilde{f}(x) = \widetilde{f\alpha}(1) \in E$. 由上可知, $\tilde{f}(x)$ 不依赖于从 x_0 到 x 的道路的选取, 且 $\tilde{f}(x_0) = e_0, \rho\tilde{f}(x) = \rho\widetilde{f\alpha}(1) = f\alpha(1) = f(x)$.

(2) 验证 $\tilde{f} : (X, x_0) \to (E, e_0)$ 连续. $\forall x \in X$, 任取 $\tilde{f}(x)$ 的一个开邻域 N, 往证存在 x 的一个开邻域 W, 使得 $\tilde{f}(W) \subset N$.

取 $f(x)$ 的基本邻域 U', 不妨设 $U' \subset \rho(N)$. 令 V 是 $\rho^{-1}(U') \cap N$ 的包含 $\tilde{f}(x)$ 的道路分支, $U = \rho(V)$, 则 V 是 E 的包含 $\tilde{f}(x)$ 的开集, U 是 B 的包含 $f(x)$ 的开集, 也是 $f(x)$ 的基本邻域, 且 $\rho|_V : V \to U$ 是同胚, 如图 7.6 所示.

由 f 的连续性和 X 的局部道路连通性, 可取 x 的道路连通开邻域 W, 使得 $f(W) \subset U$. 下面证明 $\tilde{f}(W) \subset V$. 任取 $x_1 \in W$, 选取 X 中从 x_0 到 x 的道路 α 和 W 中从 x 到 x_1 的道路 β, 则 $\alpha\beta$ 是 X 中从 x_0 到 x_1 的道路, 且 $f\alpha(1) = f\beta(0) = f(x)$. 因 $\rho|_V$ 是同胚, $f\beta$ 的始于 $\tilde{f}(x)$ 的道路提升为 $(\rho|_V)^{-1}(f\beta)$, 从而 $f(\alpha\beta) (= f(\alpha)f(\beta))$ 的始于 e_0 的道路提升为 $\widetilde{f\alpha} \cdot (\rho|_V)^{-1}(f\beta)$.

由 $\tilde{f}$ 的定义, $\tilde{f}(x_1) = \widetilde{f(\alpha\beta)}(1) = (\rho|_V)^{-1}f\beta(1) \in V$, 于是 $\tilde{f}(W) \subset V$. 故 $\tilde{f}$ 连续.

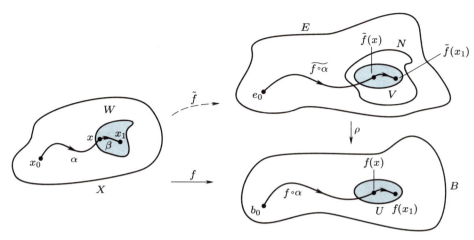

图 7.6　映射提升

(3) $\tilde{f}$ 的唯一性由定理 7.1.1 保证. □

由定理 7.2.1 直接可得:

推论 7.2.1　设 (E, ρ) 为 B 的覆叠空间, X 是单连通且局部道路连通的空间, $x_0 \in X$, $b_0 \in B$, $e_0 \in p^{-1}(b_0)$, $f : (X, x_0) \to (B, b_0)$ 连续, 则 f 总有 (唯一) 提升 $\tilde{f} : (X, x_0) \to (E, e_0)$.

下面给出定理 7.2.1 的两个应用的例子.

例 7.2.1　设 $n \geqslant 2$, 则任意两个连续映射 $f, g : S^n \to S^1$ 都是同伦的.

事实上, 考虑指数映射 $\rho : \mathbb{R} \to S^1$, $\rho(t) = \mathrm{e}^{2\pi t i}$. 显然, S^n 是单连通且局部道路连通的空间, 从而 f 和 g 都有提升 $\tilde{f}, \tilde{g} : S^n \to \mathbb{R}$. 因直线 $\mathbb{R}$ 是凸集, 故 $\tilde{f} \simeq \tilde{g}$, 从而 $f = p\tilde{f} \simeq p\tilde{g} = g$.

例 7.2.2　每个连续映射 $f : \mathbb{P}^2 \to S^1$ 都是零伦的.

考虑 f 诱导的同态 $f_* : \pi_1(\mathbb{P}^2) \to \pi_1(S^1)$, 其中 $\pi_1(\mathbb{P}^2) \cong \mathbb{Z}_2$, $\pi_1(S^1) \cong \mathbb{Z}$. 显然, $\mathbb{Z}$ 无 2 阶元素, 从而 $\mathrm{Im} f_*$ 是 $\pi_1(S^1)$ 的平凡子群, 因而对于指数映射 $\rho : \mathbb{R} \to S^1$, f 满足定理 7.2.1 中的条件, 故 f 有提升 $\tilde{f} : \mathbb{P}^2 \to \mathbb{R}$. $\tilde{f}$ 是零伦的, 从而 $f = \rho \circ \tilde{f}$ 是零伦的.

习题 7.2

1. (ER) 设 $\rho : \mathbb{R} \to S^1$ 为指数映射. 恒等映射 $\mathrm{id} : S^1 \to S^1$ 是否可以提升?

2. (ER) 设 X 是一个具有有限基本群的道路连通和局部道路连通空间. 证明每个连续映射 $f : X \to S^1$ 都与一个常值映射同伦.

3. (ER) 设 $f : S^2 \to T^2$ 连续, 证明 f 是零伦的.

4. (ERH) 证明从 $\mathbb{P}^2$ 到 T^2 只有一个映射类.

5. (ER) 设 $\rho : \mathbb{R} \to S^1$ 为指数映射. 证明任意连续映射 $f : I \times I \to S^1$ 都有提升.

6. (ERH) 设 $\rho : \mathbb{R} \to S^1$ 为指数映射. 证明: 对任意连续映射 $f : S^1 \to S^1$, 都存在连

续映射 $\widetilde{f} : \mathbb{R} \to \mathbb{R}$, 使得 $\rho \circ \widetilde{f} = f \circ \rho$.

7. (E) 设 $T^2 = S^1 \times S^1$. 构造一个非零伦的连续映射 $f : T^2 \to S^1$.

8. (MRH) 设 $\rho : \mathbb{R} \to S^1$ 为指数映射, $f : I \to S^1 \times S^1$, $\forall t \in I$, $f(t) = ((\cos t, \sin t), (\cos 2t, \sin 2t))$. 给出 f 在覆叠映射 $\rho \times \rho : \mathbb{R} \times \mathbb{R} \to S^1 \times S^1$ 下的一个提升 $\widetilde{f}$, 并画出 f 和 $\widetilde{f}$ 的草图.

9. (ER) 设 $\rho : E \to B$ 为覆叠映射, X 为连通空间, $f : X \to B$ 为零伦的连续映射. 证明 f 有提升, 并且 f 的每个提升都是零伦的.

10. (MRH) 设 $\rho : E \to B$ 为覆叠映射, U 为 B 的道路连通开集, 且含入映射 $i : U \to B$ 诱导的基本群同态 $i_* : \pi_1(U) \to \pi_1(B)$ 为零同态. 证明 U 是基本邻域.

11. (ERH) 设 X 是欧氏空间中连通的有限图, 有子空间拓扑. 证明 X 的有限重覆叠空间是有限图.

12. (DRH) 利用上题解答:

(1) 证明自由群的子群是自由群;

(2) 设 A 是自由群 F_3 (3 个元素生成的自由群) 的子群, 且指数 $[F_3 : A] = m$. 求 A 的秩.

提示: (1) 的证明需要用到下面的定理: 对于道路连通、局部道路连通、半局部单连通的底空间 B, 对于任意的 $b \in B$, 任意的 $\pi_1(B,b)$ 的子群 A, 存在覆叠映射 $p : E \to B$, 对于合适的 $e \in E, p(e) = b$ 有 $p_*(\pi_1(E,e)) = A$.

补充定义: 设 X 是拓扑空间, 若对任意 $x \in X$, 存在邻域 U 使得映射 $i_* : \pi_1(U,x) \to \pi_1(X,x)$ 的像是平凡群, 则称 X 是**半局部单连通的**.

*7.3 覆叠空间的分类与泛覆叠空间

定义 7.3.1 设 (E_1, ρ_1) 和 (E_2, ρ_2) 都是 B 上的覆叠空间. 若存在连续映射 $h : E_1 \to E_2$, 使得 $\rho_2 \circ h = \rho_1$ (即 h 是 ρ_1 关于 $\rho_2 : E_2 \to B$ 的一个提升), 则称 h 是一个从 (E_1, ρ_1) 到 (E_2, ρ_2) 的**同态**; 若同态 h 还是同胚, 则称 h 为一个**同构**, 此时称 (E_1, ρ_1) 和 (E_2, ρ_2) 是**同构的**或**等价的**.

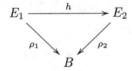

容易验证, 覆叠空间的同构关系是一个等价关系, 其等价类由 B 上互相同构的覆叠空间构成.

对于 B 上的覆叠空间 (E, ρ), 由子群共轭定理, $\{H_e \mid e \in \rho^{-1}(b)\}$ 构成了 $\pi_1(B, b)$ 的一个子群共轭类. 下面给出覆叠空间等价的一个特征描述.

定理 7.3.1 设 (E_1, ρ_1) 和 (E_2, ρ_2) 都是 B 上的覆叠空间, $b \in B$, $e_i \in \rho_i^{-1}(b)$, $i = 1, 2$, 则 (E_1, ρ_1) 和 (E_2, ρ_2) 是等价的当且仅当 $\rho_{1*}(\pi_1(E_1, e_1))$ 和 $\rho_{2*}(\pi_1(E_2, e_2))$ 是共轭的.

证明 $\Rightarrow$: 设 $h : E_1 \to E_2$ 为同构, $h(e_1) = e_2$. 因 $\rho_2 \circ h = \rho_1$,

$$H_{e_1} = \rho_{1*}(\pi_1(E_1, e_1)) = (\rho_2 \circ h)_*(\pi_1(E_1, e_1)) = \rho_{2*}(\pi_1(E_2, e_2)) = H_{e_2},$$

故 H_{e_1} 和 H_{e_2} 的共轭类相同.

$\Leftarrow$: 对于 $e_1 \in \rho_1^{-1}(b)$, 由定理 7.1.7, 可取 $e_2 \in \rho_2^{-1}(b)$, 使得 $\rho_{1*}(\pi_1(E_1, e_1)) = \rho_{2*}(\pi_1(E_2, e_2))$. 由映射提升准则, 存在同态 $h : E_1 \to E_2$, $k : E_2 \to E_1$, 使得 $h(e_1) = e_2$, $k(e_2) = e_1$. 于是, $k \circ h : E_1 \to E_1$ 是 E_1 的自同态, 满足 $k \circ h(e_1) = e_1$.

另一方面, $\mathrm{id} : E_1 \to E_1$ 是 E_1 的自同态, 满足 $\mathrm{id}(e_1) = e_1$. 由提升的唯一性定理, $k \circ h = \mathrm{id}$. 同理, $h \circ k = \mathrm{id}$. 于是, h 是同胚. 故 (E_1, ρ_1) 和 (E_2, ρ_2) 是等价的. $\qquad\square$

定义 7.3.2 设 $\rho : E \to B$ 为覆叠映射. 若自同胚 $h : E \to E$ 满足 $\rho \circ h = \rho$, 则称 h 是一个**覆叠变换**.

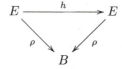

覆叠变换 $h : E \to E$ 实际上是覆叠空间 (E, ρ) 的一个自同构.

显然, $\mathrm{id} : E \to E$ 是覆叠变换; 覆叠变换的逆也是覆叠变换; 覆叠变换的乘积 (复合) 还是覆叠变换. 因此, (E, ρ) 的全体覆叠变换在乘积运算下构成一个群, 称之为 (E, ρ) 的**覆叠变换群**, 记作 $\mathcal{D}(E, \rho)$.

$\mathcal{D}(E, \rho)$ 中有多少个元素? 取 $e \in E$, $b = p(e)$, 则对 $\mathcal{D}(E, \rho)$ 中每个成员 h, $h(e) \in \rho^{-1}(b)$. 由提升的唯一性定理, 当 h, h' 是 (E, ρ) 的不同的覆叠变换时, $h(e) \neq h'(e)$. 这表明, 每个覆叠变换 h 均由 $h(e) \in \rho^{-1}(b)$ 唯一确定.

问题 设 $\rho : E \to B$ 为覆叠映射, $e \in E$, $b = \rho(e)$, $e' \in \rho^{-1}(b)$. 是否总存在 $h \in \mathcal{D}(E, \rho)$ 使得 $h(e) = e'$? 若不然, 在什么条件下存在? 下面的定理回答了这个问题.

定理 7.3.2 设 $\rho : E \to B$ 为覆叠映射, $e \in E$, $b = \rho(e)$, $e' \in \rho^{-1}(b)$, 则存在 $h \in \mathcal{D}(E, \rho)$, 使得 $h(e) = e'$ 的充要条件是 $H_e = H_{e'}$.

证明 $\Rightarrow$: 设有 $h \in \mathcal{D}(E, p)$ 使得 $h(e) = e'$. 因 $\rho \circ h = \rho$, $H_e = \rho_*(\pi_1(E, e)) = (\rho \circ h)_*(\pi_1(E, e)) = \rho_*(\pi_1(E, e')) = H_{e'}$.

$\Leftarrow$: 若 $H_e = H_{e'}$, 则由映射提升准则, 存在 $\rho : E \to B$ 的提升 $h, h' : E \to E$, 使得 $h(e) = e'$, $h'(e') = e$. 于是, $h' \circ h : E \to E$ 也是 $\rho : E \to B$ 的提升, 且 $h' \circ h(e) = e$.

另一方面, id : $E \to E$ 也是 $\rho : E \to B$ 的提升, 满足 id$(e) = e$. 由提升的唯一性定理, $h' \circ h = $ id. 同理, $h \circ h' = $ id. 于是, h 是自同胚, 从而是覆叠变换, $h(e) = e'$. □

前述定理给出了覆叠变换存在的充要条件. 但在一个覆叠空间中, 这个条件并不是总能满足的.

例如, 在前面的例 7.1.7 中, 底空间 $S^1 \vee S^1$ 的切点 b_0 在覆叠空间 E 中的原像为如图 7.5 所示的上方三个切点. 不难验证, E 的每个自同胚一定保持中间的切点不动, 从而它的覆叠变换只能是恒等映射.

下面介绍两种比较特殊的覆叠空间. 先介绍正则覆叠空间.

定义 7.3.3 设 $\rho : E \to B$ 为覆叠映射. 若对某个 $e \in E$, H_e 是 $\pi_1(B, \rho(e))$ 的正规子群, 则称 ρ 为**正则覆叠映射**, 称 (E, ρ) 为 B 上的**正则覆叠空间**.

若 (E, ρ) 为 B 上的正则覆叠空间, $\forall e' \in E$, $H_{e'}$ 都是 $\pi_1(B, \rho(e'))$ 的正规子群. 事实上, 从 e 到 e' 的道路 γ 诱导的同构和道路 $\rho\gamma$ 诱导的同构有如下的交换图表:

$$
\begin{array}{ccc}
\pi_1(E, e) & \xrightarrow{\gamma_\#} & \pi_1(E, e') \\
\rho_* \downarrow & & \downarrow \rho_* \\
\pi_1(B, \rho(e)) & \xrightarrow[(\rho\gamma)_\#]{} & \pi_1(B, \rho(e'))
\end{array}
$$

于是, $H_{e'} = (\rho\gamma)_\#(H_e)$ 是 $\pi_1(B, \rho(e'))$ 的正规子群.

设 $\rho : E \to B$ 为正则覆叠映射. 对于 $b \in B$, 当 $e, e' \in p^{-1}(b)$ 时, 因正规子群只和自己共轭, 故 $H_e = H_{e'}$, 即任意 $e \in p^{-1}(b)$ 决定的是 $\pi_1(B, b)$ 的同一正规子群 H_e. 我们把这个正规子群记作 H_b. 下面是定理 7.3.2 的直接推论, 它给出了正则覆叠空间的一个等价描述:

推论 7.3.1 $\rho : E \to B$ 为正则覆叠映射当且仅当 $\forall e, e' \in E$, 若 $\rho(e) = \rho(e')$, 则存在覆叠变换 $h \in \mathcal{D}(E, \rho)$ 使得 $h(e) = e'$.

例 7.1.1、例 7.1.2、例 7.1.3、例 7.1.5、例 7.1.6 都是正则覆叠空间的例子.

定理 7.3.3 设 $\rho : E \to B$ 为正则覆叠映射, $b \in B$, 则 $\mathcal{D}(E, \rho) \cong \pi_1(B, b)/H_b$.

证明略, 可参见文献 [46] 或 [5].

下面介绍另外一种比较常见的覆叠空间.

定义 7.3.4 设 $\rho : E \to B$ 为覆叠映射. 若 E 是单连通的, 则称 ρ 为**泛覆叠映射**, 称 (E, ρ) 为 B 上的**泛覆叠空间**或**万有覆叠空间**.

对于泛覆叠空间 (E, ρ), $\forall e \in E$, H_e 是平凡群, 故 (E, ρ) 是正则覆叠空间. 例 7.1.1、例 7.1.3、例 7.1.8 都是泛覆叠空间的例子.

当 (E, ρ) 是泛覆叠空间时, 由定理 7.3.3, $\pi_1(B) \cong \mathcal{D}(E, \rho)$. 这给出计算基本群的另外一种途径. 例如, 指数映射 $\rho : \mathbb{R} \to S^1$ 是泛覆叠映射, 不难看出, 覆叠变换是移动距离为整数的平移. 设 $\varphi : \mathbb{R} \to \mathbb{R}$, $\forall x \in \mathbb{R}$, $\varphi(x) = x + 1$, 则 $\mathcal{D}(\mathbb{R}, p)$ 是由 φ 生成的自由循环群,

于是 $\pi_1(S^1) \cong \mathbb{Z}$. 类似地可知, 从泛覆叠映射 $\rho : \mathbb{R}^2 \to S^1 \times S^1$, $(\rho(s,t) = (\mathrm{e}^{2\pi si}, \mathrm{e}^{2\pi ti}))$ 出发, 可以计算出 $\pi_1(S^1 \times S^1) \cong \mathcal{D}(\mathbb{R}^2, \rho) \cong \mathbb{Z}^2$.

下面的性质说明, B 上的泛覆叠空间是 B 上所有其他覆叠空间的覆叠空间. 这正是其名称的来源.

定理 7.3.4　设 $\rho_0 : E_0 \to B$ 为泛覆叠映射, $\rho : E \to B$ 为覆叠映射, 则有覆叠映射 $\tilde{\rho} : E_0 \to E$, 使得 $\rho \circ \tilde{\rho} = \rho_0$.

$$\begin{array}{ccc} & \overset{\tilde{\rho}}{\longrightarrow} & (E,e) \\ (E_0,e_0) & & \downarrow \rho \\ & \underset{\rho_0}{\longrightarrow} & (B,b) \end{array}$$

证明　因 E_0 单连通, 对于覆叠映射 $\rho : E \to B$, 由提升准则, 存在 ρ_0 的提升 $\tilde{\rho} : E_0 \to E$, 即上述图表可以交换. 下面验证 $\tilde{\rho}$ 为覆叠映射.

$$\begin{array}{ccc} & \overset{\tilde{\rho}}{\longrightarrow} & (E,e) \supset V \\ W_\alpha \subset (E_0,e_0) & & \downarrow \rho \\ & \underset{\rho_0}{\longrightarrow} & (B,b) \supset U \end{array}$$

$\forall e \in E, b = \rho(e)$. 取 U 是 b 的一个道路连通的开邻域, U 关于 ρ 和 ρ_0 都是基本邻域. 设 V 是 $\rho^{-1}(U)$ 中 e 所在的道路分支, 则 $\rho|_V : V \to U$ 是同胚.

$\rho_0^{-1}(U)$ 的连通分支集合记为 $\{W_\alpha\}$. 因

$$\rho_0^{-1}(U) = (\rho \circ \tilde{\rho})^{-1}(U) = \tilde{\rho}^{-1}(\rho^{-1}(U)),$$

故 $\tilde{\rho}^{-1}(V) \subset \rho_0^{-1}(U) = \bigcup_\alpha W_\alpha$.

$\forall \alpha$, $\tilde{\rho}(W_\alpha) \subset \rho^{-1}(U)$, 并且是道路连通的, 于是它在 $\rho^{-1}(U)$ 的某个分支上. 这样, $\tilde{\rho}^{-1}(V) = \bigcup_{\tilde{\rho}(W_\alpha) \subset V} W_\alpha$.

如果 $\tilde{\rho}(W_\alpha) \subset V$, 则 $\rho_0|_{W_\alpha} = \rho|_V \circ \tilde{\rho}|_{W_\alpha}$, 其中 $\rho|_V$ 和 $\rho_0|_{W_\alpha}$ 都是同胚, 故 $\tilde{\rho}|_{W_\alpha} : W_\alpha \to V$ 也是同胚. 这就证明了 $\tilde{\rho}$ 为覆叠映射. $\qquad\square$

命题 7.3.1　设 $\rho : E \to B$ 为泛覆叠映射, $e_0 \in E, \rho(e_0) = b_0$, 则 b_0 有一个邻域 U, 使得含入映射 $i : (U, b_0) \to (B, b_0)$ 诱导的基本群之间的同态是平凡的.

证明　设 U 是 b_0 的一个基本邻域, V 是 $\rho^{-1}(U)$ 的包含 e_0 的道路分支. 设 α 为 U 中以 b_0 为基点的一个闭路, 则 $\tilde{\alpha} = \rho|_U^{-1} \circ \alpha$ 是 V 中以 e_0 为基点的一个闭路, 且 $\tilde{\alpha}$ 是 α 的以 e_0 为起点的提升. 因 E 是单连通的, 存在定端同伦 $F : \tilde{\alpha} \simeq_p C_{e_0}$, 从而 $\rho \circ F : \alpha \simeq_p C_{b_0}$. 这样, $i_* : \pi_1(U, b_0) \to \pi_1(B, b_0)$ 为零同态. $\qquad\square$

下面的例子表明, 并非每个道路连通和局部道路连通的空间上都有泛覆叠空间.

例 7.3.1 设 C_n 是 $\mathbb{R}^2$ 上以 $\left(\dfrac{1}{n}, 0\right)$ 为圆心、$\dfrac{1}{n}$ 为半径的圆周, $n \in \mathbb{N}_+$, $X = \bigcup\limits_{n \in \mathbb{N}_+} C_n$. 称 X 为一个 "**夏威夷耳环**" 或 "**无限耳环**", 如图 7.7 所示. 设 b_0 为原点, U 是 b_0 在 X 中的一个邻域. 下面验证, 含入映射 $i : U \to X$ 诱导的基本群之间的同态是非平凡的, 从而夏威夷耳环没有泛覆叠空间.

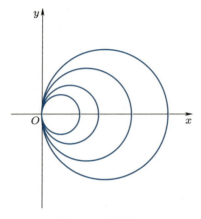

图 7.7　无限耳环

事实上, 对于 X 中 b_0 的任何一个邻域 U, 存在一个充分大的 n, 使得 $C_n \subset U$. 令 $j : C_n \to X$ 和 $k : C_n \to U$ 均为含入映射, 则有如下两个交换图表, 上方的是拓扑空间之间的交换图表, 下方的是它们诱导的基本群之间的交换图表:

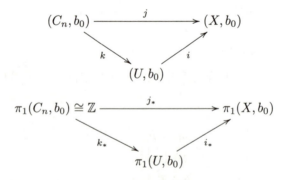

其中, j_* 是单同态, 假设 i_* 为零同态, 则对于任意的 k_*, 下方的交换图表不可能成立. 所以 i_* 不是零同态, 故由前面的命题, X 没有泛覆叠空间.

前面第 5.5 节中证明 2 维布劳威尔不动点定理时也使用了这个证明方法. 它是代数拓扑中一个常用的证明方法, 读者一定要学会.

习题 7.3

1. (MR) 设 (E_1, ρ_1) 和 (E_2, ρ_2) 都是 B 上的覆叠空间, h 是一个从 (E_1, ρ_1) 到 (E_2, ρ_2) 的**同态**. 证明 h 是覆叠映射.

2. (MR) 构造两个有限图 X_1 和 X_2 (定义见 5.4 习题), 满足: (1) 存在 X, 使得 X 是它们每一个的覆叠; (2) 不存在 Y, 使得 X_1 和 X_2 都是 Y 的覆叠.

3. (MR) 设 $p : E \to B$ 是一个正则覆叠映射, $U \subset B$ 是道路连通的基本邻域, V_α 是 $p^{-1}(U)$ 的一个分支. 证明 $p^{-1}(U)$ 的所有分支的集合为 $\{h(V_\alpha) \mid h \in \mathfrak{D}(E, p)\}$.

4. (MRH) 确定图形 ∞ (两个圆周的一点并) 的覆叠变换群.

5. (ER) 克莱因瓶是否是 $\mathbb{P}^2$ 的覆叠空间?

6. (ER) $\mathbb{P}^2$ 是否是克莱因瓶的覆叠空间?

7. (MR) 给出克莱因瓶的一个可定向 2 重覆叠空间.

8. (ERH) 证明 2 重覆叠映射都是正则的.

9. (DRH) 证明每个不可定向闭曲面都有一个 2 重覆叠空间是可定向曲面.

10. (ERH) 给出两个圆周的一点并的一个 3 重非正则覆叠映射.

11. 设 $p : \widetilde{X} \to X$ 是覆叠映射, A 是 X 的连通和局部道路连通的子集, $i : A \to X$ 是含入映射. 令 $\widetilde{A}$ 是 $p^{-1}(A) \subset \widetilde{X}$ 的一个连通分支, $a \in A$, $\widetilde{a} \in \widetilde{X}$, $p(\widetilde{a}) = a$, 则 $p : \widetilde{A} \to A$ 是覆叠映射. 证明:

(1) (ER) 下列图表交换:

$$
\begin{array}{ccc}
(\widetilde{A}, \widetilde{a}) & \xrightarrow{\ i\ } & (\widetilde{X}, \widetilde{a}) \\
{\scriptstyle p} \downarrow & & \downarrow {\scriptstyle p} \\
(A, a) & \xrightarrow[\ i\ ]{} & (X, a)
\end{array}
$$

(2) (MR) $p_*(\pi_1(\widetilde{A}, \widetilde{a})) = i_*^{-1}[p_*(\pi_1(\widetilde{X}, \widetilde{a}))]$;

(3) (MRH) $p^{-1}(A) = \widetilde{A}$ 当且仅当 $p_*(\pi_1(\widetilde{X}, \widetilde{a}))$ 在 $\pi_1(X, a)$ 中的每一个陪集交 $i_*(\pi_1(A, a))$ 不空;

(4) (DRH*) 若 $p : \widetilde{X} \to X$ 是正则覆叠, 则 $p : \widetilde{A} \to A$ 是正则覆叠.

12. (MR) 设 $p : E \to B$ 是泛覆叠映射, a 和 a' 是 B 的两条相同起点、相同终点的道路, $\widetilde{a}$ 和 $\widetilde{a}'$ 分别是 a 和 a' 的提升, 且 $\widetilde{a}(0) = \widetilde{a}'(0)$. 证明 $\widetilde{a}(1) = \widetilde{a}'(1)$ 当且仅当 a 和 a' 定端同伦等价.

13. (DRH) 设 $p : E \to B$ 是泛覆叠映射, $e \in E$, $b = p(e)$. 记 B 的以 b 为起点的道路类的集合为 Ω_b, 定义映射 $\rho : \Omega_b \to E$, 使得 $\forall \langle a \rangle \in \Omega_b$, $\rho(\langle a \rangle) := \widetilde{a}(1)$, 其中 $\widetilde{a}$ 是 a 的以 e 为起点的提升. 证明 ρ 是一一对应.

14. (MRH) 设 $X \simeq Y$, $\widetilde{X}$ 和 $\widetilde{Y}$ 分别是它们的泛覆叠空间. 证明 $\widetilde{X} \simeq \widetilde{Y}$.

15. (ER) 设 X 是例 7.3.1 中的无限耳环 (也称为 "夏威夷耳环"). 构造 X 的一个 2

重覆叠.

16. (DRH) 除了 $\mathbb{R}^2$, $S^1 \times \mathbb{R}$, 环面和克莱因瓶之外, 克莱因瓶的覆叠空间还有哪些?

17. (ER) 设 $p: E \to B$ 是覆叠映射, E 道路连通. 若 B 是单连通的, 证明 p 为同胚.

18. (ERH) 证明一个道路连通的局部道路连通空间的任意两个泛覆叠空间都是同构的.

19. (MH) 给出两个 S^1 的一点并 (即图形 ∞) 的泛覆叠空间的几何描述 (构造).

20. (M) 给出 S^1 和 S^2 的一点并的泛覆叠空间的几何描述 (构造).

21. (MH) 给出 S^1 和 $\mathbb{P}^2$ 的一点并的泛覆叠空间的几何描述 (构造).

第 8 章

单纯同调理论

在第 5 章中我们引进了基本群, 并且看到用它来处理一些拓扑学问题时发挥了积极的作用, 它是一个很有用的拓扑不变量. 然而, 因为闭路实质上是圆周的连续映射像, 而圆周是 1 维的, 所以基本群只善于描述空间的某些 "低维" 性质. 对许多问题它不能提供帮助, 有效性有很大限制, 例如, 基本群连 2 维球面与 3 维球面都不能区分. 另一方面, 虽然能对一般的拓扑空间定义像基本群这样的代数不变量, 但基本群通常是非交换群, 很难判断两个非交换群是否同构 (可计算性差), 其作用一般也难以显示出来.

在本章我们将看到, 如果空间可由若干 "简单块" 很好地拼接而成, 即空间是所谓的可单纯剖分的空间, 上述两个问题都能得到有效的处理.

本章所介绍的单纯同调论, 是借助于单纯复形建立起来的. 它给每个拓扑空间联系一列群, 称为同调群, 其直观性强, 有明显的几何背景, 是拓扑不变量. 同调论在处理一大批拓扑学问题中起重要作用. 虽然单纯同调论适用的拓扑空间仅限于多面体等, 但它已足够广泛, 包括了大多数我们常见的重要空间.

8.1 单纯复形与单纯剖分

8.1.1 单纯形与单纯复形

下面我们引进单纯剖分的概念. 在 1 维的时候, 圆周与三角形的三边之并子空间是同胚的, 所以在拓扑里, 圆周可以看成由三条线段黏合而成. 在 2 维的情形, 我们在第 6 章看到, 曲面有多边形表示, 而多边形可以由多个三角形黏合而成. 所以在拓扑里, 曲面可以看成由多个三角形黏合而成. 我们将把这种方法推广到高维.

粗略地讲, 线段是 1 维形, 三角形是 2 维单形, 四面体是 3 维单形. 我们还将为单形引入方向, 称之为单形的定向.

考察 $\mathbb{R}^n$ 中的点、直线段、三角形和四面体这样的简单几何对象, 容易看到它们的一些共同特征. 例如, 它们都是凸集, 均由其顶点完全决定, 从它们的一个顶点出发的所有有向边构成的向量组线性无关, 等等. 把这些特征一般化, 就可以得到单纯形的概念. 欧氏空间 $\mathbb{R}^n$ 中的点 A 可用 $[A]$ 来表示. 对于 $\mathbb{R}^n$ 中的两个不同点 A, B, 用 $[A, B]$ 表示从 A 到 B 的有向线段. 对于 $\mathbb{R}^n$ 中的三个不共线的点 A, B, C, 用 $[A, B, C]$ 表示以 A, B, C 为顶点的三角形 (二维图形).

定义 8.1.1 (1) 设 $v_0, v_1, \cdots, v_q \in \mathbb{R}^n$. 若向量组 $\{\overrightarrow{v_1 v_0}, \cdots, \overrightarrow{v_q v_0}\}$ 是线性无关的, 则称 $\{v_0, v_1, \cdots, v_q\}$ 是**几何独立的**, 或称它们**处于一般位置**.

(2) 设 $\{v_0, v_1, \cdots, v_q\} \subset \mathbb{R}^n$ 是几何独立的. 称 $\mathbb{R}^n$ 中的如下子集

$$\left\{x \in \mathbb{R}^n \,\middle|\, x = \sum_{i=0}^{q} \lambda_i v_i, \lambda_i \geqslant 0, \sum_{i=0}^{q} \lambda_i = 1\right\}$$

为一个 (以 $v_0, v_1, \cdots, v_q$ 为顶点的) q **维单纯形**, 简称为 q **单形**, 记作 $[v_0, v_1, \cdots, v_q]$; 0 维单形 $[v]$ 也简记为 v; 一个 q 维单形也简记为 σ^q 或 σ, 称 q 为单形 σ 的**维数**, 记作 $\dim \sigma$.

容易验证, $\{v_0, v_1, \cdots, v_q\}$ 是几何独立的当且仅当对任意 i, $0 \leqslant i \leqslant q$, 向量组 $\{\overrightarrow{v_0 v_i}, \cdots, \overrightarrow{v_{i-1} v_i}, \overrightarrow{v_{i+1} v_i}, \cdots, \overrightarrow{v_q v_i}\}$ 是线性无关的. 此时必有 $q \leqslant n$. 特别地, $\mathbb{R}^n$ 中的每个单点是几何独立的; 两个点 v_0, v_1 是几何独立的当且仅当 $v_0 \neq v_1$; 三个点 v_0, v_1, v_2 是几何独立的当且仅当它们不共线; 四个点 v_0, v_1, v_2, v_3 是几何独立的当且仅当它们不共面.

显然, 一个 0 单形就是一个点, 一个 1 单形就是两个不同点张成的闭线段, 一个 2 单形 $[v_0, v_1, v_2]$ 就是以 v_0, v_1, v_2 为顶点的三角形, 一个 3 单形 $[v_0, v_1, v_2, v_3]$ 就是以 v_0, v_1, v_2, v_3 为顶点的四面体, 如图 8.1 所示.

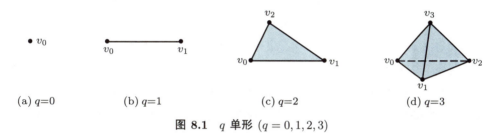

(a) q=0   (b) q=1   (c) q=2   (d) q=3

图 8.1 q 单形 $(q = 0, 1, 2, 3)$

设 $A \subset \mathbb{R}^n$ 为一个有限子集. 称 $\mathbb{R}^n$ 中所有包含 A 的凸集的交集 (亦即包含 A 的最小凸集) 为 A 的**凸包**. 容易验证, 线段、三角形与四面体恰好就是它们各自顶点集的凸包. 一般地, 有

命题 8.1.1 q 单形 $\sigma = [v_0, v_1, \cdots, v_q]$ 恰是它的顶点集的凸包.

不难验证命题 8.1.1 (留作练习). 据此, 我们也常常称 q 单形 $\sigma = [v_0, v_1, \cdots, v_q]$ 是由顶点 $v_0, v_1, \cdots, v_q$ **张成的**. 显然, 一个单形与其顶点的次序无关, 是它所在的空间 $\mathbb{R}^n$ 一个紧致的 (即有界闭的) 凸子集. $\mathbb{R}^n$ 中的两个单形相等当且仅当它们的顶点集相同, 两个单形彼此同胚当且仅当它们的维数相同 (也等价于它们的顶点集的成员个数相同).

显然, 一个 q 单形 σ^q 的顶点集 $\{v_0, v_1, \cdots, v_q\}$ 的任何非空子集 $\{v_{i_0}, \cdots, v_{i_s}\}$ 仍是几何独立的, 称它张成的单形 $\tau^s = [v_{i_0}, \cdots, v_{i_s}]$ 为 σ^q 的一个 s **维面**或 s **面**, 记作 $\tau^s \preceq \sigma^q$. 当 $s < q$ 时, 称 τ^s 为 σ^q 的一个 s **真面**, 记作 $\tau^s \prec \sigma^q$. σ^q 的每个顶点是它的一个 0 面. 通常也称 q 单形 σ^q 的一个 1 面为它的一条**边**或一个**棱**.

例如, 2 单形 $[v_0, v_1, v_2]$ 有三个 0 面 v_0, v_1 , v_2; 有三条边 $[v_0, v_1]$, $[v_0, v_2]$, $[v_1, v_2]$; 有一个 2 面 $[v_0, v_1, v_2]$. 除 $[v_0, v_1, v_2]$ 外, 其他面都是真面.

设 $\sigma = [v_0, v_1, \cdots, v_q]$ 是一个 q 单形. σ 中任意一点 x 都可以唯一地表示成 $x =$

$\sum\limits_{i=0}^{q} \lambda_i v_i$, 称 $(\lambda_0, \lambda_1, \cdots, \lambda_q)$ 为 x 的**重心坐标** (唯一性来自 σ 的顶点集的几何独立性). 称

σ 中重心坐标为 $\left(\dfrac{1}{q+1}, \dfrac{1}{q+1}, \cdots, \dfrac{1}{q+1}\right)$ (即重心坐标都相同) 的点为 σ 的**重心**. 例如,

一个线段的重心就是它的中点, 一个三角形的重心就是它的三条中线的交点.

对于 $x \in \sigma = [v_0, v_1, \cdots, v_q]$, 若 x 的重心坐标都大于 0, 则称 x 为 σ 的一个**内点**; 否则, 称 x 为 σ 的一个**边缘点**. 称 σ 的所有内点构成的子集为 σ 的**内部**; 称 σ 的所有边缘点构成的子集为 σ 的**边缘**.

注意, 当 $\sigma^q \subset \mathbb{R}^q$ 时, 这里所说的内点、内部与其作为子集的情形一致. 当 $\sigma^q \subset \mathbb{R}^n$ 且 $n > q$ 时, σ^q 仍有内点、内部, 但与作为 $\mathbb{R}^n$ 的子集的内点、内部的含义不同.

定义 8.1.2 设 K 是 $\mathbb{R}^n$ 中有限个单形构成的集合. 假设 K 满足如下两个条件:

(1) 若 $\sigma \in K$, 则对任意 $\tau \preceq \sigma$, $\tau \in K$;

(2) 若 $\sigma, \tau \in K$, 则 $\sigma \cap \tau = \emptyset$, 或 $\sigma \cap \tau$ 是 σ 和 τ 的公共面,

则称 K 为一个**单纯复形** (也简称为**复形**); 称 K 中单形维数的最大值为 K 的**维数**, 并记作 $\dim K$; 称 K 中 0 单形为 K 的**顶点**.

若 $L \subset K$, 且 L 本身也是一个单纯复形, 则称 L 为 K 的**子复形**.

上述定义中的条件 (1) 是后面定义同调群时需要的; 条件 (2) 是要求一个复形中的单形要能 "很好地" 拼接: 两个单形要么不交, 要么交于一个公共面, 通常称这样的两个单形是 "**规则相处**" 的. 图 8.2(a) 的单形都是规则相处的, (b) 的某些相交不空的单形则非规则相处.

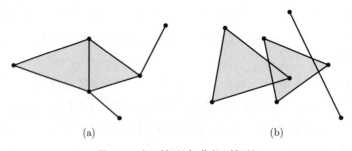

(a)   (b)

图 8.2   规则相处与非规则相处

例 8.1.1 图 8.3 所示的 2 复形 K 由 3 个 2 单形、7 条边和 5 个顶点构成, 即

$$K = \{v_1, v_2, v_3, v_4, v_5, [v_1, v_2], [v_1, v_3],$$
$$[v_1, v_4], [v_1, v_5], [v_2, v_3], [v_3, v_4], [v_4, v_5],$$
$$[v_1, v_2, v_3], [v_1, v_3, v_4], [v_1, v_4, v_5]\}.$$

例 8.1.2 设 σ^q 是一个 q 单形.

(1) 记 $\mathrm{Bd}(\sigma^q) = \{\tau \mid \tau \prec \sigma\}$, 即 $\mathrm{Bd}(\sigma^q)$ 是由 σ^q 的所有真面构成的集合, 则 $\mathrm{Bd}\sigma^p$

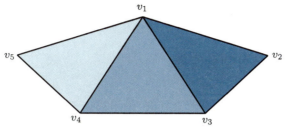

图 8.3 2 复形 K

是一个 $(q-1)$ 复形, 称之为 σ^q 的**边缘复形**.

(2) 记 $\mathrm{Cl}(\sigma^q) = \{\tau \mid \tau \preceq \sigma\}$, 即 $\mathrm{Cl}(\sigma^q)$ 是由 σ^q 的所有面构成的集合, 则 $\mathrm{Cl}(\sigma^q)$ 是一个 q 复形, 称之为 σ^q 的**闭包复形**. $\mathrm{Bd}(\sigma^q)$ 是 $\mathrm{Cl}(\sigma^q)$ 的一个子复形.

定义 8.1.3 设 K 为 $\mathbb{R}^n$ 中的一个 k 复形. 假设存在 $v \in \mathbb{R}^n$, 使得对于任意 $\sigma = [v_0, v_1, \cdots, v_q] \in K$, $\{v, v_0, v_1, \cdots, v_q\}$ 都是几何独立的. 将单形 $[v, v_0, v_1, \cdots, v_q]$ 记作 $v * \sigma$, 称之为 v 和 σ 的**联结单形**. 令

$$v * K = \{v * \sigma \mid \sigma \in K\} \cup K \cup \{v\},$$

则容易验证, $v * K$ 是 $\mathbb{R}^n$ 中的 $(k+1)$ 复形. 称 $v * K$ 是 v 和 K 的**联结复形**, 也称 $v * K$ 是一个以 v 为顶点、K 为底的**锥复形**.

把 $\mathbb{R}^n$ 视为 $\mathbb{R}^{n+1}$ 中的最后一个坐标为 0 的点构成的子空间. 设 K 是 $\mathbb{R}^n$ 中的一个复形, 对于 $\mathbb{R}^{n+1}$ 中没在 $\mathbb{R}^n$ 中的任意点 v (例如, $v = (0, \cdots, 0, 1) \in \mathbb{R}^{n+1}$), 有锥复形 $v * K$. 当不特别强调顶点 v 时, 这样的锥复形通常也用 CK 来表示, 参见图 8.4.

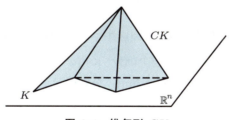

图 8.4 锥复形 CK

容易看到, 例 8.1.1 中的复形 K 是一个以 v_1 为顶点、L 为底的锥复形 $v_1 * L$, 其中 $L = \{v_2, v_3, v_4, v_5, [v_2, v_3], [v_3, v_4], [v_4, v_5]\}$.

设 $\sigma^q = [v_0, v_1, \cdots, v_q]$ 是一个 q 单形, $q \geqslant 1$. 令 τ_i 为 σ^q 的顶点 v_i 所对的面, 它由 σ^q 的除 v_i 以外的顶点张成, 通常也把 τ_i 记成 $[v_0, \cdots, v_{i-1}, \widehat{v_i}, v_{i+1}, \cdots, v_q]$, $0 \leqslant i \leqslant q$. 容易验证, 对每个 i, $\mathrm{Cl}(\sigma^q) = v_i * \mathrm{Cl}(\tau_i)$.

设 K 是一个 q 复形. 令 K^r 为 K 的所有维数不超过 r 的单形构成的子集, 则 K^r 是 K 的一个 r 子复形, 称之为 K 的 r **骨架**. 例如, $\mathrm{Bd}(\sigma^q)$ 是 $\mathrm{Cl}(\sigma^q)$ 的 $(q-1)$ 维骨架. K 的 0 维骨架 K^0 就是 K 的顶点集, K 的 1 维骨架 K^1 就是 K 的顶点集和 K 的所有

边构成的子复形.

8.1.2 多面体与可剖分空间

一个复形中的每个成员都是单形这样的 "简单块", 它们规则相处. 可以想见, 它们拼接而成的对象具有 "好的" (例如, 局部 "平直" 的) 组合结构.

定义 8.1.4 设 K 是 $\mathbb{R}^n$ 中的一个单纯复形. 称 $\mathbb{R}^n$ 的子空间 $\bigcup_{\sigma \in K} \sigma$ 为 K 的**多面体**, 记作 $|K|$. 称复形 K 为 $|K|$ 的一个**单纯剖分**或**三角剖分**, 也简称为**剖分**.

注意, 复形 K 并不是拓扑空间, 而只是以单形为元素的集合. 每个单形都是 $\mathbb{R}^n$ 的紧致子集, 故 $|K|$ 是 $\mathbb{R}^n$ 的紧致子空间. 同一多面体可以有各种不同的剖分. $\mathbb{R}^n$ 中的 q 维单形 σ^q 不是复形, 但 $\mathrm{Cl}(\sigma^q)$ 是复形, $\sigma^q = |\mathrm{Cl}(\sigma^q)|$, 因此, σ^q 是个多面体, $\mathrm{Cl}(\sigma^q)$ 是它的一个剖分.

多面体是由单形这样的简单几何对象拼接起来的欧氏空间的子集, 局部具有 "平直" 的结构. 我们常见的球面与环面等一般都不是多面体. 但若一个拓扑空间与一个多面体同胚, 则我们借助多面体上的组合结构导出的拓扑性质也是该拓扑空间的性质. 我们在下一节就会看到, 单纯同调群就是这样的典型例子.

定义 8.1.5 设 X 是拓扑空间, 如果存在复形 K 与同胚 $\varphi : |K| \to X$, 则称 X 为一个**可单纯剖分的空间**, 简称为**可剖分空间**, 称 $(K; \varphi)$ 为 X 的一个**剖分**. 有时也简单地称 K 为 X 的一个**剖分**.

空间可单纯剖分当然是一个很强的要求. 但另一方面, 的确有很多我们经常碰到的空间是可剖分的.

例 8.1.3 因 $n+1$ 维单形 σ^{n+1} 同胚于 $n+1$ 维单位实心球 D^{n+1}, 故 D^{n+1} 是可剖分空间, $\mathrm{Cl}(\sigma^{n+1})$ 是 D^{n+1} 的一个剖分; $|\mathrm{Bd}(\sigma^{n+1})| \cong S^n$, 故 S^n 是可剖分空间, $\mathrm{Bd}(\sigma^{n+1})$ 是 S^n 的一个剖分. 图 8.5(a) 和 (b) 分别展示了单位圆盘和单位球面的这样的单纯剖分.

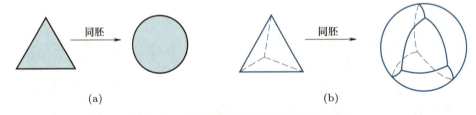

(a)   (b)

图 8.5 单位圆盘和单位球面的单纯剖分

第 6 章提到的拉多定理实际上表明, 每个紧致曲面都同胚于一个多面体. 由定理 6.2.1, 每个紧致连通曲面都有多边形表示. 我们可从这个多边形表示的某个单纯剖分导出该曲面的一个单纯剖分. 如此表示的单纯剖分更具直观性 (可放在平面上), 也更方便.

我们甚至可以用曲边三角形代替通常的三角形来表示曲面的一个剖分. 需要注意的是, 在这样的表示中, 单纯复形 K 中的一对顶点至多只能张成 K 中一条边. 换言之, 若 v_0, v_1 张成 K 中的一条边, 则在其平面表示中所张成的边一定是一对黏合边. 例如, 在图 8.5(a) 对单位圆盘的剖分中, 至少要在其边界上添加三个顶点. 如果只添加两个顶点, 则在 K 中有两个不同的边以这两个顶点为端点, 与 K 的性质矛盾.

例 8.1.4 图 8.6 的 (a) 和 (b) 中分别展示了圆柱筒 $S^1 \times I$ 和默比乌斯带 M 的剖分的示意图, 其中 (a)(b) 左右两边的 $[v_1, v_4]$ 在剖分中对应的是同一条边; 图 8.6(c) 是射影平面的一个剖分的示意图, 其中边界上 $[v_1, v_2], [v_2, v_3], [v_3, v_1]$ 分别是剖分中的黏合边对.

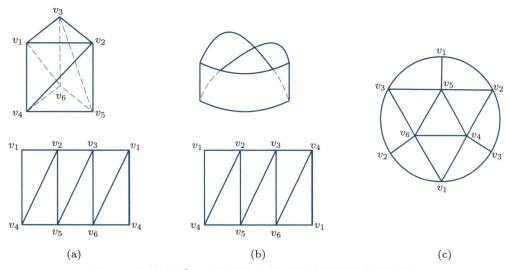

图 8.6 圆柱筒 $S^1 \times I$、默比乌斯带 M 和射影平面的单纯剖分

例 8.1.5 环面 $\mathbb{T}^2$ 和克莱因瓶 K 是可剖分空间, 图 8.7(a) 是环面 $\mathbb{T}^2$ 的一个单纯剖分 K_1 的平面示意图, 图 8.7(b) 是克莱因瓶 K 的一个单纯剖分 K_2 的平面示意图, K_1 和 K_2 均各有 9 个顶点、27 条边和 18 个 2 单形.

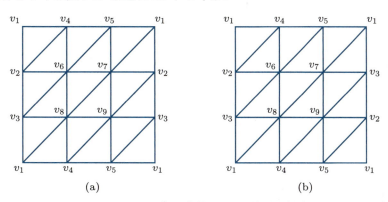

图 8.7 环面 $\mathbb{T}^2$ 和克莱因瓶 K 的单纯剖分

类似地, 可从一个紧致连通曲面的一个多边形表示出发, 构造出该曲面的一个单纯剖

分的平面示意图.

对于单纯复形, 我们可按如下方式定义它的连通性: 若复形 K 不能分解成两个非空不交的子复形的并, 则称 K 是**连通的**. 否则, 称 K 是**不连通的**. 不难验证 (留作练习), K 是连通的当且仅当对于任意 $u, v \in K^0$, 存在 K 中的一串边 $[v_0, v_1], [v_1, v_2], \cdots, [v_{p-1}, v_p]$, 使得 $u = v_0, v = v_p$. 也称这样的一串边为从 u 到 v 的一个**边道路**.

设 L 是 K 的一个连通子复形. 若 $K - L$ 也是 K 的子复形, 则称 L 是 K 的一个**连通分支**. 不难验证 (留作练习), K 的一个连通分支就是 K 的一个极大连通子复形; K 可以分解成有限个连通分支的无交并.

注意, 复形不是拓扑空间, 而是一个由若干单形构成的满足一定组合条件的集合. 这里所说的连通和连通分支与拓扑空间中的连通和连通分支是不同的概念.

命题 8.1.2 设 K 是 $\mathbb{R}^n$ 中的一个单纯复形.

(1) $|K|$ 是 $\mathbb{R}^n$ 的有界闭集, 从而是紧致的;

(2) 若把 K 的每个单形都看成 $\mathbb{R}^n$ 的子空间, 则 $|K|$ 就是这些子空间黏合的商空间;

(3) 若 $|K|$ 是连通空间, 则它是道路连通的.

证明留作练习.

容易看到, 一个可剖分空间 X 的剖分不是唯一的, 除非 X 就是单点空间. 一般而言, 经常是把可剖分空间的一个单纯剖分看成帮助证明某个特殊的结果或进行某类计算的一种辅助工具. 重要的是剖分的存在, 至于用的是哪一个单纯剖分往往无关紧要.

习题 8.1

1. (E) 证明一个单纯形 σ^q 是它的顶点集的凸包.

2. (ER) 设 K 为单形的有限集合. 证明 K 是一个复形的充要条件是:

(1) 若 $\sigma \in K, \tau \preceq \sigma$, 则 $\tau \in K$;

(2) K 中任何两个单形的内部不交.

3. (ER) 设 σ^q 为 q 单形, $q \geq 1$, 证明 $\sigma^q \cong D^q, \partial \sigma^q \cong S^{q-1}$.

4. (ER) 设 K_1 和 K_2 都是复形 K 的子复形. 证明 $K_1 \cup K_2$ 和 $K_1 \cap K_2$ 也都是 K 的子复形.

5. (ERH) 设 K 是复形, 证明下列条件互相等价:

(1) K 连通;

(2) $|K|$ 连通;

(3) K^1 连通.

6. (ERH) 证明命题 8.1.2.

7. (M) 试给出 $2T^2$ 和 $3\mathbb{P}^2$ 的多边形表示和单纯剖分.

8. (ER) 设三角形的边由 aaa 方式黏合得到 X. 给出 X 的一个单纯剖分.

9. (ER) 设三角形的边由 $aa^{-1}a$ 方式黏合得到 Y. 给出 Y 的一个单纯剖分.

10. (DRH) 证明 n 维球面 S^n 和 n 维射影空间 $\mathbb{P}^n$ 都是可单纯剖分的.

提示: 给出 S^n 上的单纯剖分, 使得商映射 $\pi: S^n \to \mathbb{P}^n$ 给出 $\mathbb{P}^n$ 上的单纯剖分.

11. (MRH) 设 K 是连通复形, K^2 是它的 2 维骨架. 证明 $\pi_1(|K|) = \pi_1(|K^2|)$. 当 K 不连通时, 这个结论是否正确?

12. (MRH) 证明有限复形的基本群是有限生成群.

13. (DRH*) 一个抽象单纯复形是一个偶对 (V, K), 其中 V 是一个非空集合 (它的元素称为顶点), K 是 V 的一个子集族 (它的每个元素称为一个抽象单形), 满足若 $A \in K$, $B \subseteq A$, 则 $B \in K$. 抽象单纯复形 (V, K) 的维数是 K 元素中所含点的最大个数. 证明: 对于任意 n 维抽象单纯复形 (V, K), 存在一个高维欧氏空间中的单纯复形 L 和一个一一对应 $f: L^0 \to V$, 使得 $\sigma \in K$ 当且仅当 σ 的顶点集在 f 下的像是 K 的元素.

提示: 证明参数曲线 $x = t, y = t^2, z = t^3$ 上任意 4 个点处于一般位置. 更一般地, 证明曲线
$$C = \{(t, t^2, \cdots, t^{2n+1}) \in \mathbb{R}^{2n+1} \mid t \in \mathbb{R}\}$$

上任意 $2n + 2$ 个不同的点处于一般位置. 证明这意味着任何维度为 n 或更小且顶点位于 C 上的单形要么相交于一个公共面, 要么不相交. 然后给出 K' 的定义.

14. (DH*) 设 K 是连通复形, A 是其子复形, 且 A 可缩. 证明商空间 $|K|/|A|$ 与 $|K|$ 同伦等价. (此结论非常有用!)

15. (DH*) 设 K 是连通复形, A 是其子复形. 映射 $f, g : |A| \to Y$ 同伦. 定义黏合空间
$$|K| \sqcup_f Y = (|K| \cup Y)/a \sim f(A), \ \forall a \in A,$$
$$|K| \sqcup_g Y = (|K| \cup Y)/a \sim g(A), \ \forall a \in A.$$

证明 $|K| \sqcup_f Y$ 与 $|K| \sqcup_g Y$ 相对于 $|K|$ 同伦等价 (即同伦时 $|K|$ 不变).

(此结论也非常有用! 本题和上题的证明可以查询艾伦·哈彻 (Allen Hatcher) 的代数拓扑教材第一部分.)

16. (DH) 证明 "8" 和 "θ" 这两个图形代表的平面上的子空间是同伦等价的 (这不是形变收缩). (此题用定义做较难, 但用上面两个题的结论都可以做, 而且非常简单!)

8.2　单纯同调群

基本群的基本思想是研究闭曲线的同伦分类, 曲线是一维的. 同调论把这种思想推广到高维. 这是基本群和同调群之间的联系. 同调论把 1 维的闭曲线推广到高维的 "闭链",

并研究它们在某种等价关系下的分类.

但 "闭链" 和它们之间等价关系的定义与基本群的情形不同. 以 1 维情形为例, 在同调论中, 如果一条曲线是某个曲面的边界, 则认为该曲线 "零调" (相当于基本群中的零伦). 如果一条曲线不是任意 (浸入) 曲面的边界, 则在同调论中该曲线不为零, 我们称它是一个 "1 维洞".

考虑图 8.8 所示的环面 T, 直观上可以看到, α 与 γ 之间有一个柱面 F, F 的边界就是 $\alpha \cup \gamma$, 所以在同调论中 $\alpha - \gamma = 0$, 或者说 $\alpha = \gamma$. 另一方面, $\alpha \cup \beta$ 不是任意一个曲面的边界, 所以在同调论中 $\alpha \neq \beta$. (沿 $\alpha \cup \beta$ 剪开后得到一个曲面 S, S 的边界不是 $\alpha \cup \beta$. 因为 S 从正反两个方向得到两个 α, 两个 β, 而且以后讨论定向的时候还会发现符号的问题.) δ 是一个圆盘的边界, 所以在同调论中 $\delta = 0$. 换一种语言, 我们说, α 与 β 反映了环面有两种不同的 "1 维洞", 而 α 与 γ 实际上反映的是同一类的 "洞", δ 并不刻画任何 "洞". 以上的结果与基本群的观点大致一致, 可以用同伦解释: α 与 β 不同伦, α 与 γ 同伦, δ 零伦.

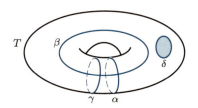

图 8.8   环面 T 上的几种曲线

但如果我们改变一下, 把 T 沿 δ 剪去一个圆盘, 剩下的带边界的曲面记为 X, X 的边界就是 δ. 这时, 在 X 的基本群中等价类 $[\delta] \neq 0$. 但是, δ 是 X 的边界 (在同调论中称为 "边缘"), 所以在 X 的同调群中, $[\delta] = 0$. 这与基本群中的结果不同.

下面将这些直观想法精确化且推广到高维, 定义链、链的边缘和同调等概念, 并用代数语言来描述.

8.2.1   链群、边缘同态与单纯同调群

在基本群中, 基本的对象是道路, 两条道路的运算是首尾相接黏合. 在同调论中, 基本的对象是单形 (点、线段、三角形等). 为了定义加法, 我们需要定义单形的正负或者方向, 从而自然地需要引入定向单形的概念. 在 1 维的情形, 1 单形 $[v_0, v_1]$ 是一条线段, 它有两个方向, 以端点的顺序来刻画, 分别用 $\langle v_0, v_1 \rangle$ 和 $\langle v_1, v_0 \rangle$ 表示, 前者指的是从 v_0 到 v_1 的有向线段, 后者指的是从 v_1 到 v_0 的有向线段, 如图 8.9(a) 所示.

对 2 单形 (即三角形) $[v_0, v_1, v_2]$ 可以用法向量的方向定义单形的方向, 从而 2 单形也有两个 "方向", 即它的两个法向. 可以使用右手螺旋法则按顶点排列走向确定其方向:

如图 8.9(b) 所示, $v_0v_1v_2$, $v_1v_2v_0$ 和 $v_2v_0v_1$ 表示逆时针走向, 让右手的食指等四指按逆时针方向自然弯曲, 则拇指指向是 $[v_0, v_1, v_2]$ 的一个方向 (外向); 而 $v_1v_0v_2$, $v_0v_2v_1$ 和 $v_2v_1v_0$ 都表示顺时针走向, 让右手的食指等四指按顺时针方向自然弯曲, 则拇指指向是 $[v_0, v_1, v_2]$ 的另一个方向 (内向).

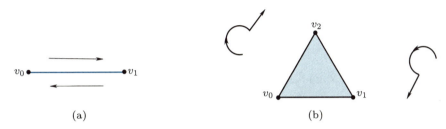

图 8.9　1 单形和 2 单形的定向

注意, $v_0v_1v_2$, $v_1v_2v_0$ 和 $v_2v_0v_1$ 这三个排列互相相差偶数个对换, 而 $v_1v_0v_2$, $v_0v_2v_1$ 和 $v_2v_1v_0$ 这三个排列也互相相差偶数个对换. 下面按这种方式给出一般单形上定向的定义.

设 $\sigma = [v_0, v_1, \cdots, v_q]$ 是一个 q 单形, $q \geqslant 1$. 若 σ 的顶点的两个排列 $v_{i_0}, \cdots, v_{i_q}$ 和 $v_{j_0}, \cdots, v_{j_q}$ 相差偶数个对换, 则称这两个排列是**等价的**. σ 的顶点的全体排列按这等价关系分成两个等价类.

定义 8.2.1　称单形 σ 的顶点排列的每一个等价类为 σ 的一个**定向**. σ 有两个定向, 称之为**互相相反的**定向. 称赋予一个定向的单形 σ 为一个**定向单形**. 用 $\langle v_0, v_1, \cdots, v_q \rangle$ 表示由顶点排列 $v_0, v_1, \cdots, v_q$ 的等价类决定的定向单形. 与定向单形 $\sigma = \langle v_0, v_1, \cdots, v_q \rangle$ 有相反定向的定向单形用 $-\sigma$ 表示.

对于零维单形 v, 它只有一个顶点和一种排列, 为统一起见规定它对应两个定向单形 v 与 $-v$.

例如, $\sigma = \langle v_0, v_1, v_2, v_3 \rangle$ 是一个定向 3 单形, 与 σ 定向相反的定向单形是 $\langle v_1, v_0, v_2, v_3 \rangle = -\sigma$.

定义 8.2.2　设 K 是一个 q 维复形. 若 K 中每个单形都是定向单形, 则称 K 是一个**定向复形**.

我们在定向复形 K 上引入如下的链群:

定义 8.2.3　设 K 为定向 k 复形. 对每个 $0 \leqslant q \leqslant k$, $S_q = \{\sigma_1^q, \cdots, \sigma_{n_q}^q\}$ 为 K 的所有 q 单形构成的集合. 称以 S_q 为生成元生成的自由交换群为 K 的 q 维**单纯链群** (或简单地, q **链群**), 记为 $C_q(K)$, $0 \leqslant q \leqslant k$. 任意 $c \in C_q(K)$ 可唯一表示为 $c = \sum_{i=1}^{n_q} \lambda_i \sigma_i^q$, 其中 $(-1)\sigma_i^q = -\sigma_i^q$ 表示 σ_i^q 的相反定向单形, $\lambda_i \in \mathbb{Z}$, $(-\lambda_i)\sigma_i^q = \lambda_i(-\sigma_i^q) = -\lambda_i\sigma_i^q$. 称 c 为 K 的一个 q **链**. 当 c 中的所有系数 $\lambda_i = 0$ 时, $c = 0$ 为 $C_q(K)$ 的单位元.

$C_q(K)$ 是一个秩为 n_q 的自由交换群. 对于任意 $c_1, c_2 \in C_q(K)$, $c_1 = \sum_{i=1}^{n_q} \lambda_i \sigma_i^q$,

$c_2 = \sum_{i=1}^{n_q} \mu_i \sigma_i^q$, 则 $c_1 + c_2 = \sum_{i=1}^{n_q} (\lambda_i + \mu_i) \sigma_i^q$.

对每个 k 复形 K, 我们定义了 $k+1$ 个链群 $C_0(K), C_1(K), \cdots, C_k(K)$. 为方便后面的讨论, 对于 $q < 0$ 或 $q > k$, 约定 $C_q(K) = 0$.

目前, 除了 $(-1)\sigma_i^q = -\sigma_i^q$ 表示 σ_i^q 的相反定向单形外, 我们还没有看到 q 链群 $C_q(K)$ 中的其他几何含义. 待我们引入闭链、边缘链和同调群的概念后, 其中包含的几何蕴意将逐渐清晰明了.

设 $\sigma = \langle v_0, v_1, \cdots, v_q \rangle \in K$. 用

$$v_0, v_1, \cdots, v_{i-1}, \widehat{v_i}, v_{i+1}, \cdots, v_q$$

表示在顶点排列 $v_0, v_1, \cdots, v_{i-1}, v_i, v_{i+1}, \cdots, v_q$ 中删除 v_i 后所得的顶点排列, 即

$$v_0, v_1, \cdots, v_{i-1}, v_{i+1}, \cdots, v_q.$$

对于 $0 \leqslant i \leqslant q$, 称顶点 v_i 所对的定向 $(q-1)$ 面 $(-1)^i \langle v_0, v_1, \cdots, v_{i-1}, \widehat{v_i}, v_{i+1}, \cdots, v_q \rangle$ 为 σ 的第 i 个**顺向面**, 记为 $\sigma(i)$. 不难看到, $\sigma(i)$ 是确定的定向单形, 与表示 σ 的定向的顶点排列的代表选取无关. 例如, $\langle v_0, v_1, v_2 \rangle$ 的三个顺向边分别如图 8.10(a) 所示, 而 $-\langle v_0, v_1, v_2, v_3 \rangle$ 中顶点 v_3 所对的顺向面为 $\langle v_0, v_1, v_2 \rangle$, 如图 8.10(b) 所示.

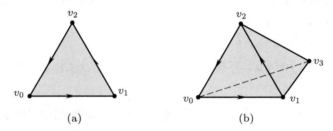

(a)　　　　　　　(b)

图 8.10　顺向面

定义 8.2.4　设 $\sigma = \langle v_0, v_1, \cdots, v_q \rangle$ 是 K 中一个定向 q 单形, $1 \leqslant q \leqslant k$. 令 $\partial_q \sigma = \sum_{i=0}^{q} \sigma(i)$, 即 $\partial_q \sigma$ 为 σ 的所有顺向面之和. 对于 $c = \sum_{i=1}^{n_q} \lambda_i \sigma_i^q \in C_q(K)$, 令 $\partial_q c = \sum_{i=1}^{n_q} \lambda_i \partial_q \sigma_i^q$, 则

$$\partial_q : C_q(K) \to C_{q-1}(K)$$

是一个群同态, 称之为 K 的第 q 个**边缘同态**. 当 $q = 0$ 时, 定义 ∂_0 为**零同态**.

单纯链群 $\{C_q(K)\}_{q \in \mathbb{Z}}$ 与边缘同态 $\{\partial_q\}_{q \in \mathbb{Z}}$ 可以写成序列

$$\cdots \to C_q(K) \xrightarrow{\partial_q} C_{q-1}(K) \xrightarrow{\partial_{q-1}} \cdots \to C_0(K) \xrightarrow{\partial_0} 0,$$

称此序列为 K 的**单纯链复形**.

定理 8.2.1 对任意 $0 \leqslant q \leqslant k = \dim K$, $\partial_q \circ \partial_{q+1} = 0$.

证明 当 $q = 0$ 时, 结论显然成立. 当 $q \geqslant 1$ 时, 只需对 $C_{q+1}(K)$ 的一个生成元 $\sigma = \langle v_0, v_1, \cdots, v_{q+1} \rangle$ 验证即可. 事实上,

$$
\begin{aligned}
\partial_q \circ \partial_{q+1}(\sigma) &= \partial_q \left(\sum_{i=0}^{q+1} (-1)^i \langle v_0, \cdots, \widehat{v_i}, \cdots, v_{q+1} \rangle \right) \\
&= \sum_{i=0}^{q+1} (-1)^i \partial_q \langle v_0, \cdots, \widehat{v_i}, \cdots, v_{q+1} \rangle \\
&= \sum_{i=0}^{q+1} (-1)^i \left(\sum_{0 \leqslant j < i} (-1)^j \langle v_0, \cdots, \widehat{v_j}, \cdots, \widehat{v_i}, \cdots, v_{q+1} \rangle + \right. \\
&\qquad \left. \sum_{i < j \leqslant q+1} (-1)^{j-1} \langle v_0, \cdots, \widehat{v_i}, \cdots, \widehat{v_j}, \cdots, v_{q+1} \rangle \right) \\
&= \sum_{0 \leqslant j < i \leqslant q+1} (-1)^{i+j} \langle v_0, \cdots, \widehat{v_j}, \cdots, \widehat{v_i}, \cdots, v_{q+1} \rangle + \\
&\qquad \sum_{0 \leqslant i < j \leqslant q+1} (-1)^{i+j-1} \langle v_0, \cdots, \widehat{v_i}, \cdots, \widehat{v_j}, \cdots, v_{q+1} \rangle \\
&= 0. \qquad \qquad \qquad \qquad \qquad \qquad \qquad \qquad \qquad \square
\end{aligned}
$$

定义 8.2.5 设 K 为定向 k 复形. 对于 $0 \leqslant q \leqslant k$, 令 $Z_q(K) = \mathrm{Ker}(\partial_q)$, 称之为 K 的第 q 个**闭链群**, 称 $z \in Z_q(K)$ 为 K 的一个 q **闭链**; 令 $B_q(K) = \mathrm{Im}(\partial_{q+1})$, 称之为 K 的第 q 个**边缘链群**, 称 $b \in B_q(K)$ 为 K 的一个 q **边缘链**.

由边缘同态的性质, $B_q(K) \subset Z_q(K)$, 从而可以构作商群

$$H_q(K) = \frac{Z_q(K)}{B_q(K)}, \quad 0 \leqslant q \leqslant k.$$

定义 8.2.6 设 K 为定向 k 复形. 对于 $0 \leqslant q \leqslant k$, 称 $H_q(K)$ 为 K 的 q 阶**单纯同调群**, 或简称为 K 的 q 阶**同调群**.

由定义即知, 对于定向 k 复形 K, 每个 $H_q(K)$ 都是有限生成的交换群, $0 \leqslant q \leqslant k$. 此外, $Z_0(K) = C_0(K)$; $B_k(K) = \partial_{k+1} C_{k+1}(K) = 0$, 故 $H_k(K) = Z_k(K) \subset C_k(K)$, 它是一个自由交换群.

对于 $0 \leqslant q \leqslant k$, 称由 q 闭链 $z \in Z_q(K)$ 所确定的 $H_q(K)$ 中的元素为 z 的**同调类**, 记作 $\bar{z}$. 对于 $z, z' \in Z_q(K)$, 若 $\bar{z} = \overline{z'}$, 则称 z 和 z' 是**同调的**, 记作 $z \sim z'$. 显然, $z \sim z' \Leftrightarrow z - z' \in B_q(K)$.

由交换群理论可知, 每个 $H_q(K)$ 都可以表示成 $\mathcal{F} \oplus \mathcal{T}$ 的形式, 其中 $\mathcal{F}$ 是有限生成

的自由交换群 (即是有限多个 $\mathbb{Z}$ 的直和), $\mathcal{T}$ 是一个有限交换群. $\mathcal{T}$ 的元素就是同调群中的有限阶元素, 称之为**挠元素**. 称 $\mathcal{F}$ 的秩 (即当把 $\mathcal{F}$ 表示为自由循环群直和时, 其直和因子的个数) 为 K 的 q 维贝蒂 (**Betti**) **数**, 记为 β_q.

8.2.2 同调群的性质

单纯同调群是有着深刻的几何背景的, 只是建立同调群的曲折复杂的过程和抽象的代数化的形式掩盖了它的几何背景. 仅从单纯同调群的定义出发, 我们很难看出它反映了复形 (及其多面体) 的拓扑或几何性质. 下面介绍定向复形 K 的同调群的基本性质和 0 同调群 $H_0(K)$、1 同调群 $H_1(K)$ 的几何意义, 从中对一般单纯同调群 $H_q(K)$ 的几何意义可略见端倪. 下面提到的复形指的都是定向复形.

定理 8.2.2 设复形 K 有 n 个连通分支 $K_1, \cdots, K_n$, 则对每个整数 q,

$$H_q(K) \cong H_q(K_1) \oplus \cdots \oplus H_q(K_n).$$

证明 对每个整数 q, 当 $i \neq j$ 时, $C_q(K_i) \cap C_q(K_j) = \{0\}$, 且

$$C_q(K) = C_q(K_1) \oplus \cdots \oplus C_q(K_n).$$

而 $\partial_q : C_q(K_i) \to C_{q-1}(K_i)$, $1 \leqslant i \leqslant n$, 故有

$$Z_q(K) = Z_q(K_1) \oplus \cdots \oplus Z_q(K_n),$$
$$B_q(K) = B_q(K_1) \oplus \cdots \oplus B_q(K_n),$$

且 $B_q(K_i) \subset Z_q(K_i)$, 从而

$$H_q(K) = Z_q(K)/B_q(K) \cong H_q(K_1) \oplus \cdots \oplus H_q(K_n). \qquad \square$$

设 $K^0 = \{v_i \mid 1 \leqslant i \leqslant n_0\}$ 为 K 的顶点集. 令 $\varepsilon : C_0(K) \to \mathbb{Z}$, 对于 $c = \sum_{i=1}^{n_0} \lambda_i v_i \in C_0(K)$, $\varepsilon(c) = \sum_{i=1}^{n_0} \lambda_i \in \mathbb{Z}$. 称 ε 为**增广同态**.

引理 8.2.1 设 K 是连通的定向复形, 则 $\mathrm{Ker}(\varepsilon) = B_0(K)$.

证明 设 $c_1 = \sum_{i=1}^{n_1} \lambda_i \sigma_i^1 \in C_1(K)$, $\sigma_i^1 = [u, v]$, $\partial \sigma_i^1 = v - u$, 故 $\varepsilon(\partial \sigma_i^1) = 0$, $\varepsilon(\partial c_1) = 0$, 从而 $B_0(K) \subset \mathrm{Ker}(\varepsilon)$.

反之, 设 $c = \sum_{i=1}^{n_0} \lambda_i v_i \in C_0(K)$, $c \in \mathrm{Ker}(\varepsilon)$, 即 $\varepsilon(c) = \sum_{i=1}^{n_0} \lambda_i = 0$. K 连通, 故对于每个顶点 v_i, 存在 K 中的边道路 $\langle u_0, u_1 \rangle, \langle u_1, u_2 \rangle, \cdots, \langle u_{p-1}, u_p \rangle$, 使得 $u_0 = v_1$, $u_p = v_i$.

取 $C_1(K)$ 的 1 链 $d_i = \sum_{j=0}^{p-1} \langle u_{j-1}, u_j \rangle$, 则显见 $\partial d_i = v_i - v_1$. 从而,

$$c - \partial\left(\sum_{i=1}^{n_0} \lambda_i d_i\right) = c - \sum_{i=1}^{n_0} \lambda_i(v_i - v_1) = \left(\sum_{i=1}^{n_0} \lambda_i\right) v_1 = 0.$$

于是, $c = \partial\left(\sum_{i=1}^{n_0} \lambda_i d_i\right) \in B_0(K)$, 故 $\mathrm{Ker}(\varepsilon) \subset B_0(K)$.

这样, $B_0(K) = \mathrm{Ker}(\varepsilon)$. $\qquad\square$

定理 8.2.3 设 K 是连通的定向复形, 则 $H_0(K) \cong \mathbb{Z}$, 且 K 的每个顶点的同调类都可以作为 $H_0(K)$ 的生成元.

证明 显见 $\varepsilon : C_0(K) \to \mathbb{Z}$ 为满同态, 由群论的第一同构定理即知, $C_0(K)/\mathrm{Ker}(\varepsilon) \cong \mathbb{Z}$. 这样,

$$H_0(K) = C_0(K)/B_0(K) = C_0(K)/\mathrm{Ker}(\varepsilon) \cong \mathbb{Z}.$$

对于任意 $u, v \in K^0$, 引理 8.2.1 的证明中蕴含 $u - v \in B_0(K)$, 即 u 和 v 是同调的, 从而 $\bar{u} = \bar{v}$. 故 K 的每个顶点的同调类都可以作为 $H_0(K)$ 的生成元. $\qquad\square$

由定理 8.2.2 和 8.2.3 直接可得:

推论 8.2.1 设复形 K 有 n 个连通分支. 则 $H_0(K) = \mathbb{Z}^n$.

推论 8.2.1 给出了定向复形的 0 同调 $H_0(K)$ 的几何意义: $H_0(K)$ 的生成元的个数就是 K 的分支个数 (也是 $|K|$ 的连通分支个数).

定向复形 K 的 q 闭链群 $Z_q(K)$ 由同态 $\partial_q : C_q(K) \to C_{q-1}(K)$ 决定, q 边缘链群 $B_q(K)$ 由同态 $\partial_{q+1} : C_{q+1}(K) \to C_q$ 决定, 因此 q 同调 $H_q(K)$ 只与 K 的链复形中的

$$C_{q+1}(K) \xrightarrow{\partial_{q+1}} C_q(K) \xrightarrow{\partial_q} C_{q-1}(K)$$

段有关, 而与 K 中维数非 $q+1$, q 和 $q-1$ 的单形及结构无关. 实际上, 我们有下述命题:

命题 8.2.1 当 $q < r$ 时, $H_q(K^r) = H_q(K)$.

证明 当 $q < r$ 时, $C_{q+1}(K^r) \xrightarrow{\partial_{q+1}} C_q(K^r) \xrightarrow{\partial_q} C_{q-1}(K^r)$ 就是

$$C_{q+1}(K) \xrightarrow{\partial_{q+1}} C_q(K) \xrightarrow{\partial_q} C_{q-1}(K),$$

从而 $H_q(K^r) = H_q(K)$. $\qquad\square$

下面我们计算一下复形 K 的 1 维同调群 $H_1(K)$, 从中可以窥探 $H_1(K)$ 的几何意义.

设 L 是一个连通的 1 复形. 若去掉 L 的任何一条边所得的复形是不连通的, 则称 L 为一个树形. 如果复形 L 为树形, u 和 v 是 L 的两个不同顶点, 则容易验证, L 中有唯一的分别以 u 和 v 为起点和终点的简单链 (不自相交, 见后续定义). 显见, 树形 L 中不存在 1 简单闭链, 故 $H_1(L) = Z_1(L) = 0$.

设 L 是连通复形 K 的一个 1 子复形. 如果 L 是树形, 并且 $K^0 \subset L$, 则称 L 是 K

的一个**极大树形**. 容易验证, 连通复形 K 总有一个 1 子复形是极大树形. 图 8.11 中, K 是一个 2 复形, 从 K^1 中删除 $\{s_1, s_2, s_3, s_4, s_5\}$ 得到 K 的一个极大树形 L, 如粗线部分所示.

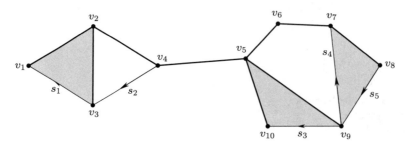

图 8.11 K 的一个极大树形 L

设 K 是一个连通复形, 不妨 $\dim K = 2(H_1(K)$ 只与 K^2 有关$)$, $c \in C_1(K)$. 若存在 K 中的边道路 $\sigma_i^1 = \langle v_{i-1}, v_i \rangle$, $1 \leqslant i \leqslant p$, 其中 $v_0, \cdots, v_p$ 各不相同, 且 $c = \sum_{i=1}^{p} \sigma_i^1$, 则称 c 是一条起点为 v_0、终点为 v_p 的 1 维**简单链**; 若 $v_1, \cdots, v_p$ 各不相同, $v_0 = v_p$, 则称 c 为一个 1 维**简单闭链**. 显然, 1 维简单闭链的确是闭链; 也容易验证, 任何一个 1 维闭链可分解为若干个 1 维简单闭链之和 (留作练习).

设 L 是连通复形 K 的一个极大树形, 且 L 是从 K^1 中删除 m 个定向边 $s_1, s_2, \cdots,$ s_m 而得. 记 $s_i = \langle u_i, v_i \rangle$, $1 \leqslant i \leqslant m$, 则 L 中有从 v_i 到 u_i 的 1 维简单链 l_i, $z_i = l_i + s_i$ 是 K 的一个 1 维简单闭链, $1 \leqslant i \leqslant m$.

命题 8.2.2 $\{z_1, \cdots, z_m\}$ 是 $H_1(K^1)$ 的一个自由生成元集.

证明 K^1 是 1 维复形, 故 $H_1(K^1) = Z_1(K^1)$. 任取 $z \in Z_1(K^1)$, 记 s_i 在 z 中的表示系数为 λ_i, $1 \leqslant i \leqslant m$, 则由 $\sum_{i=1}^{m} \lambda_i z_i \in Z_1(K^1)$ 可知

$$z' = z - \sum_{i=1}^{m} \lambda_i z_i \in Z_1(K^1).$$

注意到 z' 在合并整理后, 其中的每个 s_i $(1 \leqslant i \leqslant m)$ 前的系数都是 0, 故 $z' \in Z_1(L)$. 因 L 是树形, $Z_1(L) = \{0\}$, 故 $z' = 0$, 从而 $z = \sum_{i=1}^{m} \lambda_i z_i$. 这说明 $\{z_1, \cdots, z_m\}$ 生成了 $Z_1(K)$.

另一方面, 若 $z = \sum_{i=1}^{m} \mu_i z_i = 0$, 因 s_i 只出现在 z_i 中, 故必有 $\mu_i = 0$, $1 \leqslant i \leqslant m$. 从而 $\{z_1, \cdots, z_m\}$ 是线性独立的. 由此即知, $\{z_1, \cdots, z_m\}$ 是 $Z_1(K^1)$ 的一个 (作为交换群的) 自由生成元集. $\qquad \square$

K^1 是 1 维连通复形. 因 $K^1 - L$ 中每个 1 维单形 s_i 连结树形 L 的两个顶点形成了

一个 "洞", $H_1(K^1)$ 的秩 m 就是 $|K|$ 上的这样 "洞" 的个数. 这就是 $H_1(K^1)$ 的几何含义.

对于连通复形 K, $\dim K = 2$ (维数大于 2 的情形同样), $Z_1(K)$ 的秩 m 就是 $|K^1|$ 上洞的数目. 例如在图 8.11 的复形 K 中, $Z_1(K^1)$ 的秩就是 $|K^1|$ 的洞数 5. K 的 3 个 2 维单形把其中 3 个洞封闭了, 即 $|K|$ 只有 2 个洞, 其边界分别是简单闭链 $z_2 = s_2 + \langle v_3, v_2 \rangle + \langle v_2, v_4 \rangle$ 和 $z_4 = s_4 + \langle v_7, v_6 \rangle + \langle v_6, v_5 \rangle + \langle v_5, v_9 \rangle$ 中的各边之并构成. 这情形正好由将 $Z_1(K)$ 对 $B_1(K)$ 作商群所反映: z_1, z_3 和 z_5 都是边缘链, 因此 $H_1(K)$ 的秩为 3.

一般而言, 任何复形 K 的 1 维同调群的秩就是 $|K|$ 上的 "2 维洞" 的个数, 但情况可能会很复杂 ($H_1(K)$ 未必是自由交换群, 见下一节例 8.3.7), 洞的含义也须推广. 粗略地讲, 高维同调群反映了多面体 $|K|$ 的 "高维洞" 的情况.

与一个复形直接密切相关的一个数就是它的欧拉 (Euler) 示性数, 定义如下:

定义 8.2.7　设复形 K 有 α_q 个 q 单形, $0 \leqslant q \leqslant k = \dim K$. 称整数

$$\chi(K) = \sum_{q=0}^{k} (-1)^q \alpha_q$$

为 K 的**欧拉示性数**.

对于 $0 \leqslant q \leqslant k = \dim K$, $H_q(K)$ 是有限生成的交换群. 回想一下, K 的 q **贝蒂数**就是 $H_q(K)$ 的直和分解中自由交换群的秩.

定理 8.2.4 (欧拉–庞加莱定理)　设 K 为 k 复形, 则有欧拉–庞加莱公式

$$\chi(K) = \sum_{q=0}^{k} (-1)^q \beta_q.$$

证明　分别记 $\lambda_q = \mathrm{rank}(Z_q(K))$, $\mu_q = \mathrm{rank}(B_q(K))$. 因 $H_q(K) = Z_q(K)/B_q(K)$, 故由商群的性质,

$$\beta_q = \lambda_q - \mu_q, \quad 0 \leqslant q \leqslant k. \tag{8.1}$$

又因 $B_{q-1} = \mathrm{Im}(\partial_q)$, $Z_q = \mathrm{Ker}(\partial_q)$, 故 $B_{q-1} \cong C_q(K)/Z_q(K)$, 从而

$$\mu_{q-1} = \alpha_q - \lambda_q, \quad 0 \leqslant q \leqslant k, \tag{8.2}$$

其中 $\mu_{-1} = 0$. 上面两式相加, 有 $\beta_q + \mu_{q-1} = \alpha_q - \mu_q$, $0 \leqslant q \leqslant k$, 即

$$\alpha_q - \beta_q = \mu_q + \mu_{q-1}, \quad 0 \leqslant q \leqslant k. \tag{8.3}$$

于是,

$$\chi(K) - \sum_{q=0}^{k} (-1)^q \beta_q = \sum_{q=0}^{k} (-1)^q (\alpha_q - \beta_q) = (-1)^k \mu_k + \mu_{-1}, \tag{8.4}$$

但 $\mu_k = \mu_{-1} = 0$, 故结论成立.　　　　□

在第 9.3 节证明了同调群的同伦不变性后即知, 欧拉示性数是一个拓扑性质.

从多面体上的剖分 (组合) 结构出发还可以给出计算其基本群的方法 (可参见 [5] 或 [52]). 下面的定理给出了 $H_1(K)$ 和 $\pi_1(|K|)$ 之间的关系:

定理 8.2.5 当复形 K 连通时, $H_1(K)$ 同构于 $\pi_1(|K|)$ 的交换化.

证明此略, 可参见 [5] 或 [52].

习题 8.2

1. (ER) 设 K 是图 8.7(b) 给出的克莱因瓶的剖分复形, 其中的 2 单形都取逆时针定向. 令 A 是 $I \times I$ 的从左下角到右上角的对角线 l 之上的所有 2 单形之和, B 是 l 之下的所有 2 单形之和, $a = \langle v_1, v_3 \rangle + \langle v_3, v_2 \rangle + \langle v_2, v_1 \rangle$, $b = \langle v_1, v_4 \rangle + \langle v_4, v_5 \rangle + \langle v_5, v_1 \rangle$, $c = \langle v_1, v_8 \rangle + \langle v_8, v_7 \rangle + \langle v_7, v_1 \rangle$. 求出下面的链和它们的边界:

(1) $A + B$;

(2) $A - B$;

(3) $mA + nB, \forall m, n \in \mathbb{Z}$;

(4) $a + b$;

(5) $2a + b - c$;

(6) a;

(7) $nv_1, \forall n \in \mathbb{Z}$.

2. (ERH) 任取一个 2 单形 $\triangle$, 按定义求 $\partial \triangle$ 和 $\partial \partial \triangle$.

3. (ER) 设 K 是 $\mathbb{R}$ 中的 1 维复形. 证明 $Z_1(K) = 0$.

4. (ERH) 设 K 是 $\mathbb{R}^2$ 中的 2 维复形, 证明 $Z_2(K) = 0$.

5. (ER) 设 K 为 n 复形, 并且 K 的 n 单形个数不超过 $n + 1$. 证明 $Z_n(K) = 0$.

6. (ERH) 证明复形的每个 1 维闭链都是若干简单闭链的和.

7. (ERH) 设 K 是连通复形, n_i 是 K 中 i 维单形的个数, $0 \leqslant i \leqslant \dim(K)$. 证明 $Z_1(K)$ 的秩等于 $1 + n_1 - n_0$.

8. (ER) 对于单点集 $X = \{A\}$, 用定义计算其单纯同调群.

9. (ER) 对于 $X = [0, 1]$, 给出它的一个单纯剖分, 用定义计算其单纯同调群.

10. (ER) 给出圆周 S^1 的一个单纯剖分, 用定义计算其单纯同调群.

11. (ERH) 给出 n 个圆周的一点并空间的一个单纯剖分, 并计算其单纯同调群.

12. (ER) 设 σ^2 是一个 2 维单形, 例 8.1.2 定义了两个复形 $\mathrm{Bd}(\sigma^2)$, $\mathrm{Cl}(\sigma^2)$. 用定义计算它们的单纯同调群.

13. (ERH) 设 K_1, K_2 都是复形 K 的子复形, $K = K_1 \cup K_2$, $K_0 = K_1 \cap K_2$ 非空且连通. 证明对于任意 $z \in Z_1(K)$, 存在 $z_i \in Z_1(K_i), i = 1, 2$, 使得 $z = z_1 + z_2$.

14. (ERH) 设 K_1, K_2 都是复形 K 的子复形, $K = K_1 \cup K_2$, $K_0 = K_1 \cap K_2$ 是 r 维

子复形. 证明对于任意 $q > r+1$, $H_q(K) \cong H_q(K_1) \oplus H_q(K_2)$.

15. (MRH) 设 K_1, K_2 都是复形 K 的子复形, $K = K_1 \cup K_2$, $K_0 = K_1 \cap K_2$ 是零调的, 即

$$H_q(K_0) = \begin{cases} \mathbb{Z}, & q = 0, \\ 0, & q \neq 0. \end{cases}$$

证明对于任意 $q \neq 0$, $H_q(K) \cong H_q(K_1) \oplus H_q(K_2)$.

16. (ERH) 可以用多种方式定义不同的同调. 它们可以看成广义的同调或者直接看成另一种同调. 例如, 空间和它们之间的映射在很多情况下表现得像同调. 下面是一个这样的情况, 可以看成一个 "玩具" 同调. 对于每个 $k \geqslant 0$, 设 C_k 表示所有次数小于或等于 k 的多项式的集合. 定义 $\partial k : C_k \to C_{k-1}$, $\partial(P(x)) = P'(0)$, 其中 $P'(0)$ 是 $P'(x)$ 中取 $x = 0$. 对于这种设置, 解答以下问题:

(1) 证明 $\partial \circ \partial = 0$;

(2) 求 $Z_k = \operatorname{Ker} \partial_k$;

(3) 求 $B_k = \operatorname{Im} \partial_{k+1}$;

(4) $H_k = \operatorname{Ker} \partial_k / \operatorname{Im} \partial_{k+1}$ 的等价类如何表示?

8.3 单纯同调群的计算

8.3.1 锥复形的同调

一个锥复形 K 显然连通, 故 $H_0(K) = \mathbb{Z}$.

定理 8.3.1 设 $K = v * L$ 为锥复形, 则 $H_q(K) = 0$, $q \geqslant 1$.

证明 $q \geqslant 1$ 时, 对于任意 $c = \sum \lambda_i \sigma_i \in C_{q-1}(L)$, 定义 K 中的 q 链 $\varphi(c) = \sum \lambda_i v * \sigma_i$, 线性扩张 φ 得到同态 $\varphi : C_{q-1}(K) \to C_q(K)$, 且直接验证可知,

$$\partial_q \varphi(c) = \sum \lambda_i \partial_q v * \sigma_i = c - \varphi \partial_{q-1} c.$$

$q \geqslant 1$ 时, 任意 $c \in C_q(K)$ 有唯一的分解式 $c = c' + \varphi c''$, 其中 $c' \in C_q(L)$, $c'' \in C_{q-1}(L)$. 若 $c \in Z_q(K)$, 则有

$$0 = \partial_q c = \partial_q(c' + \varphi c'') = \partial_q c' + c'' - \varphi \partial_{q-1} c'',$$

其中 $\partial_q c' + c''$ 是 $C_{q-1}(K)$ 中不含顶点 v 的单形构成的链, 故 $\partial_q c' + c'' \in C_{q-1}(L)$; 而 $\varphi \partial_{q-1} c''$ 则是 $C_{q-1}(K)$ 中含顶点 v 的单形构成的链. 由此可知,

$$\begin{cases} \partial_q c' + c'' = 0, \\ \varphi \partial_{q-1} c'' = 0, \ \text{从而} \ \partial_{q-1} c'' = 0. \end{cases}$$

取 $\tilde{c} = v * c'$, 则 $\partial_{q+1} \tilde{c} = c' - \varphi \partial_q c' = c' + \varphi c'' = c$, 故 $c \in B_q(K)$. 这样, $Z_q(K) = B_q(K)$, 即 $H_q(K) = 0$, $q \geqslant 1$. $\qquad\square$

由锥复形同调的结果可以得到一个单形的闭包复形和边缘复形的同调结果.

例 8.3.1 设 σ 是 k 单形, $k \geqslant 1$, $K = \mathrm{Cl}(\sigma)$. K 是锥复形, 故 $H_0(K) = \mathbb{Z}$, $H_q(K) = 0$, $q \geqslant 1$.

设 $L = \mathrm{Bd}(\sigma)$, 则 L 是 K 的 $k-1$ 维骨架, 即 $L = K^{k-1}$. 事实上, L 只比 K 少一个 k 单形. $k = 1$ 时, L 由 2 个点构成, 于是 $H_0(L) = \mathbb{Z}^2$; 当 $q \geqslant 1$ 时, $H_q(L) = 0$.

下设 $k \geqslant 2$. 由命题 8.2.1, 当 $q < k-1$ 时, $H_q(L) = H_q(K)$. 显然, 当 $q > k-1$ 时, $H_q(L) = 0$. 下面考虑 $q = k-1$ 时的情况. 因 $B_{k-1}(L) = 0$, 故 $H_{k-1}(L) = Z_{k-1}(L) = Z_{k-1}(K)$. 又因 $H_{k-1}(K) = 0$, 所以 $Z_{k-1}(K) = B_{k-1}(K)$. K 只有一个 k 单形, 故 $C_k(K) \cong \mathbb{Z}$. 注意到 $\partial_k : C_k(K) \to C_{q-1}(K)$ 是单同态, 于是

$$B_{k-1}(K) = \mathrm{Im}(\partial_k) \cong C_k(K) \cong \mathbb{Z},$$

其中 $B_{k-1}(K)$ 的生成元是 $\partial_k \sigma$. 这样就有 $H_{k-1}(L) \cong \mathbb{Z}$. 于是当 $k \geqslant 2$ 时,

$$H_q(L) = \begin{cases} \mathbb{Z}, & q = 0, k-1, \\ 0, & q \neq 0, k-1. \end{cases}$$

特别地, $L = \mathrm{Bd}(\sigma^2)$, 即 L 是由三角形的三条边和三个顶点构成的复形时, $H_1(L) \cong \mathbb{Z}$.

例 8.3.2 设 K 是凸五边形 Σ 的如例 8.1.1 所示的单纯剖分. K 是一个以 v_1 为顶点、L 为底的锥复形 $v_1 * L$, 其中 $L = \{v_2, v_3, v_4, v_5, \langle v_2, v_3 \rangle, \langle v_3, v_4 \rangle, \langle v_4, v_5 \rangle \}$. 故

$$H_q(K) = \begin{cases} \mathbb{Z}, & q = 0, \\ 0, & q \geqslant 1. \end{cases}$$

8.3.2 曲面同调群的计算

例 8.3.1 表明, 当 L 是一个三角形的三条边和三个顶点构成的复形时, $H_1(L) \cong \mathbb{Z}$.

例 8.3.3 设 $K_n = \{v_1, \cdots, v_n, \langle v_1, v_2 \rangle, \langle v_2, v_3 \rangle, \cdots, \langle v_{n-1}, v_n \rangle, \langle v_n, v_1 \rangle \}$ 是凸 n 边形的边界上的 n 个顶点和 n 条边构成的复形, $n \geqslant 3$. K_n 是连通的 1 复形, 故 $H_0(K_n) = \mathbb{Z}$, $H_q(K_n) = 0$, $q \geqslant 2$. 下面以 $n = 5$ 为例计算 $H_1(K_n)$. K_5 是 1 复形, 故 $H_1(K_5) = Z_1(K_5)$. 对于 $c \in Z_1(K_5)$, 设

$$c = \lambda_1 \langle v_1, v_2 \rangle + \lambda_2 \langle v_2, v_3 \rangle + \lambda_3 \langle v_3, v_4 \rangle + \lambda_4 \langle v_4, v_5 \rangle + \lambda_5 \langle v_5, v_1 \rangle,$$

则

$$0 = \partial c = \lambda_1(v_2 - v_1) + \lambda_2(v_3 - v_2) + \lambda_3(v_4 - v_3) +$$
$$\lambda_4(v_5 - v_4) + \lambda_5(v_1 - v_5)$$
$$= (\lambda_5 - \lambda_1)v_1 + (\lambda_1 - \lambda_2)v_2 + (\lambda_2 - \lambda_3)v_3 +$$
$$(\lambda_3 - \lambda_4)v_4 + (\lambda_4 - \lambda_5)v_5.$$

由此即知 $\lambda_1 = \lambda_2 = \lambda_3 = \lambda_4 = \lambda_5 = \lambda$. 记

$$z = \langle v_1, v_2 \rangle + \langle v_2, v_3 \rangle + \langle v_3, v_4 \rangle + \langle v_4, v_5 \rangle + \langle v_5, v_1 \rangle,$$

则 $c = \lambda z$. 显然, $c = 0 \Leftrightarrow \lambda = 0$, 故 $Z_1(K_5)$ 是由 z 生成的无限循环群, 因此, $H_1(K_5) \cong \mathbb{Z}$.

例 8.3.4 设 K 是平环 $A = \{x \in \mathbb{R}^2 \mid 1 \leqslant |x|^2 \leqslant 2\}$ 如图 8.12 所示的剖分. $\dim K = 2$. K 是 2 连通复形, 故 $H_0(K) = \mathbb{Z}$; 对于 $q > 2$, $H_q(K) = 0$.

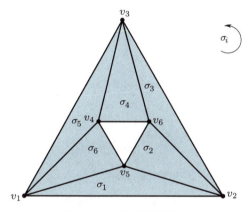

图 8.12 平环的剖分 K

下面先计算 $H_2(K)$. K 是 2 复形, 故 $H_2(K) = Z_2(K)$. 赋予 K 中 2 单形 $\sigma_1, \cdots, \sigma_6$ 以如图 8.12 所示的定向. 该定向有这样一个好的性质: 有公共边的两个定向单形在公共边上诱导的定向恰好相反. 称这样的定向为**协调的定向**. 设 $z = \sum\limits_{i=1}^{6} \lambda_i \sigma_i$ 为 2 闭链, 即 $\partial z = 0$. 注意到每个 σ_i 恰有一条边在 $|K|$ 的边界上, $1 \leqslant i \leqslant 6$. $\langle v_1, v_2 \rangle$ 只出现在 $\sigma_1 = \langle v_1, v_2, v_5 \rangle$ 中, 故 $\langle v_1, v_2 \rangle$ 在 1 链 ∂c 中的系数为 λ_1, 从而 $\lambda_1 = 0$. 同理可知, $\lambda_2 = \cdots = \lambda_6 = 0$. 由此即知 $H_2(K) = Z_2(K) = 0$.

下面计算 $H_1(K)$. 记

$$z_0 = \langle v_1, v_4 \rangle + \langle v_4, v_3 \rangle + \langle v_3, v_6 \rangle + \langle v_6, v_2 \rangle + \langle v_2, v_5 \rangle + \langle v_5, v_1 \rangle,$$

显见 z_0 是 K 的简单 1 闭链. 设 $z \in Z_1(K)$. 我们将证明存在 $\lambda \in \mathbb{Z}$, 使得 $z \sim \lambda z_0$. 事实上, 若 z 中 "外圈" 上的边 $\langle v_1, v_2 \rangle$ 前的系数为 λ_{12}, 由 $\sigma_1 = \langle v_1, v_2, v_5 \rangle$ 可知 $\partial \sigma_1 =$

$\langle v_1, v_2 \rangle + \langle v_2, v_5 \rangle + \langle v_5, v_1 \rangle$, 则 $z \sim z' = z - \lambda_{12} \partial \sigma_1$, 合并后 z' 中 $\langle a_1, a_2 \rangle$ 前的系数为 0. 对 z' 中的在 "外圈" 上的另两条边以及 "内圈" 上的三条边也做类似地处理, 最后得到 $z \sim z''$, z'' 中 "外圈" 上的三条边和 "内圈" 上的三条边的系数均为 0. 不妨设

$$z'' = \mu_1 \langle v_1, v_4 \rangle + \mu_2 \langle v_4, v_3 \rangle + \mu_3 \langle v_3, v_6 \rangle + \mu_4 \langle v_6, v_2 \rangle + \mu_5 \langle v_2, v_5 \rangle + \mu_6 \langle v_5, v_1 \rangle,$$

用例 8.3.3 的方法可知 $\mu_1 = \mu_2 = \mu_3 = \mu_4 = \mu_5 = \mu_6 = \mu$, 故 $z'' = \mu z_0$. 这说明 $H_1(K)$ 是由 z'' 所在的同调类 $\overline{z''}$ 生成的循环群.

下面计算 $\overline{z''}$ 的阶. 设 $\lambda \overline{z''} = 0$, 即有 $c = \sum_{i=1}^{6} \lambda_i \sigma_i \in C_2(K)$, 使得 $\partial_2 c = \lambda z''$. 注意到该等式的右边中, "内圈" 上的三条边和 "外圈" 上的三条边的系数均为 0; 而在等式左边, "外圈" 上的三条边 $\langle v_1, v_2 \rangle$, $\langle v_2, v_3 \rangle$, $\langle v_3, v_1 \rangle$ 的系数分别为 λ_1, λ_3 和 λ_5, 而 "内圈" 上的三条边 $\langle v_6, v_5 \rangle$, $\langle v_4, v_6 \rangle$, $\langle v_5, v_4 \rangle$ 的系数分别为 λ_2, λ_4 和 λ_6. 故有 $\lambda_i = 0$, $1 \leqslant i \leqslant 6$, 即 $c_2 = 0$, 从而 $\lambda = 0$. 因此, $H_1(K)$ 是一个生成元 $\overline{z''}$ 生成的无限循环群, 即 $H_1(K) \cong \mathbb{Z}$.

注意到 $z_0 \sim z_0 - \partial \sigma_1 - \partial \sigma_3 - \partial \sigma_5 = -(\langle v_1, v_2 \rangle + \langle v_2, v_3 \rangle + \langle v_3, v_1 \rangle) = z_1$, 故 $\overline{z_1}$ 也是 $H_1(K)$ 的一个生成元. 同理可知, 若记 $z_2 = -(\langle v_6, v_5 \rangle + \langle v_4, v_6 \rangle + \langle v_5, v_4 \rangle)$, 则 $\overline{z_2}$ 也是 $H_1(K)$ 的一个生成元.

例 8.3.5 设 K 是默比乌斯带的一个如例 8.1.4中所示的单纯剖分, 由类似例 8.3.4 的方法可得

$$H_q(K) = \begin{cases} \mathbb{Z}, & q = 0, 1, \\ 0, & q \geqslant 2. \end{cases}$$

注意, K 上的所有 2 单形不能取到都协调的定向.

例 8.3.6 设 K 是环面的如图 8.13 所示的单纯剖分, 它由四边形的边界黏合得到, 由前面类似方法可得

$$H_q(K) = \begin{cases} \mathbb{Z}, & q = 0, 2, \\ \mathbb{Z} \oplus \mathbb{Z}, & q = 1, \\ 0, & q > 2. \end{cases}$$

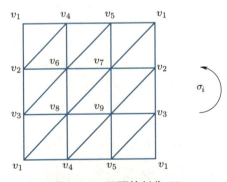

图 8.13 环面的剖分 K

$q=2$ 时的证明概要: 取 K 上的 2 单形的定向, 使它们都协调 (例如, 按例 8.3.4 的取法, 如图 8.13 所示), 则可知所有这样的定向 2 单形之和自由生成了 $z_2(K)=H_2(K)$.

$q=1$ 时的证明: 对于 $z\in Z_1(K)$, 基本想法是按例 8.3.4 的思路, 将 z 中不在 $\partial\square$ 上的边用它所在的三角形的另外两条边之和来替换 (保持同调类不变), 最后得到一个由 $\partial\square$ 上的边构成的闭链. 具体操作如下:

(1) 首先将 z 中的边 $\langle v_8,v_7\rangle$ 替换为 $\langle v_8,v_6\rangle+\langle v_6,v_7\rangle$, 得到的 z_1 中不含边 $\langle v_8,v_7\rangle$, 且 $z_1\sim z$; 再将 z_1 中的边 $\langle v_8,v_9\rangle$ 替换为 $(\langle v_8,v_4\rangle+\langle v_4,v_9\rangle)$ (后两个边都有一个端点在 $\partial\square$ 上), 对 $\langle v_9,v_7\rangle$, $\langle v_6,v_7\rangle$ 和 $\langle v_8,v_6\rangle$ 也做类似的处理, 最后得到 z_2, $z_2\sim z_1\sim z$, 且 z_2 中出现的边要么在 $\partial\square$ 上, 要么恰有一个端点在 $\partial\square$ 上, 要么其两个端点均在 $\partial\square$ 上, 其内部不在 $\partial\square$ 上 ($\langle v_2,v_4\rangle$ 和 $\langle v_3,v_5\rangle$).

(2) 在 z_2 中, 含顶点 v_6 的四条边分别是 $\langle v_6,v_4\rangle$, $\langle v_6,v_5\rangle$, $\langle v_6,v_3\rangle$ 和 $\langle v_6,v_2\rangle$. 将 z_2 中的 $\langle v_6,v_5\rangle$ 替换为 $(\langle v_6,v_4\rangle+\langle v_4,v_5\rangle)$, 将 $\langle v_6,v_3\rangle$ 替换为 $(\langle v_6,v_2\rangle+\langle v_2,v_3\rangle)$, 得到 z_3, $z_3\sim z_2$, z_3 中含顶点 v_6 的边就只有 $\langle v_6,v_2\rangle$ 和 $\nu\langle v_6,v_4\rangle$. 因 $\partial_1 z_3=0$, 故 z_3 中 $\langle v_6,v_2\rangle$ 和 $\langle v_6,v_4\rangle$ 前的系数必互为相反数, 从而在 z_3 中用 $\langle v_4,v_2\rangle$ 替换 $(\langle v_6,v_2\rangle-\langle v_6,v_4\rangle)$, 再将 $\langle v_4,v_2\rangle$ 替换为 $(\langle v_4,v_1\rangle+\langle v_1,v_2\rangle)$, 得到 z_4, $z_4\sim z_3$. 对在 z_3 中含顶点 v_7, v_8 和 v_9 的边顶点做类似的操作, 最后得到 z_5, $z_5\sim z_4\sim\cdots\sim z$, z_5 中出现的边都是 $\partial\square$ 上的边.

记 $c_1=\langle v_1,v_2\rangle+\langle v_2,v_3\rangle+\langle v_3,v_1\rangle$, $c_2=\langle v_1,v_4\rangle+\langle v_4,v_5\rangle+\langle v_5,v_1\rangle$. c_1 和 c_2 都是简单闭链. 与例 8.3.4 类似可证, $\overline{c_1}$ 和 $\overline{c_2}$ 生成了 $H_1(K)$, 它们线性无关, 且都是无限阶的. 故 $H_1(K)\cong\mathbb{Z}\oplus\mathbb{Z}$.

例 8.3.7 设 K 是射影平面 $\mathbb{P}^2$ 的如图 8.14 所示的剖分, $\dim K=2$. 显然, $H_0(K)=\mathbb{Z}$; $q>2$ 时, $H_q(K)=0$.

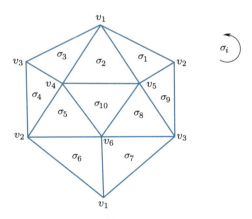

图 8.14 射影平面的剖分 K

给予 K 中 2 单形如图 8.14 所示的定向. 注意, 该定向对于以 $[v_1,v_2]$(或 $[v_2,v_3]$, 或 $[v_1,v_3]$) 为公共边的两个 2 单形不协调, 以其他边为公共边的两个 2 单形定向协调. 仿例 8.3.6 可知 $H_2(K)=Z_2(K)=0$.

对于 $q = 1$, 令 $z_1 = \langle v_1, v_3 \rangle + \langle v_3, v_2 \rangle + \langle v_2, v_1 \rangle$, $z_2 = \sum_{i=1}^{10} \sigma_i$, 则 $\partial_1 z_1 = 0, \partial_2 z_2 = 2z_1$.

仿上例可知, K 的任意 1 闭链同调于 λz_1, $\lambda \in \mathbb{Z}$, 故 $H_1(K)$ 是由 $\overline{z_1}$ 生成的循环群. 再由 $2\overline{z_1} = \overline{\partial z_2} = 0$, 即知 $H_1(K) \cong \mathbb{Z}_2$, $2\overline{z_1}$ 是其生成元.

习题 8.3

1. (E) 证明复形 K 的任何闭链是以 K 为底的锥复形中某个链的边缘.

2. (ERH) 设三角形的边由 aaa 方式黏合得到 X, 由 $aa^{-1}a$ 方式黏合得到 Y, 计算 X 和 Y 的同调群.

3. (MR) 设七边形的边由 $abab^{-1}a^{-1}ab$ 方式黏合得到 Z, 计算 Z 的同调群.

4. (MRH) 按本节给出的射影平面的一个单纯剖分来计算它的单纯下同调群和欧拉示性数. 请写清楚关键步骤.

5. (MRH) 单纯剖分一个默比乌斯带 M, 使得其中位线是一个子复形. 将 M 的边界圆周与中位线圆周分别定向, 所得的 1 维闭链分别记作 z_1 与 z_2. 证明 z_1 与 $2z_2$ 或 $-2z_2$ 同调.

6. (ERH) 分别利用单纯剖分和同调群计算以下曲面的欧拉示性数:

(1) S^2;

(2) T^2;

(3) $\mathbb{P}^2$.

7. (MH) 求球面挖去 k 个互不相交的开圆盘所得曲面的欧拉示性数.

8. (MRH) 利用下面的结果计算闭曲面分类定理中所有曲面的欧拉示性数以及同调群:

(1) $\chi(F\#S) = \chi(F) + \chi(S) - 2$;

(2) 对于所有可定向连通闭曲面 F, 有 $H_0(F) = \mathbb{Z}, H_2(F) = \mathbb{Z}$;

(3) 对于所有不可定向连通闭曲面 F, 有 $H_0(F) = \mathbb{Z}, H_2(F) = 0$;

(4) 对于所有不可定向连通闭曲面 F, 有 $H_1(F)$ 等于若干 $\mathbb{Z}$ 与一个 $\mathbb{Z}_2$ 的直和;

(5) $H_1(S^2) = 0, H_1(T^2) = \mathbb{Z} \oplus \mathbb{Z}, H_1(\mathbb{P}^2) = \mathbb{Z}_2$.

9. (MRH) 设 A 是亏格为 a 的闭曲面, B 是闭曲面且是 A 的 n 重覆叠. 求 B 的亏格以及 A 和 B 的欧拉示性数之间的关系.

10. (MRH) 证明 $T^2\#\mathbb{P}^2$ 恰有两个不同胚的 2 重覆叠.

11. (MRH) 设 K 是拓扑空间 X 的单纯剖分给出的复形, K 是有限复形 (有限个单形构成). 证明 X 的基本群是有限表现群.

12. (DH) 设 K 是拓扑空间 X 的单纯剖分给出的复形, K 是有限复形 (有限个单形构成). 证明: $H_1(X)$ 同构于 $\pi_1(X)$ 的交换化.

13. (MR) 用上一题结论求下面三个空间的 1 维下同调群:

(1) 三角形的边由 aaa 方式黏合得到 X;

(2) 三角形的边由 $aa^{-1}a$ 方式黏合得到 Y;

(3) 七边形的边由 $abab^{-1}a^{-1}ab$ 方式黏合得到 Z.

14. (DRH) 在环面 T 上挖掉两个洞, 设边界是 $a, b, a \cap b = \emptyset$, 得到空间 X. 再取 X 的一个拷贝 X', 它有边界 a', b'. 将 a, a' 用同胚映射黏合, 将 b, b' 用同胚映射黏合, 得到空间 Y. 计算 Y 的基本群和同调群. (提示: Y 有两种.)

15. (DRH) 对于 2 维闭流形 F, 证明以下结论:

(1) F 不可定向当且仅当 $H_1(F)$ 含有 2 阶元;

(2) 若 F 不可定向, 则 F 有可定向的 2 重覆叠;

(3) 若 F 不可定向, 则 $\pi_1(F)$ 有指数为 2 的子群.

注 这些结论可以推广到高维.

16. (MRH) 证明两个曲面的连通和可定向当且仅当它们都可定向.

17. (DRH) 在链群的定义中, 系数 $\lambda_i \in \mathbb{Z}$. 如果改成其他交换群, 例如 $\lambda_i \in \mathbb{Z}_2$, 加减运算也都使用 $\mathbb{Z}_2$ 中的模 2 运算, 则也会得到一种同调群. 称它为空间 X 的 $\mathbb{Z}_2$ 系数的同调群, 记为 $H_k(X; \mathbb{Z}_2)$. 证明: 对于任意的闭曲面 F, 无论它是否可定向, 都有 $H_2(F; \mathbb{Z}_2) = \mathbb{Z}_2$.

18. (DRH) 对于任意的复形 X, 对于任意的 i, 可以证明 $H_i(X; \mathbb{Z}_2)$ 总是若干个 $\mathbb{Z}_2$ 的直和, $\mathbb{Z}_2$ 的个数称为它的第 i 个 $\mathbb{Z}_2$ 贝蒂数, 用这种贝蒂数也可以定义 $\mathbb{Z}_2$ 欧拉示性数. 对于 S^2, T^2, 验证下面的结果: 它们的 $\mathbb{Z}_2$ 欧拉示性数等于通常的整系数欧拉示性数.

第 9 章

单纯同调群的同伦
不变性与应用

第 8 章对每一个单纯复形 K 定义了它的各阶同调群 $H_q(K)$. 这些同调群只是复形上的一种代数结构, 还没有体现出它的拓扑特性. 本章将证明这些群只依赖于 K 的多面体 $|K|$ (实际上是 $|K|$ 的伦型). 第 9.1 引入单纯映射, 证明单纯映射可以自然诱导单纯复形间的各阶同调群之间的一个同态; 我们还进一步证明了从一个多面体到另一个多面体的连续映射 (在适当的意义下) 都可以用单纯映射来逼近 (单纯逼近定理). 第 9.2 节利用单纯逼近定理证明了多面体之间的连续映射 $h\colon |K| \to |L|$ 可以以一种非常自然的方式诱导相应单纯复形的同调群之间的同态 $h_*\colon H_q(K) \to H_q(L)$. 这是一项难度较大、技术性很强的工作. 在此基础上, 我们就可以合理地定义一个多面体 $|K|$ 的各阶同调群 $H_q(|K|)$ 和连续映射 $f\colon |K| \to |L|$ 诱导的同态 $f_*\colon H_q(|K|) \to H_q(|L|)$, 并进一步证明多面体 (以及可剖分空间) 的同调群的伦型不变性. 第 9.3 节介绍同调群的若干有趣的应用.

*9.1 单纯映射、重心重分与单纯逼近

9.1.1 单纯映射

沟通不同复形之间的自然映射就是下面要介绍的单纯映射.

定义 9.1.1 设 K, L 都是单纯复形, $\psi\colon |K| \to |L|$. 若 $\forall \sigma = [v_0, \cdots, v_q] \in K$, 总有 $\psi(\sigma) \in L$, 对于 $x = \sum\limits_{i=0}^{q} \lambda_i v_i \in \sigma$, $\psi(x) = \sum\limits_{i=0}^{q} \lambda_i \psi(v_i)$ (即 ψ 在 σ 上是线性的), 则称 ψ 是一个**单纯映射**.

显然, 单纯映射 ψ 是连续映射, 它把顶点映到顶点, 并且它由在顶点上的作用完全决定. 对于 K 中单形 $\sigma = [v_0, \cdots, v_q]$, 若 $\psi(v_0), \cdots, \psi(v_q)$ 是 $\psi(\sigma)$ 的互不相同的顶点, 则 ψ 在 σ 上的限制 $\psi|_\sigma \colon \sigma \to \psi(\sigma)$ 是一个线性同胚.

设 K, L 为单纯复形, $\psi\colon |K| \to |L|$ 为单纯映射. 对每个 q, $0 \leqslant q \leqslant k = \dim K$, $\sigma^q \in K$, 令

$$\psi_q(\sigma) = \begin{cases} \psi(\sigma), & \dim \psi(\sigma) = q, \\ 0 \in C_q(L), & \dim \psi(\sigma) < q \end{cases}$$

在 $C_q(K)$ 上线性扩张 ψ_q, 即对于 $c = \sum \lambda_i \sigma_i^q \in C_q(K)$, $\psi_q(c) = \sum \lambda_i \psi_q(\sigma_i^q)$, 则得到 q 链群上一个同态 $\psi_q\colon C_q(K) \to C_q(L)$. 下面可以看到, ψ_q 诱导了对应的同调群上的一个同态.

引理 9.1.1 当 $q \geqslant 1$ 时, $\partial \psi_q = \psi_{q-1} \partial\colon C_q(K) \to C_{q-1}(L)$, 即下面图表可交换:

$$C_q(K) \xrightarrow{\psi_q} C_q(L)$$
$$\downarrow{\partial} \qquad\qquad \downarrow{\partial}$$
$$C_{q-1}(K) \xrightarrow[\psi_{q-1}]{} C_{q-1}(L)$$

证明　只需证明 $\forall \sigma = [v_0, \cdots, v_q] \in K$, 有 $\partial\psi_q(\sigma) = \psi_{q-1}\partial(\sigma)$. 若顶点 $\psi(v_0), \cdots, \psi(v_q)$ 互不相同, 则显然有 $\partial\psi_q(\sigma) = \psi_{q-1}\partial(\sigma)$.

下面假设 $\psi(v_i) = \psi(v_j)$, 其中 $i < j$. 由 ψ_q 的定义, $\psi_q(\sigma) = 0$, 故 $\partial\psi_q(\sigma) = 0$. 另一方面,

$$\psi_{q-1}\partial(\sigma) = \sum_{k=0}^{q}(-1)^k \psi_{q-1}[v_0, \cdots, \hat{v_k}, \cdots, v_q], \tag{9.1}$$

在等式 (9.1) 右边的和式中, 若 $k \neq i, j$, $\psi_{q-1}[v_0, \cdots, \hat{v_k}, \cdots, v_q] = 0$, 故还有两项

$$(-1)^i \psi_{q-1}[v_0, \cdots, \hat{v_i}, \cdots, v_q], \quad (-1)^j \psi_{q-1}[v_0, \cdots, \hat{v_j}, \cdots, v_q].$$

若在 $\psi(v_0), \cdots, \psi(v_q)$ 中, 除 $\psi(v_i) = \psi(v_j)$ 外, 还有另外一对点也相同, 则这两项也都是 0. 下设 $\psi(v_i)$ 和 $\psi(v_j)$ 是 $\psi(v_0), \cdots, \psi(v_q)$ 中的唯一一对相同点. 此时, $(-1)^i \psi_{q-1}[v_0, \cdots, \hat{v_i}, \cdots, v_q]$ 中 $\psi(v_j)$ 与它之前的 $j-i+1$ 项依次交换, 就有

$$(-1)^i \psi_{q-1}[v_0, \cdots, \hat{v_i}, \cdots, v_j, \cdots v_q]$$
$$= (-1)^i [\psi(v_0), \cdots, \psi(\hat{v_i}), \cdots, \psi(v_{j-1}), \psi(v_j), \cdots \psi(v_q)]$$
$$= (-1)^{i+1} [\psi(v_0), \cdots, \psi(\hat{v_i}), \cdots, \psi(v_j), \psi(v_{j-1}), \cdots \psi(v_q)]$$
$$= \cdots$$
$$= (-1)^{i+j-i+1} [\psi(v_0), \cdots, \psi(\hat{v_i}), \psi(v_j), \psi(v_{i+1}), \cdots \psi(v_q)]$$
$$= (-1)^{j+1} [\psi(v_0), \cdots, \psi(v_i), \cdots, \psi(\hat{v_j}), \cdots \psi(v_q)],$$

故剩余两项正好互相抵消. 引理证毕. □

定理 9.1.1　设 K, L 都是单纯复形, $\psi: |K| \to |L|$ 为单纯映射. 对每个 q, $0 \leqslant q \leqslant k$, ψ_q 诱导了同调群上的同态

$$\psi_{q*}: H_q(K) \to H_q(L).$$

证明　对于 $z \in Z_0(K)$, 显然有 $\partial_0 \psi_0 z = 0$; 若 $z \in Z_q(K)$, $q \geqslant 1$, $\partial z = 0$, 则由引理 9.1.1, $\partial \psi_q z = \psi_{q-1}\partial z = 0$, 故 $\psi_q z \in Z_q(L)$, 即总有 $\psi_q(Z_q(K)) \subset Z_q(L)$.

若 $b \in B_q(K)$, $b = \partial c$, $c \in C_{q+1}(K)$, 则由引理 9.1.1, $\psi_q b = \psi_q \partial c = \partial \psi_{q+1} c$, 即 $\psi_q b \in B_q(L)$. 故 $\psi_q(B_q(K)) \subset B_q(L)$.

由以上即知对每个 q, $0 \leqslant q \leqslant k$, ψ_q 诱导了同调群上的同态

$$\psi_{q*}: H_q(K) \to H_q(L),$$

其中, 对于 $\bar{z} \in H_q(K), \psi_{q*}(\bar{z}) = \overline{\psi_q(z)}.$ □

下面的定理可由定义出发, 直接验证即得:

定理 9.1.2 设 K, L, M 都是单纯复形, 则

(1) 对每个 $q \geqslant 0$, 恒等映射 $\mathrm{id} : |K| \to |K|$ 诱导了恒等同构 $\mathrm{id}_{q*} : H_q(K) \to H_q(K)$;

(2) 设 $\varphi : |K| \to |L|$ 和 $\psi : |L| \to |M|$ 都是单纯映射, 则 $\psi \circ \varphi : |K| \to |M|$ 也是单纯映射, 且对每个 $q \geqslant 0$, $(\psi \circ \varphi)_{q*} = \psi_{q*} \circ \varphi_{q*} : H_q(K) \to H_q(M)$, 即下列图表可交换:

$$
\begin{array}{ccc}
& H_q(L) & \\
{\scriptstyle \varphi_{q*}} \nearrow & & \searrow {\scriptstyle \psi_{q*}} \\
H_q(K) & \xrightarrow{(\psi \circ \varphi)_{q*}} & H_q(M)
\end{array}
$$

一般地, 满足引理 9.1.1 中 ψ_q 的性质的系列链群同态都可以诱导同调群上的同态.

定义 9.1.2 设 K, L 都是单纯复形. 若对每个 $q \geqslant 0$, 都有同态

$$\phi_q : C_q(K) \to C_q(L)$$

满足 $\partial \psi_q = \psi_{q-1}\partial : C_q(K) \to C_{q-1}(L)$, 即

$$
\begin{array}{ccccc}
\cdots \xrightarrow{\partial} & C_q(K) & \xrightarrow{\partial} & C_{q-1}(K) & \xrightarrow{\partial} \cdots \\
& \phi_q \downarrow & & \downarrow \phi_{q-1} & \\
\cdots \xrightarrow{\partial} & C_q(L) & \xrightarrow{\partial} & C_{q-1}(L) & \xrightarrow{\partial} \cdots
\end{array}
$$

则称 $\phi = \{\phi_i\}$ 是从 K 的链复形到 L 的链复形的一个**链映射**.

与定理 9.1.2 的证明完全相同, 可证下面的定理:

定理 9.1.3 对每个 $q \geqslant 0$, ϕ_q 诱导了同调群上的同态

$$\phi_{q*} : H_q(K) \to H_q(L).$$

下面是为在本章第 2 节引入多面体的单纯同调群而做的一个准备工作.

定义 9.1.3 设 K, L 都是单纯复形, $\varphi, \psi : |K| \to |L|$ 都是单纯映射. 若对每个 q, 都有同态

$$D_q : C_q(K) \to C_{q+1}(L),$$

满足 $\partial_{q+1}D_q - D_{q-1}\partial_q = \varphi_q - \psi_q : C_q(K) \to C_q(L)$, 则称 $\mathcal{D} = \{D_i\}$ 是 φ 和 ψ 的一个**链同伦**.

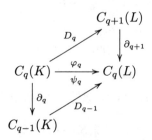

定理 9.1.4　设 K, L 都是单纯复形, $\varphi, \psi : |K| \to |L|$ 是链同伦的单纯映射. 则对每个 $q \geqslant 0$, φ_q 和 ψ_q 诱导的同调群上的同态相等, 即

$$\varphi_{q*} = \psi_{q*} : H_q(K) \to H_q(L).$$

证明　设 $z \in Z_q(K)$, 则

$$\varphi_q z - \psi_q z = \partial_{q+1} D_q z - D_{q-1} \partial_q z = \partial_{q+1} D_q z,$$

即 $\varphi_q z$ 和 $\psi_q z$ 是同调的, 从而 $\varphi_{q*}(\bar{z}) = \psi_{q*}(\bar{z})$. □

我们将在本章第 2 节看到链映射和链同伦的具体例子.

定义 9.1.4　设 K, L 都是单纯复形, $\varphi, \psi : |K| \to |L|$ 都是单纯映射. 若对每个 $\sigma^q \in K$, 都有

$$\varphi(\sigma), \psi(\sigma) \preceq \tau \in L,$$

则称 φ 和 ψ 是**邻接的**.

φ 和 ψ 是邻接的实际上是指, 对于每个 $\sigma^q \in K$, $\varphi(\sigma)$ 和 $\psi(\sigma)$ 是 L 中同一个单形的面.

定理 9.1.5　设 K, L 都是单纯复形, $\varphi, \psi : |K| \to |L|$ 是邻接的单纯映射, 则 φ_q 和 ψ_q 有一个链同伦, 从而 φ_q 和 ψ_q 诱导了相同的同调同态.

证明　对每个 $\sigma = [v_0, v_1, \cdots, v_q] \in K$, 令 $L(\sigma)$ 为由 $\varphi(\sigma)$ 和 $\psi(\sigma)$ 的所有顶点一起张成的 L 的单形的闭包复形, 则易知

(1) $L(\sigma) \neq \emptyset$, 且对于 $p \geqslant 1$, $H_p(L(\sigma)) = 0$;

(2) 若 $\tau \preceq \sigma$, 则 $L(\tau) \subset L(\sigma)$;

(3) 对每个 $\sigma \in K$, $\varphi_q(\sigma), \psi_q(\sigma) \in C_q(L(\sigma))$.

下面归纳地定义链同伦 $D : C_q(K) \to C_{q+1}(L)$, 使得对每个 $\sigma^q \in K$, $D\sigma \in C_{q+1}L(\sigma)$, 然后线性扩张到整个链群上.

$q = 0$ 时, 对于顶点 $v \in K$, 取 $L(v)$ 中一个从 $\varphi(v)$ 到 $\psi(v)$ 的简单链 c_1, 令 $Dv = c_1$, 则 $\partial Dv = \psi(v) - \varphi(v)$, 故 $\partial Dv + D\partial v = \psi(v) - \varphi(v)$ 成立.

下面假设 D 在 $\tau \in K$ $(\dim \tau = m < p)$ 上都已定义, 满足 $D\tau \in C_{m+1}(L(\tau))$, 且 $\partial D\tau + D\partial \tau = \psi_m(\tau) - \varphi_m(\tau)$. 对于 $\sigma = \sigma^p \in K$, 记 $c = \psi_p(\sigma) - \varphi_p(\sigma) - D\partial \sigma$. 则

$$\begin{aligned}
\partial c &= \partial \psi_p(\sigma) - \partial \varphi_p(\sigma) - \partial D \partial \sigma \\
&= \partial \psi_p(\sigma) - \partial \varphi_p(\sigma) - (\psi_{p-1}(\partial \sigma) - \varphi_{p-1}(\partial \sigma) - D\partial(\partial \sigma)) \\
&= 0,
\end{aligned}$$

现在 $c \in Z_p(L(\sigma))$, $p \geqslant 1$, 由 (1), $c \in B_p(L(\sigma))$, 故存在 $w \in C_{p+1}(L(\sigma))$, 使得 $c = \partial w$. 令 $D\sigma = w$, 则容易验证, D 就是所需要的链同伦. □

9.1.2　重心重分

定义 9.1.5　设 K_1, K_2 都是多面体 X 的单纯剖分. 若对任意 $\sigma \in K_1$, 总有 $\tau \in K_2$, 使得 $\sigma \subset \tau$, 则称 K_1 是 K_2 的一个**重分**或**加细**.

显然, 若 K_1 是 K_2 的一个重分, 则对于任意 $\sigma \in K_2$, $L_\sigma = \{\tau \in K_1 \mid \tau \subset \sigma\}$ 是 K_2 的一个子复形, 且 $|L_\sigma| = \sigma$.

复形的重心重分是加细剖分的一种常见方法. 先看几个简单情形. 一个 0 复形 K 的重心重分复形 K' 就是 K. 对于 $\sigma = [v_0, v_1]$, $K = \mathrm{Cl}(\sigma)$, $\hat{\sigma} = \dfrac{1}{2}(v_0 + v_1)$ 为 σ 的重心, K 的重心重分复形

$$K' = \{v_0, v_1, \hat{\sigma}, [v_0, \hat{\sigma}], [v_1, \hat{\sigma}]\} = (\hat{\sigma} * K^0) \cup K^0,$$

如图 9.1(b) 所示. 对于 $\sigma = [v_0, v_1, v_2]$, $K = \mathrm{Cl}(\sigma)$, $\hat{\sigma} = \dfrac{1}{3}\sum\limits_{i=0}^{2} v_i$ 为 σ 的重心, L 为 $\mathrm{Bd}(K)$ 的重心重分复形 (对 $\mathrm{Bd}(K)$ 的每个边复形进行重心重分所得的复形), 则 K 的重心重分复形 $K' = L \cup (\hat{\sigma} * L)$, 它有 7 个顶点、12 条边、6 个 2 单形, 如图 9.1(c) 所示. 显见, 以上几种情况中的 K' 都是 K 的加细.

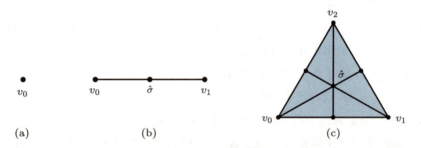

图 9.1　复形的重心重分

定义 9.1.6　设 K 是一个单纯复形. 对 K 的维数归纳地定义 K 的一个重分 K' 如下: 当 $\dim K = 0$ 时, 令 $K' = K$. 假设对维数 $\leqslant n$ 的复形 L, L' 已有定义. 设 K 是一个 $n+1$ 维复形, 则对于 K 的每个 $n+1$ 维单形 σ, σ 的重心 $\hat{\sigma}$ 与 $\mathrm{Bd}(\sigma)'$ 的每个单形的顶点集之并仍是几何无关的. 定义

$$K' = (K^n)' \cup \bigcup_{\sigma \in K - K^n} \hat{\sigma} * \mathrm{Bd}(\sigma)',$$

则容易验证, K' 是 K 的一个重分, 称 K' 为 K 的**重心重分**.

下面的定理给出了一个重心重分中单形的特征描述:

定理 9.1.6　设 K 是一个单纯复形, K' 是 K 的重心重分, 则

$$K' = \{(\hat{\sigma_0}, \hat{\sigma_1}, \cdots, \hat{\sigma_q}) \mid \sigma_0 \prec \sigma_1 \prec \cdots \prec \sigma_q \in K\}.$$

对 K 的维数进行归纳即可完成定理证明, 细节留作练习.

设 K 为一个单纯复形. 对于 $x \in |K|$, 存在 $\sigma \in K$, 使得 $x \in \sigma$. x 位于 σ 中唯一一个面 τ 的内部 (τ 由 x 在 σ 中所有非零坐标对应的顶点张成). 称 τ 为 x 在 K 中的**承载形**, 记作 $\mathrm{Car}_K(x)$.

设 $x \in |K|$, $\mathrm{Car}_K x = \sigma_q = [v_0, v_1, \cdots, v_q]$, 下面我们找出 x 在 K 的重心重分 K' 中的承载形. 设 $x = \sum_{i=0}^{q} \lambda_i v_i, \lambda_i > 0, \sum_{i=0}^{q} \lambda_i = 1$, 不妨假定 $\lambda_0 \geqslant \lambda_1 \geqslant \cdots \geqslant \lambda_q$. 记

$$\sigma_k = [v_0, v_1, \cdots, v_k], \quad \hat{\sigma}_k = \frac{1}{k+1} \sum_{j=0}^{k} v_j, \quad 0 \leqslant k \leqslant q,$$

则由下式即知 $x \in [\hat{\sigma}_0, \hat{\sigma}_1, \cdots, \hat{\sigma}_q]$:

$$
\begin{aligned}
x &= \sum_{i=0}^{q} \lambda_i v_i = \lambda_0 v_0 + \sum_{i=1}^{q} \lambda_i \left(\sum_{j=0}^{i} v_j - \sum_{j=0}^{i-1} v_j \right) \\
&= \lambda_0 v_0 + \sum_{i=1}^{q} \lambda_i (i+1) \hat{\sigma}_i - \sum_{i=1}^{q} i \lambda_i \hat{\sigma}_{i-1} \\
&= (\lambda_0 - \lambda_1) v_0 + \sum_{i=1}^{q} \lambda_i (i+1) \hat{\sigma}_i - \sum_{i=1}^{q} (i+1) \lambda_{i+1} \hat{\sigma}_i \quad (\text{约定 } \lambda_{i+1} = 0) \\
&= (\lambda_0 - \lambda_1) \hat{\sigma}_0 + \sum_{i=1}^{q} (i+1)(\lambda_i - \lambda_{i+1}) \hat{\sigma}_i \\
&= \sum_{i=0}^{q} (i+1)(\lambda_i - \lambda_{i+1}) \hat{\sigma}_i = \sum_{i=0}^{q} \mu_i \hat{\sigma}_i,
\end{aligned}
$$

其中 $\mu_i = (i+1)(\lambda_i - \lambda_{i+1}) \geqslant 0, 0 \leqslant i \leqslant q, \sum_{i=0}^{q} \mu_i = 1$.

定义 9.1.7　设 K 是一个单纯复形. 称 K 的最长边的长度为 K 的**网距**, 记作 $\mathrm{Mesh}(K)$.

下述命题表明, 复形的网距可以用来估测复形中单形的大小:

命题 9.1.1　设 x, y 为复形 K 中一个单形 σ 内的两点, 则 $d(x, y) \leqslant \mathrm{Mesh}(K)$.

证明　设 v_0 是 σ 中到 x 距离最大的顶点, $r = d(x, v_0)$, 则 $\overline{B(x, r)}$ 包含 σ 的每个顶点, 从而 $\sigma \subset \overline{B(x, r)}$, 因而 $d(x, y) \leqslant d(x, v_0)$. 设 v_1 是 σ 中到 v_0 距离最大的顶点, 则同理可知, $d(x, v_0) \leqslant d(v_0, v_1)$, 从而 $d(x, y) \leqslant d(v_0, v_1) \leqslant \mathrm{Mesh}(K)$.　□

从定义看, 复形重心重分的网距应该是缩小了. 下面的命题回答了缩小的 "尺度":

定理 9.1.7　设 K' 为 k 维复形 K 的重心重分复形, $k \geqslant 1$, 则

$$\mathrm{Mesh}(K') \leqslant \frac{k}{k+1} \mathrm{Mesh}(K).$$

证明   由命题 9.1.1, 只需证明 K' 的任意一条边 $(\hat{\tau}, \hat{\sigma})$ 的长度不超过 $\dfrac{k}{k+1} \mathrm{Mesh}(K)$ 即可. 不妨设 $\tau \prec \sigma$, $\tau = (v_0, v_1, \cdots, v_q)$, $\sigma = (v_0, \cdots, v_q, v_{q+1}, \cdots, v_p)$, $\upsilon = (v_{q+1}, \cdots, v_p)$, $p > q$, 则

$$
\begin{aligned}
|\hat{\sigma} - \hat{\tau}| &= \left| \frac{1}{p+1} \sum_{i=0}^{p} v_i - \frac{1}{q+1} \sum_{i=0}^{q} v_i \right| \\
&= \left| \left(\frac{1}{p+1} - \frac{1}{q+1} \right) \sum_{i=0}^{q} v_i + \frac{1}{p+1} \sum_{i=q+1}^{p} v_i \right| \\
&= \left| \frac{q-p}{(p+1)(q+1)} \sum_{i=0}^{q} v_i + \frac{1}{p+1} \sum_{i=q+1}^{p} v_i \right| \\
&= \left| \frac{q-p}{p+1} \hat{\tau} + \frac{p-q}{p+1} \hat{\upsilon} \right| = \frac{p-q}{p+1} |\hat{\tau} - \hat{\upsilon}| \\
&\leqslant \frac{p}{p+1} \mathrm{Mesh}(K) \leqslant \frac{k}{k+1} \mathrm{Mesh}(K). \qquad \square
\end{aligned}
$$

为表示方便, 记 $K^{(1)} = K'$, $K^{(2)} = (K^{(1)})'$, $\cdots$, K 的 m 次重心重分记为 $K^{(m)} = (K^{(m-1)})'$. 下面是定理 9.1.7 的一个直接推论:

推论 9.1.1 $\mathrm{Mesh}(K^{(m)}) \to 0$ (当 $m \to +\infty$ 时).

9.1.3   单纯逼近定理

单纯逼近是沟通单纯映射和多面体之间的连续映射的桥梁. 借助单纯映射我们可以在多面体上定义同调群, 使得多面体之间的连续映射可以诱导多面体的同调群之间的同态, 这些同态也有类似于单纯映射诱导的同态的性质.

定义 9.1.8   设 K, L 都是单纯复形, $f : |K| \to |L|$ 连续, $\psi : |K| \to |L|$ 为单纯映射. 若对于任意 $x \in |K|$, 总有 $\psi(x) \in \mathrm{Car}_L f(x)$, 则称 ψ 是 f 的一个**单纯逼近**.

由定义可知, 若 $\varphi, \psi : |K| \to |L|$ 都是 f 的单纯逼近, 则 φ 和 ψ 是邻接的. 特别地, $\varphi \simeq f \simeq \psi$ 同伦 (可通过直线同伦实现). 一般而言, 一个连续映射未必有单纯逼近, 如下例所示.

例 9.1.1   设 $|K| = |L| = [0, 1]$, K 有三个顶点 $0, \dfrac{1}{3}, 1$, L 有三个顶点 $0, \dfrac{2}{3}, 1$, $f : I \to I$, $f(x) = x^2$. f 没有单纯逼近. 否则, 设 ψ 是 f 的单纯逼近. 因 $f(0) = 0$, 0 是 L 的一个顶点, 故 $\mathrm{Car}_L f(0) = \{0\}$, 从而 $\psi(0) = 0$. 同理, $\psi(1) = 1$. 这样就有 $\psi(I) = I$ (因 ψ 连续). 此时, 若 $\psi\left(\dfrac{1}{3}\right) = 0$, 则 $\psi\left(\left[\dfrac{1}{3}, 1\right]\right) = I$, 与 ψ 是单纯映射矛盾. 同样,

$\psi\left(\dfrac{1}{3}\right) \neq 1$, 故只能 $\psi\left(\dfrac{1}{3}\right) = \dfrac{2}{3}$. 但 $f\left(\dfrac{1}{2}\right) = \dfrac{1}{4}$ 的承载形为 $\left[0, \dfrac{2}{3}\right]$, $\psi\left(\dfrac{1}{2}\right) > \dfrac{2}{3}$, 这又与 ψ 是单纯映射矛盾.

类似可知, $f: |K^{(1)}| \to |L|$ 也没有单纯逼近. 但 $f: |K^{(2)}| \to |L|$ 有不止一个单纯逼近, 证明留作练习.

为方便检验一个单纯映射 $\psi: |K| \to |L|$ 是否是连续映射 $f: |K| \to |L|$ 的单纯逼近, 我们下面引进一个单纯复形中的顶点的开星形的概念. 为后面讨论的方便, 我们介绍的是一般情形的星形概念.

定义 9.1.9 设 K 是一个单纯复形, L 是 K 的一个子复形. 将 K 中所有交 $|L|$ 不空的各单形及其所有面构成的 K 的一个子复形记为 L^*. 记 $\overline{\mathrm{star}}(|L|, K) = |L^*|$, 称之为 $|L|$ 在 K 中的**闭星形**. 记

$$\mathrm{star}(|L|, K) = |L^*| - \cup\{\tau \in L^* \mid \tau \cap |L| = \emptyset\},$$

称之为 $|L|$ 在 K 中的**开星形**.

显然, $\overline{\mathrm{star}}(|L|, K)$ 是 $|K|$ 的闭集; K 中内部与 $|L|$ 不交的所有单形也构成了 K 的一个子复形, 其多面体也是 $|K|$ 的闭集, 故其补 $\mathrm{star}(|L|, K)$ 是 $|K|$ 的开集, 且 $\mathrm{star}(|L|, K)$ 的闭包就是 $\overline{\mathrm{star}}(|L|, K)$. 在图 9.2(a) 所示的复形 K 中, 顶点 v 的开星形和闭星形分别如图 9.2(b) 和 (c) 所示.

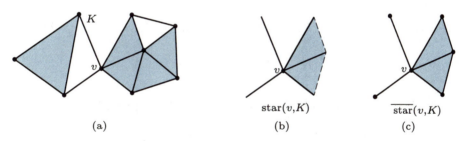

图 9.2 v 在 K 中的开星形 $\mathrm{star}(v, K)$ 与闭星形 $\overline{\mathrm{star}}(v, K)$

对于单纯复形 K, 下面的命题给出了 K 中顶点 $v_0, v_1, \cdots, v_q$ 张成 K 的一个单形的一个用顶点的星形来描述的特征:

命题 9.1.2 单纯复形 K 的顶点 $v_0, v_1, \cdots, v_q$ 张成 K 中一个单形当且仅当 $\displaystyle\bigcap_{i=0}^{q} \mathrm{star}(v_i, K) \neq \emptyset$.

证明 设 $\sigma \in K$. 若 K 的顶点 $v_0, v_1, \cdots, v_q$ 都是 σ 的顶点, 则 σ 的内部含于 $\mathrm{star}(v_i, K)$, $0 \leqslant i \leqslant q$, 故 $\displaystyle\bigcap_{i=0}^{q} \mathrm{star}(v_i, K) \neq \emptyset$. 反之, 若 $\emptyset \neq \displaystyle\bigcap_{i=0}^{q} \mathrm{star}(v_i, K) \ni x$, 设 $\mathrm{Car}_K(x) = \sigma$, 则由开星形的定义, 每个 v_i 都是 σ 的一个顶点, 故 $[v_0, v_1, \cdots, v_q] \prec \sigma$. $\qquad\square$

定理 9.1.8　设 K, L 都是单纯复形, $f : |K| \to |L|$ 连续, $\psi : |K| \to |L|$ 为单纯映射, 则 ψ 是 f 的单纯逼近当且仅当对于任意 $v \in K^0$,

$$f(\mathrm{star}(v, K)) \subset \mathrm{star}(\psi(v), L).$$

证明　先证充分性. 设 $\mathrm{Car}_K(x) = \sigma = [v_0, v_1, \cdots, v_q]$, $\mathrm{Car}_L(f(x)) = \tau$, 则对于每个 i, $0 \leqslant i \leqslant q$, $x \in \mathrm{star}(v_i, K)$, 故由假设条件可知

$$f(x) \in f(\mathrm{star}(v_i, K)) \subset \mathrm{star}(\psi(v_i), L).$$

这意味着 $\psi(v_0), \psi(v_1), \cdots, \psi(v_q)$ 都是 τ 的顶点, 它们张成了 τ 的一个面 ρ. 这样, $\psi(x) \in \psi(\sigma) = \rho \preceq \tau$. 此时, $f(x)$ 在 τ 中的关于 $\varphi(v_0), \varphi(v_1), \cdots, \varphi(v_q)$ 的重心坐标都是正数.

把上述过程反过来就得到必要性的证明.　□

定理 9.1.9　设 K, L 都是单纯复形, $f : |K| \to |L|$ 连续, 则 f 有单纯逼近当且仅当对于任意 $v \in K^0$, 存在 $w \in L^0$, 使得

$$f(\mathrm{star}(v, K)) \subset \mathrm{star}(w, L).$$

证明　必要性由定理 9.1.8 可得. 下证充分性.

先按如下方式定义一个映射 $\varphi : K^0 \to L^0$: 对于 $v \in K^0$, 由假设, 存在 $w \in L^0$, 使得 $f(\mathrm{star}(v, K)) \subset \mathrm{star}(w, L)$. 令 $\varphi(v) = w$.

设 $\sigma = [v_0, v_1, \cdots, v_q] \in K$. 由命题 9.1.2, $\bigcap\limits_{i=0}^{q} \mathrm{star}(v_i, K) \neq \emptyset$. 再由假设条件, 对于每个 i, $0 \leqslant i \leqslant q$, $f(\mathrm{star}(v, K)) \subset \mathrm{star}(\varphi(v_i), L)$, 故

$$\emptyset \neq f\left(\bigcap_{i=0}^{q} \mathrm{star}(v_i, K)\right) = \bigcap_{i=0}^{q} f(\mathrm{star}(v_i, K)) \subset \bigcap_{i=0}^{q} \mathrm{star}(\varphi(v_i), L).$$

由命题 9.1.2 可知 $\varphi(v_0), \varphi(v_1), \cdots, \varphi(v_q)$ 张成了 L 的一个单形 τ.

现在, φ 把 K 的同一个单形的顶点映为 L 的一个单形的顶点, 故可通过在 K 的每个单形上线性扩张顶点映射 φ 得到一个单纯映射 $\varphi : |K| \to |L|$. 由定理 9.1.8 可知, φ 是 f 的单纯逼近.　□

推论 9.1.2　设 $\varphi : |K| \to |L|$ 和 $\psi : |L| \to |M|$ 分别是连续映射 $f : |K| \to |L|$ 和 $g : |L| \to |M|$ 的单纯逼近, 则 $\psi \circ \varphi : |K| \to |M|$ 是连续映射 $g \circ f : |K| \to |M|$ 的单纯逼近.

证明　由假设和定理 9.1.8, 对于任意顶点 $v \in K^0$,

$$f(\mathrm{star}(v, K)) \subset \mathrm{star}(\varphi(v), L),$$

$$gf(\mathrm{star}(v, K)) \subset g(\mathrm{star}(\varphi(v), L)) \subset \mathrm{star}(\psi\varphi(v), M)),$$

故结论成立.　□

下面给出单纯逼近定理.

定理 9.1.10 (单纯逼近定理) 设 K, L 都是单纯复形, $f: |K| \to |L|$ 连续, 则存在充分大的 $m \in \mathbb{N}_+$, 使得 $f: |K^{(m)}| \to |L|$ 有单纯逼近 $\psi: |K^{(m)}| \to |L|$.

证明 $\{\operatorname{star}(w, L) \mid w \in L^0\}$ 是 $|L|$ 的一个开覆盖, f 连续, 故

$$\mathcal{U} = \{f^{-1}(\operatorname{star}(w, L)) \mid w \in L^0\}$$

是紧致空间 $|K| \subset \mathbb{R}^n$ 的一个开覆盖. 由勒贝格引理, $\mathcal{U}$ 有勒贝格数 $\lambda > 0$. 取 $m \in \mathbb{N}_+$ 充分大, 使得 $\operatorname{Mesh}(K^{(m)}) < \frac{1}{2}\lambda$, 则对于 $K^{(m)}$ 的任一个顶点 v, 有 $\operatorname{diam}(\operatorname{star}(v, K^{(m)})) < \lambda$, 故存在某个 $w \in L^0$, 使得 $\operatorname{star}(v, K^{(m)}) \subset f^{-1}(\operatorname{star}(w, L))$, 从而 $f(\operatorname{star}(v, K^{(m)})) \subset \operatorname{star}(w, L)$. 再由定理 9.1.9 即知 $f: |K^{(m)}| \to |L|$ 有单纯逼近 $\psi: |K^{(m)}| \to |L|$. $\qquad\square$

9.1.4 曲面多边形表示的存在性定理的证明

设 S 为一个闭曲面. 由拉多定理, S 有单纯剖分 (K, φ), 不妨假设 $S = |K|$. 设 L 是 K 的一个 1 子复形. 令 $\eta(L) = \overline{\operatorname{star}(|L|, K^{(2)})}$, 称 $\eta(L)$ 为 $|L|$ 在 $|K|$ 中的一个**正则邻域**. 图 9.3 是 $\eta(L)$ 的示意图. 显然, $\eta(L)$ 是 $|L|$ 在 $|K|$ 中的一个闭邻域. 特别地, 对于 $\sigma = [v, w] \in L$, $\hat{\sigma}$ 为 σ 的重心, 若记 $U_v = \overline{\operatorname{star}(v, K^{(2)})}$, $U_w = \overline{\operatorname{star}(w, K^{(2)})}$, $U_{\hat{\sigma}} = \overline{\operatorname{star}(\hat{\sigma}, K^{(2)})}$, 则 U_v, U_w 和 $U_{\hat{\sigma}}$ 都是圆盘, 且 $U_v \cap U_{\hat{\sigma}} = a$ 和 $U_w \cap U_{\hat{\sigma}} = b$ 都是简单弧.

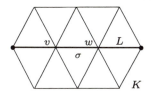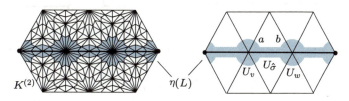

图 9.3 $\eta(L)$ 的示意图

下面给出定理 6.2.1 (任意一个紧致连通曲面都有多边形表示) 的证明:

定理 6.2.1 的证明 我们仅对闭曲面的情形给出证明, 一般情形同理. 沿用上面的记号, 不妨假设 $S = |K|$, $L = K^1$, M 是 L 的极大树形. L 是 K 的连通 1 子复形. 对于 $\sigma = [v, w] \in L$, $\eta(\operatorname{Cl}(\sigma)) = U_v \cup U_{\hat{\sigma}} \cup U_w$ 是一个圆盘. 对 M 的 1 单形的个数进行归纳可知 $\eta(M)$ 是一个圆盘 D, 如图 9.3 所示. 设 $L - M$ 中共有 r 个 1 单形 $\sigma_i, 1 \leqslant i \leqslant r$. 注意, M 包含了 K 的所有顶点, 且 $\eta(L) = \eta(M) \cup \bigcup_{i=1}^{r} U_{\hat{\sigma}_i}$. 对每个 σ_i, 取真嵌入 $U_{\hat{\sigma}_i}$ 中一个如图 9.4 所示的定向简单弧 a_i, $1 \leqslant i \leqslant r$. 沿 $\{a_1, \cdots, a_r\}$ 切开 $\eta(L)$ 就得到 $\eta(L)$ 的一个多边形表示 (D, φ), 其中 φ 表示 ∂D 上 k 对边 $a_i (1 \leqslant i \leqslant r)$ 的黏合方式, 如图 9.4 所示.

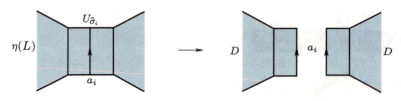

图 9.4　沿 $\{a_1, \cdots, a_r\}$ 切开 $\eta(L)$ 的示意图

下面把 $\eta(L)$ 的多边形表示 (D, φ) 延拓为 S 的一个多边形表示. $\mathrm{Cl}(S - \eta(L))$ 的每个分支都是一个圆盘. 设 K 共有 m 个 2 单形 $\{\Delta_p, 1 \leqslant p \leqslant m\}$, 每个 Δ_p 的内部恰好包含 $\mathrm{Cl}(S - \eta(L))$ 的一个分支 $E_p = \overline{\mathrm{star}(\widehat{\Delta_p}, K^{(2)})}$, $1 \leqslant p \leqslant m$. 因 M 为极大树形, 故每个 Δ_p 至少有一条边在 $L - M$ 中, $1 \leqslant p \leqslant m$. 注意, 从 ∂D 上去除 r 个边对 $\{a_1, \cdots, a_r\}$ 的内部后得到 $2r$ 段弧, 记为 $\{l_1, \cdots, l_{2r}\}$. 下面分三种情况来分别扩张多边形表示 (D, φ):

情况 1　Δ_p 只有一条边 σ_i 在 $L - M$ 中. 这时, ∂E_p 恰是由某个 l_q 沿着一个黏合边对 a_i 端点 A 和 A' 黏合而得, 如图 9.5(a) 所示. 在 l_q 的内部取一点 A'' 作为新顶点, 并将 ∂D 上的边对 AA'' 和 $A''A'$ 赋予反向黏合的标号 b_i. 这样, 我们就从多边形表示 (D, φ) 得到一个新的多边形表示 (D_1, φ_1), 它就是曲面 $\eta(L) \cup E_p$ 的一个多边形表示.

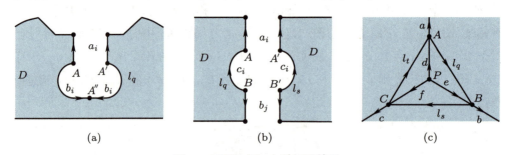

| (a) | (b) | (c) |

图 9.5　延拓 (D, φ) 的三种情况

情况 2　Δ_p 有两条边 σ_i 和 σ_j 在 $L - M$ 中. 这时, $\partial \Delta_p = l_q \cup l_s$, $l_q \cap l_s = \partial l_q = \partial l_s$. $l_q \cap l_s$ 的一个点在 D 上是 (D, φ) 中一个黏合边对 a_i 的两个对应点 A 和 A', 另一个点在 D 上是 (D, φ) 中一个黏合边对 b_j 的两个对应点 B 和 B', 如图 9.5(b) 所示. 将 ∂D 上的 l_q 和 l_s 作为一个新的反向黏合边对, 并赋予标号 c_i. 这样, 我们就从多边形表示 (D, φ) 得到一个新的多边形表示 (D_2, φ_2), 它就是曲面 $\eta(L) \cup E_p$ 的一个多边形表示.

情况 3　Δ_p 的三条边 σ_i, σ_j 和 σ_k 在 $L - M$ 中. 这时, 不妨假设 E_p 是 $\triangle ABC$, 其中 A, B 和 C 分别是 (D, φ) 中黏合边对 a, b 和 c 的一个顶点, $l_q = AB$, $l_s = BC$, $l_t = CA$, 如图 9.5(c) 所示. 在 $\triangle ABC$ 的内部取一点 P 作为一个新顶点, 分别记 $PA = d$, $PB = e$, $PC = f$, 并赋予它们如图 9.5(c) 所示的定向. 令

$$D_3 = D \bigcup_{l_q} \triangle ABP \bigcup_{l_s} \triangle BCP \bigcup_{l_t} \triangle CAP,$$

其中沿 l_q, l_s 和 l_t 的黏合方式与 S 上的一致, 则得到一个新的多边形表示 (D_3, φ_3), 其中

φ_3 是在 φ_2 的黏合方式的基础上, 新增了黏合边对 d, e 和 f. 显然, 它是曲面 $\eta(L) \cup E_p$ 的一个多边形表示.

对每个 E_p, $1 \leqslant p \leqslant m$, 分情况依次进行多边形表示的延拓, 最后得到曲面 S 的一个多边形表示 (D', φ').

定理 6.2.1证毕. $\hfill\square$

习题 9.1

1. (ER) 设 $f: S^1 \to S^1$ 是常值映射. 给出 S^1 的一个单纯剖分, 使得 f 是一个单纯映射, 并求它在同调群上的诱导映射 f_*.

2. (ERH) 将 $[0,1]$ 看成一个 1 维单形, $f: [0,1] \to [0,1]$, $x \mapsto x^2$. 给出 f 的一个单纯逼近, 并求它在同调群上的诱导映射 f_*.

3. (ERH) 设 $f: S^1 \to S^1, z \mapsto z^2$. 给出 S^1 的一个单纯剖分, 以及 f 的一个单纯逼近 φ, 并求出它在同调群上的诱导映射 φ_*.

4. (ERH) 用单纯逼近定理证明 $\pi_1(S^3) = 0$.

5. (MRH) 设 X, Y 是拓扑空间, $f: X \to Y$ 连续, 则有经典的映射 $p_X: \pi_1(X) \to H_1(X)$ 和 $p_Y: \pi_1(Y) \to H_1(Y)$ (见第 8.3 节的习题). 设 $f_*: \pi_1(X) \to \pi_1(Y)$ 和 $f'_*: H_1(X) \to H_1(Y)$ 是 f 诱导的同态. 证明下列图表交换:

$$\begin{array}{ccc} \pi_1(X) & \xrightarrow{f_*} & \pi_1(Y) \\ \downarrow{p_X} & & \downarrow{p_Y} \\ H_1(X) & \xrightarrow{f'_*} & H_1(Y) \end{array}$$

*9.2 单纯同调群的同伦不变性

9.2.1 幅式重分

设 K 为复形, $\sigma \in K$, $v = \hat{\sigma}$ 为 σ 的重心. 对于 K 中每个以 σ 为面的单形 τ, 用 $L(\sigma, \tau)$ 表示 $\mathrm{Cl}(\tau)$ 中不以 σ 为面的所有单形构成的集合, 则 $L(\sigma, \tau)$ 是 $\mathrm{Cl}(\tau)$ 的一个子复形, 且 $L(\sigma, \tau)$ 中任何单形的顶点集合中添加顶点 v 所得的点集仍是几何无关的, 从而可以构造以 v 为顶点、L 为底的锥复形

$$\mathrm{Cl}(\sigma, \tau) = (v * L(\sigma, \tau)) \cup L(\sigma, \tau).$$

显然, $|\mathrm{Cl}(\sigma,\tau)| = \tau$. 记

$$K_\sigma = \left(K - \bigcup_{\sigma \preceq \tau \in K} \mathrm{Cl}(\tau)\right) \bigcup_{\sigma \preceq \tau \in K} \mathrm{Cl}(\sigma,\tau),$$

则易见, K_σ 是 K 的一个重分复形, K 中不以 σ 为面的单形留在了 K_σ 中, 并将 K 中每个以 σ 为面的单形 τ 的闭包复形替换为 $\mathrm{Cl}(\sigma,\tau)$.

定义 9.2.1 称 K_σ 是 K 的沿 σ 的**幅式重分复形**.

图 9.6 是一个四面体沿它的一条边作幅式重分的示意图.

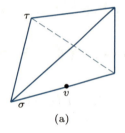 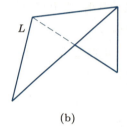 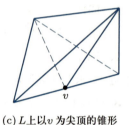

(a)   (b)   (c) L 上以 v 为尖顶的锥形

图 9.6　幅式重分

如果从一个复形 K 出发, 按照从高维到低维的顺序依次沿 K 的每个单形进行幅式重分, 则如图 9.7 所示, 我们最终将得到第一次重心重分 $K^{(1)}$. 当然, 重复这个步骤可以得到任何次的重心重分 $K^{(m)}$.

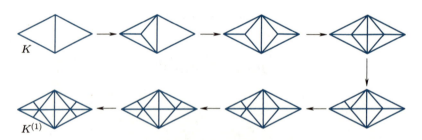

图 9.7　通过幅式重分得到重心重分

下面的定理 9.2.1 表明, 复形的同调群在幅式重分下是不变的.

定理 9.2.1 设 K_σ 是复形 K 的沿 σ 的幅式重分复形, 则 K_σ 和 K 的各阶同调群同构.

证明 设 $\sigma = \langle v_0, v_1, \cdots, v_p \rangle \in K$. 定义 $\chi : C(K) \to C(K_\sigma)$ 如下: 对于 K 的一个不以 σ 为面的 q 维定向单形 τ, 令 $\chi(\tau) = \tau$; 对于 K 的一个以 σ 为面的 q 维定向单形 $\tau = \langle v_0, v_1, \cdots, v_p, v_{p+1}, \cdots, v_q \rangle$, 令

$$\chi(\tau) = \sum_{i=0}^{p} (-1)^i \langle v, v_0, \cdots, \hat{v}_i, \cdots, v_p, v_{p+1}, \cdots, v_q \rangle,$$

即 $\chi(\tau)$ 是含于 τ 的所有带有 τ 的诱导定向的 q 单形之和. 再将 χ 线性扩张到 $C_q(K)$ 上, 即得到 $\chi : C_q(K) \to C_q(K_\sigma), 0 \leqslant q \leqslant k = \dim K$. 容易验证 (留作练习), χ 是一个链映射, 即 $\partial \chi_q = \chi_{q-1} \partial$.

令 $\theta : K_\sigma^0 \to K^0, \theta$ 把 σ 的重心 v 映到 v_0 (或映到 σ 的其他顶点), 且保持所有其他顶点不变. 显然, 可以将 θ 扩张为一个单纯映射 $\theta : C_q(K_\sigma) \to C_q(K)$. 容易验证, $\theta \chi$ 为恒等映射, 从而 $(\theta \chi)_{*q} = \theta_{*q} \chi_{*q} = 1_{H_q(K)} : H_q(K) \to H_q(K)$.

设 L 是 K_σ 中所有以 v 为顶点的单形及其所有面构成的子复形, 则 L 是以 v 为尖顶的一个锥形. 对于 $z \in Z_q(K_\sigma)$, 因 χ 和 θ 在 L 之外为恒等, 故 $z - \chi \theta(z)$ 为 L 上的链. 又 $\partial(z - \chi \theta(z)) = \partial z - \chi \theta(\partial z) = 0$, 故 $z - \chi \theta(z)$ 为 L 上的闭链. 因 L 为锥复形, $q > 0$ 时, $H_q(L) = 0$, 故 $Z_q(L) = B_q(L)$, 从而 $\exists w \in C_{q+1}(L)$, 使得 $z - \chi \theta(z) = \partial w$, 因此 $[z] = [\chi \theta(z)] \in H_q(K_\sigma)$, 即 $(\chi \theta)_{*q} = 1_{H_q(K_\sigma)} : H_q(K_\sigma) \to H_q(K_\sigma)$. 这证明了当 $q > 0$ 时, χ_{*q} 和 θ_{*q} 都是同构.

当 $q = 0$ 时, 易见 χ_{*0} 和 θ_{*0} 也都是同构 (验证留作练习). □

若 $K^{(m)}$ 为复形 K 的 m 次重心重分, 则我们可以从 K 出发经过有限多次幅式重分而得到 $K^{(m)}$. 所有相应的重分链映射复合起来给出一个链映射, 仍记作 $\chi : C(K) \to C(K^{(m)})$, 称 χ 为**重分链映射**. 顺着另一个方向, 对应于每个幅式重分有一个单纯映射 θ. 虽然 θ 不唯一, 但我们约定每一步都选定其中一个. 为表示简单起见, 这些映射的复合仍用 $\theta : C(K^{(m)}) \to C(K)$ 表示, 称 θ 为**标准单纯映射**.

推论 9.2.1 对每个 q, $\chi_{*q} : H_q(K) \to H_q(K^{(m)})$ 和 $\theta_{*q} : H_q(K^{(m)}) \to H_q(K)$ 是互逆的同构.

9.2.2 同调群的同伦不变性

设 K, L 为单纯复形, $f : |K| \to |L|$ 连续. 由单纯逼近定理, f 有单纯逼近 $\varphi : |K^{(m)}| \to |L|$, 且对每个 $q \in \mathbb{Z}$, φ 诱导了同态 $\varphi_{*q} : H_q(K^{(m)}) \to H_q(L)$. 设 $\chi : C(K) \to C(K^{(m)})$ 为重分链映射, 则 $\chi_{*q} : H_q(K) \to H_q(K^{(m)})$ 为同构, 从而有同态 $\varphi_{*q} \circ \chi_{*q} : H_q(K) \to H_q(L)$.

设 $\varphi' : |K^{(n)}| \to |L|$ 是 f 的另一个单纯逼近, $n \geqslant m$, $\chi' : C(K) \to C(K^{(n)})$ 和 $\chi'' : C(K^{(m)} \to C(K^{(n)})$ 分别为重分链映射, $\chi' = \chi'' \chi$, $\theta : C(K^{(n)}) \to C(K^{(m)})$ 为一个标准单纯映射, 则容易看到, $\varphi \theta : |K^{(n)}| \to |L|$ 与 φ' 一样也是 $f : |K^{(n)}| \to |L|$ 的一个单纯逼近 (验证留作练习). $\varphi \theta$ 与 φ' 是邻近的, 故在同调群上诱导了相同的同态, 即 $(\varphi \theta)_{*q} = \varphi_{*q} \theta_{*q} = \varphi'_{*q} : H_q(K^{(n)}) \to H_q(L)$. 因 χ''_{*q} 与 θ_{*q} 互逆, 这样就有

$$\varphi_{*q} \circ \chi_{*q} = \varphi'_{*q} \theta_{*q}^{-1} \chi_{*q} = \varphi'_{*q} \chi''_{*q} \chi_{*q} = \varphi'_{*q} \chi'_{*q}.$$

令 $f_{*q} = \varphi_{*q} \circ \chi_{*q} : H_q(K) \to H_q(L)$. 由上可知, f_{*q} 与 f 的单纯逼近的选取无关.

定理 9.2.2 设 K, L, M 为单纯复形, $q \in \mathbb{Z}$.

(1) 恒等映射 $\mathrm{id}: |K| \to |K|$ 诱导恒等同构 $\mathrm{id}_{*q}: H_q(K) \to H_q(K)$;

(2) 若 $f: |K| \to |L|$ 和 $g: |L| \to |M|$ 都是连续映射, 则

$$(g \circ f)_{*q} = g_{*q} \circ f_{*q}: H_q(K) \to H_q(M).$$

证明 (1) 显然.

(2) 先选取 $g: |L^{(n)}| \to |M|$ 的单纯逼近 $\varphi: |L^{(n)}| \to |M|$, 再选取 $f: |K^{(m)}| \to |L^{(n)}|$ 的单纯逼近 $\psi: |K^{(m)}| \to |L^{(n)}|$. 记相应的重分链映射为 $\chi_1: C(K) \to C(K^{(m)})$, $\chi_2: C(L) \to C(L^{(n)})$. 则有

容易验证, $\theta\psi$ 是 $f: |K^{(m)}| \to |L|$ 的单纯逼近, $\varphi\psi$ 是 $gf: |K^{(m)}| \to |M|$ 的单纯逼近. 因此

$$g_* f_* = \varphi_{*q} \chi_{2*} \theta_* \psi_{*q} \chi_{1*} = \varphi_{*q} \psi_{*q} \chi_{1*} = (\varphi\psi)_{*q} \chi_{1*} = (gf)_*. \qquad \square$$

定理 9.2.3 设 $f \simeq g: |K| \to |L|$, 则对每个 $q \in \mathbb{Z}$,

$$f_{*q} = g_{*q}: H_q(K) \to H_q(L).$$

证明 设 $H: |K| \times I \to |L|$ 是 f 到 g 的同伦. 对于 $t \in I$, 记 $h_t = H|_{|K| \times t}$, 则 $h_0 = f, h_1 = g$. $\{H^{-1}(\mathrm{star}(w, L)) \mid w \in L^0\}$ 是紧致空间 $|K| \times I$ 的一个开覆盖. 由勒贝格引理, 它有勒贝格数 $\delta > 0$. 取充分大的 r, 使得 $\mathrm{Mesh}(K^{(r)}) < \dfrac{\delta}{4}$. 于是当 $t, t' \in I$, $0 \leqslant t' - t < \dfrac{\delta}{2}$ 时, 对于 $K^{(r)}$ 的任一顶点 v, $\mathrm{star}(v, K^{(r)}) \times [t, t']$ 含于某个 $H^{-1}(\mathrm{star}(w, L))$, 亦即 $h_t(\mathrm{star}(v, K^{(r)}))$ 和 $h_{t'}(\mathrm{star}(v, K^{(r)}))$ 含于 L 的同一个星形. 这样由定理 9.1.9, 可以构造单纯映射 $\varphi: |K^{(r)}| \to |L|$, 使得 φ 是 h_t 和 $h_{t'}$ 的公共单纯逼近, 从而有

$$(h_t)_{*q} = \varphi_{*q} \circ \chi_{*q} = (h_{t'})_{*q},$$

其中 $\chi: C(K) \to C(K^{(r)})$ 为重分链映射. 由此即知,

$$f_{*q} = (h_0)_{*q} = (h_1)_{*q} = g_{*q}, \quad q \in \mathbb{Z}. \qquad \square$$

定理 9.2.4 设 $f: |K| \to |L|$ 为同伦等价映射, 则对任意 $q \in \mathbb{Z}$, $f_{*q}: H_q(K) \cong H_q(L)$.

证明 设 $g: |L| \to |K|$ 为 f 的同伦逆, 则

$$g_{*q} \circ f_{*q} = (g \circ f)_{*q} = \mathrm{id}_{*q} : H_q(K) \to H_q(K),$$
$$f_{*q} \circ g_{*q} = (f \circ g)_{*q} = \mathrm{id}_{*q} : H_q(L) \to H_q(L),$$

因此, f_{*q} 是同构, $g_{*q} = f_{*q}^{-1}$. □

推论 9.2.2 设 K 和 L 为单纯复形, $|K| \simeq |L|$, 则对任意 $q \in \mathbb{Z}$, $H_q(K) \cong H_q(L)$.

设 X 为可剖分空间, $(K_1, \varphi_1), (K_2, \varphi_2)$ 是 X 的两个单纯剖分, 则 $\varphi_2^{-1} \circ \varphi_1 : |K_1| \to |K_2|$ 是同胚, 它诱导了 $H_q(K_1)$ 到 $H_q(K_2)$ 的同构. 定义 X 的**同调群** $H_q(X)$ 就是它的任一单纯剖分 (K, φ) 中 K 的 q 同调群 $H_q(K)$, $\forall q \in \mathbb{Z}$.

设 X, Y 为可剖分空间, $f : X \to Y$ 连续, (K, φ) 和 (L, ψ) 分别是 X 和 Y 的一个单纯剖分, 则 $\forall q \in \mathbb{Z}$, 定义 f 诱导的**同调群的同态**

$$f_{*q} = (\psi^{-1} \circ f \circ \varphi)_{*q} : H_q(X) \to H_q(Y).$$

命题 9.2.1 设 X, Y 和 Z 均为可剖分空间.

(1) 恒等映射 $\mathrm{id} : X \to X$ 诱导恒等同构 $\mathrm{id}_{*q} : H_q(X) \to H_q(X)$, $q \in \mathbb{Z}$;

(2) 若 $f : X \to Y$ 和 $g : Y \to Z$ 连续, 则

$$(g \circ f)_{*q} = g_{*q} \circ f_{*q} : H_q(X) \to H_q(Z), \quad q \in \mathbb{Z};$$

(3) 若 $X \simeq Y$, 则 $H_q(X) \cong H_q(Y)$, $q \in \mathbb{Z}$.

下面是几个常见空间的同调群.

(1) 设 $n \geqslant 1$, 则

$$H_q(S^n) = \begin{cases} \mathbb{Z}, & q = 0, n, \\ 0, & q \neq 0, n. \end{cases}$$

(2) 设 K 为 1 维连通复形, $\chi(K) = 1 - n$, 则 $K \simeq \bigvee_{i=1}^{n} S_i^1$, 且

$$H_q(K) = H_q\left(\bigvee_{i=1}^{n} S_i^1 \right) = \begin{cases} \mathbb{Z}, & q = 0, \\ \mathbb{Z}^n, & q = 1, \\ 0, & q \geqslant 2. \end{cases}$$

(3)

$$H_q(n\mathbb{T}^2) = \begin{cases} \mathbb{Z}, & q = 0, 2, \\ \mathbb{Z}^{2n}, & q = 1, \\ 0, & q > 2. \end{cases}$$

(4) 设 $m > 0$, 则

$$H_q(m\mathbb{P}^2) = \begin{cases} \mathbb{Z}, & q = 0, \\ \mathbb{Z}^{m-1} \oplus \mathbb{Z}_2, & q = 1, \\ 0, & q \geqslant 2. \end{cases}$$

习题 9.2

1. (ERH) 根据同伦不变性计算下列空间的同调群:

(1) 2 球面去掉 1 个点;

(2) 2 球面去掉 n 个点;

(3) 环面去掉 1 个点;

(4) 环面去掉 n 个点;

(5) $\mathbb{P}^2$ 去掉 n 个点;

(6) 实心环;

(7) 默比乌斯带;

(8) 球面连上两条线段;

(9) 任选一个有限图.

2. (ER) 计算实心克莱因瓶 (构造克莱因瓶的时候用实心柱体, 上下底黏合) 的基本群和同调群.

3. (DRH) 设 ∞ 是 $\mathbb{R}^3$ 中一个平面上的两个圆周的一点并. 求 $\mathbb{R}^3 - \infty$ 的基本群和同调群.

4. (DRH*) 把 S^1 看成复平面 $\mathbb{C}$ 的子空间. 设 $A = S^1 \times I$, $f : S^1 \to S^1$, $\forall z \in S^1$, $f(z) = z^2$. 令

$$A_f = A/\{z\} \times \{0\} \sim \{f(z)\} \times \{1\}, \ \forall z \in S^1.$$

(1) 求 A_f 的基本群;

(2) 给出 A_f 的一个单纯剖分, 计算 A_f 的同调群.

9.3 同调群的应用

9.3.1 几个简单应用

应用 1 对于 $n \geqslant 0$, S^n 不是可缩空间. 当 $n = 0$ 时, 显然. 当 $n \geqslant 1$ 时, 设 P 为单点空间, 则 $H_n(\{P\}) = 0$. $H_n(S^n) \cong \mathbb{Z}$. 所以 S^n 不是可缩空间.

应用 2 $n \neq m$ 时, S^n 与 S^m 不是同伦等价的. 事实上, $1 \leqslant n < m$ 时, $H_n(S^n) = \mathbb{Z}$, 但 $H_n(S^m) = 0$.

应用 3 $n, m \geqslant 2, n \neq m$ 时, $\mathbb{R}^n$ 与 $\mathbb{R}^m$ 不同胚. 否则, $S^{n-1} \simeq \mathbb{R}^n - \{O\} \cong \mathbb{R}^m - \{O\} \simeq S^{m-1}$, 与上述结论矛盾.

应用 4 设 $n \geqslant 1$, $f : D^{n+1} \to D^{n+1}$ 连续, 则 f 有不动点 (布劳威尔不动点定理). 反证. 如第 5.5 节中 $n = 1$ 的情形, 假设对任意的 $x \in D^{n+1}$, $f(x) \neq x$. 从 $f(x)$ 出发过 x 引射线 l_x, l_x 交 $\partial D^{n+1} = S^n$ 于一点 $r(x)$, 则可以证明 $r : D^{n+1} \to S^n$ 连续, $r|_{S^n} = \mathrm{id}_{S^n}$, 即 r 为收缩映射.

令 $i : S^n \to D^{n+1}$ 为含入映射, 则 $r \circ i = \mathrm{id} : S^n \to S^n$, 从而有下面左边的拓扑空间之间的交换图表. 它诱导了右边的基本群之间的交换图表. 而右图显然不可能, 矛盾.

9.3.2 欧拉示性数与曲面分类

在第 8.2 节中, 我们定义了**欧拉示性数**, 证明了欧拉 – 庞加莱定理. 由同调群的拓扑不变性和欧拉 – 庞加莱定理直接可得:

推论 9.3.1 欧拉示性数是一个同伦不变性质, 从而也是拓扑性质.

由推论 9.3.1, 对于任意一个可剖分空间 X, 可以定义它的欧拉示性数 $\chi(X) = \chi(K)$, 其中 K 是 X 的一个单纯剖分复形. $\chi(X)$ 与剖分的选取无关, 但总是可以通过一个具体的剖分计算 $\chi(X)$. 例如, 设 σ 是一个 3 单形, $L = \mathrm{Bd}(\sigma)$, 则 L 是单位球面 S^2 的一个单纯剖分, 故 $\chi(S^2) = 4 - 6 + 4 = 2$. 用类似的方法 (或用上一节结尾的曲面同调群的结果) 可知, $\chi(\mathbb{P}^2) = 1$, $\chi(T) = 0$. 结合同调群的同伦不变性可知, $\chi(D^2) = 1$, $\chi(S^1 \times I) = \chi(\mathbb{M}) = \chi(S^1) = 0$.

设 K 是一个单纯复形, K_1, K_2 是 K 的子复形, 且 $K_1 \cup K_2 = K$, $K_1 \cap K_2 = L$. 容易验证, L 也是 K 的子复形, 且直接计数可知:

命题 9.3.1

$$\chi(K) = \chi(K_1) + \chi(K_2) - \chi(L).$$

下面计算一般紧致曲面的欧拉示性数.

定理 9.3.1 (1) 设 S 为一个紧致连通曲面, J 是 S 上一条分离的简单闭曲线, 沿 J 切开 S 所得的曲面的两个分支记为 S_1 和 S_2, 则有 $\chi(S) = \chi(S_1) + \chi(S_2)$;

(2) 设 S 为一个紧致连通带边曲面, A 是 S 上一条真嵌入的分离的简单弧, 沿 A 切开 S 所得的曲面的两个分支记为 S_1 和 S_2, 则有 $\chi(S) = \chi(S_1) + \chi(S_2) - 1$.

证明 只证 (1). (2) 同理, 留作练习.

分别选取 S_1 和 S_2 的单纯剖分 K_1 和 K_2, 且 K_1 和 K_2 在 J 上的限制相同, 则 $K = K_1 \cup K_2$ 是 S 的一个剖分, $L = K_1 \cap K_2$ 是 J 的剖分. 由命题 9.3.1,

$$\chi(S) = \chi(K) = \chi(K_1) + \chi(K_2) - \chi(L) = \chi(S_1) + \chi(S_2). \qquad \square$$

定理 9.3.2　(1) 用 $S_{g,b}$ 记一个亏格为 $g(g \geqslant 0)$ 且有 b 个边界分支的可定向紧致连通曲面, 则 $\chi(S_{g,b}) = 2 - 2g - b$. 特别地, $\chi(S_g) = 2 - 2g$.

(2) 用 $F_{g,b}$ 记一个亏格为 $g \geqslant 1$ 且有 b 个边界分支的不可定向紧致连通曲面, 则 $\chi(F_{g,b}) = 2 - g - b$. 特别地, $\chi(F_g) = 2 - g$.

利用定理 9.3.1, 对曲面的亏格进行归纳即可完成定理 9.3.2 的证明, 细节留作练习. 由此可得紧致曲面的分类的另一种表述:

推论 9.3.2　设 S 和 F 为紧致连通曲面, 则 $S \cong F \Leftrightarrow (\delta(S), \chi(S), b(S)) = (\delta(F), \chi(F), b(F))$.

下面给出球面欧拉示性数的一个应用. 欧氏空间 $\mathbb{R}^3$ 中的**简单多面体**是由凸多边形围成的有界集合, 其边界与球面 S^2 同胚. 所有面是同样边数的正多边形且所有多面角全等的简单多面体称为**正多面体**.

定理 9.3.3 (欧拉定理)　设 S 是一个简单多面体, 其顶点数、边数和面数分别为 V, E, F, 则 $V - E + F = 2$.

证明　$q = 0, 2$ 时, $H_q(S^2) = \mathbb{Z}$; $q \neq 0, 2$ 时, $H_q(S^2) = 0$, 故 $\chi(S) = 2$. 如果 S 的所有面都是三角形 (即 2 单形), 则由欧拉–庞加莱公式, $V - E + F = 2$. 对于一般情形, 设 S 有一个面 Γ 是 n 边形, $n > 3$. 在 Γ 中取 $n - 2$ 条内部不交的对角线, 它们将 Γ 分为 $n - 2$ 个三角形. 这时, 新得的表面有 V 个顶点、$E' = E + n - 2$ 条边和 $F' = F + n - 2$ 个面, 则 $V' - E' + F' = V - E + F$. 重复上述过程, 最后将 S 的所有面都化为三角形, 即知 $V - E + F = 2$. $\qquad \square$

由欧拉定理可得正多面体的分类.

推论 9.3.3　正多面体只有五种, 即正四面体、正六面体、正八面体、正十二面体和正二十面体.

证明　设正多面体有 V 个顶点、E 条边和 F 个面, 则 $V - E + F = 2$. 设在每个顶点处共有 m 条边相交, 每个面都是 n 边形, 则有 $mV = 2E$, $nF = 2E$. 将 $V = \dfrac{2E}{m}$, $F = \dfrac{2E}{n}$ 代入 $V - E + F = 2$, 整理得

$$\frac{1}{m} + \frac{1}{n} = \frac{1}{2} + \frac{1}{E},$$

因此, 不可能同时有 $m > 2, n > 3$. 若 $n = 3$, 则 $\dfrac{1}{m} = \dfrac{1}{E} + \dfrac{1}{6}$, 此时, m 只能取 $3, 4, 5$. 同理, 若 $m = 3$, 则 n 只能取 $3, 4, 5$. 对应的正多面体只能是正四面体、正六面体、正八面体、正十二面体和正二十面体, 如图 9.8 和表 9.1 所示. $\qquad \square$

图 9.8 正多面体的分类

表 9.1 正多面体的分类

正多面体的面数 F	边数 E	顶点数 V	m (每个顶点出发的边数)	n (每个面的边数)
4	6	4	3	3
6	12	8	3	4
8	12	6	4	3
12	30	20	3	5
20	30	12	5	3

9.3.3 映射度及其应用

设 $n \geqslant 1$, $f: S^n \to S^n$ 连续, 则 f 诱导了同态 $f_{n*}: H_n(S^n) \to H_n(S^n)$. 设 z 为 $H_n(S^n)$ 的一个生成元, 则存在 $\lambda \in \mathbb{Z}$, 使得 $f_{n*}(z) = \lambda z$. 称 λ 为 f 的**映射度**, 记作 $\deg(f)$.

下面是映射度的基本性质:

命题 9.3.2　(1) 设 $f, g: S^n \to S^n$ 连续, 则 $\deg(g \circ f) = \deg(g)\deg(f)$;

(2) $f \simeq g: S^n \to S^n \Rightarrow \deg(f) = \deg(g)$;

(3) 设 $f: S^n \to S^n$ 零伦, 则 $\deg(f) = 0$;

(4) $\deg(\mathrm{id}_{S^n}) = 1$;

(5) 设 $r: S^n \to S^n$ 为对径映射, 即 $\forall x \in S^n$, $r(x) = -x$, 则 $\deg(r) = (-1)^{n+1}$.

证明　性质 (1)—(4) 由定义直接可得. 下面给出性质 (5) 的证明概要.

取 S^n 的单纯剖分如下: 记 $e_i^\varepsilon = (0, \cdots, 0, \varepsilon, 0, \cdots, 0) \in \mathbb{R}^{n+1}$, 其中第 i 个分量 $\varepsilon = \pm 1$, $1 \leqslant i \leqslant n+1$. 令

$$\Sigma^n = \{\langle e_{i_0}^{\varepsilon_0}, e_{i_1}^{\varepsilon_1}, \cdots, e_{i_q}^{\varepsilon_q} \rangle \mid 1 \leqslant i_0 < i_1 < \cdots < i_q \leqslant n+1\},$$

则不难验证, $|\Sigma^n| = \left\{ (x_1, \cdots, x_{n+1}) \in \mathbb{R}^{n+1} \ \middle| \ \sum_{i=1}^{n+1} |x_i| = 1 \right\}$, $|\Sigma^n|$ 也是关于原点 O 中心对称的. 令 $h: \Sigma^n \to S^n$, $h(x) = \dfrac{x}{|x|}$, 则 (Σ^n, h) 给出 S^n 的一个单纯剖分. 图 9.9 是 Σ^2 的情况, $|\Sigma^2|$ 是正八面体的边界.

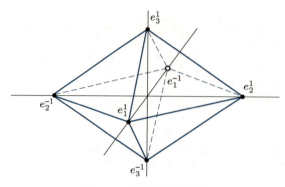

图 9.9 正八面体的边界

显然, $r' = h^{-1} \circ r \circ h : |\Sigma^n| \to |\Sigma^n|$ 就是单纯映射, 对于 Σ^n 的任意顶点 e_i^ε, $r'(e_i^\varepsilon) = e_i^{-\varepsilon}$. 取

$$z_n = \sum_{\varepsilon_i = \pm 1} \varepsilon_1 \varepsilon_2 \cdots \varepsilon_{n+1} \langle e_1^{\varepsilon_1}, e_2^{\varepsilon_2}, \cdots, e_{n+1}^{\varepsilon_{n+1}} \rangle \in C_n(\Sigma^n),$$

则不难验证, $\partial z_n = 0$, 即 $z_n \in Z_n(\Sigma^n) = H_n(\Sigma^n)$, $z_n \neq 0$, 并且

$$\begin{aligned}
r'_{*n}(z_n) &= r'_n(z_n) \\
&= \sum_{\varepsilon_i = \pm 1} \varepsilon_1 \varepsilon_2 \cdots \varepsilon_{n+1} \langle e_1^{-\varepsilon_1}, e_2^{-\varepsilon_2}, \cdots, e_{n+1}^{-\varepsilon_{n+1}} \rangle \\
&= (-1)^{n+1} z_n.
\end{aligned}$$

由映射度的定义即知, $\deg(r) = (-1)^{n+1}$. □

下面是映射度的几个应用.

设 $v : S^n \to \mathbb{R}^{n+1}$ 连续. 若任意 $x \in S^n$, 向量 $x \perp v(x)$ (即内积 $x \cdot v(x) = 0$), 则称 v 为 S^n 上的一个**连续切向量场**. 若对某个 $x \in S^n$, $v(x) = 0$, 则称 x 是 v 的**奇点**. 此时, 称 v 为 S^n 上的一个**奇异连续切向量场**.

定理 9.3.4 S^n 有非奇异连续切向量场当且仅当 n 为奇数.

证明 $\Rightarrow$: 设 S^n 的连续切向量场 $v : S^n \to \mathbb{R}^{n+1}$ 没有奇点, 则可定义 $f : S^n \to S^n$,

$$f(x) = \frac{v(x)}{|v(x)|}, \quad \forall x \in S^n.$$

因 $x \perp v(x)$, $\forall x \in S^n$, $f(x) \neq \pm x$. 由此可知, 一方面, $f \simeq \mathrm{id}$; 另一方面, $f \simeq -\mathrm{id} = r$, r 为对径映射. 于是 $r \simeq \mathrm{id}$, 从而 $(-1)^{n+1} = \deg(r) = \deg(\mathrm{id}) = 1$, 从而 n 为奇数.

$\Leftarrow$: 设 n 为奇数. 对任意 $x = (x_1, \cdots, x_{n+1}) \in S^n$, 令

$$v(x) = (x_2, -x_1, \cdots, x_n, -x_{n+1}),$$

则 $v : S^n \to \mathbb{R}^{n+1}$ 是 S^n 上的一个非奇异连续切向量场. □

注 9.3.1 在 $n = 2$ 时, 上述定理称为发球定理. 它还有一个直观的说法: 一个球面上如果长满了毛发, 不可能将毛发处处平顺地 (连续地) 梳拢到球面上. 也即, 在某些点处的毛发不论往哪个方向梳, 总要与周围毛发的方向不协调 (不连续). 这种点就是向量场的奇点. 在图 9.10 中, (a) 边界上的向量可以连续地延拓成 (扩张成) 整个圆盘上的非零向量场, 但图 9.10(b)(c) 不可以. 从另一个角度看, 图 9.10(a) 的情形可以平顺地梳拢, 但图 9.10(b)(c) 不可以. 在以奇点 x 为心的一个小圆圈上, 毛发的方向不会是图 9.10(a) 的情形, 而是像图 9.10(b)(c) 或者更加复杂的情形.

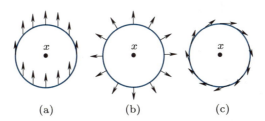

图 9.10 毛发在点 x 周围的三种简单情形

图 9.11 的 (a) 和 (b) 分别画出了有一个和两个奇点的情形.

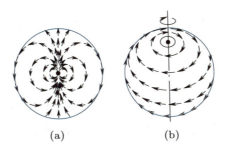

图 9.11 毛球定理

下面给出球面自映射的映射度的几个应用.

定理 9.3.5 设连续映射 $f : S^n \to S^n$ 没有不动点, 则 $\deg(f) = (-1)^{n+1}$. 等价地, 若 $\deg(f) \neq (-1)^{n+1}$, 则 $f : S^n \to S^n$ 有不动点.

证明 注意到若连续映射 $f : S^n \to S^n$ 没有不动点, 则 $f \simeq r$, r 为对径映射, 从而 $\deg(f) = \deg(r) = (-1)^{n+1}$. □

定理 9.3.6 设连续映射 $f : S^n \to S^n$ 满足 $f(x) \neq -x$, $\forall x \in S^n$, 则 $\deg(f) = 1$. 等价地, 若 $\deg(f) \neq 1$, 则存在 $x_0 \in S^n$, 使得 $f(x_0) = -x_0$.

证明 注意到若连续映射 $f : S^n \to S^n$ 满足 $f(x) \neq -x$, $\forall x \in S^n$, 则 $f \simeq \mathrm{id}_{S^n}$, 从而 $\deg(f) = \deg(\mathrm{id}_{S^n}) = 1$. □

下面介绍保径映射及应用.

设 $f: S^n \to S^n$ 连续. 若 $\forall x \in S^n$, $f(-x) = -f(x)$(即 f 与对径映射 r 可交换, $f \circ r = r \circ f$), 则称 f 为**保径映射**.

定理 9.3.7 设 $f: S^n \to S^n$ 为保径映射, 则 $\deg(f)$ 为奇数.

上述定理的证明可参见 [46] 或 [5], 此略. 下面介绍保径映射的几个有趣的应用.

定理 9.3.8 (博苏克–乌拉姆定理) 设 $f: S^n \to \mathbb{R}^n$ 连续, 则存在 $x_0 \in S^n$, 使得 $f(x_0) = f(-x_0)$.

证明 否则, $\forall x \in S^n$, $f(x) \neq f(-x)$, 令 $g(x) = \dfrac{f(x) - f(-x)}{|f(x) - f(-x)|}$, 则 $g: S^n \to S^{n-1}$ 连续, 且 $\forall x \in S^n$, $g(-x) = -g(x)$, 即 g 为保径映射. 设 $i: S^{n-1} \to S^n$ 为含入映射, 则 $g' = i \circ g: S^n \to S^n$ 是保径映射, 从而 $\deg(g')$ 为奇数. 另一方面, g' 非满射, 故 g' 是零伦的, $\deg(g') = 0$, 矛盾. $\qquad\square$

推论 9.3.4 设 $A_1, \cdots, A_n$ 是 S^n 中的 n 个闭集, 每个 A_i 不包含一对对径点, $1 \leqslant i \leqslant n$, 则 $S^n - \bigcup\limits_{i=1}^{n} A_i$ 至少包含一对对径点.

证明 定义连续映射 $f: S^n \to \mathbb{R}^n$ 如下:

$$f(x) = (d(x, A_1), \cdots, d(x, A_n)), \quad \forall x \in S^n.$$

由博苏克–乌拉姆定理, 存在 $x_0 \in S^n$, 使得 $f(x_0) = f(-x_0)$, 即对任意 $1 \leqslant i \leqslant n$, $d(x_0, A_i) = d(-x_0, A_i)$. 由假设, x_0 和 $-x_0$ 不能都在 A_i 中, 故 $d(x_0, A_i) = d(-x_0, A_i) > 0$, 即 x_0 和 $-x_0$ 都不在 A_i 中, $1 \leqslant i \leqslant n$, 从而 x_0 和 $-x_0$ 在 $S^n - \bigcup\limits_{i=1}^{n} A_i$ 中. $\qquad\square$

等价地, 有

推论 9.3.5 (柳斯捷尔尼克–施尼雷尔曼 (Lusternik-Schnirelmann) 定理) 设 S^n 被 $n+1$ 个闭集 $A_1, \cdots, A_{n+1}$ 覆盖, 则至少有一个 A_i 包含一对对径点.

博苏克–乌拉姆定理的另一个有趣的应用就是所谓的火腿三明治定理, 其直观含义是: 由两片面包夹一块火腿做成的三明治总可以切一刀, 把每片面包和火腿都等分为两半.

定理 9.3.9 (火腿三明治定理) 设 $\mathbb{R}^3$ 中有三个可测体积的子集 A_1, A_2 和 A_3, 则有平面把每个 A_i 都分成体积相等的两部分.

证明 在 $\mathbb{R}^4 - \mathbb{R}^3$ 中任取一点 P, $\forall x \in S^3$, 过 P 作三维超平面 $\pi(x)$ 垂直于 $\overrightarrow{Ox}$, $\pi(x)$ 将 $\mathbb{R}^4$ 分成两个半空间, $\overrightarrow{Ox}$ 所指的半空间记作 $\mathbb{R}^4_+(x)$, 另一个半空间记作 $\mathbb{R}^4_-(x)$, 则 $\mathbb{R}^4_+(-x) = \mathbb{R}^4_-(x)$. 把 $\mathbb{R}^4_+(x) \cap A_i$ 的体积记作 $v_i(x)$, 定义连续映射 $f: S^3 \to \mathbb{R}^3$ 如下:

$$f(x) = (v_1(x), v_2(x), v_3(x)), \quad \forall x \in S^3.$$

由博苏克–乌拉姆定理, 存在 $x_0 \in S^n$, 使得 $f(x_0) = f(-x_0)$, 即对任意 $1 \leqslant i \leqslant 3$, $v_i(x_0) = v_i(-x_0)$, 从而 $\mathbb{R}^4_+(x) \cap A_i$ 与 $\mathbb{R}^4_-(x) \cap A_i$ 有相同的体积. 记 π_0 是 $\pi(x_0)$ 与 $\mathbb{R}^3$ 的相交平面, 则 π_0 等分 A_i $(i = 1, 2, 3)$. $\qquad\square$

图 9.12 是上述定理在 $n = 2$ 情形的示意图.

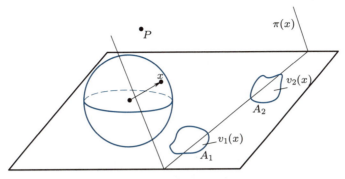

图 9.12 $n = 2$ 时的火腿三明治定理

习题 9.3

1. (ERH) 证明定理 9.3.2(2).

2. (ER) 设 $h : S^1 \to S^1$, $\forall z \in S^1$, $h(z) = z^2$. 证明 $\deg(h) = 2$, 进而尝试给出一个一般的结论, 并证明之.

3. (MRH) 设连续映射 $f : S^1 \to S^1$ 满足 $f(x) = f(-x)$, $\forall x \in S^1$. 证明 f 的映射度是偶数.

4. (MRH) 若连续映射 $f : S^1 \to S^1$ 满足 $f(x) \neq f(-x)$, $\forall x \in S^1$, 证明 f 的映射度是偶数.

5. (DH) 设 $f : S^n \to S^n$ 连续, n 为偶数. 证明 $f^2 = f \circ f$ 有不动点.

6. (ERH) 设 $f : S^n \to S^n$ 连续, n 为偶数. 证明或者 f 有不动点, 或者存在 $x_0 \in S^n$, 使得 $f(x_0) = -x_0$.

7. (ERH) 设 $f : S^n \to S^n$ 连续, 且 $f(x) \neq f(-x)$, $\forall x \in S^n$. 证明 f 是满射.

8. (MRH) 设连续映射 $f : S^n \to S^n$ 能扩张为连续映射 $\tilde{f} : D^{n+1} \to S^n$, 证明 $\deg(f) = 0$. 由此证明, 不存在收缩映射 $r : D^{n+1} \to S^n$.

9. (MH) 设连续映射 $f : S^2 \to \mathbb{R}^2$ 满足 $f(-x) = -f(x)$, $\forall x \in S^2$. 证明存在 $x_0 \in S^2$, 使得 $f(x_0) = (0, 0)$.

10. (MRH) 设 $f : S^n \to S^n$ 连续. 证明 $\deg(f)$ 还满足以下性质:

(1) 如果 f 是某个坐标平面的一个反射, 则 $\deg(f) = -1$.

(2) $\deg(-\operatorname{id}) = (-1)^{n+1}$. (提示: $-\operatorname{id}$ 是每个坐标平面上反射的复合.)

11. (DRH*) 证明任意连续映射 $S^{2n} \to S^{2n}$ 都存在一个点 x, 使得 $f(x) = x$ 或 $f(x) = -x$. 由此证明任意映射 $\mathbb{P}^{2n} \to \mathbb{P}^{2n}$ 都存在一个不动点. 使用无特征向量的 $\mathbb{R}^{2n}$ 上的线性变换构造 $\mathbb{P}^{2n-1} \to \mathbb{P}^{2n-1}$ 的无不动点的映射.

第 10 章

拓扑学的应用

近年来, 伴随着科学和技术的飞速发展, 拓扑学的发展也日新月异. 拓扑学的思想和方法正在以前所未有的速度和方式广泛和深入地渗透到诸多应用和交叉学科, 包括数据科学、机器人学、医学科学和材料科学等, 并且在很多时候成为解决问题的关键工具.

拓扑学在数学其他分支中的应用多得不胜枚举. 拓扑学在物理学 (如液晶结构缺陷的分类)、化学 (如分子的拓扑构形)、分子生物学 (如 DNA 的环绕、拓扑异构酶)、经济学 (均衡和博弈论) 都有很多重要应用. 在信息科学、系统理论、对策论、规划论, 甚至在社会科学、语言学等方面, 拓扑学也都有直接的应用. 2016 年三位诺贝尔物理学获奖者取得的杰出成就源自他们在研究中使用了拓扑量子相变理论; 2016 年三位诺贝尔化学获奖者的工作 (分子机器) 中成功应用了拓扑学中的纽结理论和辫子群理论.

在现代数理经济学中, 对于经济的数学模型, 均衡的存在性、性质、计算等根本问题都离不开代数拓扑学、微分拓扑学和大范围分析的工具. 冯·诺伊曼 (von Neumann) 首先把不动点定理用来证明均衡的存在性. 1994 年纳什 (Nash) 获得诺贝尔经济学奖的工作 (纳什均衡) 中就有拓扑不动点理论在博弈论中的成功应用. 2001 年的电影《美丽心灵》(2002 年获奥斯卡金像奖) 讲述了纳什的传奇故事.

本章将重点介绍拓扑学的一些基本的和常见的应用, 包括拓扑空间、紧致性、连通性、同调群和不动点理论的应用等, 同时概要介绍拓扑学的一些延伸的前沿应用. 通过这些介绍, 使读者对拓扑学的思想和方法的应用有一个基本的了解.

10.1　拓扑学在信息科学中的应用

10.1.1　数字拓扑及其在图像处理中的应用

数字图像已经成为交换可视信息的一种基本手段. 数字照相机的照片、电子计算器屏幕的图形、球场记分板上的显示屏等, 都是以数字化方式构建或提供图像的例子. 数字图像处理领域涉及数字图像的构建、存储、处理和提取等方面.

数字拓扑研究数字图像显示 (例如, 在计算机屏幕上) 所表现的拓扑关系. 它在数字图像处理中发挥着基本的重要作用. 数字图像显示包含矩形的像素阵列, 每个像素由一个表示灰度值的整数 (取值 $0, 1, 2, \cdots, 255$) 描述, 如图 10.1(a) 所示. 这就是所谓的数字平面.

数字图像处理中的一项重要任务是确定来自数字图像的对象的特征. 例如, 光学字母识别程序读取字母的数字图像 (如图 10.1(b) 所示) 并尝试确定图像所代表的字母, 以便随后它可以在文字处理程序中使用. 图像的拓扑性质有助于确定预期的字母. 图像具备封闭的两个区域的特征有助于将它与不具备这个特征的字母区别开来. 例如, 识别单词中的

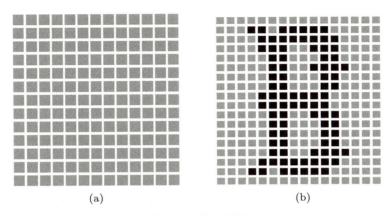

图 10.1 数字平面

字母可以首先按其拓扑同伦类型分类, 如 "A" 中有一个圈, "B" 中有两个圈, 而 "C" 中无圈, 等等; 再对每个类中的字母按其他集合特征进行细分. 在计算机上也很容易实现这样的功能.

要捕捉数字平面的拓扑特征, 数字平面的拓扑建模显得特别重要. 设 $X = \mathbb{Z} \times \mathbb{Z}$. 对于 $(m, n) \in X$, 令

$$B(m,n) = \begin{cases} \{(m,n)\}, & m \text{ 和 } n \text{ 均为奇数}, \\ \{(m+a,n) \mid a = -1,0,1\}, & m \text{ 为偶数}, n \text{ 为奇数}, \\ \{(m,n+a) \mid a = -1,0,1\}, & m \text{ 为奇数}, n \text{ 为偶数}, \\ \{(m+a,n+b) \mid a,b = -1,0,1\}, & m \text{ 和 } n \text{ 均为偶数}. \end{cases}$$

记 $\mathcal{B}_P = \{B(m,n) \mid (m,n) \in \mathbb{Z} \times \mathbb{Z}\}$. 容易验证, $\mathcal{B}_P$ 是 $\mathbb{Z} \times \mathbb{Z}$ 上的一个拓扑基.

定义 10.1.1 $\mathcal{B}_P$ 所生成的拓扑就称为 $\mathbb{Z} \times \mathbb{Z}$ 上的**数字平面拓扑**, 参见图 10.2.

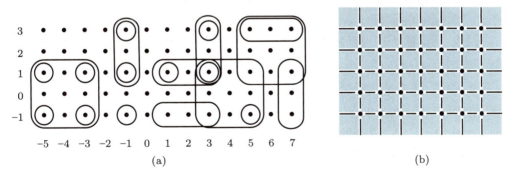

图 10.2 数字平面拓扑基元素图示

显然, 数字平面拓扑空间也不是豪斯多夫空间. 数字平面拓扑为二维数字图像像素及它们之间的边界提供了一个有效数学建模. 数字平面上的点 (m, n) 依包含它的最小开集 $B(m, n)$ 的情况可分为以下三种类型 (图 10.3):

(1) 当 m, n 均为奇数时, 点 (m, n) 对应的是像素, 它构成单点开集. 称这样的点为开

点, 用 "○" 表示.

(2) 当 m, n 均为偶数时, 点 (m, n) 对应的是拐角处闭的边界点, 称之为闭点, 包含它的最小开集还包含它周边的 8 个点. 这样的点用 "*" 表示.

(3) m 和 n 之一为奇数, 另一个为偶数时, 点 (m, n) 对应的是像素之间的垂直或水平边界, 分别用 "⇕" 或 "⇔" 表示, 用以表明包含它的最小开集中还有它上面和下面 (左边和右边) 的点. 称这样的点为混合点.

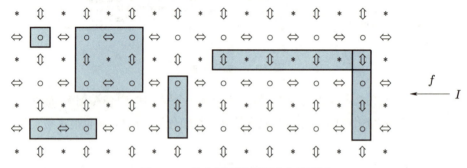

图 10.3　数字平面拓扑特殊点集图示

下面就用 X 表示数字平面. X 是具有标准拓扑的平面 $\mathbb{R}^2$ 的商空间, 故它是道路连通的. 不难验证, X 上的任意两个点可以通过它上面的一条简单折线连起来, 其中的每一段或者是竖直的, 或者是水平的, 如图 10.3 所示. 这样的折线是数字平面上的一条简单道路 $f : [0, 1] \to X$. 如果这样的简单折线起点和终点相同, 则称它是一个简单闭圈.

称 X 上由所有开点 (像素) 构成的子空间为**可见屏**, 记为 V. 在数字图像处理模型中, 可见屏是我们在一个数字图像上所确实看到的对象. 显然, 可见屏是 X 的稠密且开的子集; 作为一个子空间, 它继承的拓扑是离散拓扑. 一般而言, 仅从可见屏来研究它所表示的图像, 难以有理想的结果. 而 X 则同时包含闭点和混合点, 并提供了像素之间的邻近关系, 进而提供了一种可视结构, 从而使得我们在建模和研究数字图像的性质时, 能够使用拓扑的思想和方法.

下面我们以 X 作为图像模型的平台, 考虑数字图像的存储问题. 我们的目标是为数字图像存储提供一种比单纯存储像素更为有效的拓扑方法.

在图 10.4 中, 涂上阴影的部分是三个方形简单闭圈, 它们分别圈住了 X 上的由 1×1, 3×3 和 5×5 像素阵列的点构成的集合, 每个简单闭圈上分别有 8, 16 和 24 个数字平面上的点.

不难验证, 开点的 $n \times n$ 阵列可以由 X 中的 $8n$ 个点构成的简单方形圈住. 因此, 如果要存储规模为 $1\,000 \times 1\,000$ $(=10^6)$ 像素的一个蓝色方形区域的数字图像, 既可以存储 100 万个蓝色像素每一个的位置, 也可以在此数字平面中存储 8\,000 个周围点的位置 (用以表示在可见屏中对应的被圈住的点是蓝色的). 显然, 用周围点集而不是整个被封入的集合来操作, 是一种有效节省存储量的方法.

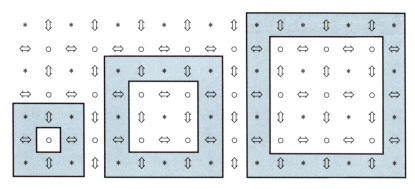

图 10.4 简单方形闭圈

考虑更一般的数字图像时, 如何推广上述原理? 我们把一张数字图片建模为一族区域, 使得在每个区域中, 每个点有同样的颜色, 我们是否能用周围的点集取代这些区域, 而仍能唯一确定这些区域? 若答案是肯定的, 我们就能通过仅仅存储周围的点集和颜色的信息, 而缩小存储一张图片所需要的空间, 由于此图片的区域由周围的一些集合唯一确定, 我们就能从所存储的信息来重建此图片.

为此, 需要引入数字圆周的概念. 对于偶整数 $n \geqslant 4$, 取数字轴的子空间 $\{1, \cdots, n+1\}$, 再把端点 1 与 $n+1$ 黏合在一起, 称所得的商空间为**数字圆周**, 记作 C_n. 图 10.5(a) 是数字圆周 C_4, C_6 和 C_8 及其中所含单点开集的示意图. 一般地, 称拓扑空间 X 中的与一个数字圆周同胚的子空间为一条**数字简单闭曲线**. 图 10.5(b) 中的 4 点集合 A 作为子空间是一条数字简单闭曲线, 但 4 点集合 B 却不是. B 继承自数字平面的子空间拓扑是离散拓扑. 图 10.4 中带阴影的子空间也都是数字简单闭曲线.

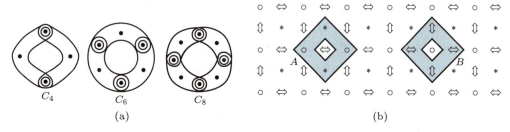

图 10.5 数字圆周

可以直接验证, 图 10.4 中的 3 条数字简单闭曲线和图 10.5 中的一条数字简单闭曲线 A 都把 X 分为两个连通的子集, 但图 10.4 中的每条数字简单闭曲线是其分隔的每个分支的边界, 而图 10.5 中的数字简单闭曲线 A 并不是它在 X 上补集的每个分支的边界.

设 A 是数字平面 X 的一个子集, 如果存在 $M > 0$, 使得对于任一 $(m,n) \in A$, $|m|, |n| \leqslant M$, 则称 A 为**有界的**. 否则称 A 为**无界的**.

与平面上的若尔当曲线定理 (定理 5.5.5) 有所不同, 我们有如下版本的数字若尔当曲线定理:

定理 10.1.1 (数字若尔当曲线定理)　X 上的一条数字简单闭曲线 α 总是把数字平面分为两个分支, 其中一个分支是有界的, 另一个分支是无界的. 此外, α 是每个分支的边界当且仅当 α 是 X 的一个闭子集.

注意到事实: X 上每条由 4 个点 $(m-1,n),(m+1,n),(m,n-1),(m,n+1)$ 所组成的数字简单闭曲线中有两个点是开点, 另两个点是闭点, 由此即知, 4 点数字简单闭曲线必形如图 10.6 中的集合 A 或 B. 可以直接验证, 定理 10.1.1 的结论对于 4 点数字简单闭曲线成立. 对数字简单闭曲线上点的个数进行归纳可以完成定理的证明.

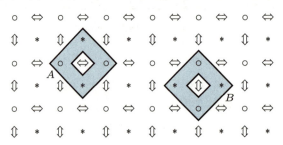

图 10.6　有两个开点的 4 点数字简单闭曲线

我们还有下述的数字简单闭曲线是否为数字平面闭子集的一个简单判定条件 (验证留给读者):

定理 10.1.2　X 上的一条数字简单闭曲线 α 是一个闭集当且仅当 α 不包含任意开点.

设 α 是 X 上的一条数字简单闭曲线. 称 α 的补集的有界分支为 α 的**内区**, 并记作 $\mathrm{Ins}(A)$; 称 α 的补集的无界分支为 α 的**外区**, 并记为 $\mathrm{Out}(A)$. 由定理 10.1.1 可知, α 是 X 的一个闭集当且仅当 $\partial(\mathrm{Ins}(A)) = A = \partial(\mathrm{Out}(A))$.

给定用像素的一个阵列所表示的数字图像, 我们希望能构造此数字平面的可见屏 V 的一个分划 $\mathcal{P}$, 使得在此分划中的每一个集合对应于图像的一个区域, 其中每个点有同样的颜色. 是否存在一族数字简单闭曲线用来确定在此分划 $\mathcal{P}$ 中的这些集合呢?

可见屏 V 上的拓扑是离散拓扑, 因而 V 完全是不连通的. 我们需要对可见屏的连通性引入一个替代的概念.

定义 10.1.2　设 $P=(m,n)\in V$.

(1) 称 P 附近的 4 个点 $(m-2,n),(m+2,n),(m,n-2)$ 和 $(m,n+2)$ 与 P 是 **4 邻接的**. 设 $C\subset V$. 若对于任一对点 $p,q\in C$, 存在 C 中一个点列 $p=p_1,p_2,\cdots,p_n=q$, 使得 p_i 与 p_{i+1} 是 4 邻接的, $1\leqslant i\leqslant n-1$, 则称 C 是 **4 连通的**.

(2) 称 P 附近的 8 个点 $(m-2,n-2),(m,n-2),(m+2,n-2),(m-2,n),(m+2,n)$, $(m-2,n+2),(m,n+2)$ 和 $(m+2,n+2)$ 与 P 是 **8 邻接的**. 设 $C\subset V$. 若对于任一对点 $p,q\in C$, 存在 C 中一个点列 $p=p_1,p_2,\cdots,p_n=q$, 使得 p_i 与 p_{i+1} 是 8 邻接的, $1\leqslant i\leqslant n-1$, 则称 C 是 **8 连通的**.

图 10.7 中, 左一阴影区域的 V 中点与 P_1 是 4 邻接的, 左二阴影区域的 V 中点与 P_2 是 8 邻接的, 左三阴影区域的子集 A 是 4 连通的, 而右一阴影区域的子集 B 则不是 4 连通的, 但 B 是 8 连通的.

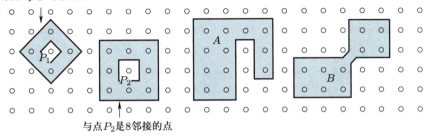

与点 P_1 是 4 邻接的点

与点 P_2 是 8 邻接的点

图 10.7 4 连通子集 A 与非 4 连通子集 B

在数字拓扑领域, 4 连通性和 8 连通性是非常重要的性质, 它们在运用拓扑性质处理数字图像时起到了关键的作用. 下面的定义描述了一个过程, 通过它把可见屏 V 上的一个图像转换为数字平面上的一族数字圆周.

定理 10.1.3 设 $\mathcal{P}$ 是可见屏 V 的一个分划, 其中的每个子集都是 4 连通的, 且仅有一个是无界的, 则 X 的子集

$$S_{\mathcal{P}} = \bigcup_{D \in \mathcal{P}} \partial(\mathrm{Cl}(D)) \quad (\text{称之为由 } \mathcal{P} \text{ 确定的\textbf{卡通}})$$

是 $X - V$ 上的一族数字简单闭曲线的并.

以下的定理表明, 此分拆 $\mathcal{P}$ 能由它所确定的卡通来恢复:

定理 10.1.4 设 $\mathcal{P}$ 是可见屏 V 的一个分划, 其中的每个子集都是 4 连通的, 且仅有一个是无界的. 设 $S_{\mathcal{P}}$ 是由 $\mathcal{P}$ 确定的卡通, 则 V 的子集族

$$\mathcal{P}^* = \{C \cap V \mid C \text{ 是 } \mathbb{Z}^2 - S_{\mathcal{P}} \text{ 的补集}\}$$

是 V 的一个分划, 且 $\mathcal{P}^* = \mathcal{P}$.

定理 10.1.3 和定理 10.1.4 的证明可参见 [22]. 定理 10.1.4 中假设分划 $\mathcal{P}$ 中的子集是 4 连通的要求是必要的. 例如, 图 10.7 中的子集 B 是此分划中的一个集合, 但 B 的两个 4 连通的 "分支" 分别都是 $\mathcal{P}^*$ 中的分划子集.

存储和恢复一个数字图像的步骤:

步骤 1 给出一个数字图像, 定义可见屏的一个分拆, 使得在此分拆中的每个集合, 对应于在此图像中一个具有固定颜色的区域.

步骤 2 为了存储此图像, 构建由此分拆所确定的卡通; 我们还可以通过指明在此卡通中每条数字简单闭曲线的哪一侧有哪一种颜色, 来存储颜色的信息.

步骤 3　通过对可见屏与在数字平面中此卡通的补集的每个分支取交, 来恢复此分拆.

> **注 10.1.1**　对诸如图像这样连通和连续的客观对象实现数字化表示, 需要有一种把它 "离散化" 为数字形式的手段, 而同时又要找出一种连通性的结构, 使其拓扑关系得以保持. 数字平面就为上述过程提供了一种有效的模型, 它由两部分组成: 一部分是用于表示图像的完全不连通的、开的且稠密的可见屏; 另一部分提供了构成不可见结构的闭点和混合点, 用以表示一定的连通性.

可以类似地定义数字空间 $\mathbb{Z}^3$, 按图 10.8 (a) 的方式定义 6 邻接, (b) 的方式定义 26 邻接. 与数字平面类似, 在数字拓扑空间领域, 6 连通性和 26 连通性是非常重要的性质, 它们在运用拓扑性质处理数字对象时发挥了重要的作用.

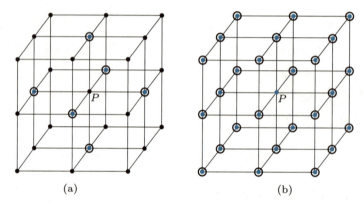

(a)　　　　　　　　　(b)

图 10.8　数字空间 $\mathbb{Z}^3$ 中的 6 邻接的点和 26 邻接的点

现在, 数字拓扑的思想和方法已广泛和深入地渗入图像处理的方方面面. 例如, 在构建数字图像时, 如何能确保客观对象特征之间的空间关系在它们的数字化表示中准确地加以描述? 在以数字化方式来变换图像时, 图像的拓扑格局如何能得以保持? 处理这些问题时, 拓扑学大有用武之地.

10.1.2　拓扑学在地理信息系统中的应用

地理信息系统 (Geographic Information System, 简称 GIS) 能提供包括各地区的森林、湿地、公园等地理区域的信息.

例如, 用户要查询某地某个公园中的森林区域和湿地区域的情况时, GIS 要能提供该公园区域的所有森林区域和湿地区域信息, 以及森林区域和湿地区域之间的位置关系 (是否有重叠, 如有, 有多大的重叠, 如何重叠等), 参见图 10.9. 对于一般人而言, 通常是知道两块区域是否相交就够了, 但是在 GIS 中, 一个比相交或不相交更精细的分类是需要的.

图 10.9　森林区域和湿地区域

例如, 在图 10.10 中, A 和 B 与 A' 和 B' 都相交, 但相交情形有明显的区别. 需要一些方法使这些区别精确化. 显然, 用拓扑概念来确切定义和区分成对的地理区域之间的关系是合适的. 这是拓扑学大显身手的地方.

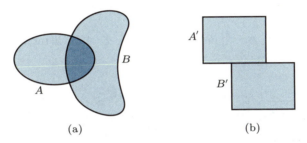

图 10.10　A 和 B 的相交情形区别于 A' 和 B'

在下面介绍的模型中, 对于一个拓扑空间 X 中成对的闭集 A 和 B, 我们的目标是使用拓扑概念来检查 A 和 B 在 X 中相互关联的几种不同的方式.

给定拓扑空间 X 中一对闭集 A 和 B, 我们考虑四个交集 $\partial A \cap \partial B$, $\mathrm{Int}(A) \cap \mathrm{Int}(B)$, $\partial A \cap \mathrm{Int}(B)$, $\mathrm{Int}(A) \cap \partial B$, 检查它们是否为空集. 为表述方便, 对于集合 Y, 约定

$$C_Y = \begin{cases} 0, & Y = \emptyset, \\ 1, & Y \neq \emptyset. \end{cases}$$

定义 10.1.3　给定拓扑空间 X 中的一对闭集 A 和 B, 记

$$I_{A,B} = (C_{\partial A \cap \partial B}, C_{\mathrm{Int}(A) \cap \mathrm{Int}(B)}, C_{\partial A \cap \mathrm{Int}(B)}, C_{\mathrm{Int}(A) \cap \partial B}),$$

称之为 A 和 B 在 X 中的**相交值**.

相交值中的四项的每一个都可以是 0 或 1, 故相交值有 16 种不同的可能性. 全部 16 个值都可以通过平面中的成对闭集实现. 图 10.11 展示了其中的 8 个, 其他 8 个也不难找出例子.

地理区域有一个自然特征, 就是不能有类似胡须的子集, 所有边界点必须能和内点任意接近. 常规闭集就能很贴切地反映这种特征.

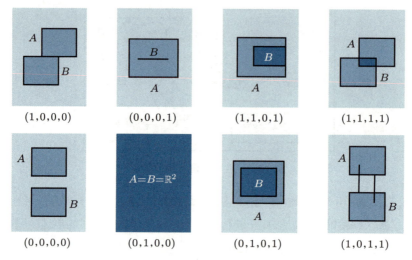

图 10.11   相交值的 8 个例子

定义 10.1.4   设 X 为一个拓扑空间, $A \subset X$. 若 $A = \mathrm{Cl}(\mathrm{Int}(A))$, 则称 A 为 X 中的**常规闭集**, 参见图 10.12.

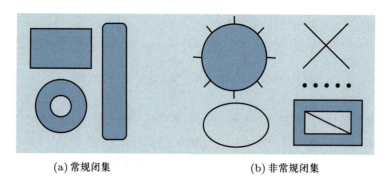

(a) 常规闭集   (b) 非常规闭集

图 10.12   常规闭集与非常规闭集

定理 10.1.5   设在拓扑空间 X 中, A, B 是两个常规闭集. 若 $\partial A \cap \mathrm{Int}(B) \neq \emptyset$, 则 $\mathrm{Int}(A) \cap \mathrm{Int}(B) \neq \emptyset$.

由此可得:

推论 10.1.1   设 X 为一个拓扑空间, $A, B \subset X$ 是两个常规闭集, 则

$$I_{A,B} \neq (1,0,1,0), (0,0,1,0), (1,0,0,1),$$

$$(0,0,0,1), (1,0,1,1), (0,0,1,1).$$

上述推论中没有提到的其他 10 种情况均可由欧氏平面上的常规闭集实现.

下面定义的平面区域更符合地理区域的特征:

定义 10.1.5   设 C 为欧氏平面上的非空真子集. 若 C 满足:

(1) C 为常规闭集;

(2) C 的内部不能表示成两个非空不交的开集的并,

则称 C 为欧氏平面上的一个**平面区域**.

平面上的闭圆盘和多边形都是平面区域. 非平面区域的例子如图 10.13 所示.

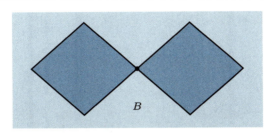

图 10.13　平面上的非平面区域

定理 10.1.6　设 $A, B \subset X$ 是欧氏平面上两个平面区域, 则表 10.1 中的左边一栏是 A 和 B 所有可能的相交值, 右边一栏是相交值对应的 A 和 B 之间的关系.

表 10.1　欧氏平面上两个平面区域的相交值和关系

相交值	关系
$(1, 1, 1, 0)$	$A \subset B$
$(0, 1, 1, 0)$	$A \subset \mathrm{Int}(B)$
$(1, 1, 0, 1)$	$B \subset A$
$(0, 1, 0, 1)$	$B \subset \mathrm{Int}(A)$
$(1, 1, 0, 0)$	$A = B$
$(0, 0, 0, 0)$	$A \cap B = \emptyset$
$(1, 0, 0, 0)$	$A \cap B = \partial A \cap \partial B$
$(0, 1, 1, 1)$	$\mathrm{Int}(A) \cap \mathrm{Int}(B) \neq \emptyset,$ $A \not\subset B$ 且 $B \not\subset A$
$(1, 1, 1, 1)$	

GIS 软件将相交值用于编码两个地理区域之间如何相互关联, 其中的 "地理区域" 就是上面定义的平面区域. 这种做法已成为行业标准. 表 10.2 的中栏是相交值的所有可能取值情况, 而左栏则是两个地理区域之间的关系的描述. 它们是互斥的, 因为它们与特定的相交值相关联.

表 10.2　相交值描述地理区域的关系

关系描述	相交值	关系
A 与 B 不相交	$(0, 0, 0, 0)$	$A \cap B \neq \emptyset$
A 触及 B	$(1, 0, 0, 0)$	$A \cap B = \partial A \cap \partial B$
A 等于 B	$(1, 1, 0, 0)$	$A = B$
A 位于 B 内	$(1, 1, 1, 0)$ 或 $(0, 1, 1, 0)$	$A \subset B$
A 包含 B	$(1, 1, 0, 1)$ 或 $(0, 1, 0, 1)$	$A \supset B$
A 与 B 重叠	$(1, 1, 1, 1)$ 或 $(0, 1, 1, 1)$	$\mathrm{Int}(A) \cap \mathrm{Int}(B) \neq \emptyset,$ $A \not\subset B$ 且 $B \not\subset A$

相交值提供了一种区分两个平面区域可能以不同方式相交的简单方法. 但它也的确不能区分很多不同的情况, 如图 10.14 两种情况相交值一样, 相交的情形却有很大的不同. 这两种情况可以利用拓扑学中的连通分支数加以区分, 此处省略.

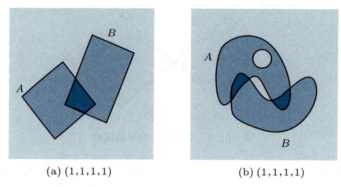

(a) (1,1,1,1)   (b) (1,1,1,1)

图 10.14　相交值相同、相交情形不同的区域

10.1.3　度量空间在纠错码理论中的应用

我们每天都通过各种渠道 (如手机、互联网或者人造卫星等) 传输大量信息, 知道一个给定消息是否完整到达是非常重要的. 毫无疑问, 由于各种自然的或人为因素的干扰, 信息传递过程中不可避免会出现一些误差或错误. 我们希望能够识别何时发生这种情况并纠正错误消息. 这就是纠错码理论.

检测和纠正错误是计算机科学和信息科学中非常活跃的领域. 通常, 度量空间在这项工作中起着关键的作用. 这里简要介绍一下其工作原理.

设 $V^n = \{(a_1, \cdots, a_n) \mid a_i \in \{0,1\}, 1 \leqslant i \leqslant n\}$. 称 V^n 的一个子集 C 为一个**长度为 n 的编码**, 称 C 中的每个元素为一个**字码** (二进制代码). 假设我们要发送特定的信息, 该消息已被编制为一个长度为 n 的编码. 假设在传输过程中, 可能会有一些 0 变成 1, 也可能会有一些 1 变成 0. 在传输过程中我们不允许丢失或增加条目字中的项, 因此收到的每个字也具有长度 n.

为判定 V^n 中字码的偏差, 我们在 V^n 中引入如下的度量:

定义 10.1.6　对于 $x, y \in V^n$, $x = (x_1, \cdots, x_n), y = (y_1, \cdots, y_n)$, 令

$$D_H(x,y) = \#\{i \mid x_i \neq y_i, 1 \leqslant i \leqslant n\},$$

称之为 V^n 上的 **汉明距离**.

不难验证, D_H 的确是 V^n 上的一个距离. $D_H(x,y)$ 实际上就是 x 和 y 中对应分量不同的个数. 例如, 如果

$$x = (0,0,1,1,0,0,0,1,0),$$
$$y = (0,1,0,1,0,0,1,1,0),$$

那么 $D_H(x,y) = 3$.

V^n 是有限集, D_H 诱导了 V^n 上的离散拓扑.

如果发送方和接收方已就特定编码达成一致, 则当接收到的字码不是编码中的字码之一时, 接收者知道传输中至少发生了一个错误. 如何把错误的编码找出来并且纠错?

定义 10.1.7   设 C 为一个长度为 n 的编码. 称编码 C 中的所有不同字码之间的汉明距离的最小者为 C 的**极小距离**.

对于 $x \in \mathbb{R}$, 用 $\lfloor x \rfloor$ 表示小于或等于 x 的最大整数. 下面的定理为找出错误的编码并且纠错提供了理论保证:

定理 10.1.7   设 C 为一个长度为 n 的编码, C 的极小距离为 d, 则传送 C 的信息中, 每个汉明距离 (错误) 小于或等于 $\left\lfloor \dfrac{d-1}{2} \right\rfloor$ 的字码可以被纠正.

证明   设 c 为 C 中一个原字码, f 是发送 c 后收到的字码, 则由假设, $D_H(f,c) \leqslant \left\lfloor \dfrac{d-1}{2} \right\rfloor$. 如果 C 中还有一个原字码 c', 使得 $D_H(f,c') \leqslant \left\lfloor \dfrac{d-1}{2} \right\rfloor$, 则有

$$\begin{aligned} D_H(c,c') &\leqslant D_H(c,f) + D_H(f,c') \\ &\leqslant \left\lfloor \frac{d-1}{2} \right\rfloor + \left\lfloor \frac{d-1}{2} \right\rfloor \\ &= 2 \left\lfloor \frac{d-1}{2} \right\rfloor \\ &= d-1, \end{aligned}$$

与 C 的极小距离为 d 相矛盾. 故 c 是以 f 为中心、$\left\lfloor \dfrac{d-1}{2} \right\rfloor$ 为半径的开球中的唯一 C 中成员.   □

下面举例说明纠错步骤:

设 $C = \{c_1, c_2, c_3, c_4\}$ 是一个由四个字码组成的编码, 其中

$$c_1 = (0,0,1,0,0,0), \quad c_2 = (1,0,0,1,1,1),$$
$$c_3 = (1,1,1,0,1,1), \quad c_4 = (0,1,0,0,1,0).$$

C 的极小距离是 3. 设 $C' = \{c_1', c_2', c_3', c_4'\}$ 是我们收到的编码.

假设传输中至多出现一次错误. 此时, 传输中没有出现错误的字和出现一次错误的字能被检测出来. 设 $B_i = B(c_i, 1)$ 为以 C 中每个字码为中心、$\left\lfloor \dfrac{3-1}{2} \right\rfloor = 1$ 为半径的开球, $1 \leqslant i \leqslant 4$. 检测每个 B_i 中是否只有 C' 中一个成员. 若是, 则该成员没有传输错误. 否则, B_i 中还有一个与 c_i 不同的 c_j', 则 c_i 被传输成了 c_j', 纠正 c_j' 为 c_i 即可.

当然上述操作的前提是发送方和接收方已就特定编码达成一致.

10.1.4 拓扑数据分析 (TDA)

信息科学是一门新兴的跨多学科的科学, 它以信息为主要研究对象. 信息通常以数据形式体现. 在信息技术飞速发展的当代, 处理大数据、云数据已不可避免. 在复杂的大数据内部也存在着在连续变换 (或拓扑变换) 下保持不变的结构性质, 我们可以形象地称之为数据的形状特征. 挖掘数据的拓扑特征的方法就是拓扑数据分析 (topological data analysis, 简称 TDA).

拓扑数据分析, 顾名思义, 就是把拓扑学与数据分析结合的一种分析方法, 用于深入研究大数据中潜藏的与拓扑性质相关的有重要价值的关系. 相比于主成分分析、聚类分析这些常用的数据分析方法, TDA 不仅可以有效地捕捉高维数据空间的拓扑信息, 而且擅长发现一些用传统方法无法发现的小分类. 这种方法也因此曾在基因与癌症等研究领域大显身手.

图 10.15(a) 是一只手的采样数据点, 宏观看来像一只手; (b) 则是经过拓扑数据分析得到的图, 有点像一只手的骨架. 从 (a) 到 (b), 就是一次形状重构的过程. 这种重构用了很少量的点和边去刻画原始数据集, 同时保留了原始数据的基本特征.

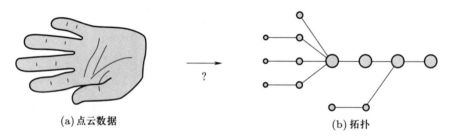

(a) 点云数据   (b) 拓扑

图 10.15 拓扑数据分析提取数据特征

拓扑数据分析用于在许多大型复杂的数据集中发现重要结构和形状信息是非常成功的, 是一种非常有效的方法. 拓扑数据分析的关键信息之一是数据的形状. 持续同调是拓扑数据分析的基础工具之一. 本节将介绍利用持续同调分析数据特征的方法.

设 K 为一个单纯复形, $f: K \to \mathbb{R}$ 为一个函数. 我们要求 f 是单调非减的函数, 意思是若 $\sigma < \tau$, 则 $f(\sigma) \leqslant f(\tau)$. 这个单调性意味着, 分段集 $K(t) = f^{-1}((-\infty, t])$ 对每个 $t \in \mathbb{R}$ 都是 K 的子复形. 设 m 是 K 中单纯形的个数, 令

$$-\infty = t_0 < t_1 < t_2 < \cdots < t_n, \quad n \leqslant m,$$

$$K_i = K(t_i), \quad i = 0, 1, 2, \cdots, n,$$

则有单调上升的嵌套子复形序列

$$\emptyset = K_0 \subset K_1 \subset \cdots \subset K_n = K.$$

我们称之为 K 的**滤子**. 图 10.16 给出了从点云数据生成的单纯复形 K 的一个滤子. 过滤是从点云开始并匀速增加以每个点为中心的球的半径来获得的. 当以顶点 $v_0, \cdots, v_k$ 为球心创建的任意两个球有非空交集时, $v_0, \cdots, v_k$ 张成一个 k 单形.

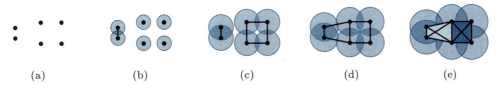

(a)　　　　(b)　　　　(c)　　　　(d)　　　　(e)

图 10.16　点云数据对应的单纯复形 K 的一个滤子

对于每个 $i \leqslant j$, 从 K_i 的底空间到 K_j 的底空间的含入映射 $f^{i,j} : K_i \hookrightarrow K_j$ 对每个维数 p 诱导了同调群的同态 $f_p^{i,j} : H_p(K_i) \to H_p(K_j)$, 从而对每个 p, 上述滤子对应于一个同调群的序列同态:

$$0 = H_p(K_0) \to H_p(K_1) \to \cdots \to H_p(K_n) = H_p(K).$$

从 K_{i-1} 含入 K_i 时, 我们有可能获得新的同调类, 同时当有些同调类变得平凡或与其他类融合时, 我们也将失去一些同调类. 我们将关注那些在某些给定阈值或之前产生的同调类或在另一个阈值及之后消失的同调类.

定义 10.1.8　对于 $0 \leqslant i \leqslant j \leqslant n$, K 的第 p 个**持续同调群**定义为由含入映射诱导的同态的像, 即

$$H_p^{i,j} = H_p^{i,j}(K) \stackrel{\text{def}}{=\!=} \mathrm{Im}(f_p^{i,j}).$$

称 $\beta_p^{i,j} = \mathrm{rank}(H_p^{i,j})$ 为该同调群的**持续贝蒂数**.

注意, $H_p^{i,i} = H_p(K_i)$. 简单而言, 所谓 $H_p^{i,j}$ 的持续同调类就是从 K_i 过渡到 K_j 时仍没有消失的同调类, 亦即 $H_p^{i,j} = Z_p(K_i) / (B_p(K_j) \cap Z_p(K_i))$. 设 γ 是 $H_p(K_i)$ 中的一个同调类. 若 $\gamma \notin H_p^{i-1,i}$, 则称它是在 K_i 中出生的. 进一步, 若 γ 是在 K_i 中出生的, 但当从 K_{j-1} 进入 K_j 时, 它与 K_j 中已有的一个类融合, 则称它进入 K_j 时死亡. 这时, $f_p^{i,j-1}(\gamma) \notin H_p^{i-1,j-1}$, 但 $f_p^{i,j}(\gamma) \in H_p^{i-1,j}$. 图 10.17 中的同调类 γ 在 K_i 出生且在进入 K_j 时死亡.

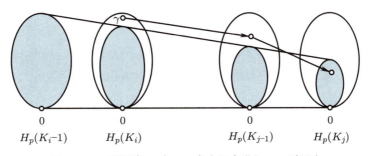

$H_p(K_{i-1})$　　　$H_p(K_i)$　　　$H_p(K_{j-1})$　　　$H_p(K_j)$

图 10.17　同调类 γ 在 K_i 出生且在进入 K_j 时死亡

持续贝蒂数 $\beta_p^{i,j}$ 表示生成 $H_p^{i,j}$ 的同调类的个数, 即在 K_i 或之前出生且在 K_j 不死亡的同调类. $\beta_p^{i,j-1} - \beta_p^{i,j}$ 表示在 K_i 或之前出生但在 K_j 死亡的同调类的个数. 因此 $\mu_p^{i,j} = \left(\beta_p^{i,j-1} - \beta_p^{i,j}\right) - \left(\beta_p^{i-1,j-1} - \beta_p^{i-1,j}\right)$ 计数恰好在 K_i 出生且在 K_j 死亡的同调类个数.

若 γ 在 K_i 中出生, 但它进入 K_j 时死亡, 则称对应函数值的差 $t_j - t_i$ 为 γ 的持续长度, 并记作 $\mathrm{pers}(\gamma) = t_j - t_i$. 有时我们忽略实际的函数值 (的差), 代之以考虑指标的差 $j - i$, 并称之为该同调类的指标持续长度. 如果 γ 是在 K_i 中出生的, 但永远不死亡, 则我们约定其持续长度为无穷大.

根据持续长度, 可用持续条形码表示持续同调群的生成元, 它是平面上的一组区间 $[t_i, t_j)$, 其中 t_i 表示同调类的出生时间, 而 t_j 表示其死亡时间. 短线段对应噪声, 而持续线段则意味着相关的同调信息. 图 10.18 给出了图 10.16 中的单纯复形 K 的持续条形码.

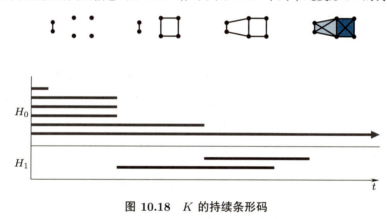

图 10.18 K 的持续条形码

10.1.5 超图及其应用

超图是一个二元对 $(\mathcal{H}, V)$, 其中 V 是顶点集, $\mathcal{H}$ 是超边集. $\mathcal{H}$ 的一个元素, 即超边, 是 V 的非空子集. 具有 $n+1$ 个顶点的超边称为 n 超边. 为了简单起见, 我们将超图 $(\mathcal{H}, V)$ 记为 $\mathcal{H}$. 与单纯复形不同的是, 超边的非空子集可能不是超边. 如果任意超边的任意非空子集仍然是超边, 则 $\mathcal{H}$ 将是一个单纯复形.

超图的各种同调理论已先后被研究. 文献 [35] 提出了超图 $\mathcal{H}$ 的相关单纯复形 $K_{\mathcal{H}}$, 它被定义为超图 $\mathcal{H}$ 可嵌入的最小单纯复形, 并研究了 $K_{\mathcal{H}}$ 的同调. 文献 [12] 提出了超图的嵌入同调模型, 该模型可以更好地保留超图拓扑, 并成功应用于药物设计.

我们首先考虑嵌入链复形中的分次群, 并给出下确界链复形和上确界链复形的构造. 设 (C_*, ∂_*) 为链复形, 即由同态序列 (称为边缘算子) 连接的阿贝尔 (Abel) 群序列

$$\xrightarrow{\partial_{k+2}} C_{k+1} \xrightarrow{\partial_{k+1}} C_k \xrightarrow{\partial_k} C_{k-1} \xrightarrow{\partial_{k-1}} \cdots \xrightarrow{\partial_1} C_0 \xrightarrow{\partial_0} 0,$$

对于每个 k, $\partial_k \circ \partial_{k+1} = 0$. k 闭链是 ∂_k 核中的元素, k 边缘链是 ∂_{k+1} 像中的元素. 链复形的交集和直和仍然是链复形. 链复形的第 k 个同调群定义为

$$\mathrm{H}_k(C_*, \partial_*) = \mathrm{Ker}(\partial_k)/\mathrm{Im}(\partial_{k+1}).$$

设 D_* 为嵌入链复形 (C_*, ∂_*) 中的分次群, 即对每个 k 都有 $D_k \subset C_k$. 如果 $\partial_k(D_k) \subset D_{k-1}$ 对于每个 k 成立, 则该分次群 D_* 成为 (C_*, ∂_*) 的子链复形. 如果 D_* 是嵌入链复形 C_* 中的分次群, 序列 $\{D_*, C_*\}$ 的下确界链复形 $\mathrm{Inf}_*(D_*, C_*)$ 定义为 C_* 中作为分次群含于 D_* 的所有子链复形的和, 即

$$\mathrm{Inf}_n(D_*, C_*) = \sum \{C_n' \mid C_*' \text{ 是 } C_* \text{ 的子链复形且 } C_n' \subset D_n\},$$

它是 C_* 中作为分次群含于 D_* 的最大的子链复形. 序列 $\{D_*, C_*\}$ 的上确界链复形 $\mathrm{Sup}_*(D_*, C_*)$ 定义为 C_* 中所有包含 D_* 作为分次群的子链复形的交, 即

$$\mathrm{Sup}_n(D_*, C_*) = \bigcap \{C_n' \mid C_*' \text{ 是 } C_* \text{ 的子链复形且 } D_n \subset C_n'\},$$

它是 C_* 中包含 D_* 作为分次群的最小子链复形.

进一步, $\mathrm{Inf}_*(D_*, C_*)$ 和 $\mathrm{Sup}_*(D_*, C_*)$ 的同调群是同构的 (参见 [12]). 这样, 嵌入链复形 C_* 中的分次群 D_* 的同调群被定义为 $\mathrm{Inf}_*(D_*, C_*)$ 的同调群或 $\mathrm{Sup}_*(D_*, C_*)$ 的同调群.

对于超图 $\mathcal{H}$, 其相关的单纯复形 $K_\mathcal{H}$ 定义为满足下列条件的最小单纯复形, 使得 $\mathcal{H}$ 的每个超边都是 $K_\mathcal{H}$ 的单纯形. 具体地, $K_\mathcal{H}$ 中所有单形的集合是由 $\mathcal{H}$ 中每个超边 σ 的所有非空子集 $\tau \subset \sigma$ 组成.

下面考虑超图 $\mathcal{H}$ 的嵌入同调. 设 G 为阿贝尔群, $G(\mathcal{H}_n)$ 为以 G 为系数以所有 n 超边为基的自由阿贝尔群, $(G((K_\mathcal{H})_*), \partial_*)$ 为 $\mathcal{H}$ 相关单纯复形的链复形. $G(\mathcal{H}_*)$ 自然地成为嵌入链复形 $G((K_\mathcal{H})_*)$ 中的分次群. 上确界链复形 $\mathrm{Sup}_*(\mathcal{H})$ 和下确界链复形 $\mathrm{Inf}_*(\mathcal{H})$ 分别定义为

$$\mathrm{Sup}_n(\mathcal{H}) = G(\mathcal{H}_n) + \partial_{n+1}(G(\mathcal{H}_{n+1})),$$
$$\mathrm{Inf}_n(\mathcal{H}) = G(\mathcal{H}_n) \cap \partial_n^{-1}(G(\mathcal{H}_{n-1})).$$

由于 $\mathrm{Sup}_*(\mathcal{H})$ 和 $\mathrm{Inf}_*(\mathcal{H})$ 的任意阶的同调群都是同构的, $\mathcal{H}$ 的嵌入同调可以从 $\mathrm{Sup}_*(\mathcal{H})$ 或 $\mathrm{Inf}_*(\mathcal{H})$ 定义, 即

$$\mathrm{H}_k(\mathcal{H}) = \mathrm{H}_k(\mathrm{Sup}_*(\mathcal{H})) = \mathrm{H}_k(\mathrm{Inf}_*(\mathcal{H})) \quad (0 \leqslant k).$$

特别地, 如果 $\mathcal{H}$ 是单纯复形, 则其嵌入同调 $\mathrm{H}_*(\mathcal{H})$ 就是通常的单纯同调.

例 10.1.1 设超图 $\mathcal{H}$ 由三条 0 超边 $\{v_0\}, \{v_1\}, \{v_2\}$, 一条 1 超边 $\{v_0, v_1\}$ 和一条 2 超边 $\{v_0, v_1, v_2\}$ 组成, 其相关单纯复形 $K_\mathcal{H}$ 可以通过添加 $\{v_0, v_2\}, \{v_1, v_2\}$ 来导出, 这

是一个标准的 2 单形. 如图 10.19 所示.

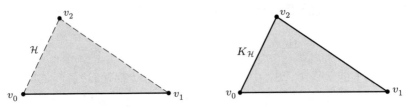

图 10.19 超图 $\mathcal{H}$ 及其相关单纯复形 $K_\mathcal{H}$

此外, 如果我们令 ∂_n 为 $K_\mathcal{H}$ 的边缘映射并取整系数, 则

$$H_0(\mathcal{H}) = \mathrm{Ker}(\partial_0|_{\mathbb{Z}(\{v_0\},\{v_1\},\{v_2\})})/\partial_1\left(\mathbb{Z}\left(\{v_0,v_1\}\right)\right) \cap \mathbb{Z}\left(\{v_0\},\{v_1\},\{v_2\}\right)$$

$$= \mathbb{Z}\left(\{v_0\},\{v_1\},\{v_2\}\right)/\mathbb{Z}\left(\{v_1\}-\{v_0\}\right) \cap \mathbb{Z}\left(\{v_0\},\{v_1\},\{v_2\}\right)$$

$$= \mathbb{Z} \oplus \mathbb{Z},$$

$$H_1(\mathcal{H}) = \mathrm{Ker}(\partial_1|_{\mathbb{Z}(\{v_0,v_1\})})/\partial_2\left(\mathbb{Z}\left(\{v_0,v_1,v_2\}\right)\right) \cap \mathbb{Z}\left(\{v_0,v_1\}\right)$$

$$= 0,$$

$$H_2(\mathcal{H}) = \mathrm{Ker}(\partial_2|_{\mathbb{Z}(\{v_0,v_1,v_2\})})/0 \cap \mathbb{Z}\left(\{v_0,v_1,v_2\}\right)$$

$$= 0,$$

而

$$\mathrm{H}_p(K_\mathcal{H}) = \begin{cases} \mathbb{Z}, & p = 0, \\ 0, & p \neq 0. \end{cases}$$

注意, 例 10.1.1 中 $\mathcal{H}$ 的同调群与 $K_\mathcal{H}$ 的同调群是不同的.

下面考虑超图的持续 (嵌入) 同调. 过滤过程对于持续同调非常重要. 在过滤过程中, 可以生成一系列过滤 (或嵌套) 超图,

$$\mathcal{H}_0 \xrightarrow{f_1} \mathcal{H}_1 \xrightarrow{f_2} \cdots \xrightarrow{f_n} \mathcal{H}_n = \mathcal{H}, \tag{10.1}$$

其中每个 $f_i(i = 1, 2, \cdots, n)$ 是一个含入映射. 给定一个阿贝尔群 G, 超图序列 (10.1) 诱导了持续复形

$$\mathrm{Inf}_*\left(\mathcal{H}_0\right) \xrightarrow{(f_1)_*} \mathrm{Inf}_*\left(\mathcal{H}_1\right) \xrightarrow{(f_2)_*} \cdots \xrightarrow{(f_n)_*} \mathrm{Inf}_*\left(\mathcal{H}_n\right), \tag{10.2}$$

$$\mathrm{Sup}_*\left(\mathcal{H}_0\right) \xrightarrow{(\hat{f}_1)_*} \mathrm{Sup}_*\left(\mathcal{H}_1\right) \xrightarrow{(\hat{f}_2)_*} \cdots \xrightarrow{(\hat{f}_n)_*} \mathrm{Sup}_*\left(\mathcal{H}_n\right), \tag{10.3}$$

其中 $\mathrm{Inf}_*\left(\mathcal{H}_i\right)$ 和 $\mathrm{Sup}_*\left(\mathcal{H}_i\right)$ 分别是 $\mathcal{H}_i$ $(i = 1, 2, \cdots, n)$ 的下确界链复形和上确界链复形. 链映射按如下方式诱导可得: 每个 f_i 诱导出一个从 $K_{\mathcal{H}_{i-1}}$ 到 $K_{\mathcal{H}_i}$ 的单纯映射, 这个单纯映射可诱导一个从 $K_{\mathcal{H}_{i-1}}$ 的链复形到 $K_{\mathcal{H}_i}$ 的链复形的链映射. 通过将链映射限制到下确界链复形和上确界链复形, 可得序列 (10.2) 和序列 (10.3) 中的链映射. 序列 (10.2)

和序列 (10.3) 诱导出相同的第 k 维同调群序列

$$\mathrm{H}_k\left(\mathcal{H}_0\right) \to \mathrm{H}_k\left(\mathcal{H}_1\right) \to \cdots \to \mathrm{H}_k\left(\mathcal{H}_n\right),$$

这个 k 维同调群的序列称为过滤超图的 k 维持续嵌入同调, 可进一步用持续图或持续条形码来表示.

10.2 拓扑学在物理学中的应用

10.2.1 构形空间与相空间

在物理学中经常要用到构形空间的拓扑结构. 在研究一个系统时, 通常需要涉及一组与我们所关心的事物的位置以及配置有关的变量. 例如, 研究工业机器人时, 其手臂各部件的位置和定向非常重要. **构形空间**是使我们能够实现追踪此变量的一种拓扑空间. 有时, 除了位置以外, 我们还要考虑在一个系统中一些物体的速度和惯性, 这就要用到一个同时包含位置和惯性变量的空间, 这样的空间通常称为此系统的**相空间**.

下面通过几个例子说明构形空间和相空间的含义, 以及它们的拓扑空间和拓扑结构在实际中是如何发挥作用的.

例 10.2.1 考虑以平面上一点为固定端点的一根杆的简单系统, 此杆环绕这个端点可以在一个平面自由旋转, 如图 10.20 所示. 很显然, 在平面上此杆的位置可通过构形空间 S^1 来建模.

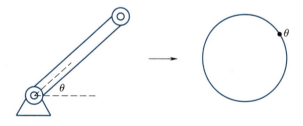

图 10.20 一杆系统的构形空间是圆周

例 10.2.2 图 10.21 所示的是平面二杆系统, 其中杆 A 有一个自由端, 并以平面 P 上的一点为固定端点, 杆 A 可以环绕此端点在平面 P 上旋转; 杆 B 的一个端点与杆 A 的自由端相连 (此处称为关节), 杆 B 的另一个端点 (自由端) 可以在平面 P 内转动. 由于杆 A 的固定端以及杆 B 的连接端都允许在整个圆周的范围内旋转, 因此这个系统的构形空间是 $S^1 \times S^1$, 即环面. 此系统的每个构形与此环面上的点 (θ_A, θ_B) 一一对应.

称上例中的系统为**连杆装置**. 它是简单的, 只有两个杆. 一般地, 一套连杆装置是一

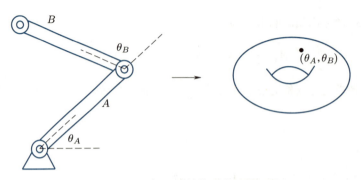

图 10.21　二杆系统的构形空间是环面

组刚性部件, 在关节处连接在一起, 除了在一个端点固定之外, 这些部件可相互相对自由运动.

在 18、19 世纪, 连杆装置因其几何性质具有数学意义而引起学者的研究兴趣. 在 19 世纪下半叶, 随着工业革命的兴起, 连杆装置由于能为机械设计提供重要的部件, 因而在应用上受到了重视. 即使在当今, 连杆装置还在许多机械系统中使用. 例如, 一套连杆装置能把电机的旋转运动转换为汽车挡风板刮水器的左右往复运动.

由于制造过程变得越来越复杂和自动化, 使得机械部件也有同样的趋势. 机器人手臂常常用来完成重复的任务. 与人类相比, 机器人干起活来更便宜、更精确.

下面再看一个与机器人手臂有关的一些构形空间的例子.

例 10.2.3　图 10.22 (a) 是一个可以按两个角度转动且长度可改变的机器人手臂. 它的基座可以在一个平面上全方位旋转 360°; 它的手臂可以在与基座运动平面垂直的平面内旋转 0° ~ 90°; 它的手臂长可以在 0 cm ~ 25 cm 范围内伸缩. 于是, 这个机器人手臂的构形空间是图 10.22(b) 所示的 $S^1 \times [0,90] \times [0,25]$, 它拓扑等价于 $S^1 \times I \times I$, 即一个实心环.

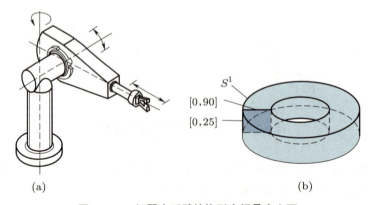

(a)　　　　　　　　　　　　(b)

图 10.22　机器人手臂的构形空间是实心环

例 10.2.4 (曲柄摇杆装置)　如图 10.23 所示的曲柄摇杆装置是一个简单实用的连杆装置, 它广泛用于机械构件中. 该装置共有四根长度分别为 l_1, l_2, l_3 和 l_4 的杆, 其长度满足一定关系, 它们连接成一个循环链. 将其中的 AB 杆固定, BC 杆是其中一根最短的杆, BC 杆绕 B 在一个平面内自由转动时, 可以看到 AD 杆和 DC 杆相对地来回摇摆. 显而易见, 曲柄摇杆装置将旋转运动转变为摇摆运动 (汽车车窗的刮水器用的就是这种装置). 在该装置中, 点 C 的构形空间是一个圆周, 而点 D 的构形空间则是一段简单弧线 α. 如果还允许该装置以 AB 为旋转轴自由旋转, 则点 C 的构形空间是个球面, 而点 D 的构形空间则是一个平环 (同构于 $\alpha \times S^1$).

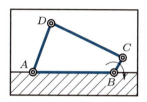

图 10.23 曲柄摇杆装置

例 10.2.5 (相空间 1) 设在地面上高度为 x、质量为 m、惯性为 p 的一个物体垂直上升或下降. 由惯性定律, 其**相空间**为 $\{(x,p) \mid x,p \in \mathbb{R}, x \geqslant 0\} = \mathbb{R}_+ \times \mathbb{R}$. 由能量守恒定律, 其总能量 mgx (势能) $+\dfrac{p^2}{2m}$ (动能) 为常数 C, 其中 g 是重力加速度. 故该物体的位置和惯性在相空间 $\mathbb{R}_+ \times \mathbb{R}$ 中对应于一条抛物线

$$E_C = \left\{ (x,p) \in \mathbb{R}_+ \times \mathbb{R} \,\middle|\, mgx + \frac{p^2}{2m} = C \right\} \quad (C \geqslant 0),$$

如图 10.24 所示. 相空间可拆为一族抛物线 E_C, 沿着这些抛物线可以追踪此系统运动状态.

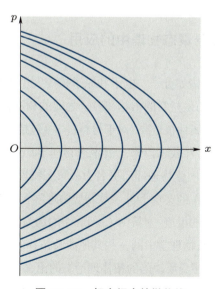

图 10.24 相空间中的抛物线

例 10.2.6 考虑一个由两个不同的原子所组成的分子 M, 如图 10.25 所示, 用如下方式记录它在 3 维空间中的位置和定向: 首先给此分子位于其质心的那个点定位, 它在 3 维空间中变化. 它的质心被确定后, 整个分子的位置可由质心到其中一个原子的向量完全确定. 该向量称为此分子的定向, 其长度为质心到该原子的距离. 它可以在以质心为球心、该向量长度为半径的球面上变化. 这样, 在 3 维空间中记录分子的位置和定向的构形空间是 $\mathbb{R}^3 \times S^2$.

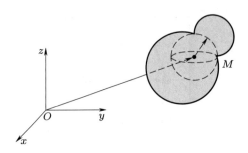

图 10.25   3 维空间中的一个定向分子

例 10.2.7 (相空间 2 —— 商空间的应用)   设一个分子由两个相同的原子组成. 在 $\mathbb{R}^3$ 确定了该分子的质心后, 由对称性, 该分子的两个原子的位置恰好是以质心为球心的球面上的一对对径点. 由于这两个原子是相同的原子, 可以认为当这两个原子对换位置后对应的是同一个分子形态. 拓扑上这相当于把球面上的每对对径点黏合成一点, 得到了射影平面 $\mathbb{P}^2$. 按照这种方式, 可以将此分子的构形空间 "缩减" 成 $\mathbb{R}^3 \times \mathbb{P}^2$.

在物理学与化学中, 利用系统的对称性得到作为另一个空间商空间的构形空间或相空间的做法 (与例 10.2.7 的做法类似) 是很常见的.

10.2.2   拓扑学在凝聚态物理中的应用

凝聚态物理涉及物体中诸如分子、电子和原子核等大量相互作用的粒子的 "涌现行为". 这里的 "涌现行为" 指的是材料的由相邻粒子之间的相互作用而产生的大规模特性. 该领域对于理解物质的基本属性很重要, 对于材料科学 (包括纳米技术) 等应用领域也是至关重要的. 自 20 世纪 60 年代末以来, "凝聚态物理学" 这个名字就逐渐为大众所知. 1978 年, 美国物理学会将其固体物理部门更名为凝聚态物理部门. 克尔曼 (Kleman) 和拉夫连托维奇 (Lavrentovich) 的文章 [23]《软物质物理学》提供了侧重在软物质的一个关于凝聚态物质的完全可读的报道. 塞特纳 (Sethna) 的题为 "熵、有序参数和复杂性" 的文章 [39] 介绍了该领域以及物理学中的一些其他涉及拓扑的专题, 内容可读且有趣. 梅尔曼 (Mermin) 的题为《有序介质缺陷的拓扑理论》的论文 [30] 也是一个值得推荐的材料, 其中提供了许多关于拓扑学和物理学的工作密切相关工作的有趣见解.

每个人都熟悉物质的三种状态. 在非常低的温度下, 物质往往呈现固态. 这时, 分子倾向处于静止状态, 就像坐在一排座位上的人一样, 有时还有与冰一样的晶体对称性. 在稍高的温度下, 物质倾向于呈现液态, 此时动能驱使分子互相排斥, 若即若离. 在较高温度下, 物质往往是呈现气态. 较大的动能使它们飞得很快, 并在其表面附近相互碰撞. 这是物质常见的三个状态. 控制分子的运动在凝聚态物理学中很重要. 我们将重点关注其中的拓扑机理, 以及分子的局部行为如何产生全局行为.

仔细考虑就会发现情况并非那么简单. 例如, 电子在铁中移动产生局部磁化方向, 我们可以认为是一个向量场. 如果铁周围的磁化方向指向同一个方向, 那么铁就起到磁铁的作用. 如果整个铁的局部磁化方向各不相同, 则它就不能起到磁铁的作用. 可以观察到, 电子的相互作用和排列会影响材料的性质. 另一个重要的例子是液晶 (如液晶屏幕), 其中的粒子有一定的运动自由度, 如同在液体中, 但倾向于像晶体一样局部整齐地排列, 虽然未必全体整齐排列. 这将是我们的关注重点. 粒子表现得不再像人们排成一排或漫无目的地漫游. 它们更像一组行进中的徒步者, 部分与相邻者并排行进, 部分转向. 从上方看它们时, 通常会看到宏伟的图案. 液晶可以像液体一样流动, 但不易弯曲. 超导体导电时电阻非常小, 并且带有磁场, 这使得 MRI 成为可能. 超流体流动时黏度几乎为零, 并且可以形成一个分子厚的侧面. 铁中的自旋模式决定了它是否具有磁性. 橡皮泥在短时间内表现得像固体一样有弹性, 但流动起来却像液体. 玉米淀粉与水混合看起来像固体, 在短时间内经不住大尺度的挤压, 但可以像液体一样流动. 这些表明, 物质有多种存在状态, 并且已知的各种状态的列表正在逐步扩大, 其中包括我们熟悉的磁铁和非磁铁以及一些具有惊人特性的材料, 如液晶、自旋玻璃、超导体、超流体、泡沫、凝胶、胶体、聚合物和准晶体等.

物质不同状态之间的差异与粒子的局部排列或顺序有关. 设 X 为欧氏空间 $\mathbb{R}^n$ 上的一个开集, $Z \subset X$ 为奇点集, M 为一个流形. 称一个连续映射 $\Psi : X - Z \to M$ 为一个序场. 通常, 也称 M 为序参数空间, M 实际上是由分子的对称构成的拓扑群商掉一个有限的对称子群而得的. 很多情况下, 序可以看成确定单个分子所面对的方向. 例如, 如果粒子的形状像小箭头, 则序场可由方向定义, M 是一个 $(n-1)$ 维球面. 如果每个粒子的对称性为如同平面 $\mathbb{R}^2$ 上的正 n 边形的对称性, 则 $M \cong S^1/S_n \cong S^1$. 一般说来, 分子的相互作用还可能取决于场的复杂性和量子效应, 其结果可能会超出我们的预期. 为简单起见, 我们将忽略其他因素的影响.

分子的序可以在不同的材料中采取多种不同的形式, 但基本思想始终是与对称性的破损有关. 无序的介质, 其中的颗粒随机分散, 具有完全对称性; 所有的点和所有的方向都是不可区分的. 换言之, 平移和旋转依然保持了材料的现有状态. 如果粒子以有序的方式排列, 如按行、圆或其他图案排列, 则它们不再是完全对称的. 这就是所谓的对称性破损. 因此, 序是描述粒子如何打破完全对称性的一种方式, 即序描述了粒子如何创造新的图案.

序参数空间中一个序场的一个重要的拓扑特征是那些未定义的点, 它们对应于向量场中的奇点. 在物理上重要的是这些奇点是稳定的, 如同向量场中具有非零指标的点稳定一样, 它们不会因分子的小幅运动而被去除.

下面介绍几类常见的 2 维序场的例子.

1. 平面 $\mathbb{R}^2$ 上常见的对称场.

把分子看成平面上的一个正多边形. 分子在平面上的对称群是 $SO(2)$. 设 G 为 $SO(2)$ 的一个有限子群. 容易知道, G 是一个有限循环群, 即

$$G = G_n = \left\{ 0, \frac{1}{n}, \frac{2}{n}, \cdots, \frac{n-1}{n} \right\},$$

其中 $\frac{m}{n}$ 表示平面 $\mathbb{R}^2$ 以某点 P 为心旋转 $\frac{2m\pi}{n}$ 角度对应的等距变换. 例如, 若分子有正方形的对称性, 则 $G = G_4 = \left\{ 0, \frac{1}{4}, \frac{1}{2}, \frac{3}{4} \right\}$.

设 X 是 $\mathbb{R}^2$ 的一个开子集, Z 是 X 中的一个有限子集. 现在, X 上以 Z 为奇异点集的 n 对称场是一个连续映射

$$\Phi : X - Z \to SO(2)/G_n.$$

我们可以将点 $x \in X - Z$ 的序视为某个标准的分子旋转到位于 x 的分子. 一般而言,

$$SO(2)/G_n = \left[0, \frac{1}{n} \right] \bigg/ \left(0 \sim \frac{1}{n} \right).$$

可以把 Z 看成经过 Φ 映到平面上原点的子集. 对于某个 $z \in Z$, 在平面的原点附近取一个逆时针绕原点转一圈的闭路 γ. 考虑覆叠映射 $\mathbb{R} \to SO(2) \to SO(2)/G_n$. 由覆盖提升引理, $\Phi \circ \gamma$ 在直线 $\mathbb{R}$ 上有一个始于直线上原点的提升 $\widetilde{\Phi \circ \gamma} : [0,1] \to \mathbb{R}$, 则易见 $\widetilde{\Phi \circ \gamma}(1) = \frac{m}{n}$. 它表示的是在商空间 $SO(2)/G_n$ 中, γ 绕原点逆时针转一圈, 则在 $SO(2)$ 上, 对应的点要逆时针转 $\frac{2m\pi}{n}$ 角度. 显然, $\frac{m}{n}$ 与提升的起点选择无关. 称 $\frac{m}{n}$ 为奇点 z 的指标. 例如, 图 10.26(a) 中无奇点; 图 10.26(b) 中有一个指标为 1 的奇点; 在平面的 $SO(2)/G_3$ 下, 图 10.26(c) 中有一个指标为 $\frac{1}{3}$ 的奇点; 在以 Y 中的一条边为轴旋转 π 角

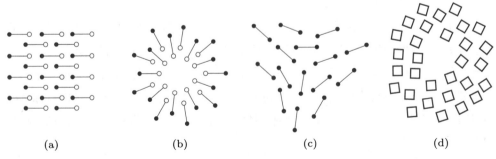

(a)　　　　　(b)　　　　　(c)　　　　　(d)

图 10.26 奇点

度生成的变换子群下, (c) 中有一个指标为 $\dfrac{1}{2}$ 的奇点; 在平面的 $SO(2)/G_4$ 下, (d) 中有一个指标为 $\dfrac{1}{4}$ 的奇点.

2. X-Y 铁磁体 (平面自旋).

一个 X-Y 铁磁体是一个具有晶格结构薄膜材料. 晶格上每个点自旋, 且所有自旋被限制在一个平面内. 自旋就像一个方向向量, 给出局部的磁化方向. 该序场类似于图 10.26 的 (a) 和 (b), 所以

$$M = SO(2), \quad \pi_1(SO(2)) = \mathbb{Z}.$$

每个奇点的指标是一个整数.

3. 超流氦 4 (helium-4).

对于超流氦 4 (helium-4), 序参数由一个固定模长的复数 (波函数) 来确定. 此时, 与平面自旋一样, 序参数空间为 $M = SO(2)$, $\pi_1(SO(2)) = \mathbb{Z}$. 但固定的模长大小是由温度和压力决定, 并在达到由超流体到正常流体的相变温度 (及以上) 时消失.

4. 2D 单轴向列态.

单轴向列态是一种液晶态, 其中的分子看起来或多或少像雪茄, 具有线段的对称性. 定义每个分子个体的长轴是困难的, 但轴的方向可以通过对局部小区域取平均来定义. 在这样的材料做成的一个薄膜中, 每个分子的质心位于平面并将向上倾斜, 与法线向量形成角度 Ψ, 如图 10.27 所示. 若 $\Psi = \dfrac{\pi}{2}$, 则该序场构成一个 2 对称的场, 并且

$$M = SO(2)/G_2, \quad \pi_1(SO(2)/G_2) = \frac{1}{2}\mathbb{Z} = \left\{ \cdots, -1, -\frac{1}{2}, 0, \frac{1}{2}, 1, \cdots \right\},$$

其中每个奇点的指标是 $\dfrac{n}{2}$, 且 $n \in \mathbb{Z}$. 如果 $\Psi \in \left(0, \dfrac{\pi}{2}\right)$, 则分子的方向可以通过它们的末端指向平面的方向 (上方或下方) 来区分. 该序场看起来像一个方向场, 序参数空间为 $M = SO(2)$, $\pi_1(SO(2)) = \mathbb{Z}$, 其中奇点的指标为整数. 如果 $\Psi = 0$, 则 $M = SO(2)/SO(2) = 0$, 这时不存在稳定的奇点.

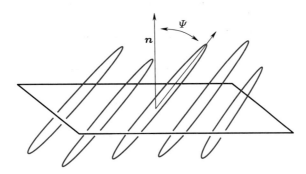

图 10.27 序参数空间由角度 Ψ 确定

5. 2 维晶体.

分子位于整数格中的 2 维晶体有一个序场. 每个分子的序由分子的位置到理想格的位置所确定 $\mathbb{R}^2$ 中的向量决定, 如图 10.28 所示. 序参数在 x 方向和 y 方向上都是周期性的, 周期为 1, 因此它的序参数空间是一个环面, $M = T^2$, $\pi_1(T^2) = \mathbb{Z}^2$. 奇点的指标是一对整数 (m, n).

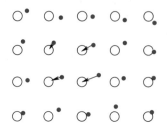

图 10.28   分子的序由分子的位置到理想格的位置所确定 $\mathbb{R}^2$ 中的向量决定

6. λ 态中的 2 维近晶.

λ 态中的 2 维近晶中的分子沿着堆叠的 "双层" 方式排列, 如图 10.29 所示. 这些层具有对称性, 因此沿层固定距离的平移是对称的. 这些层有方向交替的波纹, 如图 10.29 中的箭头所示, 则垂直于层的距离 d 的平移以及旋转 π 的整数倍是介质的对称性. 因此序参数空间是克莱因瓶 K, 奇点的指标由基本群

$$\pi_1(K) = \langle a, b \mid aba^{-1}b \rangle$$

中的字给出. 如果我们设想从图 10.29 中的箭头开始, 则该字对应于运动的指令. 每个 a 对应于沿箭头方向移动一个单位. 每个 b 相当于在法线方向移动一个单位距离 d 并绕法线方向旋转角度 π.

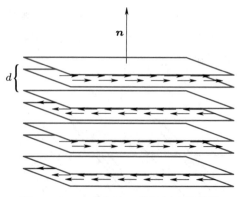

图 10.29 λ 态中的 2 维近晶中的分子

10.3 拓扑学在机器人学中的应用

物流中心同时用很多机器人来分送快递时, 需要考虑其运动路径, 以避免发生碰撞. 这时, 拓扑空间的**连通性**可以发挥作用.

先看一个简单情形. 设有两个机器人 A 与 B 在直线 $\mathbb{R}$ 上移动, 如图 10.30(a) 所示, 其中 $x_A(x_B)$ 表示机器人 $A(B)$ 的位置. A 和 B 的构形空间是 $C = \{(x_A, x_B) \in \mathbb{R}^2\}$. 为避免 A 与 B 相撞, 我们不允许 A 与 B 在同一时刻出现在同一点, 即要求在同一时刻, $x_A \neq x_B$. 这样, 允许的构形空间是 $SC = \mathbb{R}^2 - \Delta$, 其中 $\Delta = \{(x, x) \mid x \in \mathbb{R}\}$, 如图 10.30(c) 所示. 称 Δ 为 $\mathbb{R}^2$ 的**对角线**, SC 为这两个机器人的**安全构形空间**.

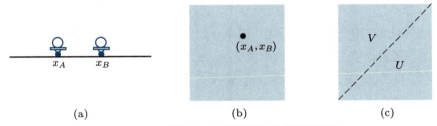

图 10.30　直线上两个机器人的安全构形空间

Δ 是 $\mathbb{R}^2$ 的分离子集, $SC = \mathbb{R}^2 - \Delta$ 有两个道路分支, 分别是

$$U = \{(x_A, x_B) \in SC \mid x_A > x_B\},$$
$$V = \{(x_A, x_B) \in SC \mid x_A < x_B\}.$$

设在时刻 t, $t \in I$, 机器人 A 和 B 的位置分别为 $x_A(t)$ 和 $x_B(t)$, 并且

$$P_0 = (x_A(0), x_B(0)) \in U, \quad P_1 = (x_A(1), x_B(1)) \in SC.$$

设 $\alpha : (I, 0, 1) \to (SC, P_0, P_1)$ 为 SC 中一条道路, 使得 $\alpha(t)$ 是时刻 t 机器人 A 和 B 的位置坐标, 则 $\alpha(I)$ 为 SC 的一个连通子集. 因 $P_0 \in U$ (即 $x_A(0) > x_B(0)$), 故 $\alpha(I) \subset U$, 且 $\forall t \in [0, 1]$, $x_A(t) > x_B(t)$ (包括 $x_A(1) > x_B(1)$). 这样, 按路径 $\alpha(I)$ 来设计机器人 A 和 B 的运动方案, 就可以确保机器人们不会碰撞.

注意, 道路 α 可以有自交点 (这意味着在不同时刻 A 和 B 的位置坐标相同). 如果该运动曲线在某一段是水平的 (或竖直的), 则意味着机器人 B 在停靠, 而机器人 A 还在移动 (或机器人 A 在停靠, 而机器人 B 还在移动). 当然, 在具体设计时, 还要考虑机器人的移动速度.

现在假设有 n 个机器人同时工作在一个物流中心的专用道路 $X \subset \mathbb{R}^2$ 上, X 是道路连通的. 记 $Y = X \times X \times \cdots \times X$ (n 个 X 的乘积). 类似地, 这 n 个机器人安全构形空间定义为子空间 $SC^n(X) = Y - \Delta$, 其中

$$\Delta = \{(x_1, x_2, \cdots, x_n) \in Y \mid x_i \in X, \exists x_i = x_j, 1 \leqslant i \neq j \leqslant n\}$$

为 Y 的对角线. 如同两个机器人的情况, 若同一时刻 n 个机器人的位置坐标是 $SC^n(X)$ 中的点, 则我们可以排除两个或多个机器人相撞的可能性.

设计这 n 个机器人安全工作的路径的想法与 $n = 2$ 的情形完全相同. 假定这 n 个机器人的初始位置互不相同, 在 $SC^n(X)$ 中的对应点为 P_0, 不妨设 P_0 位于 $SC^n(X)$ 的一个道路分支 Γ 中; 最终的停止位置在 $SC^n(X)$ 中的对应点为 P_1. 设计思路就是确定 $SC^n(X)$ 中的以 P_0 为起点、P_1 为终点的一个道路 $\alpha : I \to SC^n(X)$. 这意味着 $\alpha(I) \subset \Gamma$, 特别地, $P_1 \in \Gamma$.

例 10.3.1 考虑在单位圆周 S^1 上的两个机器人 A 和 B. 此时, 安全构形空间 $SC^2(S^1)$ 是从环面 $S^1 \times S^1$ 上挖去对角线所得的曲面. 为了画出这个安全构形空间, 把 $SC^2(S^1)$ 看成 $I \times I$ 的两对对边按如图 10.31(a) 所示方式分别黏合所得的商空间, 其中所挖去的对角线用虚线来表示. 虚线把 $I \times I$ 分割成两个三角形 (不包含斜边). 把这两个三角形先沿标号 1 的一对边 (不含端点) 黏合, 如图 10.31(b) 所示, 再沿标号 2 的一对边 (不含端点) 黏合, 同样可以得到 $SC^2(S^1)$. 显然, 这样得到的商空间与开圆柱筒 $S^1 \times (0,1)$ 或平环 A 同胚, 如图 10.31(c) 所示. A 是道路连通的, A 中的任何一条道路都可以成为这两个机器人移动路径的设计方案.

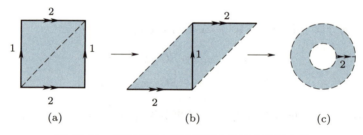

(a)   (b)   (c)

图 10.31 单位圆周上两个机器人的安全构形空间

例 10.3.2 考虑两个机器人 A 和 B 在图 10.32(a) 所示的 Y 形图上运动. Y 的 3 条边分别记为 α, β, γ, 它们交于公共顶点 v. 安全构形空间 $SC^2(Y)$ 可表示为三部分之

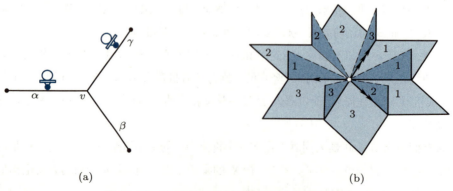

(a)   (b)

图 10.32 Y 形图上两个机器人的安全构形空间

并:$Y \times \alpha - \Delta$, 标记为 1; $Y \times \beta - \Delta$, 标记为 2; $Y \times \gamma - \Delta$, 标记为 3, 其中 $\Delta = \{(y, y) \in Y \times Y \mid y \in Y\}$ 为对角线. 它们各有 2 个道路分支, 如图 10.32(b) 所示, 中间的洞是已挖除的顶点 v 处对应的点. 容易验证, $SC^2(Y)$ 也是道路连通的.

10.4 拓扑学在分子生物学中的应用

10.4.1 度量空间在 DNA 中的应用

DNA 是生物遗传信息的携带者, 是分子生物学的重点研究对象. DNA 是由许多核苷酸组成的一个又长又细的大分子. 绝大多数 DNA 分子是双链的, 像一条绳梯: 有两条由脱氧核糖与磷酸相间连成的长链, 称为主链, 作为绳梯的侧架; 每个核糖分子上连着一个碱基, 两条主链上的碱基互相对应, 通过氢键连接起来形成碱基对, 作为绳梯的横档. 细胞中的 DNA 通常是线状的, 即其两条主链都是有终端的; 不过有些 DNA(特别是许多病毒和细菌的) 是环状的, 其两条主链都闭合成圈. 双链 DNA 具有一种特别的立体结构 —— 双螺旋结构: 上述绳梯在空间中扭转成右手螺旋状, 两条主链扭在一起, 如图 10.33 所示.

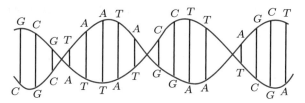

图 10.33 DNA 分子示意图

DNA 最初是由瑞士生物化学家弗里德里希·米歇尔 (Friedrich Miescher) 1869 年从手术绷带的脓液中分离出来的. 1953 年由赫尔希 (Alfred Hershey) 和蔡斯 (Martha Chase) 通过一个经典实验证实了 DNA 在遗传中的作用, 该实验表明噬菌体 T2 的遗传物质实际上是 DNA, 而蛋白质则是由 DNA 的指令合成的. 1953 年, 美国的沃森和英国的克里克提出了 DNA 双螺旋结构的分子模型.

在生物化学中, 称碱基的排列顺序为 DNA 的一级结构. DNA 是巨大的分子. 最小的天然 DNA 见于某些病毒之中, 也包含几千个碱基对, 分子量在 10^6 以上; 人类染色体的 DNA 则含有数十亿个碱基对. DNA 中的碱基共有四种: 腺嘌呤 (A), 鸟嘌呤 (G), 胞嘧啶 (C), 胸腺嘧啶 (T). 碱基的配对有个互补原则: A 一定与 T 配对, G 一定与 C 配对. 这样, 一条主链上的碱基排列完全决定了另一条主链上的碱基排列. 沿一条主链读出其碱基顺序, 得出由 A, C, G, T 四个字母拼写的长串密码, 就包含着生物的遗传信息.

与 DNA 研究有关的最重要的问题之一, 是如何对不同的 DNA 序列进行比对, 一个 DNA 序列与另一个 DNA 序列究竟有怎样的差别, 在某种意义下, 这是这两个序列之间演变距离的一种度量 (而经过推广, 是导致生物起源的、它们相互之间演变距离的一种度量). 当一个物种分化成为两种新物种时, 就会在进化树上形成一个分叉, 此物种的最初所确认的 DNA 序列, 开始积累独特的变异. 把这两个序列之间的差别用这些差别的一个函数来度量, 就为洞察每个物种进化史的本质提供了条件.

在进化的历程中, DNA 序列的差别以不同的方式出现. 其中最普通的是核苷酸替换, 即在一个 DNA 序列中相对于原序列而言, 一个字母明显的替换. 如果这是在两个序列之间所出现唯一的一种改变, 那么汉明距离就 (通过计算替换的总数) 为确定它们之间的差别提供了一种有用的度量. 在 DNA 之中常出现的另一种改变, 是核苷酸的添加或删除, 这反映为相应 DNA 序列中字母的添加或删除. 在此时, 在所改变序列之中所有随后的字母, 看来弥补了相关的原序列. 当两个 DNA 序列确实非常类似时, 它们之间有较大的汉明距离. 为了有效处理这个问题, 我们下面介绍另一种在进行比较时有用的度量 —— 莱文斯坦 (Levenshtein) 距离. 这是属于编辑距离的一种, 由苏联数学家莱文斯坦于 1965 年提出. 其中, 允许的编辑操作有以下三种:

- 替换: 将一个字符替换成另一个字符;
- 插入: 插入一个字符;
- 删除: 删除一个字符.

定义 10.4.1 设 x 和 y 是两个字符串. x 和 y 之间的**莱文斯坦距离**定义为将 x 变为 y 所需要进行编辑操作的最少的次数, 记作 $D_L(x, y)$.

设字符串 $A = a_1 a_2 \cdots a_m$, $B = b_1 b_2 \cdots b_n$. A 的前 i 个字符 A_i 和 B 的前 j 个字符 B_j 的莱文斯坦距离有如下的公式:

$$D_L(A_i, B_j) = \begin{cases} \max\{i, j\}, & \min\{i, j\} = 0, \\ \min \begin{cases} D_L(A_{i-1}, B_j) + 1, \\ D_L(A_i, B_{j-1}) + 1, \\ D_L(A_{i-1}, B_{j-1}) + I_{(a_i \neq b_j)} \end{cases}, & \text{其他}, \end{cases}$$

其中指示函数 $I_{(a_i \neq b_j)}$ 定义为

$$I_{(a_i \neq b_j)} = \begin{cases} 1, & a_i \neq b_j, \\ 0, & a_i = b_j. \end{cases}$$

例 10.4.1 设 x 为 AGTTCGAATCC, y 为 AGCTCAGGAATC. 那么, 我们可以通过下列过程从 x 变为 y:

替换 T: AGCTCGAATCC;

添加 A: AGCTCAGAATCC;

添加 G: AGCTCAGGAATCC;

删除 C: AGCTCAGGAATC.

通过考察具有 3 种或 3 种以下的运算的所有可能性, 能检验出为了使我们能从 x 变为 y, 需要进行添加、删除、替换这三种运算的最小数量为 4. 因此, $D_L(x, y) = 4$, 正如在上面所看到的.

例 10.4.2 设 x 为 AGTTGAATAC, y 为 AGGGTTGAATA. 乍一看, 我们发现 x 和 y 似乎有点类似. 事实上, 它们有一段 GTTGAATA 是共同的. 不难确定, x 与 y 之间的莱文斯坦距离为 3. 与此相对照, 如果我们计算 x 与 y 之间的汉明距离 (计算二者不同项目的数量), 得到 7. 于是在本例中, 由 x 与 y 类似的结构可得, 与汉明距离相比, 莱文斯坦距离能较好地反映 x 与 y 的近似性.

给出两个字符串 x 和 y, 可以利用上述公式, 通过编程来方便地求出 $D_L(x, y)$. 莱文斯坦距离可以用来对 DNA 序列进行有效的比对和分析, 在拼写纠错检查、语音识别和剽窃检测等领域也有广泛的应用.

10.4.2 纽结理论在分子生物学中的应用

拓扑学与几何学的最引人注目的新应用, 是纽结理论被用于分析 DNA 实验. 下面首先介绍纽结理论的一些基础知识. 由例 1.3.10 可知, S^1 到 S^3 (或 $\mathbb{R}^3$) 中的一个嵌入 $K: S^1 \to S^3$ (或 $\mathbb{R}^3$) 为一个**纽结**.

定义 10.4.2 设 $\bigsqcup\limits_n S^1$ 为 n 个单位圆周的无交并. 称 $\bigsqcup\limits_n S^1$ 到 S^3 (或 $\mathbb{R}^3$) 的一个嵌入 $L: \bigsqcup\limits_n S^1 \to S^3$ (或 $\mathbb{R}^3$) 为一个**链环**. 有时也称 L 的像为一个链环.

显然, 一个链环由空间中的有限个互不相交的纽结构成. 链环中的每一个纽结称为该链环的一个分支. 纽结就是只有一个分支的链环. 在图 10.34中, (a) 为一个纽结, (b) 为一个链环.

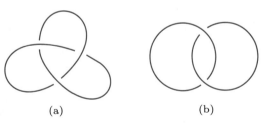

(a)   (b)

图 10.34 纽结和链环

纽结与链环常见的表示方法就是投影图. 设 L 是 S^3 中的一个纽结或链环. 在空间中选取一个投影方向. 考察 L 在与投影方向垂直的一个平面上的投影图.

定义 10.4.3 如果链环 L 的一个投影图满足

(1) 投影图上只有有限个点是重叠点;

(2) 这有限个重叠点都是横截二重点;

(3) 在每个二重点处, 用实线表示位于上面的纽结上的弧的像, 用在该二重点处断开的线表示位于下面的纽结上的弧的像.

则称它为链环 L 的一个**正则投影图**.

定义 10.4.4　设 L 为有两个分支 K_1 和 K_2 的一个定向链环. 对于 L 的一个正则投影图, 考察 K_1 与 K_2 的弧之间的交叉点 c, 按图 10.35 所示的规则来规定交叉点 c 的符号. 所有这样的交叉点 c 符号和的一半称为 L 的**环绕数**, 记作 Lk.

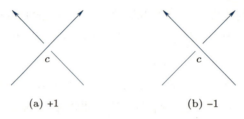

(a) +1   (b) −1

图 **10.35**　c 的符号

DNA 是生物遗传信息的携带者, 是分子生物学的重点研究对象. 虽然决定遗传信息的是 DNA 的碱基顺序, 但是 DNA 分子的空间结构和几何形状对其物理、化学性质以至生物活性也有很大影响.DNA 的双螺旋模型使我们很自然地把它的骨架看成一条带子.

细胞中的 DNA 通常是线状的, 即其两条主链都是有终端的 (图 10.36(a)); 不过有些 DNA (特别是许多病毒和细菌) 是环状的, 其两条主链都闭合成圈 (图 10.36(b)). 典型的 DNA 分子由两条互补的多核苷酸链组成, 它们多重缠绕, 形成一种特别的立体结构 —— 双螺旋结构: 上述绳梯在空间中扭转成右手螺旋状, 两条主链扭在一起具体的扭

(a)   (b)   (c)

图 **10.36**　DNA 结构

转率取决于碱基对的局部顺序以及整个 DNA 分子的受力情况, 通常每转周期约为 10.5 个碱基对 (bp).

DNA 分子是细长的, 包在细胞核里, 有非常复杂的弯曲、绞缠等几何现象. 描述这类现象时, 我们注意的是双螺旋的轴线 (碱基对中点的连线) 的几何形状. 实验中观察到, DNA 的轴线本身通常也绞拧成螺旋状, 生物化学家称这种现象为超螺旋 (图 10.36(c)). 环状 DNA 的轴线可以打结, 交叉点数不超过 6 的纽结 ([49]) 都已在实验中观察到. 环状 DNA 分子之间也可以构成链环而不能分类.

DNA 在细胞核中的扭曲、绞拧以至打结、圈套必定会影响到 DNA 的复制、转录、重组等基本的生命活动. 例如, DNA 分子在细胞有丝分裂时自我复制, 是扭成螺旋的两条长链先拆开, 按照碱基互补配对的原则, 每条链上的每一碱基与周围环境中游离的脱氧核苷酸来配对, 就形成了两个完全相同的双链 DNA 分子, 它们将被分配到两个子细胞中去. 显然, 复制过程中两链的拆开, 以及复制后两个双链的分离都受到复杂的几何形状的牵制. 生物体之所以能克服这些牵制而实现其生命活动, 是因为生物体内存在一类特殊的酶——拓扑异构酶.

酶是生物催化剂, 每一种酶能高效地促成一种特定的生物化学反应. 拓扑异构酶在 DNA 中引入短暂的单链或双链断裂, 以释放双链分离期间积累的扭转张力. 如图 10.37 所示, 图中每条线代表一条链, 两主链间的螺旋式扭转则省略了. 促成 (a) 的酶叫 I 型拓扑酶, 改变两条单链之间的交叉. 促成 (b) 的酶叫 II 型拓扑酶, 改变两条双链之间的交叉. 促成 (c) 的酶叫重组酶, 把两个双链都切断后重接时不再交叉.

DNA 分子有一定的柔性, 在不发生化学反应时也可以作连续变形. 天然的 DNA 分子大多是线状的, 但是在数学上, 一条线如果容许终端自由活动总能形变成直线段. 因此对于线状的 DNA 分子而言, 很难断定其形状的哪些变化是由于酶所促成的化学变化引

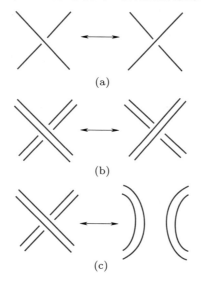

(a)

(b)

(c)

图 10.37　拓扑异构酶

起的. 解决这个问题的诀窍是, 使我们要研究的酶作用在环状 DNA 分子上. 环状的双链
DNA 分子的两条主链是几乎并行的简单闭曲线, 分子的轴线也是简单闭曲线, 于是其两
条主链之间的环绕数、其轴线所形成的纽结、几个分子的轴线所形成的链环, 都是拓扑
不变量. 在酶作用前后这些拓扑不变量所发生的变化, 不可能是由连续变形引起的, 而一
定是由酶所促成的化学变化引起的.

环状双链 DNA 的另一个特征称为扭转数 (记为 Tw). 扭转数 Tw 是 DNA 双链中
一条主链完全缠绕另一条的次数. 拧数 Wr 是环状双链 DNA 的第三个特征, 它描述了
DNA 分子整体的形状. 拧数 Wr 被定义为 DNA 分子在二维空间中投影时双螺旋自身交
叉的次数. 怀特公式 (参见 [44]) 告诉我们, 环状 DNA 的扭转数 Tw 与拧数 Wr 之和, 等
于两条主链之间的环绕数 Lk. 值得注意的是, 虽然 Lk 是整数, 但 Tw 和 Wr 都不应该是
整数. 此外, Tw 和 Wr 都不是拓扑不变量, 它们的值很容易随着环境条件、温度和 DNA
功能过程的变化而变化.

由于 DNA 双螺旋的扭转率主要是由碱基顺序确定的, 所以碱基顺序相同的 DNA,
其扭转数 Tw 是几乎相等的. 再根据怀特公式

$$Lk = Tw + Wr,$$

拧数的差别其实反映出环绕数的差别. 我们知道, 环绕数只能取整数值, 这使得化学变化
后产物的拧数不是连续变化而是跳跃的. 因此从 DNA 结构上看, 产物的差别是两条主链
之间的环绕数不同. 酶的作用, 就是使两条主链互相穿越以改变它们之间的环绕数.

对比用不同的酶反应后的环绕数, 发现有些酶作用前后 DNA 双链的环绕数差值是
1, 另一些酶作用前后 DNA 双链的环绕数差值是 2. 于是拓扑酶有 I 型与 II 型之分. 第
I 型拓扑异构酶与 DNA 转录及转译有关. 可在某一点断开一条主链, 使其产生一个缺口,
此时另一条完整的主链将会穿越此缺口, 之后将缺口重新封闭. 这样的穿越前后, 两主链
间的环绕数会改变 ±1. 第 II 型拓扑异构酶与 DNA 复制有关. 可在某处同时断开两条主
链, 产生缺口, 使另一条双股螺旋从缺口中穿越, 然后把缺口封闭. 这时该分子两主链间
的环绕数改变 ±2.

重组酶种类繁多, 对基因插入、倒位、易位等生命现象起着关键作用. 它们既影响碱
基顺序又影响空间构型, 作用更加复杂, 本书不做详细介绍.

10.5 拓扑学在动力系统以及生物种群数量研究中的应用

19 世纪末, 一场微分方程和数学领域的革命开始了, 并延续到整个 20 世纪, 使人们
认识到从公式直接表示一些重要微分方程的解将太过复杂. 使用定性、拓扑方法进行分

析这些解则更容易. 对这些复杂的微分方程进行深入研究催生了现代动力系统领域, 其中涉及我们现在称之为混沌的内容.

被称为 n 体问题的行星运动的微分方程, 是微分方程中的重大问题之一. 正是这个问题促使牛顿 (Newton) 发明了微积分和微分方程. 在 20 世纪之前, 理解微分方程的标准方法是使用泰勒 (Taylor) 级数找到解的公式. 多年来, 许多数学家为解决 n 体问题付出了艰辛的努力. 19 世纪 90 年代, 法国数学家庞加莱出版了题为 "Les Méthodes Nouvelles de La Mécanique Céleste" 的三卷本著作, 其中结合了新的几何方法, 使用曲面和高维流形描述力学中的新定性方法, 为 n 体问题和微分方程提供了全新的深刻见解. 鉴于庞加莱的上述工作, 他被人们公认为是现代动力系统之父.

在 20 世纪, 数学家致力于研究庞加莱首先提出的那些相关的定性方法, 其中拓扑学发挥了 (并且仍在发挥) 重要作用. 拓扑和动力系统之间存在协同关系, 这两个领域都互相汲取见解.

在本节中, 我们简要介绍一下拓扑学在混沌和动力系统中的作用, 并通过两个典型例子展示离散动力系统在生物种群研究中的作用.

10.5.1 离散动力系统与混沌

定义 10.5.1 设 X 为一个拓扑空间, $f : X \to X$ 连续. 对于 $n \in \mathbb{N}_+$, 记 $f^n = f \circ \cdots \circ f$ (n 个 f 的复合). 称 $\{f^n \mid n \in \mathbb{N}_+\}$ 为 X 上的一个**离散动力系统**. 通常也简称 f 为 X 上的一个**离散动力系统**, 称 n 为该系统的**时间参数**.

对于给定点 $x_0 \in X$, 记 $x_n = f^n(x_0)$, $n \in \mathbb{N}_+$. 称 $\{x_n \mid n \geqslant 0\}$ 为 x_0 的**轨道**, 称 x_0 为该轨道的**初始点**, 称该轨道中的点为 x_0 的 n 次**迭代**.

如果一个点 $x_0 \in X$ 经过 n 次迭代后返回 x_0, 即 $x_n = f^n(x_0) = x_0$, 则称 x_0 为**周期点**.

动力系统理论主要是研究各种轨道的类型及其之间的关系. 为了研究轨道的分类, 必须了解轨道在无穷时 ($n \to \infty$) 的状态.

设 $f : X \to X$ 为一个离散动力系统, $A \subset X$. 若 $f(A) = A$, 则称 A 是一个**不变子集**. 显然, 任何一条轨道 (或若干轨道之并) 是不变子集, 但不一定是闭集.

若 X 的一个子集 B 是非空、闭的且不变的, 且 B 没有任何真子集也具有这三条性质, 则称 B 是一个**极小集**. 容易验证, 极小集 B 中的每一条轨线在 B 上处处稠密. 周期点的轨道是重复一些有限的点的序列, 是紧致的极小集. 但一般而言, 一个极小集未必是紧致的. 在动力系统理论中, 比较有趣的是紧致极小集.

在 20 世纪 60 年代早期, 爱德华·洛伦茨 (Edward Lorenz) 在研究气候的计算机模拟时发现, 随着时间的推移, 该动力系统的轨道往往会相互分离. 这似乎很偶然. 但随着对大量的动力系统的轨道的计算结果进行检查, 人们发现这个现象很普遍, 即随着时间的推移, 轨道往往会相互分离. 同时, 轨道往往会在整个空间范围内徘徊. 这最终促成了混沌概念的产生.

混沌没有普遍接受的定义. 数学家倾向于使用强调可能发生的奇怪行为程度的定义.

定义 10.5.2 (混沌的拓扑定义) 设 $f: X \to X$ 为一个离散动力系统, $A \subset X$ 为一个无限子集. 若 A 满足下面两个条件:

(1) 存在某个点 $x_0 \in A$, 使得 x_0 的轨道在 A 中是稠密的;

(2) 所有周期轨道之并的集合在 A 中都是稠密的,

则称 A 为 f 的**德瓦尼 (Devaney) 混沌子集**.

注意, 这个混沌定义只涉及周期轨道的集合和拓扑稠密子集的概念. 因此, 该定义中给出的混沌是一种拓扑性质. 自混沌出现以来, 混沌中涉及的性质一直都是理论和应用领域中很重要的研究课题.

注 10.5.1 (1) 在 20 世纪 60 年代, 斯梅尔 (Smale) 开始研究混沌系统的一般性质, 发展了现在所谓的 "斯梅尔马蹄铁". 吉姆·约克 (Jim Yorke) 和李 (T. Y. Li) 于 1975 年在其论文《周期 3 意味着混沌》中创造了 "混沌" 一词. 斯梅尔、李和约克都使用几何与拓扑的工具来证明关于混沌系统的结果.

(2) 德瓦尼提出的混沌的原始定义包括拓扑传递性、一组密集的周期轨道和对初始条件的敏感依赖性. 后来发现, 如果离散动力系统是德瓦尼混沌系统, 那么它对初始条件自动有敏感的依赖性, 因此定义 10.5.2 中的两个条件就足够了.

通常称满足定义 10.5.2 中条件 (1) 的离散动力系统在 A 上具有**拓扑传递性**. 应用研究人员倾向于使用下面称为敏感依赖于初始条件的性质来描述混沌现象, 在这样的定义中, 敏感依赖更容易凭经验观察和查证, 故在物理学、生物学和经济学等许多领域的应用中, 通常是单独将敏感依赖视为混沌.

定义 10.5.3 设 X 是一个度量空间, $f: X \to X$ 为一个离散动力系统, $A \subset X$ 为一个无限子集. 若存在 $\varepsilon > 0$, 使得对于任意点 $x \in A$ 和 x 的任意邻域 N, 都存在一个点 $y \in N \cap A$ 和某个 $m \geqslant 0$, 满足 $d(f^m(x), f^m(y)) > \varepsilon$, 则称 f 对 A 上的初始点具有**敏感依赖性**.

动力系统中混沌现象的影响是令人震惊的. 假设 $f: X \to X$ 是一个离散动力系统, 用于模拟现实现象, 例如气候, 目标是衡量当前系统状态并使用该模型来预测未来状态. 如果该动力系统是混沌的, 那么测量中的任何误差, 无论多小, 都可能导致预测离实际情况相差甚远. 例如, 现实世界的系统可能是周期性的, 而由于测量误差, 预测可能会导致轨道密集; 或者预测可能是一个周期性轨道, 而实际系统的行为却截然不同. 即使可以进行完美的测量, 由于天气波动等其他因素影响, 微小的振动或其他不可预测的不可避免的外部因素都会扰乱系统, 使其偏离预计轨道.

10.5.2 两个典型应用案例

下面介绍离散动力系统的两个简单的例子以及它们的应用.

例 10.5.1 设 $f_k : \mathbb{R} \to \mathbb{R}$, 对任意 $P \in \mathbb{R}$,

$$f_k(P) = kP(1 - P).$$

称上述方程为**逻辑斯谛 (Logistic) 系统方程**, 其中 k 为大于零的常数. 对于 k 的三个值, f_k 如图 10.38 所示.

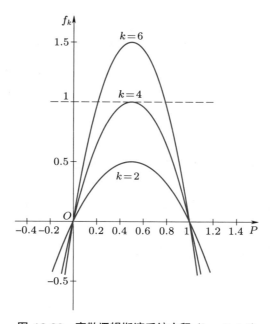

图 10.38 离散逻辑斯谛系统方程 $(k = 2, 4, 6)$

逻辑斯谛系统方程及其变体是最流行的离散动力系统模型之一, 在生态学、生物学和经济学等领域有着广泛的应用.

生物学家常常使用离散逻辑斯谛函数确定每年不同动物种群的变化. 假设在某个湖中, 用 P 表示湖中现有鱼的数量占该湖可以养活的鱼的总数量的百分比, 以 $P \in [0, 1]$ 给出. $P \leqslant 0$ 表示湖里面没有鱼了 (该湖中的鱼都已经死亡), $P \geqslant 1$ 表示大量的鱼群会吃掉所有的食物, 这些鱼在一年内会完全死亡. 如果 P_0 是鱼群数量在某年的占比, 则 $f_k(P_0)$ 为下一年的鱼群数量占比, $f_k \circ f_k(P_0)$ 将是下下一年的鱼群数量占比, 依此类推. 如果鱼群数量占比 P 很小, P 约为 0, 则下一年的鱼群数量占比将为 $kP(1-P) = kP - kP^2 \approx kP$, 据此可将常数 k 解释为食物丰富度的增长率. k 可以根据那个湖中鱼的种类和环境等因素来确定.

注意, f_k 的图形始终都是开口向下的抛物线, 交 P 轴于原点 O 和点 $(0, 1)$. 如果 $k \leqslant 4$, 则对于所有 $P \in [0, 1]$, $0 \leqslant f_k(P) \leqslant 1$.

考虑 $k > 4$ 的情况. 这时, 有一个开区间 $(a,b) \subset [0,1]$, 使得若 $P \in [0,a] \cup [b,1]$, 则 $f_k(P) \leqslant 1$; 若 $P \in (a,b)$, 则 $f_k(P) > 1$, 并且 $f_k^2(P) < 0$. 函数 f_k 将区间 $[0,a]$ 同胚地映满 $[0,1]$. 实际上, 注意到在 $[0,a]$ 上, 导数 $f_k'(x) > 0$, 故 f_k 在区间 $[0,a]$ 上有连续的逆. 类似可知, f_k 也是把 $[b,1]$ 同胚地映满 $[0,1]$.

一年后, (a,b) 中的所有鱼群都离开了区间 $[0,1]$ (死亡), 而居于 $[0,a] \cup [b,1]$ 的其他鱼群则不然. 考虑 2 年后会发生什么. 存在一个开子区间 $I_1 \subset [0,a]$, 使得 f_k 将区间 I_1 同胚地映满 (a,b); 存在一个开子区间 $I_2 \subset [b,1]$, 使得 f 将区间 I_2 同胚地映满 (a,b). 因此 2 年后离开 $[0,1]$ 的鱼群数为 $(a,b) \cup I_1 \cup I_2$, 如图 10.39 所示. 若干年后没有离开 $[0,1]$ 的鱼群体 (占比) 的集合是 $[0,1]$ 上若干的闭区间的并集.

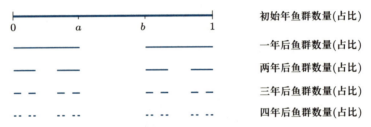

图 10.39 $k > 4$ 时, 没有离开 $[0,1]$ 的鱼群体 (占比) 的集合

这是我们在构建康托尔集时看到的一种熟悉的模式. 这种康托尔集在动物种群研究中经常非常自然地出现. 所有从未离开 $[0,1]$ 的总体是一个康托尔集, 记为 C. 如果 $P_0 \in C$, 则对于每个 $n \in \mathbb{N}_+$, $P_n \in [0,1]$. 如果 $P_0 \notin C$, 则当 $n \to \infty$ 时, $P_n \to -\infty$. 这样, C 的定义可以重新写成

$$C = \{P_0 \in R \mid \text{当 } n \to \infty \text{ 时}, P_n \nrightarrow -\infty\}.$$

可以证明 (此略), 当 $k > 4$ 时, C 是 f_k 的德瓦尼混沌子集.

逻辑斯谛系统方程为一般的混沌提供了一个很好的模型. 从该模型可见, 轨道随着时间的推移倾向于分离, 对初始条件敏感; 轨道倾向于围绕区间展开, 这就是拓扑传递性. 但是, 周期轨道是稠密的, 这往往很难凭经验观察.

康托尔集也经常出现在一般动力系统中. 设 $f : X \to X$ 是一个离散动力系统, $Y \subset X$. 若 $f(Y) \subset Y$, 则称 Y 为 f 的**正不变集**. 对于 $f_k(P) = kP(1-P)$, $k > 4$, 其康托尔集和混沌集一般几乎总是紧致的正不变集.

定理 10.5.1 设 $f : X \to X$ 是度量空间 X 上的一个离散动力系统, $Y \subset X$ 是一个紧致子集, 则

$$C = \bigcap_{n=0}^{\infty} f^n(Y)$$

是一个紧致的正不变集.

证明 因 f 连续, Y 是紧致的, 由定理 4.3.2, 对所有 n, $f^n(Y)$ 是紧致的. 因此对所

有 N, $C_N = \bigcap_{n=0}^{N} f^n(Y)$ 都是紧致的. 由推论 4.3.2, $C = \bigcap_{n=0}^{\infty} f^n(Y)$ 是紧致的.

设 $x \in C$, 则对所有 $n \geqslant 0$, $x \in f^n(Y)$, 即 $f(x) \in f(f^n(Y)) = f^{n+1}(Y)$, 从而 $f(x) \in C$. 故 $f(C) \subset C$. 因此, C 是正不变的. □

需要注意, 定理 10.5.1 中的集合 C 可能为空集.

例 10.5.2   如下的离散动力系统

$$F\begin{pmatrix} P \\ R \end{pmatrix} = \begin{pmatrix} P + aP(1 - P/R) \\ R + bR(1 - R) - hP \end{pmatrix} \tag{10.4}$$

常用于研究资源有限的人群. 该系统作为微分方程的表示形式为

$$\begin{pmatrix} P' \\ R' \end{pmatrix} = \begin{pmatrix} aP(1 - P/R) \\ bR(1 - R) - hP \end{pmatrix}. \tag{10.5}$$

方程 (10.5) 在文献 [8] 中被用于研究复活节岛上波利尼西亚人口崩溃形态的数学模型, 该微分方程的解与考古资料非常吻合. 在该系统中, P 是人口数量, R 是资源, a 是人类在资源丰富的情况下的增长率, b 是资源的增长率, h 是收获率. 文献 [8] 中作者用人口模型和新古典经济学的方法研究了该方程. 文献 [9] 中作者研究了离散版本的系统方程 (10.4).

方程 (10.4) 的正不变的紧致子集的情况如何? 方程 (10.4) 的一个正不变子集可以通过绘制满足初始条件的大网格上点的轨道来近似. 在图 10.40 中, 我们分别针对两组不同的常数, 在 $[0,1] \times [0,1]$ 上取一组 5 000 个初始条件点, 通过对每个初始条件 (P_0, R_0) 绘制迭代点集

$$\{(P_{500}, R_{500}), (P_{501}, R_{501}), \cdots, (P_{1\,000}, R_{1\,000})\},$$

并以此来近似地绘制该系统的正不变的紧致子集 $\bigcap_{n=0}^{\infty} F([0,1] \times [0,1])$. 这些图可由软件 PHASER 制作.

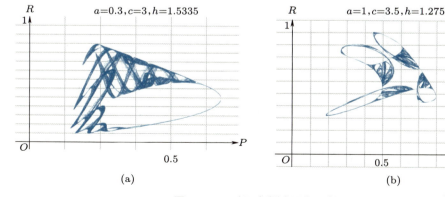

(a)　(b)

图 10.40　正不变紧致子集示意图

10.6 不动点定理在经济学中的应用

10.6.1 纳什均衡及其意义

博弈论与经济学有密切关系. 博弈论是研究竞争的逻辑和规律的数学分支, 它使用严谨的数学模型来研究冲突对抗条件下最优决策问题. 在博弈论中, 参与者、各参与者的策略集、各参与者的收益函数是最基本的要素. 每个参与者都知道其他参与者都与他同样理智且掌握同样的知识, 理解整个游戏, 同时都追求利益最大化且了解他人也是如此.

纳什均衡 (Nash equilibrium), 又称非合作博弈均衡, 是指在包含两个或以上参与者的非合作博弈中, 假设每个参与者都知道其他参与者的均衡策略的情况下, 没有参与者可以透过改变自身策略使自身受益时的一个策略组合. 换言之, 如果在一个策略组合上, 当所有其他人都不改变策略时, 没有人会改变自己的策略, 则该策略组合就是一个纳什均衡. 纳什均衡理论由美国数学家和经济学家约翰·纳什提出. 1950 年他在博士论文中提出了纳什均衡理论. 这一理论发表后, 对经济学和博弈论产生了深远的影响. 1994 年, 纳什与另两位博弈论学家因在非合作博弈的均衡分析理论方面的开创性贡献, 共同获得了诺贝尔经济学奖. 纳什均衡的系统陈述给经济学和社会科学带来了广泛而且根本性的震撼, 正如 DNA 双螺旋结构的发现给生物学带来的震撼, 被认为是 20 世纪最为卓越的思维进步之一.

约翰·纳什在普林斯顿大学攻读博士学位时. 他用严密的数学语言准确地定义了纳什均衡这个概念, 并在包含 "混合策略 (mixed strategy)" 的情况下, 证明了纳什均衡在 n 人有限博弈中的普遍存在性. 这开创了与冯·诺伊曼和奥斯卡·摩根斯坦框架路线均完全不同的 "非合作博弈 (non-cooperative game)" 理论, 进而对 "合作博弈 (cooperative game)" 和 "非合作博弈" 做了明确的区分和定义.

下面分别从经济学角度和数学角度给出纳什均衡的定义.

定义 10.6.1 (经济学定义) **纳什均衡**指的是参与人的这样一种策略组合, 在该策略组合上, 任何参与人单独改变策略都不会获得更大收益.

定义 10.6.2 (数学定义) 设有 n 人博弈, 令 u_i 为第 i 个人的效用水平 (即收益函数), S_i 是第 i 个人的战略空间 (集合), $s_i \in S_i$ 是第 i 个人的战略选择, $1 \leqslant i \leqslant n$. 在博弈 $G = \{S_1, S_2, \cdots, S_n; u_1, \cdots, u_n\}$ 中, 如果由各个博弈方的各一个策略组成的某个策略组合 $(s_1^*, \cdots, s_n^*)$ 中, 任一博弈方 i 的策略 s_i^* 都是对其余博弈方策略的组合 $(s_1^*, \cdots, s_{i-1}^*, s_{i+1}^*, \cdots, s_n^*)$ 的最佳对策, 也即

$$u_i(s_1^*, \cdots, s_{i-1}^*, s_i^*, s_{i+1}^*, \cdots, s_n^*) \geqslant u_i(s_1^*, \cdots, s_{i-1}^*, s_{ij}, s_{i+1}^*, \cdots, s_n^*)$$

对任意 $s_{ij}^* \in S_i$ 都成立, 则称 $(s_1^*, \cdots, s_n^*)$ 为 G 的一个**纳什均衡**.

在纳什均衡状态下, 若其他所有参与者都不改变策略时, 没有任何一个参与者有动力去改变自己的策略. 在这种状态下, 每个参与者都选择了一个最优策略.

纳什均衡在经济学中被用来描述市场竞争行为. 在一个竞争市场中, 每个厂商都会根据竞争对手的价格来决定自己的价格. 如果一个厂商降低价格, 其他厂商可能会跟随, 导致价格战. 但如果所有厂商都降低价格, 最终会导致所有人的利润下降. 因此, 一个均衡的状态是, 每个厂商都知道其他厂商的价格策略, 但他们仍然选择维持现有的价格, 因为改变价格并不能使他们获得更高的利润. 这种状态下, 每个厂商的价格策略都是其最优策略, 同时也是对竞争对手策略的最优回应.

纳什均衡理论的重要影响包含以下方面: 改变了经济学的体系和结构, 扩展了经济学研究经济问题的范围, 提供了理解和解决现实世界复杂问题的新视角和新方法, 促进了经济学与其他学科的交叉融合, 推动了经济理论与政策实践的结合, 以及对个人决策和社会公共政策产生了深远的影响, 形成了基于经典博弈的研究范式体系, 改变了经济学的语言和表达方法.

纳什均衡理论奠定了现代主流博弈理论和经济理论的根本基础. 它改变了经济学的体系和结构, 并且被广泛运用在经济学、计算机科学、演化生物学、人工智能、会计学、政策和军事理论等方面. 例如, 在经济学中, 无论是消费者理论、生产者理论、市场理论还是博弈论, 都是按照纳什均衡的基本分析范畴来进行的. 而在军事领域, 纳什均衡也被用于分析战略决策和战争博弈. 此外, 纳什均衡理论还被应用于法学、政治科学、心理学、生物学等多个学科领域, 成为理解个体决策和社会互动的重要理论工具.

下面的囚徒困境是展示纳什均衡的典型例子之一.

例 10.6.1 囚徒困境的设定通常如下:

(1) 两个被捕的囚徒 (我们称他们为 A 和 B) 被分开审问, 无法沟通;

(2) 每个囚徒可以选择坦白 (背叛) 或保持沉默 (合作);

(3) 如果两个囚徒都保持沉默, 他们两人都将被判 1 年监禁;

(4) 如果两个囚徒都坦白, 他们两人都将被判较重的刑罚, 假设是 5 年监禁;

(5) 如果一个囚徒坦白而另一个保持沉默, 坦白的囚徒将被判 1 个月监禁, 而保持沉默的囚徒将被判 10 年监禁.

在这个情境中, 纳什均衡发生于每个囚徒都理性地考虑自己的最优选择. 假设囚徒 A 不知道囚徒 B 的选择, A 会分析 B 可能的行动, 并且基于这个分析决定自己的策略. 同样地, B 也会这样分析 A 的可能行动.

如果囚徒 A 相信 B 会保持沉默, 那么 A 的最佳选择是坦白, 因为这将使得 A 被判 1 个月监禁. 如果 A 认为 B 会坦白, A 仍然会选择坦白, 因为这至少可以确保 A 只被判 5 年监禁, 而不是 B 坦白而 A 保持沉默时的 10 年监禁. 同样的逻辑适用于囚徒 B.

在这个案例中, 双方都从自身利益出发, 做出利己的选择. 最终, 两个嫌疑人都会选择坦白, 各被判刑 5 年. 这不是整体的最优解, 但却是双方都从自身利益出发, 对自己的最优解. 这就是纳什均衡, 即双方都无法通过改变自己的策略来提高收益. 囚徒困境的纳什均衡可能导致个体之间的不合作, 即使合作对所有人都更好.

在现实世界中, 囚徒困境的纳什均衡已经被广泛应用于理解各种社会现象, 包括竞争与合作、信任与背叛等. 例如, 在商业环境中, 两家公司可能同时考虑降低产品价格以吸引更多的客户. 如果两家公司都降低价格, 它们可能会失去利润; 但如果只有一家公司降低价格, 那么公司将能够吸引更多的客户并获得更高的利润. 这种情况下, 每家公司都面临着 "坦白" (降低价格) 或 "抵赖" (维持原价) 的选择, 而最终的结果可能是两败俱伤, 因为双方都选择了对自己最有利的策略. 在生物学中, 囚徒困境可以用来解释物种之间的竞争和生存策略. 例如, 两个物种可能在同一生态系统中争夺资源. 如果两个物种都保持距离, 那么它们都可以生存; 但如果一个物种试图侵占另一个物种的领地, 那么它可能会遭受反击. 这种动态可能导致两个物种都无法达到最优的生存状态. 以上只是囚徒困境应用的部分例子, 实际上, 这个概念在许多不同的领域都有着广泛的应用. 通过对囚徒困境的理解和分析, 我们可以更好地预测和理解各种决策过程和博弈情况下的可能结果.

除了囚犯困境, 还有其他一些经典的纳什均衡案例, 如三人对枪自决、恋爱中的纳什均衡和价格战中的纳什均衡等. 这些案例都展示了纳什均衡理论在解决现实生活中各种困境时的强大应用价值.

10.6.2 不动点定理与纳什均衡

一个映射 f 下保持不变的点, 即集合 $\{x \mid f(x) = x\}$ 中的点, 称为映射 f 的不动点. 例如, 对于任意连续函数 $f : [0,1] \to [0,1]$, 总存在 $x \in [0,1]$, 使得 $f(x) = x$. 对于任意连续映射 $f : D^n \to D^n$, 总存在 $x \in D^n$, 使得 $f(x) = x$, 其中 D^n 是 n 维圆盘.

数学中有多个著名的不动点的定理, 如布劳威尔不动点定理和绍德尔 (Schauder) 不动点定理. 上面的关于 $f : D^n \to D^n$ 的不动点的存在性就是布劳威尔不动点定理. 不动点定理也被用于经济学研究中.

下面我们介绍角谷静夫不动点定理. 角谷静夫是日本的数学家、耶鲁大学教授, 于 1941 年发表了这个不动点定理. 该定理将布劳威尔不动点定理一般化, 在经济学和博弈论中被频繁使用.

定义 10.6.3 集合 Y 的全部子集组成的集合, 称为 Y 的幂集, 记为 2^Y. 称一个映射 $F : X \to 2^Y$ 为一个**集值映射**. 称 $G_r F = \{(x,y) \in X \times Y \mid y \in F(X)\}$ 为集值映射 F 的图.

定义 10.6.4 对于 $F : X \to 2^X$, $E \subset X$, 定义 E 的**上逆** $F^+[E] = \{x \in X \mid F(x) \subset E\}$.

对于 $F : X \to 2^X$, 如果对于任意的开集 $E \subset X$, $F(x) \subset E$, 必然有 E 的上逆是开

集, 则称 $F : X \to 2^X$ 在 $x \in X$ 处是**上半连续的**.

对于 $F : X \to 2^X$, 若任意的 $x_n \in X, x_n \to x$, 以及 $y_n \in F(x_n), y_n \to y$, 必然有 $y \in F(x)$, 则称 $F : X \to 2^X$ 在 $x \in X$ 处是**闭的**.

定理 10.6.1 (集值映射的上半连续性定理) 设 $X \subset \mathbb{R}^m$, $Y \subset \mathbb{R}^n$, 其中 Y 是紧的, 集值映射 $F : X \to 2^Y$ 是闭的, 则 F 是上半连续的.

定理 10.6.2 (角谷静夫不动点定理, 1941) $X \subset \mathbb{R}^n$ 是紧的非空闭凸集, $F : X \to 2^X$ 是定义在集合 X 上的集值映射, 且对所有的 $x \in X$, $F(x)$ 是非空凸的和上半连续的, 那么至少存在一个 $x^* \in X$, 使得 $x^* \in F(x^*)$.

用角谷静夫不动点定理可以证明下面的结果:

定理 10.6.3 (纳什均衡存在性定理, 1950) 设 n 是有限的. 在 n 个参与者的标准式博弈中, 策略空间为 $G = \{S_1, S_2, \cdots, S_n; u_1, \cdots, u_n\}$, 且每个参与者 i 的战略空间 S_i 是非空有界闭凸集, 收益函数 U_i 是连续的, 则博弈至少存在一个纳什均衡.

角谷静夫不动点定理还可以用来证明在一些更复杂的博弈结构, 如无限策略式博弈中, 也存在纯策略纳什均衡. 具体地, 如果每个玩家的策略集合是紧致的, 并且偏好关系是连续的, 那么就可以应用角谷静夫不动点定理来证明存在一个纳什均衡.

此外, 巴拿赫 (Banach) 不动点定理, 也称为压缩映射定理, 是另一个重要的不动点定理, 它断言完备度量空间上的每一压缩映射都在该空间中存在唯一不动点. 在博弈论中, 这个定理可以用来证明在一些动态博弈, 如重复博弈或多阶段博弈中, 也存在纳什均衡. 具体而言, 如果博弈的支付矩阵满足一定的条件, 那么就可以应用压缩映射定理来证明存在一个纳什均衡.

经济学中的不动点, 有以下例子:

(1) 在一个完全竞争的市场中, 价格是由供给和需求决定的. 在短期内, 由于生产能力和消费者的购买力是有限的, 市场区域可以被视为紧致的和凸的. 如果某个价格使得供给量等于需求量, 那么这个价格就是一个不动点. 在这个价格下, 市场处于一种静态平衡状态, 即供给和需求相等, 没有力量能够推动价格偏离这个状态.

(2) 在经济学中, 反应函数描述了企业在面对市场价格变动时的供给决策. 应用简单的微积分可知, 对应于企业的利润最大化点, 企业的边际成本函数和边际收益函数有交点, 这个交点也是一个不动点.

(3) 如果我们将所有企业组成的集合视为一个度量空间, 并且将企业的价格调整行为视为一个映射 T, 那么 T 就可能有一个不动点. 这个不动点表示, 在这个价格水平下, 所有企业都不愿意调整自己的价格, 因为他们知道无论价格如何变动, 最终都会回到这个不动点. 这也是市场的一种稳定状态.

总之, 不动点定理提供了一种强大的工具, 可以帮助我们理解和证明博弈论中的各种均衡概念. 通过不动点定理, 我们可以证明在各种不同的博弈结构中, 都存在至少一个纳什均衡, 这对于理解和预测玩家的行为具有重要的理论和实践价值. 以下是在股票市场中

一些具体的实例:

(1) 预测股票指数: 通过对不动点指数的研究, 可以更好地理解和预测股票市场的走势.

(2) 确定股票的买入时机: 当股价短期跌幅达到一定程度时, 可以认为市场达到了一个不动点, 这时候可能是好的买入时机. 通过分析股价的变动情况, 可以找到这些不动点, 并据此做出投资决策.

(3) 分析股票价格的趋势: 通过对股市指数的不动点进行研究, 可以更好地理解市场的趋势和波动性.

不动点原理在股票市场中有着广泛的应用. 通过深入理解和应用不动点原理, 投资者可以更好地把握市场的机会和风险. 这些不动点不仅仅是理论上的概念, 也是现实中市场调节和政策干预的重要依据.

总体而言, 不动点定理提供了一种强大的工具, 可以帮助我们理解和证明博弈论中的各种均衡概念. 通过不动点定理, 我们可以证明在各种不同的博弈结构中, 都存在至少一个纳什均衡, 这对于理解和预测玩家的行为具有重要的理论和实践价值.

10.7　同伦在心脏搏动模型中的应用

在本节, 我们看看度理论在刺激心脏搏动的一个模型中的应用. 这个模型选自温弗里 (1942 — 2002) 的一篇题为《突然心脏死亡: 拓扑学中的一个问题》的论文. 他是一位理论生物学家, 由于对生物系统中的数学模型的研究工作而被人熟知.

我们用单位圆周上的一个变量 θ (辐角) 来表示心脏搏动周期中的时间, 并假定当 $\theta = 0$ 时心脏搏动, 搏动周期为 2π, 即每到 $\theta = 2n\pi$ 的时刻, 心脏就搏动一次.

在搏动期间把一个刺激施加于心脏, 我们希望考察心脏对此刺激的反应. 此反应由此刺激被施加后心脏再次搏动所需的时间来度量, 记为 L. L 与在搏动周期中对心脏刺激施加的时刻 (记为 c) 有关, 还与刺激的强弱有关. 刺激的强弱用 t 表示, 在一个区间 $[w, s]$ 内变化, 越靠近 w 越弱, 越靠近 s 越强. 这样就得到一个映射 $L : S^1 \times [w, s] \to S^1$.

可以对心脏刺激做以下合理的假定:

(1) 假定弱刺激对心脏下一次搏动的时间基本无影响, 即 $L(c, w) = 2\pi - c$;

(2) 任何一个时刻的强刺激可以使得此心脏丧失对过去起始搏动时间的记忆, 从而心脏在受到强刺激后, 经过差不多等长时间, 又开始重新搏动; 这意味着存在 $\theta^* \in S^1$, 对于 $c \in S^1$, 有 $L(c, s) = \theta^*$.

若 L 连续, 则对于每个 $t \in [w, s]$, $L_t : S^1 \to S^1$ 都是圆周函数, 其中对于 $x \in S^1$, $L_t(x) = L(x, t)$. 但 L_w 的度为 1, 而 L_s 的度为 0, 与定理 5.5.4 的结论相矛盾. 由此可知,

L 不是连续的.

因此, 心脏对刺激的时间和强度改变时的反应出现了间断. 这表明, 如果心脏在搏动周期内的一定时刻接收到一个刺激, 此刺激可能以一种不可预测的方式导致此心脏搏动方式的混乱.

将 L 的所有间断点构成的集合记作 N. 因 L_w 和 L_s 都连续, 故可设 $N \subset \mathrm{Int}(S^1 \times [w, s])$. 下面考虑 N 落在 $S^1 \times [w, s]$ 中一个圆盘 D 的内部的情况. 我们将证明, 在 $\Sigma = \partial D$ 上, L 可以取遍从 0 到 2π 的所有值, 即 L_Σ 为满射.

事实上, 记 $A = S^1 \times [w, s] - \mathrm{Int}(D)$, 则 $L|_A$ 连续, A 是一个三次穿孔球面, $C = S^1 \times \{s\}$ 是 A 的一个边界分支, $L|_A$ 在 C 上是常值映射. 记 A' 为沿 C 往 A 上黏合一个圆盘而得到的平环, 则 $L|_A$ 可以连续扩张到 A' 上, 即有连续映射 $L' : A' \to S^1$, $\partial A' = \Sigma \cup C'$. 由定理 5.5.4 可知, $\deg_{\pi_1} L'_\Sigma = \deg_{\pi_1} L'_{C'} = -1$. 再由推论 5.5.2 即知 L'_Σ 为满射, 参见图 10.41.

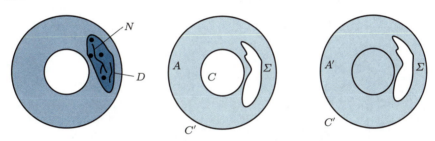

图 10.41 从 $S^1 \times [w, s]$ 到 A, 再到 A'

由此我们可以看出, L 在其间断点集合附近可以取到所有可能的值, 这一定程度上说明了间断点集合附近情况的复杂性. 特别地, 如果 L 只有单独的一个间断点 P, 且 P 点在 $S^1 \times [w, s]$ 的内部, 则 L 在环绕 P 的任一圆周上能取到所有可能的值, 这时可得出, 即便是在 P 附近做刺激强度和时间的很小的变化, 结果就可能涵盖反应的整个变化范围. 在心脏再次搏动之前, 我们不能预测它在此搏动周期中占多长时间, 任何事情都可能发生.

预 备 知 识

A.1　集合与映射

集合与映射是最基本的数学概念. 本部分介绍课程所需的集合与映射方面的基本知识.

A.1.1　集合及其运算

我们使用集合的标准表示法来定义集合. 用 $x \in X$ 表示 x 是集合 X 的一个成员, 称 x 是集合 X 的一个**元素** (或者一个点). 不包含任何元素的集合, 称为空集, 用 $\emptyset$ 表示.

对于集合 X 与 Y, 若 X 的每一个元素都是 Y 的元素, 则称 X 是 Y 的一个**子集**, 记为 $X \subset Y$. 如果 $X \subset Y$ 且 $Y \subset X$, 则集合 X 与 Y **相等**, 记为 $X = Y$. 若 $X \subset Y$, 且 $X \neq Y$, 则称集合 X 是 Y 的**真子集**, 记为 $X \subsetneq Y$.

用 $\mathbb{R}$ 代表实轴或实数集. 本课程使用的 $\mathbb{R}$ 的重要子集, 有整数集 $\mathbb{Z}$、正整数集 $\mathbb{N}_+$ 以及有理数集 $\mathbb{Q}$.

下面给出集族的定义.

定义 A.1.1　设 J 是一个集合. 假设对任意 $j \in J$, 有一个集合 A_j, 那么这些 A_j 的全体称为一个以 J 为**指标集**的**集族**, 记为 $\mathcal{A} = (A_j)_{j \in J}$. 若集族 $\mathcal{A} = (A_j)_{j \in J}$ 中的每个元素 A_j 都是集合 X 的子集, 则称 $\mathcal{A}$ 为 X 的一个**子集族**.

例 A.1.1　任给 $n \in \mathbb{N}_+$, 令 $A_n = ((-1)^n, 1 + (-1)^n] \subset \mathbb{R}$, 则 $\mathcal{A} = (A_n)_{n \in \mathbb{N}_+}$ 是以 $\mathbb{N}_+$ 为指标集的集族. 显然, $\mathcal{A}$ 是实数集 $\mathbb{R}$ 的子集族.

定义 A.1.2　(1) 设 A 和 B 是两个集合, A 与 B 的**并集**为

$$A \cup B = \{x \mid x \in A \text{ 或 } x \in B\},$$

A 与 B 的**交集**为

$$A \cap B = \{x \mid x \in A \text{ 且 } x \in B\}.$$

(2) 设 $\mathcal{A} = (A_j)_{j \in J}$ 是一个集族, 则集族 $\mathcal{A}$ 的**并**是集合

$$\bigcup_{j \in J} A_j = \{x \mid \text{对于某一个 } j \in J, x \in A_j\},$$

集族 $\mathcal{A}$ 的**交**是集合

$$\bigcap_{j \in J} A_j = \{x \mid \text{对于任意 } j \in J, x \in A_j\}.$$

例 A.1.2　设 $\mathcal{A} = (A_n)_{n \in \mathbb{N}_+}$ 是例 A.1.1 中定义的集族, 则

$$\bigcup_{n\in\mathbb{N}_+} A_n = (-1,0] \cup (1,2], \qquad \bigcap_{n\in\mathbb{N}_+} A_n = \varnothing.$$

定义 A.1.3 设 X 与 Y 是两个集合, 集合 $X - Y = \{x \mid x \in X \text{ 且 } x \notin Y\}$ 称为 X 与 Y 的**差集**.

由定义可知 $X - Y$ 是 X 的一个子集. 例如, 若 $X \subset Y$, 则 $X - Y = \varnothing$; 若 X 与 Y 是不相交集, 则 $X - Y = X$. 如果 Y 是 X 的子集, 则称 $X - Y$ 为 Y 在 X 中的补集. 易知 $X - (X - A) = A \cap X$. 特别地, 若 $A \subset X$, 则 $X - (X - A) = A$.

定义 A.1.4 设 X 与 Y 是两个集合, 定义 X 与 Y 的**乘积** (或**笛卡儿积**) 为集合

$$X \times Y = \{(x,y) \mid x \in X, y \in Y\}.$$

$X \times Y$ 的元素是有序对 (x,y), 其中第一个分量在 X 中, 第二个分量在 Y 中.

例 A.1.3 (1) 若 $A = \{a,b\}, X = \{u,v\}$, 则

$$A \times X = \{(a,u),(a,v),(b,u),(b,v)\}.$$

(2) 任给集合 A, $A \times \varnothing = \varnothing \times A = \varnothing$.

对于有限个集合的交与并, 以下一些结论是容易验证的, 细节留给读者.

命题 A.1.1 设 A、B 和 C 是三个集合.

(1) (分配律)

$$A \cap (B \cup C) = (A \cap B) \cup (A \cap C);$$
$$A \cup (B \cap C) = (A \cup B) \cap (A \cup C).$$

(2) (德摩根 (De Morgan) 律)

$$A - (B \cap C) = (A - B) \cup (A - C);$$
$$A - (B \cup C) = (A - B) \cap (A - C).$$

(3)

$$A \times (B \cap C) = (A \times B) \cap (A \times C);$$
$$A \times (B \cup C) = (A \times B) \cup (A \times C).$$

有限个集合的运算性质很容易推广到集族的情形, 这就是下面的命题.

命题 A.1.2 设 A 与 X 是两个集合, $(B_j)_{j \in J}$ 是一个集族.

(1) (分配律)

$$A \cap \bigcup_{j \in J} B_j = \bigcup_{j \in J} (A \cap B_j);$$
$$A \cup \bigcap_{j \in J} B_j = \bigcap_{j \in J} (A \cup B_j).$$

(2) (德摩根律)

$$X - \bigcap_{j \in J} B_j = \bigcup_{j \in J}(X - B_j);$$

$$X - \bigcup_{j \in J} B_j = \bigcap_{j \in J}(X - B_j).$$

(3)

$$X \times \bigcap_{j \in J} B_j = \bigcap_{j \in J}(X \times B_j);$$

$$X \times \bigcup_{j \in J} B_j = \bigcup_{j \in J}(X \times B_j).$$

A.1.2 映射

与数学的其他领域中一样, 映射在拓扑学中也起着重要的作用. 在本节, 我们回顾与映射有关的基本定义和性质.

定义 A.1.5 设 X 与 Y 是两个集合, X 到 Y 的一个**映射** f 是 X 与 Y 之间的一个关系, 使得 X 中的每一个 x 与 Y 中唯一的 y 对应. 映射通常记为 $f: X \to Y$, 集合 X 称为 f 的**定义域**, Y 称为 f 的**值域**. 若 $f(x) = y$, 则称 f 把 x 映射到 y.

定义 A.1.6 对于映射 $f: X \to Y$ 和 X 的一个子集 A, 定义 A **在 f 下的像**为集合

$$f(A) = \{y \in Y \mid y = f(x), \text{ 对于某个 } x \in A\},$$

集合 $f(X)$ 称为**定义域的像**, 亦称为 f **的像**.

对于集合 X, X 上的**恒等映射** $\mathrm{id}_X: X \to X$ 定义为 $\mathrm{id}_X(x) = x, \forall x \in X$. 集合 X 上的恒等映射有时也记为 $\mathrm{id}: X \to X$ 或简记为 $1_X: X \to X$. 如果映射 $f: X \to Y$ 的像仅由单点 $y_0 \in Y$ 组成, 则称 f 为**常值映射**. 此时, 对任意 $x \in X, f(x) = y_0$. 设 A 是集合 X 的子集, 映射 $i: A \to X$ 定义为 $i(a) = a, \forall a \in A$. 称 i 为**含入映射**.

定义 A.1.7 已知映射 $f: X \to Y$, 点 $y \in Y$, 定义 y 的**原像**为

$$f^{-1}(y) = \{x \in X \mid f(x) = y\}.$$

而已知 Y 的一个子集 W, 定义 W 的**原像**为

$$f^{-1}(W) = \{x \in X \mid f(x) \in W\}.$$

例 A.1.4 若 $f: \mathbb{R} \to \mathbb{R}$ 定义为 $f(x) = x^2$, 那么 $f^{-1}(2) = \{-\sqrt{2}, \sqrt{2}\}$, 而 $f^{-1}([1,3]) = [-\sqrt{3}, -1] \cup [1, \sqrt{3}]$.

下列定理叙述了像与原像、集合的运算之间的某些基本关系.

定理 A.1.1 若 $f: X \to Y$ 是一个映射, A 与 B 是 X 的子集, 那么

(1) $f(A \cup B) = f(A) \cup f(B)$;

(2) $f(A \cap B) \subset f(A) \cap f(B)$;

(3) $f(A) - f(B) \subset f(A - B)$.

定理 A.1.2 若 $f : X \to Y$ 是一个映射, V 与 W 是 Y 的子集, 那么

(1) $f^{-1}(V \cup W) = f^{-1}(V) \cup f^{-1}(W)$;

(2) $f^{-1}(V \cap W) = f^{-1}(V) \cap f^{-1}(W)$;

(3) $f^{-1}(V - W) = f^{-1}(V) - f^{-1}(W)$.

定义 A.1.8 设 $f : X \to Y$ 是一个映射,

(1) 如果对于任意 $w, x \in X$, $f(w) = f(x)$ 蕴涵 $w = x$, 则称 f 是**单射**;

(2) 若 $f(X) = Y$, 即对于每一个 $y \in Y$, 存在 $x \in X$, 使得 $f(x) = y$, 则称 f 是**满射**;

(3) 如果 f 既是单射又是满射, 则称 f 为**双射**.

例 A.1.5 设 $f : \mathbb{R} \to \mathbb{R}$ 定义为 $f(x) = x^2$, 由于 f 的像没有负数, 那么 f 不是满射. 此外, 由于 $1 \neq -1$, 但 $f(1) = f(-1)$, f 不是单射.

定义 A.1.9 已知映射 $f : X \to Y$ 及映射 $g : Y \to Z$. 先作映射 f, 接着作映射 g, 得到一个 X 到 Z 的映射, 称为映射 f 与 g 的**复合**, 记作 $g \circ f$, 即

$$g \circ f(x) = g(f(x)), \quad \forall x \in X.$$

例 A.1.6 若 $f : \mathbb{R} \to \mathbb{R}$ 由 $f(x) = 2x^2$ 定义, 而 $g : \mathbb{R} \to \mathbb{R}$ 由 $g(x) = 3x + 1$ 定义, 那么 $g \circ f : \mathbb{R} \to \mathbb{R}$ 是由 $g \circ f(x) = 3(2x^2) + 1 = 6x^2 + 1$ 定义的映射.

从映射复合的定义可得下列命题成立.

命题 A.1.3 映射的乘法满足结合律, 即设 $f : X \to Y$, $g : Y \to Z$, $h : Z \to W$, 则 $h \circ (g \circ f) = (h \circ g) \circ f$.

命题 A.1.4 对于任意一个映射 $f : X \to Y$, 有 $\mathrm{id}_Y \circ f = f$, $f \circ \mathrm{id}_X = f$.

定义 A.1.10 设映射 $f : X \to Y$, 如果存在映射 $g : Y \to X$, 使得

$$g \circ f = \mathrm{id}_X, \quad \text{且} \quad f \circ g = \mathrm{id}_Y,$$

那么称 f 是**可逆映射**. 此时称 g 是 f 的一个**逆映射**.

结合定义 A.1.10、命题 A.1.3 和命题 A.1.4 可知, 如果 $f : X \to Y$ 是可逆映射, 那么 f 的逆映射是唯一的. 我们把 f 唯一的逆映射记作 f^{-1}. 由定义 A.1.10 得

$$f^{-1} \circ f = \mathrm{id}_X, \quad \text{且} \quad f \circ f^{-1} = \mathrm{id}_Y,$$

这表明 $f^{-1} : Y \to X$ 也是可逆映射, 且 $\left(f^{-1}\right)^{-1} = f$. 需要注意的是, 对于 $B \subset Y$, 之前我们用 $f^{-1}(B)$ 表示 B 在 f 下的原像时, 其中的 "f^{-1}" 并不表示 f 的逆映射 (f 不一定可逆). 通常, 读者可根据上下文确定 "f^{-1}" 的含义.

关于可逆映射和双射之间的联系, 我们有下列结论.

命题 A.1.5 若映射 $f: X \to Y$ 和映射 $g: Y \to X$ 满足 $g \circ f = \mathrm{id}_X$, 则 f 是单射, g 是满射.

定理 A.1.3 映射 $f: X \to Y$ 是可逆映射的充要条件为 f 是双射.

有时需要把映射 $f: X \to Y$ 限定在定义域 X 的一个子集上, 可通过以下定义实现.

定义 A.1.11 已知映射 $f: X \to Y$, 及 X 的一个子集 A, f 在 A 上的限制是对于每个 $x \in A$, 由 $f|_A(x) = f(x)$ 定义的映射 $f|_A : A \to Y$.

例 A.1.7 考虑 $f(x) = \sin x$, 并设 $A = \left[-\dfrac{\pi}{2}, \dfrac{\pi}{2}\right] \subset \mathbb{R}$. 注意 f 不是单射, 而 $f|_A$ 却是单射. 事实上, $f|_A$ 是双射, 而它的逆映射由 $f|_A^{-1}(x) = \arcsin(x)$ 给出.

A.1.3 关系

定义 A.1.12 给定集合 X 和 Y.

(1) X 与 Y 之间的**关系**, 是乘积集合 $X \times Y$ 的一个子集 R, 当 $(x, y) \in R$ 时, 称 x 与 y 有关系, 记为 xRy.

(2) X 与 X 之间的关系, 称为 X 上的一个关系.

在数学上广泛使用的一种重要关系是等价关系, 定义如下.

定义 A.1.13 设 R 是集合 X 上的一个关系. 如果 R 满足

(1) 自反性: $\forall x \in X, xRx$;

(2) 对称性: 若 xRy, 则 yRx;

(3) 传递性: 若 xRy, yRz, 则 xRz,

则称 R 为一个**等价关系**.

等价关系常用 $\sim$ 来表示, 如 xRy 记作 $x \sim y$, 称为 x 等价于 y. 设 $\sim$ 是 X 上的一个等价关系. 对于每个 $x \in X$, 令

$$[x] = \{p \in X \mid p \sim x\},$$

称 $[x]$ 为在 $\sim$ 下 x 的**等价类**. 任给两个等价类 $[x]$, $[y]$, 若 $x \sim y$, 则 $[x] = [y]$; 若 $x \nsim y$, 则 $[x] \cap [y] = \emptyset$. 因此 X 是其所有等价类的一个无交并.

设 $\sim$ 是 X 上的一个等价关系, 其所有等价类构成的集合记作 $X/\sim$, 即 $X/\sim = \{[x] \mid x \in X\}$. 令 $q: X \to X/\sim$, 对于任意 $x \in X$, $q(x) = [x]$. 显然 q 是满射. 直观上, 映射 q 把 X 的每个子集 $[x]$ 都映到 $X/\sim$ 中一个点.

例 A.1.8 定义 $\mathbb{R}$ 上的关系 $\sim$ 如下: $x \sim y \iff x - y \in \mathbb{Q}$. 显然, $\sim$ 是等价关系. 0 的等价类为 $[0] = \mathbb{Q}$; $\sqrt{2}$ 的等价类为 $[\sqrt{2}] = \{x + \sqrt{2} \mid x \in \mathbb{Q}\}$.

A.2 群论简介

群是代数中群论的主要研究对象. 本部分介绍课程所需的群论方面的基本知识.

A.2.1 群的定义和基本性质

定义 A.2.1 设 G 是一个非空集合. 称一个映射 $\varphi : G \times G \to G$ 为 G 上的一个二元运算. 对于 $a, b \in G$, 将 $\varphi(a, b)$ 记作 $a \cdot b$, 或简记为 ab. 若 $(G, \cdot)$ 满足

(1) 对于任意 $a, b, c \in G$, 等式 $(a \cdot b) \cdot c = a \cdot (b \cdot c)$ 成立; 此时, 称 $(G, \cdot)$ 满足结合律;

(2) G 中存在一个元素 e, 使得对于任意 $a \in G$, 都有 $e \cdot a = a \cdot e = a$ 成立; 称 e 为 $(G, \cdot)$ 的单位元;

(3) 对于任意 $a \in G$, 总存在 G 中的一个元素 b, 使得 $a \cdot b = b \cdot a = e$; 此时, 称 b 为 a 的逆元, 记为 a^{-1};

则称 $(G, \cdot)$ 为一个**群**.

例 A.2.1 (1) 整数集和整数间的加法 $(\mathbb{Z}, +)$ 构成一个群, 单位元是 0, 一个整数的逆元是它的相反数.

(2) 实数数集和实数间的加法 $(\mathbb{R}, +)$ 构成一个群, 单位元是 0, 一个实数的逆元是它的相反数.

(3) 设 $G = \{a^n \mid n \in \mathbb{Z}\}$, 对于任意 $a^p, a^q \in G$, 令 $a^p * a^q = a^p a^q = a^{p+q}$. 则 $(G, *)$ 是一个群, 单位元为 $a^0 = 1$, a^p 的逆元为 a^{-p}. 称 G 为由 a 生成的自由循环群.

例 A.2.2 设 $GL(n, \mathbb{R})$ 为所有 n 阶非奇异的方阵构成的集合, 则 $GL(n, \mathbb{R})$ 在矩阵乘法下构成一个群, 称之为实数域上的一般线性群.

例 A.2.3 设 $n \geqslant 1, n \in \mathbb{Z}$. 对于 $p, q \in \mathbb{Z}$, 令 $p \sim q$ 当且仅当 $p - q$ 是 n 的整数倍. 容易验证, "$\sim$" 是 $\mathbb{Z}$ 上的一个等价关系. 对于 $p \in \mathbb{Z}$, p 所在的等价类记作 $[p]$. 对于 $p, q \in \mathbb{Z}$, 令 $[p] + [q] = [p + q]$, 则容易验证, 该运算 "+" 与代表元的选取无关, 是合理的. 记 $\mathbb{Z}_n = \mathbb{Z} / \sim = \{[0], [1], \cdots, [n-1]\}$, 则 $\mathbb{Z}_n$ 在 "+" 下构成一个群, 称之为 n 阶循环群. 有时也把 $\mathbb{Z}_n$ 记作 $\mathbb{Z}/n$.

若群 $(G, \cdot)$ 还满足交换律: 对于 G 中所有的 a, b, 等式 $a \cdot b = b \cdot a$ 成立, 则称 $(G, \cdot)$ 为一个**交换群**或阿贝尔群.

例 A.2.1、例 A.2.3 中的群都是交换群. 为方便起见, 很多交换群中的运算均用 "+" 表示.

定义 A.2.2 设 $(G, \cdot)$ 和 $(H, *)$ 是两个群, $f : G \to H$. 若对于任意 $a, b \in G$, $f(a \cdot b) = f(a) * f(b)$, 则称 f 为一个**同态**. 若 f 还是满射 (单射), 则称 f 为一个**满 (单)同态**. 若 f 还是双射, 则称 f 为一个同构. 此时, 称 G 和 H 是**同构的**, 记作 $G \cong H$.

例 A.2.4 (1) 设 $f : (\mathbb{Z}, +) \to (\mathbb{Z}_n, +)$, 对于任意 $p \in \mathbb{Z}$, $f(p) = [p]$. 容易验证, f 是一个满同态.

(2) 设 G 为由 a 生成的自由循环群. 设 $g : (\mathbb{Z}_n, +) \to (G, *)$, 对任意 $n \in \mathbb{Z}$, $g(n) = a^n$, 则 g 是一个群同构.

定义 A.2.3 设 $(G, \cdot)$ 是一个群, $H \subset G$, 满足对于任意 $a, b \in H$, $a \cdot b \in H$, 且 $(H, \cdot)$ 仍是一个群, 则称 $(H, \cdot)$ 是 $(G, \cdot)$ 的**子群**.

例 A.2.5 $GL(n, \mathbb{R})$ 中所有行列式大于 0 的方阵构成的子集记作 $SL(n, \mathbb{R})$. 则 $SL(n, \mathbb{R})$ 是 $GL(n, \mathbb{R})$ 的一个子群, 称之为实数域上的特殊线性群.

容易验证下面的子群判断法:

定理 A.2.1 设 $(G, \cdot)$ 是一个群, $H \subset G$. H 是子群的充要条件是对于所有元素 $g, h \in H$, $g^{-1} \cdot h \in H$.

定义 A.2.4 设 G 是一个群, H 是 G 的一个子群, $g \in G$. 令

$$gH = \{ g \cdot h \mid h \in H \},$$
$$Hg = \{ h \cdot g \mid h \in H \}$$

称 $gH(Hg)$ 为 H 的一个**左陪集**(**右陪集**).

用 $[G : H]$ 表示 G 中 H 的左陪集个数 (等价于右陪集个数).

定义 A.2.5 设 G 是一个群, $a, b \in G$. 若存在 $g \in G$, 使得 $b = g^{-1}ag$, 则称 a 和 b 是**共轭的**.

容易验证, G 中元素的共轭关系是一个等价关系, 其等价类称为共轭类. $g \in G$ 所在的共轭类记作 $\overline{g}$.

定义 A.2.6 设 G 是一个群, H 是 G 的一个子群. 如果对于任意 $g \in G, h \in H$, 都有 $g^{-1}hg \in H$, 则称 H 为 G 的一个**正规子群**, 记作 $H \lhd G$.

不难验证, 交换群的每个子群都是正规子群. 下面是一般群的正规子群的等价描述:

定理 A.2.2 群 G 的子群 H 是正规子群的充要条件是对于所有元素 $g \in H, gH = Hg$.

设 H 是群 G 的一个正规子群. 对于 $g, g' \in G$, 令 $gH \cdot g'H = (gg')H$, 则容易验证, 运算 "$\cdot$" 与代表元的选取无关, 是合理的. G 中 H 的所有左陪集构成的集合记作 G/H. 不难验证, $(G/H, \cdot)$ 是一个群.

定义 A.2.7 设 H 是群 G 的一个正规子群. 称 $(G/H, \cdot)$ 为一个**商群**.

设 H 是群 G 的一个正规子群. 令 $\rho : G \to G/H$, 对于 $g \in G$, $\rho(g) = gH$, 则 ρ 是一个自然的满同态.

设 $f : G \to H$ 是一个群同态. 记 $\mathrm{Ker}(f) = \{ g \in G \mid f(g) = e \}$, $\mathrm{Im}(f) = f(G)$, 分别称 $\mathrm{Ker}(f), \mathrm{Im}(f)$ 为 f 的**核与像**. 显然, $\mathrm{Ker}(f)$ 是 G 的一个正规子群, $\mathrm{Im}(f)$ 为 H 的一个子群.

定理 A.2.3 (第一同构定理) 设 $f : G \to H$ 是一个同态, 则

$$G/\mathrm{Ker}(f) \cong \mathrm{Im}(f).$$

定义 A.2.8 设 G 是一个群.

(1) G 的**阶**是它的所有元素的个数, 记作 $|G|$. 无限群的阶为无穷大.

(2) G 的一个元素 a 的**阶**是使 $a^m = e$ 成立的最小正整数 m, 记作 $|a|$. 若这个数不存在, 则称 a 有无限阶.

有限群的所有元素都是有限阶的. 例如, $\mathbb{Z}/6$ 的阶为 6, 其中元素 $[2]$ 的阶为 3, $[3]$ 的阶为 2.

定理 A.2.4 (拉格朗日 (Lagrange) 定理) 设 H 是 G 的子群. 则 $|G| = [G : H]|H|$.

由拉格朗日定理立即可知, 群 G 中任意一个元素的阶一定整除群的阶.

设 G 和 H 是两个群. 对于任意 $(g,h), (g',h') \in G \times H$, 令

$$(g,h) \cdot (g',h') = (gg', hh').$$

不难验证, $(G \times H, \cdot)$ 是一个群.

定义 A.2.9 称 $(G \times H, \cdot)$ 为 G 和 H 的**乘积群**, 简称为 G 和 H 的**乘积**.

不难验证, 若 G 和 H 都是交换群, 则 $G \times H$ 也是一个交换群.

例 A.2.6 $\mathbb{Z} \times \mathbb{Z} = \mathbb{Z}^2$ 是交换群. 一般地, $\mathbb{Z}^n = \mathbb{Z} \times \cdots \times \mathbb{Z}$ (n 个 $\mathbb{Z}$ 的拷贝) 是交换群, 称之为秩为 n 的自由交换群.

定义 A.2.10 设 G 是一个群, $S \subset G$. 称 G 的包含 S 的最小子群 (也是 G 的包含 S 的所有子群的交) 为 S 的**生成子群**, 记作 $\langle S \rangle_G$, 称 S 为 $\langle S \rangle_G$ 的**生成集**. 如果 $G = \langle S \rangle_G$, 则称 S 生成 G 或 S 为 G 的一个**生成元集**, 称 S 中的元素为 G 的**生成元**. 当 G 有一个有限生成元集时, 称 G 为有限生成的.

当 S 中只有一个元素 x 时, $\langle S \rangle_G$ 通常也记为 $\langle x \rangle_G$. 此时, $\langle x \rangle_G$ 是一个循环子群 (有限或无限循环群).

A.2.2 有限表现群和群的自由积与融合积

定义 A.2.11 设 G 是一个群, $X = \{x_1, \cdots, x_n\} \subset G$. 若任意 $x \in G$ 可以唯一地表示成如下形式

$$x = x_{i_1}^{k_1} x_{i_2}^{k_2} \cdots x_{i_m}^{k_m},$$

其中 $x_{i_j} \in X, x_{i_j} \neq x_{i_{j+1}}, 0 \neq k_j \in \mathbb{Z}, 1 \leqslant j \leqslant m$, 则称 G 是一个**自由群**, 称 X 为 G 的一个**自由生成元组** (或一个**基**), 称 $n = |X|$ 为 G 的**秩**, 记作 $r(G)$. 也常常把 G 记作

$F(X)$ 或 $\langle X \rangle$. 空字是 G 的单位元, 记作 1.

在自由群 G 中, $x = x_1^{k_1} \cdots x_n^{k_n}$ 的逆为 $x^{-1} = x_n^{-k_n} \cdots x_1^{-k_1}$, 并且 $x^0 = 1$.

一个生成元 x 生成的自由群 $\langle x \rangle$ 也称为自由循环群. 如例 A.2.4(2) 所示, 整数加群 $\mathbb{Z} \cong \langle x \rangle$.

也可以类似地定义非有限集合 X 生成的自由群. 由代数学可知, 自由群的每个子群仍是自由群, 任意一个群都是自由群的一个商群.

定义 A.2.12　设 $F = F(X)$ 是一个秩为 n 的自由群, $R \subset F$. 令 $\langle R \rangle^N$ 为 F 的包含 R 的最小正规子群, $G = F/\langle R \rangle^N$ 为商群. 称 $\langle X; R \rangle$ 为 G 的一个**表现**, 记作 $G = \langle X; R \rangle$, 称 X 为该表现的**生成元组**, R 为该表现的**关系元组**, $r \in R$ 为该表现的一个**关系元**. 当 R 有限时, 称该表现为 G 的一个**有限表现**. 这时, 也称 G 为一个**有限表现群**.

注意, $\langle R \rangle^N$ 是由 R 共轭生成的, 即

$$\langle R \rangle^N = \{y_1^{-1} r_1^{k_1} y_1 \cdots y_m^{-1} r_m^{k_m} y_m \mid y_i \in F, r_i \in R, 0 \neq k_i \in \mathbb{Z}, 1 \leqslant i \leqslant m\}.$$

例 A.2.7　(1) $F(X) = \langle X; \emptyset \rangle$;

(2) $G = \langle a, b; aba^{-1}b^{-1} \rangle$ 为两个生成元的自由交换群;

(3) $\mathbb{Z}_n = \langle a; a^n \rangle$ 为 n 阶循环群, $n \in \mathbb{N}_+$.

下面给出群的自由积与融合积的定义.

定义 A.2.13　设 $G_i = \langle X_i; R_i \rangle$ 为一个群, $i = 1, 2$. 称群

$$\langle X_1 \sqcup X_2; R_1 \sqcup R_2 \rangle$$

为 G_1 和 G_2 的**自由积**, 记作 $G_1 * G_2$.

例 A.2.8　$F(x_1, x_2, \cdots, x_n) = \langle x_1 \rangle * \langle x_2 \rangle * \cdots * \langle x_n \rangle$.

注意, 群的自由积与群的乘积是不同的运算. 例如, $\mathbb{Z} * \mathbb{Z}$ 是两个生成元的自由群, 而 $\mathbb{Z} \times \mathbb{Z} = \mathbb{Z}^2$ 是两个生成元的自由交换群. 群的自由积运算是可交换的, 即 $G_1 * G_2 \cong G_2 * G_1$. 任何群 G 与平凡群作自由积仍得到 G.

定义 A.2.14　设 H, G_1, G_2 为群, 其中 $G_i = \langle X_i; R_i \rangle$, $\phi_i : H \to G_i$ 为同态, $i = 1, 2$. 令 $R_3 = \{\phi_1(h)\phi_2(h^{-1}) \mid h \in H\}$. 称群 $\langle X_1 \sqcup X_2; R_1 \sqcup R_2 \sqcup R_3 \rangle$ 为 G_1 和 G_2 的经过 $\Phi = (\phi_1, \phi_2; H)$ 的**融合积**, 记作 $G_1 *_\Phi G_2$.

显然, $G_1 *_\Phi G_2 = G_1 * G_2/\langle R_3 \rangle^N$, 且自由积是融合积的一个特例 (其中 $\phi_i : \{1\} \to \{1\}$, $i = 1, 2$).

A.2.3　交换群

定义 A.2.15　设 H_1 和 H_2 为交换群 H 的两个子群. 若 H 中每个元素 h 均有唯一的表示 $h = h_1 + h_2$, 其中 $h_1 \in H_1, h_2 \in H_2$, 则称 H 为 H_1 和 H_2 的**直和**, 记作 $H_1 \oplus H_2$.

易见, $H_1 \oplus H_2 \cong H_1 \times H_2$. 类似地, 可定义有限多个交换群的直和.

例 A.2.9 (1) n 个 $\mathbb{Z}$ 的直和 $\mathbb{Z} \oplus \cdots \oplus \mathbb{Z} \cong \mathbb{Z}^n$.

(2) 设 $\mathbb{Z}/2$ 和 $\mathbb{Z}/3$ 的生成元分别为 a 和 b. 则

$$\mathbb{Z}/2 \oplus \mathbb{Z}/3 = \{0, a, b, 2b, a+b, a+2b\}.$$

下面是有限生成的交换群的结构定理:

定理 A.2.5   设 G 是一个有限生成的交换群, 则 G 同构于

$$\mathbb{Z}^n \oplus \mathbb{Z}/m_1 \oplus \mathbb{Z}/m_2 \oplus \cdots \oplus \mathbb{Z}/m_k.$$

设 G 是一个有限生成的交换群, A 是 G 的一个生成元集. 若 A 在 G 的所有生成元集中成员数最少, 则称 A 是 G 的一个**基**.

由定理 A.2.5 可知, 其中 G 的一个基的成员个数为 $n+k$, 且 G 的任意两个基的成员个数相同. 称其中的 n 为 G 的**自由秩**, 记作 $\mathrm{rk}(G)$.

定理 A.2.6   设 G 和 H 都是有限生成的交换群, $f: G \to H$ 为同态, 则有

(1) $\mathrm{rk}(G \oplus H) = \mathrm{rk}(G) + \mathrm{rk}(H)$;

(2) $\mathrm{rk}(G) = \mathrm{rk}(\mathrm{Ker}(f)) + \mathrm{rk}(\mathrm{Im}(f))$; 特别地, 当 H 是 G 的子群时, $\mathrm{rk}(G) = \mathrm{rk}(H) + \mathrm{rk}(G/H)$.

设 G 为一个群, $a, b \in G$. 一般而言, 未必有 $ab = ba$. 记 $[a, b] = aba^{-1}b^{-1}$, 称之为 a 和 b 的换位子.

定义 A.2.16   设 G 为一个群. 令

$$G' = \{x \in G \mid x \text{ 是 } G \text{ 中有限个换位子的乘积}\},$$

则 G' 是 G 的一个正规子群, 称之为 G 的**换位子群**. 商群 G/G' 是一个交换群, 称之为 G 的**交换化**, 记作 $\tilde{G}$.

设 $F_n = F(x_1, \cdots, x_n)$ 是秩为 n 的自由群. 则 $\tilde{F}_n$ 为秩为 n 的自由交换群. 设 $\rho: F_n \to \tilde{F}_n$ 为自然的商映射, 记 $y_i = \rho(x_i)$, $1 \leqslant i \leqslant n$. 则 $\{y_1, \cdots, y_n\}$ 是 $\tilde{F}_n$ 的一个基. 此时, 对于任意 $c \in \tilde{F}_n$, c 可以唯一地表示成

$$c = \lambda_1 y_1 + \cdots + \lambda_n y_n,$$

其中 $\lambda_i \in \mathbb{Z}$, $1 \leqslant i \leqslant n$. 设 $f: \tilde{F}_n \to \mathbb{Z}^n$, $f(c) = (\lambda_1, \cdots, \lambda_n)$. 不难验证, f 是一个同构.

定理 A.2.7   设 G_1 和 G_2 为两个群. 则 $\widetilde{G_1 * G_2} \cong \widetilde{G_1} \oplus \widetilde{G_2}$.

参考文献

[1] ABRAMS A, GHRIST R. Finding topology in a factory: configuration spaces [J]. Amer. Math. Mon., 2002, 109(2): 140–150.

[2] ADAMS C, FRANZOSA R. 拓扑学基础及应用 [M]. 沈以淡, 等译. 北京: 机械工业出版社, 2010.

[3] ADHIKARI M R. Basic algebraic topology and its applications [M]. New Delhi: Springer India, 2016.

[4] ALFORS L V, SARIO L. Riemann surfaces[M]. Princeton: Princeton University Press, 1960.

[5] ARMSTRONG M A. 基础拓扑学 [M]. 孙以丰, 译. 北京: 人民邮电出版社, 2010.

[6] BAKER D R. Some topological problems in robotics [J]. The Mathematical Intelligencer, 1990, 12(1): 66–76.

[7] BASENER W F. Topology and its applications [M]. New Jersey: John Wiley & Sons Inc., 2006.

[8] BASENER W, ROSS D. Booming and crashing populations and Easter Island [J]. Siam J. App. Math., 2005, 65(2): 684–701.

[9] BASENER W, BROOKS B, RADIN M, et al. Dynamics of a discrete population model for extinction and sustainability in ancient civilizations [J]. Nonlinear Dynamics, Psychology, and Life Sciences, 2008, 12(1): 29.

[10] BAYLIS J. Error-correcting codes: a mathematical introduction [M]. London: Chapman & Hall Ltd., 1998.

[11] BORDER K C. Fixed point theorems with applications to economics and game theory [M]. Cambridge, UK: Cambridge University Press, 1985.

[12] BRESSAN S, LI J, REN S, et al. The embedded homology of hypergraphs and applications[J]. Asian Journal of Mathematics, 2019, 23(3): 479–500.

[13] CARLSSON G, ZOMORODIAN A. Computing persistent homology [J]. Discrete Computat. Geom., 2005, 33(2): 249–274.

[14] 陈吉象. 代数拓扑基础讲义 [M]. 北京: 高等教育出版社, 2014.

[15] DIETRICH-BUCHECKER C O, SAUVAGE J P. A synthetic molecular trefoil knot [J]. Angew. Chem. Int. Ed., 1989, 28: 189–192.

[16] FLAPAN E. When topology meets chemistry: a topological look at molecular chirality [M]. Cambridge, UK: Cambridge University Press, 2000.

[17] GHRIST R. Elementary applied topology [M]. Amazon's Createspace, 2014.

[18] GILMORE R, LEFRANC M. The topology of chaos: alice in stretch and squeezeland [M]. New York: John Wiley & Sons, Inc., 2002.

[19] GREENBERG M J, HARPER J R. Algebraic topology: a first course [M]. The Benjamin/ Cummings Publishing Company, Inc., 1981.

[20] HATCHER A. Algebraic topology[M]. Cambridge, UK: Cambridge University Press, 2002.

[21] JAMES I M. History of Topology[M], Amsterdam: Elsevier Science B. V., 1999.

[22] KHALIMSKY E, KOPPERMAN R, MEYER P R. Boundaries in digital planes [J]. Journal of Applied Mathematics and Stochastic Analysis, 1990, 3(1): 27–55.

[23] KLEMAN M, LAVRENTOVICH O D. Soft matter physics: an introduction [M]. Berlin: Springer, 2003.

[24] KONG T Y, KOPPERMAN R, MEYER P R. A topological approach to digital topology [J], Amer. Math. Mon., 1991, 98(10): 901–917.

[25] KOVALEVSKY V. A. Finite topology as applied to image analysis [J]. Computer Vision, Graphics, and Image Processing, 1989, 46(2): 141–161.

[26] KUIPERS J B. Quaternions and rotation sequences: a primer with applications to orbits, aerospace, and virtual reality [M]. Princeton: Princeton University Press, 1999.

[27] LATOMBE J C. Robot motion planning [M]. Boston: Kluwer Academic Publishers, 1991.

[28] 梁基华, 蒋继光. 拓扑学基础 [M]. 北京: 高等教育出版社, 2005.

[29] MACKENZIE B. Topologists take scalpel to brain scans [J]. Dana, 2004, 37(7): 2004.

[30] MERMIN N D. The topological theory of defects in ordered media [J]. Reviews of Modern Physics, 1979, 51(3): 591.

[31] MUNKRES J R. Elements of algebraic topology [M]. Boca Raton: CRC Press, 2018.

[32] MUNKRES J R. 拓扑学 (原书第 2 版) [M]. 熊金城, 吕杰, 谭枫, 译. 北京: 机械工业出版社, 2006.

[33] MURASUGI K. Knot theory and its applications [M]. Boston: Birkhäuser, 1996.

[34] NASH C. Topology and physics: a historical essay [M]// JAMES I M. History of topology. Amsterdam: Elsevier Science B. V., 1999: 359–416.

[35] PARKS A D, LIPSCOMB S L. Homology and hypergraph acyclicity: a combinatorial invariant for hypergraphs [R]. Technical report, Naval Surface Warfare Center Dahlgren VA, 1991.

[36] RENZ J. Qualitative spatial reasoning with topological information [M]. New York: Springer-Verlag, 2002.

[37] ROSENFELD A. Digital topology [J]. Amer. Math. Mon. 86(1979), 621–630.

[38] SANKOFF D, KRUSKAL J. Time warps, string edits, and macromolecules: the theory and practice of sequence comparison [M]. Stanford: CSLI Publications, 1999.

[39] SETHNA J. Entropy, order parameters, and complexity [M]. Oxford: Oxford University Press, 2006.

[40] 瓦西里耶夫. 拓扑学导论 [M]. 盛立人, 译. 北京: 高等教育出版社, 2013.

[41] VIRO O Y, IVANOV O A, NETSVETAEV N Y, etc. Elementary topology: problem text-

book[M]. Providence: American Mathematical Society, 2024.

[42] 王敬庚. 直观拓扑 [M]. 北京: 北京师范大学出版社, 2008.

[43] WEEKS J R. The shape of space [M]. New York: Marcel Dekker, Inc., 2002.

[44] WHITE J H. Self-linking and the Gauss integral in higher dimensions [J]. Amer. Math. J., 1969, 91: 693–728.

[45] 熊金城. 点集拓扑讲义 [M]. 5 版. 北京: 高等教育出版社, 2020.

[46] 尤承业. 基础拓扑学讲义 [M]. 北京: 北京大学出版社, 1997.

[47] 张德学. 一般拓扑学基础 [M]. 北京: 科学出版社, 2019.

[48] ZOMORODIAN A. Topology for computing [M]. Cambridge, UK: Cambridge University Press, 2005.

[49] ADAMS C. The knot book: an elementary introduction to the mathematical theory of knots [M]. American Mathematical Society, 2004.

[50] ROLFSEN D. Knots and links [M]. Providence: American Mathematical Society, 2003.

[51] HOCKING J G, YOUNG G S. Topology. New York: Dover Publications, 2012.

[52] 李元熹, 张国樑. 拓扑学 [M]. 上海: 上海科学技术出版社, 1984.

索 引

郑重声明

高等教育出版社依法对本书享有专有出版权。任何未经许可的复制、销售行为均违反《中华人民共和国著作权法》，其行为人将承担相应的民事责任和行政责任；构成犯罪的，将被依法追究刑事责任。为了维护市场秩序，保护读者的合法权益，避免读者误用盗版书造成不良后果，我社将配合行政执法部门和司法机关对违法犯罪的单位和个人进行严厉打击。社会各界人士如发现上述侵权行为，希望及时举报，我社将奖励举报有功人员。

反盗版举报电话	(010) 58581999　58582371
反盗版举报邮箱	dd@hep.com.cn
通信地址	北京市西城区德外大街4号 高等教育出版社知识产权与法律事务部
邮政编码	100120

读者意见反馈

为收集对教材的意见建议，进一步完善教材编写并做好服务工作，读者可将对本教材的意见建议通过如下渠道反馈至我社。

咨询电话	400-810-0598
反馈邮箱	hepsci@pub.hep.cn
通信地址	北京市朝阳区惠新东街4号富盛大厦1座 高等教育出版社理科事业部
邮政编码	100029

防伪查询说明

用户购书后刮开封底防伪涂层，使用手机微信等软件扫描二维码，会跳转至防伪查询网页，获得所购图书详细信息。

防伪客服电话	(010) 58582300

图书在版编目（CIP）数据

基础拓扑学及应用 / 雷逢春，杨志青，李风玲编著.
北京：高等教育出版社，2024.8（2025.6重印）. -- ISBN
978-7-04-063042-8

Ⅰ. O189

中国国家版本馆 CIP 数据核字第 2024GN7441 号

Jichu Tuopuxue ji Yingyong

策划编辑 田 玲	出版发行	高等教育出版社
责任编辑 刘 荣	社 址	北京市西城区德外大街4号
封面设计 贺雅馨	邮政编码	100120
版式设计 徐艳妮	购书热线	010-58581118
责任绘图 李沛蓉	咨询电话	400-810-0598
责任校对 刘娟娟	网 址	http://www.hep.edu.cn
责任印制 赵义民		http://www.hep.com.cn
	网上订购	http://www.hepmall.com.cn
		http://www.hepmall.com
		http://www.hepmall.cn

印 刷	北京盛通印刷股份有限公司
开 本	787mm×1092mm 1/16
印 张	19.75
字 数	380千字
版 次	2024年8月第1版
印 次	2025年6月第2次印刷
定 价	51.00元

本书如有缺页、倒页、脱页等质量问题，
请到所购图书销售部门联系调换

数学"101 计划"已出版教材目录